Die DDR-Literatur und die Wissenschaften

Studien und Texte zur Sozialgeschichte der Literatur

Band 158

Die DDR-Literatur und die Wissenschaften

Herausgegeben von
Angela Gencarelli

DE GRUYTER

Die freie Verfügbarkeit der E-Book-Ausgabe dieser Publikation wurde durch 35 wissenschaftliche Bibliotheken und Initiativen ermöglicht, die die Open-Access-Transformation in der Deutschen Literaturwissenschaft fördern.

ISBN 978-3-11-077074-2
e-ISBN (PDF) 978-3-11-077100-8
e-ISBN (EPUB) 978-3-11-077101-5
ISSN 0174-4410
DOI https://doi.org/10.1515/9783110771008

Library of Congress Control Number: 2022930504

Bibliografische Information der Deutschen Nationalbibliothek
Die Deutsche Nationalbibliothek verzeichnet diese Publikation in der Deutschen Nationalbibliografie; detaillierte bibliografische Daten sind im Internet über http://dnb.dnb.de abrufbar.

Cover: Magnetic Field Simulation; Application by Ignazio Lucenti/Learning-Processing, created by Angela Gencarelli & Christoph Hartmann
Druck und Bindung: CPI books GmbH, Leck

www.degruyter.com

Open-Access-Transformation in der Literaturwissenschaft

Open Access für exzellente Publikationen aus der Deutschen Literaturwissenschaft: Dank der Unterstützung von 35 wissenschaftlichen Bibliotheken und Initiativen können 2022 insgesamt neun literaturwissenschaftliche Neuerscheinungen transformiert und unmittelbar im Open Access veröffentlicht werden, ohne dass für Autorinnen und Autoren Publikationskosten entstehen.

Folgende Einrichtungen und Initiativen haben durch ihren Beitrag die Open-Access-Veröffentlichung dieses Titels ermöglicht:

Dachinitiative „Hochschule.digital Niedersachsen" des Landes Niedersachsen
Universitätsbibliothek Bayreuth
Staatsbibliothek zu Berlin – Preußischer Kulturbesitz
Universitätsbibliothek der Freien Universität Berlin
Universitätsbibliothek der Humboldt-Universität zu Berlin
Universitätsbibliothek Bochum
Universitäts- und Landesbibliothek Bonn
Universitätsbibliothek Braunschweig
Staats- und Universitätsbibliothek Bremen
Universitäts- und Landesbibliothek Darmstadt
Technische Universität Dortmund – Universitätsbibliothek (Universitätsbibliothek Dortmund)
Sächsische Landesbibliothek – Staats- und Universitätsbibliothek Dresden
Universitätsbibliothek Duisburg-Essen
Universitäts- und Landesbibliothek Düsseldorf
Universitätsbibliothek Johann Christian Senckenberg, Frankfurt a. M.
Universitätsbibliothek Freiburg
Bibliothek der Pädagogischen Hochschule Freiburg
Niedersächsische Staats- und Universitätsbibliothek Göttingen
Universitätsbibliothek Greifswald
Staats- und Universitätsbibliothek Hamburg Carl von Ossietzky
Gottfried Wilhelm Leibniz Bibliothek – Niedersächsische Landesbibliothek, Hannover
Technische Informationsbibliothek (TIB) Hannover
Universitätsbibliothek Kassel – Landesbibliothek und Murhardsche Bibliothek der Stadt Kassel
Universitäts- und Stadtbibliothek Köln
Universitätsbibliothek der Universität Koblenz-Landau
Zentral- und Hochschulbibliothek Luzern
Universitätsbibliothek Magdeburg
Universitätsbibliothek Marburg
Universitätsbibliothek der Ludwig-Maximilians-Universität München
Universitäts- und Landesbibliothek Münster
Universitätsbibliothek Osnabrück
Universitätsbibliothek Vechta
Herzog August Bibliothek Wolfenbüttel
Universitätsbibliothek Wuppertal
Zentralbibliothek Zürich

https://doi.org/10.1515/9783110771008-001

Inhalt

Angela Gencarelli

‚Produktivkraft Wissenschaft' als ‚großer Gegenstand' der DDR-Literatur

Einführende Überlegungen

Wie hält es die Literatur mit den Wissenschaften? Welche szientifischen Erkenntnisse hat sie produktiv aufgenommen und welches Wissen hat sie dabei selbst hervorgebracht? Solche Fragen nach dem Verhältnis von Literatur und Wissen(schaften) haben seit einigen Jahrzehnten Konjunktur in der literatur- und kulturwissenschaftlichen Forschung.[1] Angesichts des „enormen Forschungsboom[s]"[2] ist es allerdings erstaunlich, dass diese Fragen für den Gegenstandsbereich der DDR-Literatur[3] bisher kaum gestellt worden sind. Zwar ist die gesamte deutschsprachige Literatur nach 1945 in diesem Forschungsfeld deutlich unterrepräsentiert;[4] auffällig ist jedoch, dass selbst in solchen Publikationen, die den

1 Vgl. Nicolas Pethes: Literatur- und Wissenschaftsgeschichte. Ein Forschungsbericht. In: Internationales Archiv für Sozialgeschichte der Literatur 28 (2003), Heft 1, S. 181–231.

2 Vgl. Pethes: Literatur- und Wissenschaftsgeschichte, S. 183.

3 In der Forschung ist der Begriff ‚DDR-Literatur' nach wie vor umstritten. In Anlehnung an Michael Opitz wird der Begriff ‚DDR-Literatur' hier in einem politisch neutral(er)en Sinne von „in der DDR geschriebene[r] Literatur" verwendet, die insofern als ein eigenständiges, freilich nicht abgezirkeltes Gebiet zu behandeln ist, als sie unter „gänzlich anderen Bedingungen als die westdeutsche Literatur entstanden ist". Vgl. Michael Opitz: DDR-Literatur (Begriff). In: Metzler Lexikon DDR-Literatur. Autoren – Institutionen – Debatten. Hg. von Michael Opitz, Michael Hofmann. Unter Mitarbeit von Julian Kanning. Stuttgart, Weimar 2009, S. 72–73; u. Michael Opitz, Michael Hofmann: Vorwort. In: Opitz, Hofmann (Hg.): Metzler Lexikon DDR-Literatur, S. V–VII. Vgl. zur neuerlichen Problematisierung des Begriffs etwa Roland Berbig: DDR-Literatur – archiviert. Neues zu einem alten Thema? In: Auslaufmodell ‚DDR-Literatur'. Essays und Dokumente. Hg. von Roland Berbig. Berlin 2018, S. 17–44; Janine Ludwig: Was war und ist DDR-Literatur? Debatten um die Betrachtungen der DDR-Literatur nach 1989. In: „Nach der Mauer der Abgrund?" (Wieder-)Annäherungen an die DDR-Literatur. Hg. von Nobert Eke. Amsterdam, New York 2013, S. 65–82; Katrin Max: Zur Standortbestimmung der gegenwärtigen DDR-Literatur-Forschung. In: Tendenzen und Perspektiven der gegenwärtigen DDR-Literatur-Forschung. Hg. von Katrin Max. Würzburg 2016, S. 11–33; Janine Ludwig, Mirjam Meuser: „In den Kämpfen dieser Zeit." Die DDR-Literatur als Epoche literarischen Engagements und die Folgen des Umbruchs von 1989/90 im literaturhistorischen Überblick. In: Literatur ohne Land? Schreibstrategien einer DDR-Literatur im vereinten Deutschland. Hg. von Janine Ludwig, Mirjam Meuser. Bd. 2, Eschborn 2014, S. 15–85.

4 Das zeigt bereits der Blick auf einschlägige Sammelbände, die sich mehrheitlich auf einen literaturgeschichtlichen Zeitraum seit dem Ende des 18. Jahrhunderts, als sich die funktionale Ausdifferenzierung von Literatur und Wissenschaften weitgehend verfestigt hatte, bis in die 1930er Jahre hinein konzentrieren. Vgl. exemplarisch: Gabriele Brandstetter, Gerhard Neumann

 https://doi.org/10.1515/9783110771008-002

besagten literaturgeschichtlichen Abschnitt berücksichtigen, die DDR-Literatur weitgehend ausgeklammert wurde.[5]

Diese Schieflage mag noch immer vorhandenen Vorbehalten gegenüber der DDR-Literatur geschuldet sein. Vor allem nach der Wende geriet sie in den Ruf, als staatstragende Literatur nur die „‚halbe Wahrheit'" gesagt zu haben.[6] Derart pauschal diskreditiert scheint sie Untersuchungen, die nach einem wie auch immer gearteten ‚Wissensgehalt' der Literatur – sei er szientifischer, literarischer, kultureller oder allgemein kognitiver Art[7] – fragen, suspekt zu sein. Doch auch die durchaus rege DDR-Literaturforschung hat die Beziehungen ihres literarischen Gegenstandes zu den Wissenschaften bisher kaum in den Blick genommen,[8] da in

(Hg.): Romantische Wissenspoetik. Die Künste und die Wissenschaften um 1800. Würzburg 2004; Christine Maillard, Michael Titzmann (Hg.): Literatur und Wissen(schaften) 1890 – 1935. Stuttgart, Weimar 2002; Karl Richter, Jörg Schönert, Michael Titzmann (Hg.): Die Literatur und die Wissenschaften 1770 – 1930. Stuttgart 1997; Lutz Danneberg, Friedrich Vollhardt (Hg.): Wissen in Literatur im 19. Jahrhundert. Tübingen 2002; Thomas Lange, Harald Neumeyer (Hg.): Kunst und Wissenschaft um 1800. Würzburg 2000.

5 Vgl. Thomas Klinkert, Monika Neuhofer (Hg.): Literatur, Wissenschaft und Wissen seit der Epochenschwelle um 1800. Berlin, New York 2008; Norbert Elsner, Werner Frick: „Scientia poetica". Literatur und Naturwissenschaft. Göttingen 2004; Marika Natsvlishvili: Naturwissenschaft und Literatur im Dialog. Komparatistische Fallstudien zur europäischen Erzählliteratur des 20. Jahrhunderts. Würzburg 2012; Elisabeth Emter: Literatur und Quantentheorie. Die Rezeption der modernen Physik in Schriften zur Literatur und Philosophie deutschsprachiger Autoren (1925 – 1970). Berlin, New York 1995. In einem Sammelband von Michael Bies und Michael Gamper findet sich immerhin ein Artikel, der mit Franz Fühmann einen mit den Wissenschaften befassten Schriftsteller aus der DDR berücksichtigt. Vgl. Misia Sophia Doms: „Seligkeit der Erkenntnis". Experiment, Mystik und Widerstand in Franz Fühmanns „Saiäns-fiktschen"-Erzählung „Der Haufen". In: „Es ist ein Laboratorium, ein Laboratorium für Worte". Experiment und Literatur III. 1890 – 2010. Hg. von Michael Bies, Michael Gamper. Göttingen 2011, S. 335 – 357.

6 Wolfgang Emmerich: Versungen und vertan? Rückblicke auf 40 Jahre DDR-Literatur und Geschichtsschreibung der DDR-Literatur, S. 1 – 25, hier: S. 6. Text abrufbar unter: https://www.deutschlandstudien.uni-bremen.de/wp-content/uploads/2011/05/oxford1.pdf (1. Oktober 2021).

7 Vgl. zur literaturwissenschaftlichen Debatte um den Wissensbegriff die folgenden Beiträge: Tilmann Köppe: Vom Wissen *in* Literatur. In: Zeitschrift für Germanistik 17 (2007), S. 398 – 410; Roland Borgards: Wissen *und* Literatur. Eine Replik auf Tilmann Köppe. In: Zeitschrift für Germanistik 17 (2007), S. 425 – 428; Andreas Dittrich: Ein Lob der Bescheidenheit. Zum Konflikt zwischen Erkenntnistheorie und Wissensgeschichte. In: Zeitschrift für Germanistik 17 (2007), S. 631 – 637; Fotis Jannidis: Zuerst Collegium Logicum. Zu Tilmann Köppes Beitrag „Vom Wissen *in* Literatur". In: Zeitschrift für Germanistik 18 (2007), S. 373 – 377.

8 Die hier interessierende Fragestellung wurde in einzelnen Publikationen zur DDR-Literatur insbesondere dort angerissen, wo es um das seit den 1960er Jahren durch die SED-Politrhetorik verbreitete Stichwort der wissenschaftlich-technischen Revolution ging. Carl Wege und Wolfgang Emmerich fokussieren in diesem Zusammenhang auf die literarische *Technik*rezeption und lassen diesem stark politisch-sozialgeschichtlich ausgerichteten Untersuchungsfeld[9] lange Zeit andere Fragen im Fokus standen.

Dieser Leerstelle widmet sich der vorliegende Band, denn es gibt eine ganze Reihe von guten Gründen und spezifischen Umständen, die die Untersuchung der bislang vernachlässigten Beziehungen zwischen der DDR-Literatur und den Wissenschaften nachdrücklich auf den Plan rufen: Die politischen Akteure der DDR legten, so betonen wissenschaftsgeschichtliche Studien, eine ausgeprägte Fortschritts- und Wissenschaftsgläubigkeit[10] an den Tag, die Hand in Hand ging mit der Propagierung einer ‚Schlüsselrolle von Wissenschaft und Technik'.[11] Die Betonung des zentralen Stellenwertes der Wissenschaft, ein für die „vierzigjährige Geschichte dieses deutschen Staates" „konstitutiv[er] und immanent[er]" Bestandteil,[12] wurde im marxistisch-leninistisch ausgerichteten *Philosophischen Wörterbuch* wie folgt begründet: „Die Wissenschaft", so heißt es im Artikel zum entsprechenden Lemma, „dringt immer tiefer in die Gesetzmäßigkeiten der Natur, der gesellschaftlichen Entwicklung und des Denkens ein, ermöglicht die Vor-

dabei aber die Frage nach den Bezugnahmen der DDR-Literatur auf die Wissenschaften weitgehend außen vor. Vgl. Carl Wege: Schkona, Schwedt und Schwarze Pumpe. Zur DDR-Literatur im Zeitalter der wissenschaftlich-technischen Revolution (1955–1971). Bremen 1996. Materialien und Ergebnisse aus Forschungsprojekten des Instituts für Kulturwissenschaftliche Deutschlandstudien an der Universität Bremen. Heft 8: Technik in der DDR-Literatur 1955–1971, S. 1–43 (Text abrufbar unter: https://www.deutschlandstudien.uni-bremen.de/wp-content/uploads/2011/05/heft81.pdf (1. Oktober 2021)); Carl Wege: Buchstabe und Maschine. Beschreibung einer Allianz. Frankfurt/Main 2000, insb. Kap. 5: Das unvollendete Technotop. Zur DDR-Literatur im Zeitalter der „wissenschaftlich-technischen Revolution", S. 170–209; Wolfgang Emmerich: „Die Technik und die Kehre." Affirmation, Protest und Regression im literarischen Technikdiskurs der DDR. In: Der Technik-Diskurs in der Hitler-Stalin-Ära. Hg. von Wolfgang Emmerich, Carl Wege. Stuttgart, Weimar 1995, S. 231–254. Zu erwähnen ist außerdem ein noch vor der Wende publizierter Aufsatz des Historikers Eckart Förtsch, der literarische Texte aus der DDR als „ergiebige Quelle für zeitgeschichtliche Sozialismusanalysen", insbesondere für die Kritik an den Wissenschaften (im Sozialismus), herangezogen hat. Vgl. Eckart Förtsch: Literatur als Wissenschaftskritik, in: Lebensbedingungen in der DDR. 17. Tagung zum Stand der DDR-Forschung in der Bundesrepublik Deutschland 12. bis 15. Juni 1984. Köln 1984, S. 157–168, hier: S. 157.

9 Vgl. Claudia Albert: „Zwei getrennte Literaturgebiete"? Neuere Forschungen zu ‚DDR'- und ‚Nachwende'-Literatur. In: Internationales Archiv für Sozialgeschichte der deutschen Literatur 34 (2009), Heft 1, S. 184–223.

10 Vgl. Dieter Hoffmann, Kristie Macrakis: Vorwort. In: Naturwissenschaft und Technik in der DDR. Hg. von Dieter Hoffmann, Kristie Macrakis. Berlin 1997, S. 9–15, hier: S. 9.

11 Vgl. Eckart Förtsch: Wissenschafts- und Technologiepolitik in der DDR. In: Hoffmann, Macrakis (Hg.): Naturwissenschaft, S. 17–33, hier: S. 17.

12 Hoffmann, Macrakis: Vorwort, S. 10.

aussicht und Umgestaltung der Wirklichkeit im Interesse der Gesellschaft."[13] Die Wissenschaften – und zwar die *Natur*- und *Gesellschafts*wissenschaften[14] gleichermaßen – wurden also als zentrale Instanz für die Lösung gesellschaftlicher Probleme erachtet. Diese Funktionszuweisung richtete sich insbesondere auf die Förderung des Sozialismus im Wettstreit der Systeme: „Die vorrangige Aufgabe der Wissenschaft besteht darin, den Sozialismus zu stärken."[15] Während in der Bundesrepublik Philosophen wie Jürgen Habermas vor den *Destruktiv*kräften der Wissenschaften, insbesondere der Naturwissenschaften, warnten (Stichwort Hiroshima) und auf deren unkontrolliertes Eindringen in die ‚Lebenswelt' durch technische Entwicklungen hinwiesen,[16] erhoben die SED-Politfunktionäre die Wissenschaft zur einer der wichtigsten, ja revolutionären ‚*Produktiv*kräfte'[17] im Arbeiter- und Bauernstaat. Diese wissenschaftsaffirmierende Position begründeten offizielle Seiten häufig damit, dass die Wissenschaft ihr zerstörerisches Potential lediglich unter dem Einfluss der „imperialistischen Bourgeoisie"[18] im Kapitalismus entfalte, wohingegen sie erst im Sozialismus, gestützt auf die „revolutionärste Klasse der Gesellschaft"[19], die Arbeiterklasse, ihr eigentliches „humane[s] Wesen"[20] voll entfalte und das Leben der Menschen verbessere.[21]

Angesichts der propagierten Schlüsselstellung der Wissenschaften in der sozialistischen Gesellschaft stellte sich für die Autor*innen der DDR fast zwangsläufig die Frage, wie sie es mit den Wissenschaften und ihren Vertreter*innen hielten. Tatsächlich stellte etwa John Erpenbeck, seinerseits Wissenschaftler und Schriftsteller in Personalunion, seinen Kolleg*innen aus der lite-

13 Wissenschaft [Art.]. In: Philosophisches Wörterbuch. Hg. von Georg Klaus, Manfred Buhr. Bd. 2. Leipzig 1976[12], S. 1310–1313, hier: S. 1310.

14 In der DDR wurde die traditionelle Dilthey'sche Gegenüberstellung von Natur- und Geisteswissenschaften nicht fortgeschrieben. Stattdessen wurde der als ‚bürgerlich' verworfene Begriff der Geisteswissenschaften mehr und mehr verdrängt. An seine Stelle trat der stark aufgewertete (Sammel-)Begriff der Gesellschaftswissenschaften, die dann den Naturwissenschaften nicht gegenüber, sondern zur Seite gestellt wurden. Vgl. Wissenschaft [Art.]. In: Kulturpolitisches Wörterbuch. Hg. von Manfred Berger. 2., erw. und überarb. Aufl. Berlin 1978, S. 767–768.

15 Wissenschaft [Art.]. In: Klaus, Buhr (Hg.): Philosophisches Wörterbuch, S. 1313.

16 Vgl. Jürgen Habermas: Technischer Fortschritt und soziale Lebenswelt. In: Literarische und naturwissenschaftliche Intelligenz. Dialog über die zwei Kulturen. Hg. von Helmut Kreuzer. Stuttgart 1969, S. 238–252.

17 Vgl. Wissenschaft. In: Klaus, Buhr (Hg.): Philosophisches Wörterbuch, S. 1312.

18 Wissenschaft. In: Klaus, Buhr (Hg.): Philosophisches Wörterbuch, S. 1312.

19 Wissenschaft. In: Klaus, Buhr (Hg.): Philosophisches Wörterbuch, S. 1312.

20 Wissenschaft. In: Klaus, Buhr (Hg.): Philosophisches Wörterbuch, S. 1312.

21 Ein ähnliches Argumentationsmuster entwickelte auch Kurt Hager. Vgl. Wissenschaft und Kultur in der entwickelten sozialistischen Gesellschaft. In: Dokumente zur Kunst- und Kulturpolitik der SED 1971–1974. Hg. von Gisela Rüß. Stuttgart 1976, S. 134–140, hier: S. 136.

rarischen Zunft genau diese Frage, als er Mitte der 1980er Jahre eine einschlägige Anthologie mit Texten von „Schriftstellern über Wissenschaften und Wissenschaftler" vorbereitete: „Was denken wissenschaftskundige Schriftsteller" – wobei er Kenntnisse in puncto Wissenschaften bei der literarischen Intelligenz stillschweigend als Norm voraussetzte – über diese ihre „wichtigste Produktivkraft" des „zwanzigsten Jahrhunderts"?[22] Mehr als 20 Autor*innen unterschiedlicher Generationen folgten Erpenbecks Aufruf und steuerten ihre literarischen oder auch essayistischen Texte zur Anthologie bei. Bereits an der breiten Beteiligung lässt sich ablesen, dass das Thema Wissenschaft für die Literat*innen der DDR in der Tat eine gewisse Relevanz besaß. Zudem erwiesen sich einige der beteiligten Schriftsteller*innen wie Christa Wolf, Franz Fühmann, Irmtraud Morgner oder Rainer Kirsch sogar als äußerst „wissenschaftskundig[]", da sie bereits lange vor Erpenbecks Anfrage literarische oder essayistische Texte publiziert hatten, die sich eingehend mit den Wissenschaften auseinandersetzen.[23] Insofern ist Erpenbeck beizupflichten, wenn er im Nachwort seiner Anthologie resümierend bilanziert, dass es in diesem sich als Arbeiter- und Bauernstaat verstehenden Land „weit mehr Werke und Autoren" gegeben habe, die sich den Wissenschaften widmeten, „als man gemeinhin vermutet".[24]

Auch angesichts der spezifischen, ideologisch-kulturpolitischen Rahmenbedingungen in diesem Staat mag es kaum verwundern, dass die Wissenschaften zu solch einem wichtigen Sujet der DDR-Literatur avancierten: Die Literatur- und Kulturschaffenden der DDR wurden auf einer ganz grundlegenden programmatischen Ebene – unter der Maßgabe des ‚sozialistischen Realismus' – direkt auf die Wissenschaften verwiesen. Über diese Leitlinie oder Doktrin, die für den gesamten Literatur- und Kunstbereich Gültigkeit besaß, ist im *Kulturpolitischen Wörterbuch* etwa folgender Passus nachzulesen: Die „*Methode* des sozialistischen Realismus [...] steht in untrennbarer Verbindung mit der *wissenschaftlichen Erkenntnis* der sozialen Gesetzmäßigkeiten der gesellschaftlichen Entwicklung".[25]

---

22 John Erpenbeck: Näherungen. In: Windvogelviereck. Schriftsteller über Wissenschaften und Wissenschaftler. Hg. von John Erpenbeck. Berlin 1987, S. 319–349, hier: S. 320.

23 Vgl. beispielsweise: Franz Fühmann: Saiäns-fiktschen. Erzählungen. Rostock 1981; Rainer Kirsch: Kopien nach Originalen. Porträts aus der DDR. Berlin 1974. Christa Wolf: Ein Besuch. In: Sinn und Form 5 (1969), S. 1091–1113 (Wiederabdruck in: Christa Wolf: Lesen und Schreiben. Aufsätze und Betrachtungen. 2., erw. Aufl., Berlin, Weimar, 1973, S. 161–194). Vgl. zu Morgner und ihrer literarischen Beschäftigung mit der Teilchenphysik die Dissertationsstudie der Herausgeberin: Angela Gencarelli: Literarische Realitätsprüfung des Phantastischen. Teilchenphysik und Poetik in Irmtraud Morgners Prosa. Freiburg/Breisgau 2017.

24 Erpenbeck: Näherungen, S. 337.

25 Sozialistischer Realismus [Art.]. In: Kulturpolitisches Wörterbuch. Hg. von Manfred Berger. 2., erw. und überarb. Aufl., Berlin 1978, S. 591–598, hier: S. 592. Hervorhebungen A.G.

Der sozialistische Realismus bezog sich also gleich in doppelter Weise auf die Wissenschaft(en): Zum einen wurde er als quasi-wissenschaftliche „Methode" ausgewiesen und dadurch als objektiv und allgemeingültig begründet. Zum anderen erwartete man unter seiner Maßgabe solche literarischen bzw. künstlerischen Produktionen, die von der „wissenschaftlichen Erkenntnis der sozialen Gesetzmäßigkeiten" zeugten – jener eben, die die marxistische Gesellschafts- und Wirtschaftstheorie als gültig erachtete. „Zahlreiche[] Marxisten", so hat es Jürgen Kuczynski, einer der wichtigen Vertreter der Wirtschafts- und Sozialgeschichte der DDR und Verfasser zahlreicher literatursoziologischer Studien, einmal auf den Punkt gebracht, „[sehen] im sozialistischen Realismus einen durch die Wissenschaft des Marxismus ‚angereicherten' Realismus".[26] Als einer der Prüfsteine für literarische und künstlerische Produktionen galten demnach die marxistischen Gesellschaftswissenschaften.[27]

Der programmatische Wissenschaftsbezug des sozialistischen Realismus erstreckte sich aber nicht alleine auf die marxistischen Gesellschaftswissenschaften, sondern wurde auch auf die (weniger politisierten) Naturwissenschaften ausgedehnt.[28] Besonders offensichtlich trat der Verweis der Literat*innen und Künstler*innen auf die ‚Produktivkraft' Naturwissenschaft zu Tage, als die Zweite

26 Jürgen Kuczynski: Zola – Wissenschaft und Kunst. In: Jürgen Kuczynski: Gestalten und Werke. Soziologische Studien zur englischsprachigen und französischen Literatur. Berlin, Weimar 1971, S. 389–417, hier: S. 393.

27 So forderte Kuczynski dezidiert, dass die sozialistisch-realistischen Schriftsteller*innen und Künstler*innen ihre „künstlerische Erkenntnis sich von der wissenschaftlichen des Marxismus bestätigen" ließen (Jürgen Kuczynski, Wolfgang Heise: Bild und Begriff. Studien über die Beziehung zwischen Kunst und Wissenschaft. Berlin 1975, S. 390). Auch von (kultur-)politischer Seite wurden ähnliche Forderungen erhoben. Vgl. Walter Ulbricht: Über die Entwicklung einer volksverbundenen sozialistischen Nationalkultur. Rede auf der II. Bitterfelder Konferenz am 24. u. 25. April 1964. In: Dokumente zur Kunst-, Literatur- und Kulturpolitik der SED 1946–1970. Hg. von Elimar Schubbe. Stuttgart 1972, S. 956–991, hier: S. 977, 989.

28 Wie Renate Mayntz ausführt, fiel die „Prägekraft" des Marxismus-Leninismus für die verschiedenen wissenschaftlichen Disziplinen „unterschiedlich stark" aus: „Der Einfluß des ML [Marxismus-Leninismus – A.G.] auf den kognitiven Gehalt einer Disziplin war überall dort besonders stark, wo der Erkenntnisgegenstand dieser Disziplin zugleich Gegenstand der als verbindliche Wahrheit geltenden Theorie des Marxismus-Leninismus war." Das galt insbesondere für die „sogenannten Gesellschaftswissenschaften", wozu in der DDR die Philosophie, Geschichte, Wirtschaftswissenschaften und Soziologie zählten. Weniger politisiert waren hingegen die Natur- und Technikwissenschaften. Renate Mayntz: Die Folgen der Politik für die Wissenschaft in der DDR. In: Wissenschaft und Wiedervereinigung. Disziplinen im Umbruch. Hg. von Jürgen Kocka, Renate Mayntz. Berlin 1998, S. 461–483, hier: S. 464 f. Vgl. ebenfalls: Jürgen Kocka: Wissenschaft und Politik in der DDR. In: Kocka, Mayntz (Hg.): Wissenschaft und Wiedervereinigung, S. 435–459, hier: S. 441 f.

Bitterfelder Kulturkonferenz im April 1964 stattfand. An diesem für den Konnex DDR-Literatur und Wissenschaften vielleicht wichtigsten kulturpolitischen Datum zeichnete sich ein tiefgreifender kulturpolitischer Wendepunkt ab. Während die Schriftsteller*innen anlässlich der Ersten Bitterfelder Konferenz im Jahr 1959 noch den Auftrag erhalten hatten, in Betriebe, Kombinate und auf Großbaustellen zu gehen, um hier Anregungen für ihre Gestaltung vorbildlicher Helden (und ferner Heldinnen) der Arbeiterklasse zu finden, verlangte man nun, dass sich die Vertreter*innen der schreibenden Zunft der Königsebene, d. h. dem „Blickwinkel des Planers und Leiters"[29], zuwendeten. Die „*wissenschaftlich* geschulte[] Schicht der modernen Planer und Leiter"[30], die sich vor allem aus den Natur-, Ingenieurs- und Technikwissenschaften sowie der Ökonomie rekrutierten, bekamen nun eine Schlüsselrolle zugewiesen, da sie zu den zentralen Trägerschichten der ‚wissenschaftlich-technischen Revolution' gezählt wurden. Der mit diesem Begriff umschriebene Prozess, dessen Meisterung die SED als neue Hauptaufgabe begriff, bestand darin, dass die Naturwissenschaft und Technik mehr und mehr als Innovationsgeber für die industrielle Fertigung fungierten (bzw. fungieren sollten) und insofern als zentrale Produktivkräfte hervortraten.[31] In seinem Hauptreferat zur Konferenz verwies Walter Ulbricht genau auf diese Schlüsselstellung der „Wissenschaft und Technik als unmittelbare Produktivkraft"[32] und leitete daraus die Forderung ab, dass die sozialistischen Literatur- und Kulturschaffenden als „großen Gegenstand" der Kunst nicht mehr allein die Produktionsarbeiter*innen, sondern auch jene „Menschen" zu entdecken hätten, „die als Wissenschaftler und Techniker automatisierte Fabriken" projektierten, die „Geheimnisse der Kernphysik" aufdeckten oder in das „Geheimnis des Ursprungs des menschlichen Lebens" eindrängen.[33]

29 Ulbricht: Über die Entwicklung, S. 961.

30 Peter Zimmermann: Industrieliteratur der DDR. Vom Helden der Arbeit zum Planer und Leiter. Stuttgart 1984, S. 198f. (Hervorhebung A.G.) sowie 194, 198f. u. 220. Zimmermann nimmt den grundlegenden, mit der Zweiten Bitterfelder Konferenz einhergehenden Perspektivwechsel von der künstlerischen Gestaltung der Arbeiter hin zu den ‚Planern und Leitern' sehr genau in den Blick. Allerdings geht er jener sich aufdrängenden Frage nicht weiter nach, inwiefern mit der Hinwendung zur „wissenschaftlich geschulten Schicht" der ‚Planer und Leiter' auch eine Hinwendung der Literatur zu den (Natur-)Wissenschaften verbunden ist.

31 Vgl. zur Geschichte des Begriffs ‚wissenschaftlich-technische Revolution' sowie der entsprechenden Konzepte der SED zur Ausgestaltung dieses Prozesses: Hubert Laitko: Wissenschaftlich-technische Revolution. Akzente des Konzepts in Wissenschaft und Ideologie der DDR. In: Utopie kreativ (1996), Heft 73/74, S. 33–50.

32 Ulbricht: Über die Entwicklung, S. 963.

33 Ulbricht: Über die Entwicklung, S. 969.

Dass solche auf die Naturwissenschaften zielenden Schreib- und Schaffensaufträge nicht einfach die geforderte Orientierung der Literatur- und Kulturschaffenden an den marxistischen Gesellschaftswissenschaften ersetzten, sondern *ergänzten*, macht Ulbrichts Referat ebenso deutlich. Der Staatsratsvorsitzende betonte ausdrücklich, dass die „Kunst des sozialistischen Realismus" vom „höchsten Standpunkt gesellschaftswissenschaftlicher Forschung"[34] auszugehen und dabei soziale, ökonomische und „technisch-wissenschaftliche[] [ ] Prozesse"[35] gleichermaßen bei der „Stoffwahl"[36] zu berücksichtigen habe.[37] Angesichts solcher unmissverständlichen Direktiven, die Anfang der 1970er Jahre noch bekräftigt wurden,[38] dürfte den Literatur- und Kunstproduzent*innen der DDR eines schnell klar geworden sein: Ihr einstiger „politischer Dauerauftrag"[39] in dieser ‚arbeiterlichen Gesellschaft'[40], das künstlerische Sujet der Arbeit(er), war mindestens um ein zusätzliches gewichtiges Themenfeld – die Darstellung der

---

34 Ulbricht: Über die Entwicklung, S. 977.

35 Ulbricht: Über die Entwicklung, S. 988.

36 Ulbricht: Über die Entwicklung, S. 988.

37 Wenn Ulbricht zusätzlich betont, dass die sozialistisch-realistischen Künstler*innen für die „hochgebildeten wissenschaftlich-technisch interessierten, sozialistisch denkenden Werktätigen" zu schreiben hätten (Ulbricht: Über die Entwicklung, S. 988), wird offensichtlich, dass sich innerhalb der Programmatik des sozialistischen Realismus ein tiefer Widerspruch zwischen diesen Ansprüchen an eine wissenschaftsgesättigte Kunst einerseits und der Forderung nach ihrer Volksverbundenheit andererseits abzeichnete. Das allerdings ist nicht der erste und einzige Widerspruch, den die sozialistisch-realistischen Programmatiker hervorgebracht haben, im Gegenteil: Andrea Jäger etwa sieht die grundsätzliche Widersprüchlichkeit der Anforderungen des sozialistischen Realismus als Grundlage für seine „beliebige Anwendbarkeit" bei der Befürwortung oder Ablehnung literarischer und/oder künstlerischer Werke. Andrea Jäger: Sozialistischer Realismus [Art.]. In: Opitz, Hofmann (Hg.): Metzler Lexikon DDR-Literatur, S. 319 – 322, hier: S. 321.

38 Vgl. Kurt Hager: Zu Fragen der Kulturpolitik der SED. Rede auf der 6. Tagung des ZK der SED am 6. Juli 1972. In: Dokumente zur Kunst-, Literatur- und Kulturpolitik 1971–1974. Hg. von Gisela Rüß. Stuttgart 1976, S. 493 – 527. In seiner Rede betont Hager die Bedeutung der wissenschaftlich-technischen Revolution für die sozialistische Gesellschaft (vgl. Hager: Zu Fragen der Kulturpolitik, S. 498) und fordert wenig später die Schriftsteller*innen des Landes dazu auf, sich „alle[n] Klassen und Schichten" des sozialistischen Gesellschaftsprojekts anzunehmen, insbesondere der „sozialistische[n] Intelligenz" (vgl. Hager: Zu Fragen der Kulturpolitik, S. 510).

39 G. Albus, zitiert nach: Wolfgang Emmerich: Kleine Literaturgeschichte der DDR. Erweiterte Neuausgabe, 2. Aufl., Berlin 2005, S. 194.

40 Diesen Begriff hat Wolfgang Engler geprägt, um in Anlehnung an den Begriff der bürgerlichen Gesellschaft zu akzentuieren, dass es sich im Falle der DDR um eine Gesellschaft handelte, in der die Arbeiterklasse zwar zum dominierenden sozialen, ökonomischen und ideologischen Faktor erhoben, nicht aber mit entsprechenden politischen Machtpositionen ausgestattet wurde. Wolfgang Engler: Die Ostdeutschen. Kunde von einem verlorenen Land. Berlin 2000.

Wissenschaften und ihrer Vertreter*innen in Betrieben und Forschungseinrichtungen – erweitert worden.

Insgesamt betrachtet, legten die Polit- und Kulturfunktionäre der DDR also einen großen Eifer an den Tag, die Schriftsteller*innen des Landes auf die Wissenschaften zu verpflichten – sei es allgemein durch Hinweise auf die Schlüsselrolle der Wissenschaften in der sozialistischen Gesellschaft, sei es konkret durch den programmatischen Wissenschaftsbezug des sozialistischen Realismus oder schließlich durch kulturpolitische Direktiven im Kontext der wissenschaftlich-technischen Revolution. Gleichwohl ist damit weder gesagt, dass die Literat*innen die Wissenschaften nicht auch aus eigenem Antrieb heraus für sich entdeckten noch dass sie die erteilten Schreibaufträge immer in gewünschter Weise ausfüllten. Gerade der besondere Umstand, dass in der DDR ein solcher Aufwand betrieben wurde, um die Vertreter*innen der schreibenden Zunft eng(er) an die Wissenschaften zu binden, führt vor Augen, wie dringlich es geboten ist, die tatsächlichen Beziehungen zwischen der Literatur und den Wissenschaften in diesem Staat genauer aufzuarbeiten.

Dieser Zielsetzung verpflichtet, gewähren die in diesem Band versammelten Beiträge grundlegende Einblicke in die produktive Beziehung zwischen der DDR-Literatur und den Wissenschaften: Ausgangspunkt ist zunächst der intensive öffentliche Austausch, den die literarische und die naturwissenschaftliche Zunft der DDR über Jahrzehnte hinweg miteinander unterhielten, um das zwischen ihnen waltende Verhältnis genauer zu bestimmen. Schwerpunkt des Bandes bilden dann solche Beiträge, die sich einzelnen Schriftsteller*innen und ihren spezifischen literarischen Aneignungsweisen der Wissenschaften widmen. Im Fokus stehen dabei insbesondere kanonische, aber auch weniger erforschte Autor*innen der DDR, darunter Sarah Kirsch, Franz Fühmann, Johannes R. Becher, Dieter Noll, Brigitte Reimann, Maxie Wander, Christa Wolf, Hildegard Maria Rauchfuß, Christoph Hein, Fritz Rudolf Fries, Helga Königsdorf und Heiner Müller.[41] Die genannten Schriftsteller*innen haben nicht nur sehr unterschiedliche literarische Verarbeitungsweisen der Wissenschaften in diversen Gattungen wie Prosa, Lyrik, Dramatik oder der (poetologischen) Essayistik erprobt. Sie haben auch verschiedene wissenschaftliche Disziplinen wie die Biologie, die Linguistik oder die

41 Selbstverständlich ist es nicht unproblematisch, Autor*innen wie Maxie Wander, die aus Wien stammte und erst Ende der 1950er Jahre in die DDR übersiedelte, oder Johannes R. Becher, dessen literarisches Schaffen bis zum Expressionismus zurückreichte, oder schließlich Heiner Müller, der seit den 1970er Jahren als ‚moderner' Dramatiker insbesondere im Westen erfolgreich war, als ‚DDR-Autor*innen' zu bezeichnen. Vgl. dazu die bereits in der Fußnote 3 aufgeführten Forschungsbeiträge, die den Begriff ‚DDR-Literatur' bzw. die Zuschreibung ‚DDR-Autor*in' problematisieren.

Medizin literarisch produktiv gemacht. Ihre literarische Aneignung der Wissenschaften zeichnet sich außerdem dadurch aus, dass sie eine ganze Bandbreite von Ebenen, Aspekten und Facetten der Wissenschaften in den Blick rücken: Dazu gehören konkrete szientifische Erkenntnisse oder Methoden, ideologische Grundlagen der Wissenschaften im Sozialismus, wissenschaftspolitische Paradigmenwechsel in der DDR, ungeschriebene Regeln und Gesetze des Wissenschaftsbetriebs, die Rolle wissenschaftlicher Akteur*innen in der Gesellschaft oder schließlich epistemologische Fragen nach den Grenzen von Wissen und Erkenntnis. Diese kursorische Zusammenschau lässt bereits erahnen, dass sich die hier untersuchten Schriftsteller*innen häufig genug auf eine Weise mit den Wissenschaften befasst haben, die nur sehr bedingt die Intentionen der Kulturfunktionäre und ihre wissenschaftsaffirmierenden Direktiven erfüllte.

Die Beiträge im Einzelnen

Im ersten Beitrag des Bandes befasst sich *Angela Gencarelli* mit der regen, gleichwohl unerforschten öffentlichen Debatte um das intrikate Verhältnis zwischen der Literatur und den Naturwissenschaften in der DDR. Sie entbrannte im Jahr 1959, also wenige Monate nach C. P. Snows paradigmatischer Rede über die Spaltung der ‚zwei Kulturen' und erstreckte sich über drei Jahrzehnte bis zum Ende des DDR-Staates. In dieser Zeit nahm sie eine wechselhaft-kontroverse Gestalt an: Auf Etappen, in denen ambitionierte Konzepte zur Vereinigung von Literatur und Naturwissenschaften einträchtig ausgehandelt wurden, folgten Etappen, in denen hitzige Wortgefechte über die Rolle der Literatur als kritisches Korrektiv zu den Naturwissenschaften und ihren Destruktivkräften vorherrschten. Angesichts des wechselvollen, gleichwohl beständigen Dialogs zwischen Literat*innen und Naturwissenschaftler*innen müsse für die DDR, so das Fazit des Beitrags, Snows vieldiskutierter Befund einer tiefgreifenden Spaltung der ‚zwei Kulturen', die auf Ignoranz und Kommunikationsverweigerung gründe, entschieden zurückgewiesen werden.

Auch für den Schriftsteller und ersten Kulturminister der DDR, Johannes R. Becher, waren programmatische Brückenschläge zwischen der Literatur und den (Natur-)Wissenschaften von nicht zu unterschätzender Bedeutung. Dies legt *Kristin Eichhorn* an Bechers Entwurf einer „wissenschaftsanalogen sozialistischen Dichtung" dar. Eichhorn verfolgt diese Konzeption zurück bis in die 1920er und 1930er Jahre, als Becher in seinen literarischen Texten szientifische Diskurse einbezog, um die Literatur, gedacht als gesellschaftlich wirksame, an die ‚Höhe' der wissenschaftlichen Entwicklung anzuschließen und damit zu legitimieren. Mit seiner Übernahme kulturpolitischer Funktionen in der DDR und seiner dadurch motivierten Abfassung kulturpolitischer und poetologischer Schriften in den späten 1940er und 1950er Jahren hat sich Bechers Rekurs auf die Wissenschaften allerdings gewandelt. Wie Eichhorn nachweist, richtete Becher die Literatur nun an solchen hochgehandelten wissenschaftlichen Prinzipien wie Wahrheit, Objektivität und Leistung aus, damit sie ihrer Aufgabe gerecht werden könne, den Aufbau des Sozialismus voranzubringen. Nur scheinbar sei Becher damit aber den offiziellen Verlautbarungen der Partei entgegengekommen. Wie Eichhorn resümiert, zielte Becher mit seiner geforderten Ausrichtung der Literatur am Vorbild der Wissenschaften gerade darauf, die Dichtung vor staatlichen Zugriffen zu schützen und ihre politisch-ideologische Unabhängigkeit zu bewahren.

Die folgenden Beiträge verlassen diese Ebene der argumentativ-konstativen Wissenschaftsbezüge im Rahmen (dichtungs-)theoretischer Entwürfe und richten ihren Fokus auf spezifische Aneignungsweisen von szientifischem Wissen in der Literatur selbst. *Katja Stopka* nimmt die Lyrik und Prosa von Sarah Kirsch in den Blick und arbeitet heraus, auf welch vielfältige Weise die Schriftstellerin ihr naturwissenschaftliches Wissen aus dem Biologiestudium literarisch produktiv gemacht hat. An der frühen Lyrik der 1960er Jahre weist Stopka nach, dass Kirsch spezifische Beobachtungsverfahren aus der Mikrobiologie adaptiert, indem sie das Kleine und Diminutive in den Fokus ihrer Gedichte rückt und mit großer Genauigkeit schildert. Das spätere Kinderbuch *Caroline im Wassertropfen* (1975) hingegen orientiert sich statt an szientifischen Verfahren der Mikrobiologie stärker an konkreten Wissensinhalten aus dieser Disziplin. So legt Stopka dar, dass Kirschs Kinderbuch mikrobiologisches Wissen über kleines und kleinstes Getier im narrativen Register einer wunderbar-phantastischen Expeditionsfahrt vermittelt, ohne dabei auf wissenschaftliche Exaktheit zu verzichten. Nicht zuletzt hat Kirsch eine Erzählung wie *Blitz aus heiterem Himmel* (1973) vorgelegt, an der Stopka festmacht, dass die Autorin statistisch-mathematische Methoden auf eine Weise parodiere, dass die grotesken Auswüchse eines verabsolutierten, rationalinstrumentellen Denkens ansichtig würden.

Während Stopka eine vor allem mit den Naturwissenschaften befasste Schriftstellerin in den Fokus rückt, befasst sich *Lukas Betzler* mit Franz Fühmann, dem es in einem seiner Texte auf eine der Literatur nahestehende, darum aber nicht weniger exakte Disziplin ankam, auf die Linguistik. Für sein 1978 erschienenes ‚Sprachspielbuch' *Die dampfenden Hälse der Pferde im Turm von Babel* bemühte Fühmann, wie Betzler an Nachlassdokumenten offenlegt, den anerkannten Linguisten Manfred Bierwisch, der die Richtigkeit des im Buch aufgegriffenen Sprachwissens begutachten sollte. In der Tat vermittelt dieses zwischen Fiktion und Sachliteratur changierende ‚Sprachspielbuch' für Kinder und Erwachsene, wie Betzler detailliert herausarbeitet, elementares Sprachwissen aus umfangreichen Gebieten wie der Phonologie, Morphologie, Syntax, Pragmatik oder der Semantik. Dabei sei es Fühmann weniger auf eine exakte wissenschaftliche Darstellungsweise angekommen als vielmehr auf eine spielerische Wissensvermittlung, die sich in Spielen mit der Sprache vollziehe und sich damit bewusst gegenüber rigider wissenschaftlicher Systematik oder fachlicher Terminologie abgrenze. Gleiches bringt Betzler auch für die stärker dozierenden Teile des Buchs in Anschlag: In ihnen entfalte Fühmann komplexe Erklärungsansätze für die Entstehung von Sprache und Sprachenpluralität in der Form von dialogischen Vorlesungen nach sokratischem Vorbild, die ähnlich wie die Sprachspiele die denkende Wissensaneignung der Rezipierenden einforderten. Aus dieser Art der Vermittlung eines breiten Spektrums von Sprachwissen zieht Betzler den Schluss, dass sich Fühmanns durch „kritischen Geist" auszeichnendes Sprachspielbuch gegen einen verdinglichten Begriff von Wissen wende, demzufolge sich Wissen erwerben lasse wie eine Ware, ohne den schwierigen Prozess der gedanklichen Aneignung von Erkenntnissen in der und durch die Literatur zu durchlaufen.

Dass die Schriftsteller*innen der DDR keineswegs nur szientifische Erkenntnisse und damit die vermeintlich zeit- und ortsunabhängigen Resultate der Wissenschaften literarisch verarbeitet, sondern auch deren Kontextabhängigkeit mitreflektieren haben, belegt die dritte Gruppe von Beiträgen. Diese rückt Autor*innen in den Mittelpunkt, die mit ihren literarischen Texten darüber Auskunft geben, dass und inwiefern die Wissenschaften und ihre Institutionen gerade im Sozialismus der DDR in sehr spezifische, insbesondere ideologische Kontexte eingebettet waren. *Marlen Arnolds* legt in ihrem Beitrag über Dieter Nolls *Kippenberg* (1979) dar, dass sich dieser in einer fiktiven Forschungseinrichtung angesiedelte Roman als regelrechte literarische Umsetzung der SED-Hochschulreform von 1967 lesen lässt. Den propagierten Maßnahmen entsprechend, lässt der Roman ein interdisziplinär arbeitendes Forscherkollektiv mit Vertretern verschiedener Naturwissenschaften und der Ökonomie auftreten, das sich zum Ziel gesetzt hat, nur mehr ökonomisch verwertbare Forschungsfelder im Dienste der sozialistischen Wirtschaft zu erschließen. Allerdings muss sich das Forscherkollektiv erst gegen die Widerstände von individualistischen Einzelkämpfern und Befürwortern der zweckfreien Wissenschaft im Institut durchsetzen. Diesen konfliktbehafteten Neuanfang des Forschungsinstituts erzählt Noll überraschenderweise, wie Arnolds zeigt, im tradierten Muster der älteren Aufbauliteratur und im Rekurs auf ihren Topos des ‚schweren Anfangs' im Industriebetrieb der Nachkriegsjahre. Daraus zieht Arnolds den Schluss, dass der Roman das problematische Fortwirken der immer gleichen ideologischen Grabenkämpfe zwischen Gegnern und Befürwortern des Sozialismus auf dem nun zentralen gesellschaftlichen ‚Feld' der Wissenschaften offenlege und damit das geltende Narrativ eines beständig voranschreitenden Sozialismus ostentativ unterlaufe.

Die beiden folgenden Beiträge rücken eine Reihe von DDR-Schriftsteller*innen in den Mittelpunkt, die sich mit ideologischen Aspekten der Medizin und der untrennbar mit ihr verbundenen Institutionen befasst haben. Ausgangspunkt des Beitrags von *Sonja Klocke* ist der Befund, dass Darstellungen von Krankheit und Patient*innen in medizinischen Einrichtungen einen besonderen Niederschlag in der DDR-Literatur gefunden haben. In ihrer Lektüre lässt Klocke zahlreiche autobiografisch grundierte Prosatexte, Briefe und Tagebücher von Christa Wolf, Brigitte Reimann und Maxie Wander aus den 1960er bis in die 2000er Jahre in einen Dialog mit medizinhistorischen Quellen treten. Dabei arbeitet sie heraus, dass die untersuchten Texte die DDR-spezifische Ideologisierung und die mit ihr verbundenen staatlichen Eingriffe in Medizin und Gesundheitswesen sehr genau registrieren und dokumentieren – angefangen bei der Inthronisierung des Arztes als Helfer und Volkserzieher und seinen umfangreichen ärztlichen Entscheidungs- und Eingriffsbefugnissen zur Sicherstellung der ‚Volksgesundheit', über die juristisch verankerte Entmündigung der Patient*innen, bis hin zur Praxis des Lügens über Diagnosen zur Wahrung der sozialistisch-optimistischen Perspektive. Mehr noch: Die Texte von Wolf, Reimann und Wander zeigten, so Klocke, eine in der medizinhistorischen Forschung fehlende Perspektive auf, nämlich die persönliche Erfahrungs- und Gefühlswelt derjenigen, die den Idiosynkrasien dieses medizinischen Systems als Patient*innen, darunter auch die schwer erkrankten Autorinnen Reimann und Wander selbst, ausgeliefert waren. Klocke zieht daraus den Schluss, dass nicht nur die Medizingeschichte für die DDR-Literatur, sondern gerade auch umgekehrt, die DDR-Literatur für die Medizingeschichte als unverzichtbares „Reservoir von Wissen" gelten könne.

Der Beitrag von *Katrin Max* macht darauf aufmerksam, dass bei der literarischen Auseinandersetzung mit der Medizin im Sozialismus nicht allein solche Texte zu berücksichtigen sind, die sich mit den real-existierenden Bedingungen in medizinischen Institutionen der DDR befassen, sondern auch Texte, die – beinahe umgekehrt – die proklamierte Utopie einer sozialistischen Medizin in den Fokus rücken. An drei Beispielen der DDR-Prosaliteratur aus unterschiedlichen literaturgeschichtlichen Phasen macht Max fest, dass die (ihrem Selbstverständnis nach) sozialistisch-humanistische Medizin eine höchst unterschiedliche literarische Bewertung erfahren hat. An Hildegard Maria Rauchfuß' Roman *Besiegte Schatten* aus den 1950er Jahren zeigt Max auf, dass dieser Text so sehr der Euphorie der Aufbaujahre verhaftet ist, dass er kurzerhand den Sieg der sozialistischen Medizin mit ihren ganzheitlich-humanistischen Therapieansätzen gegenüber den (angeblich) nur am Profit orientierten Behandlungsmodellen aus dem Westen in Aussicht stellt. Demgegenüber zeichne sich in Christa Wolfs *Nachdenken über Christa T.* aus den späten 1960er Jahren eine kritische Perspektive auf den proklamierten Humanismus-Anspruch der sozialistischen Medizin ab. Da die

Medizin in diesem Roman keine eindeutige Diagnose für den frühen Tod von Christa T. anbiete, würden die Gültigkeit medizinischen Wissens sowie die Sinn- und Erklärungsangebote der medizinischen Wissenschaft, gerade auch im Sozialismus, in Zweifel gezogen. Christoph Heins Novelle *Der fremde Freund/Drachenblut* aus den 1980er Jahren schließlich rücke eine fiktive Ärztin in den Fokus, die sich in allen Belangen als Gegenbeispiel des offiziell geforderten Ideals der sozialistischen Arztpersönlichkeit entpuppe. Damit dokumentiere dieser Text, so Max' Schlusspunkt, jene für die späte DDR-Gesellschaft typische Entfremdung von der sozialistischen Utopie auch auf dem Gebiet der sozialistischen Medizin.

Die letzte Gruppe von Beiträgen widmet sich solchen literarischen Texten aus der DDR, die ihrem Schwerpunkt nach auf eine kritische Reflexion der Wissenschaften und/oder der Grenzen von Wissen und Erkenntnis zielen, ohne dass sie dabei allein DDR-spezifische Aspekte auf den Prüfstand stellen. Den Auftakt macht *Stefan Descher*, der in seinem Beitrag die unrühmliche Rolle der Wissenschaften in Fritz Rudolf Fries' Dystopie *Verlegung eines mittleren Reiches* (1984) untersucht. Descher arbeitet heraus, dass der Roman das opportunistische Verhalten von Wissenschaftlerfiguren in den Fokus rückt, die sich, ganz gleich welcher natur- oder geisteswissenschaftlichen Disziplin sie angehören, allesamt und bereitwillig in den Dienst der neuen diktatorischen Machthaber stellen und am Ende sogar die finale Katastrophe und damit den Untergang des fiktiven Reiches herbeiführen. Da Fries' Dystopie als Parabel angelegt sei und damit auf Allgemeingültigkeit und Modellhaftigkeit ziele, deutet Descher den Roman nicht nur als Warnung vor einer Vereinnahmung der Wissenschaften in *diktatorischen* Herrschaftsgefügen, sondern auch als Mahnung vor der generellen Gefahr einer machtpolitischen Indienstnahme der Wissenschaften in *jedweder* Gesellschaft. Gleichwohl hält Descher abschließend fest, dass Fries' ‚Warnutopie' in der DDR ungleich brisanter als in der BRD gewesen sei, da diese Art der fundamentalen Wissenschafts- und Fortschrittskritik zugleich an den Grundsätzen des sozialistischen Selbstverständnisses gerüttelt habe.

Zu den gewichtigen wissenschaftskritischen Stimmen der DDR-Literatur gehört auch Helga Königsdorf, mit der sich *Marlene Meuer* befasst. Königsdorf, die hauptberuflich Mathematikerin war, hat in den 1970er und 1980er Jahren zahlreiche Wissenschaftssatiren in Prosa vorgelegt, darunter auch die von Meuer untersuchte Erzählung *Der unangemessene Aufstand des Zahlographen Karl-Egon Kuller* (1982). Wie Meuer an dieser Erzählung exemplarisch aufzeigt, hat Königsdorf mit ihrem Schreiben die ungeschriebenen Regeln und Mechanismen von Erfolg und Karriere im Wissenschaftsbetrieb kritisch ins Visier genommen. So führe Königsdorf am Werdegang des Karrieristen und ‚Zahlenschreibers' (Mathematikers) Kuller vor, wie einer statt durch fachliche Expertise allein durch Berechnung, Kalkül und Trickserei an die Spitze der Institution gelange. Selbst als

Kuller den Aufstand probt, um das Lug- und Truggebäude der Wissenschaft zu entlarven, reproduziere sich das System weiter wie bisher. Königsdorfs ‚Moral von der Geschicht' gelte demnach nicht allein dem individuellen Fehlverhalten eines Karrieristen, sondern ziele auf die inhärenten Fehllogiken des Wissenschaftssystems selbst. Da in dieser überspitzt-satirischen Darstellung einer wissenschaftlichen Karriere wenig auf eine konkrete zeitlich-räumliche Verankerung des Geschehens hindeutet, schlussfolgert Meuer, dass Königsdorfs Diagnose auf generelle Fehlentwicklungen im Wissenschaftssystem in Ost und West ziele und dabei auf strukturelle Missstände aufmerksam mache, die selbst noch den gegenwärtigen Wissenschaftsbetrieb in seiner ‚kapitalistischen' Ausprägung beträfen.

Zu grundlegenden Fragen nach der Bedingung von Wissen(schaft) und Erkenntnis dringt der abschließende Beitrag von *Maria Kuberg* vor, der die intrikate Beziehung zwischen Wissen und Verstehen in Heiner Müllers Lehrstück *Mauser* (1970) in den Fokus rückt. Ausgehend von Brechts Lehrstückkonzeption macht Kuberg zunächst deutlich, dass das Lehrstück insofern dem ‚Theater des wissenschaftlichen Zeitalters' zugehört, als es im Zuge seines ihm zugesprochenen Experimentcharakters nicht lediglich eine Lehre vermittelt, sondern als ‚*Lern*stück' überhaupt erst Wissen und Erkenntnis hervorbringt. An Brechts ‚Lernstück' *Die Maßnahme* (1930), dessen Setting Müller vierzig Jahre später in *Mauser* kritisch aufgreift, zeigt Kuberg anschließend auf, dass die darin thematisierte und für Brecht zentrale Konzeption des Einverständnisses auf einem paradoxalen Verhältnis zwischen Wissen und Verstehen basiert. So bestehe die zu erlernende Lektion des Stücks darin, dass der junge Genosse, der sein Einverständnis zu seinem eigenen Tod im Dienst des Kollektivs erklären soll, zugleich um den damit verbundenen Widerspruch weiß, dass der Tod als letzte biologische Grenze gar nicht verstanden werden kann. In *Mauser* verabsolutiere Müller diese paradoxale hermeneutische Grundsituation, die Unterbrechung des Verstehens im Verstehen: Müllers Stück fordere, so Kuberg, noch das Unmögliche, nämlich ein absolutes Einverständnis, das selbst den Tod als Möglichkeit denke, also zum Wissbaren mache. Dieses ‚totale' Wissen sei aber überhaupt nicht zu erlangen, wie das Stück zugleich selbst vorführe. Als ein Experiment, das sein eigenes Scheitern demonstriere, führe Müllers Lehrstück an die Grenze allen Verstehens und Wissens und damit an das Ende des ‚wissenschaftlichen Zeitalters' und seines Theaters.

Der vorliegende Band geht zurück auf einen Workshop mit dem Titel *Das Wissen der DDR-Literatur. Ansätze einer wissensgeschichtlich akzentuierten Literaturgeschichte*, der von Angela Gencarelli, Matthias Aumüller und Katrin Max konzipiert und im Oktober 2017 an der Leuphana Universität Lüneburg veranstaltet wurde.

Beiden Mitstreiter*innen und allen Beiträger*innen des Bandes sei an dieser Stelle ausdrücklich für die Mitarbeit gedankt. Für die finanzielle Unterstützung zur Ausrichtung des Workshops ist der Graduate School der Universität Lüneburg zu danken. Die Herausgeberin dankt darüber hinaus Norbert Bachleitner, Christian Begemann, Walter Erhart, Gangolf Hübinger, Barbara Picht und Meike Werner für die Aufnahme des Bandes in die von ihnen betreute Publikationsreihe *Studien und Texte zur Sozialgeschichte der Literatur* im De Gruyter Verlag. Für die gute Zusammenarbeit im Prozess der Drucklegung ist Marcus Böhm vom De Gruyter Verlag zu danken. Für die bereichernde Diskussion sowohl der Konzeption des Bandes als auch der Beiträge der Herausgeberin sei Christine Falk herzlich gedankt. Ein besonderer Dank gilt schließlich Sven Kramer, der den Band als wissenschaftlicher Ansprechpartner an der Universität Lüneburg begleitet hat.

Berlin, im Oktober 2021
Angela Gencarelli

I Programmatische Wissenschaftsbezüge

Angela Gencarelli

Wechselvolle Grenzgänge zwischen Literatur und Naturwissenschaft

Die vergessene ‚Zwei-Kulturen'-Debatte in der DDR (1959-1989)

Einleitung

Im Jahr 1959 versetzte der britische Physiker und Romancier C. P. Snow die geistige Elite seiner Zeit in helle Aufregung: Anlässlich der jährlich abgehaltenen *Rede Lecture* an der Universität Cambridge warf Snow die starke These in den Raum, dass nichts weniger als das „geistige Leben der gesamten westlichen Gesellschaft"[1] in zwei Lager – in ‚zwei Kulturen', so der paradigmatische Titel des Vortrags – gespalten sei: Auf der einen Seite stünden die literarisch Gebildeten, inklusive der Schriftsteller*innen und Geisteswissenschaftler*innen[2], auf der anderen Seite die Naturwissenschaftler*innen, darunter deren „repräsentativste Gruppe"[3], die Physiker*innen, sowie Ingenieur*innen. Zwischen beiden Seiten befände sich ein tiefer Graben, der aus ihrem „gegenseitigen Nichtverstehen"[4], ihrer beidseitigen „Ignoranz"[5] und ihrer Kommunikationsverweigerung[6] erwachsen sei.

Snows Diagnose hat seither viele Gemüter der akademischen Welt erhitzt.[7] Bei aller ausgreifenden Auseinandersetzung mit der ‚Zwei-Kulturen'-These ist allerdings bis heute unbelichtet geblieben, dass Snow seinen stark generalisierenden Befund zumindest räumlich-geografisch relativiert hat: Im Blockdenken

---

1 C. P. Snow: Die zwei Kulturen. In: Die zwei Kulturen. Literarische und naturwissenschaftliche Intelligenz. C. P. Snows These in der Diskussion. Hg. von Helmut Kreuzer. München 1987, S. 19 – 58, hier: S. 21.

2 In der hier rekonstruierten Debatte über die ‚zwei Kulturen' kommen fast ausschließlich männliche Vertreter der Literatur und der (Natur-)Wissenschaften zu Wort. Dementsprechend konnte eine genderintegrierende Schreibweise nur dort bemüht werden, wo sie historische Tatsachen nicht verfälscht.

3 Snow: Die zwei Kulturen, S. 21.

4 Snow: Die zwei Kulturen, S. 21.

5 Snow: Die zwei Kulturen, S. 30.

6 Snow: Die zwei Kulturen, S. 20, 31, 32.

7 Vgl. dazu die Dokumentationen der Debatte von David K. Cornelius, Edwin St. Vincent (Hg.): Cultures in Conflict. Perspectives on the Snow-Leavis Controversy. Chigaco 1964 und Kreuzer (Hg.): Die zwei Kulturen.

 https://doi.org/10.1515/9783110771008-003

seiner Zeit verhaftet,[8] stellte er die westlichen und östlichen Gesellschaften einander gegenüber und mutmaßte in Bezug auf die UdSSR als Stellvertreterin für alle östlichen Staaten, dass die „Kluft zwischen den Kulturen [...] bei ihnen nicht annähernd so breit zu sein [scheint] wie bei uns."[9] Diese Vermutung erhärtet Snow im weiteren Verlauf seiner Rede, indem er darauf verweist, dass bei den „Russen" in weiten Bevölkerungsteilen „zumindest elementare Kenntnisse" in naturwissenschaftlich-technischen Bereichen vorhanden seien, da ihr Bildungssystem weniger spezialisiert sei.[10] Dementsprechend sei es für die russische Literatur und ihre Rezipient*innen weitaus selbstverständlicher als bei den „literarisch Gebildete[n] hierzulande", sich mit Natur- und Ingenieurswissenschaften oder technisierten „Produktionsvorgängen" zu befassen.[11] Auch wenn Snow diese Relativierung der ‚Zwei-Kulturen'-Spaltung in Bezug auf die Staaten der östlichen Hemisphäre nicht weiter vertieft hat, hielt er sie zum Schluss in einer vielsagenden Schwebe: „Ich möchte dem nicht allzuviel Wert beimessen, aber vielleicht ist es doch bezeichnend."[12]

Diese Überlegung ist in der Tat bezeichnend, denn sie lenkt den Blick darauf, dass es gerade auch in Deutschland östlich des ‚Eisernen Vorhangs' eine überaus rege Diskussion über das intrikate Verhältnis zwischen Literatur und Naturwissenschaft gegeben hat und zwar sowohl *innerhalb* der schreibenden Zunft als auch *zwischen* den „hochgebildeten Jünger[n]" der literarisch-geisteswissenschaftlichen und der naturwissenschaftlich-technischen Kultur.[13] Nur wurde diese in der DDR entbrannte Debatte im Gegensatz zu der im Westen geführten Kontroverse im Anschluss an Snow bislang kaum wahrgenommen, geschweige denn aufgearbeitet.[14]

Im vorliegenden Beitrag werden die wesentlichen Positionen und Etappen der vergessenen ‚Zwei-Kulturen'-Debatte in der DDR erstmals rekonstruiert. Sie entstand fast zeitgleich, wenn auch zunächst unabhängig von jener durch Snows

---

8 Vgl. dazu: James G. Paradis: Two Cultures Debate. In: Encyclopedia of Literature and Science. Hg. von Pamela Gossin. London 2002, S. 473–479, hier: S. 474.

9 Snow: Die zwei Kulturen, S. 46.

10 Snow: Die zwei Kulturen, S. 46.

11 Snow: Die zwei Kulturen, S. 47.

12 Snow: Die zwei Kulturen, S. 47.

13 In Deutschland westlich des ‚Eisernen Vorhangs' erschienen direkte Repliken auf Snow ab den späten 1960er Jahren, nachdem seine Rede 1967 erstmals in deutscher Sprache erschienen war. Vgl. dazu die Dokumentation der Debatte von Helmut Kreuzer (Hg.): Literarische und naturwissenschaftliche Intelligenz. Dialog über die ‚zwei Kulturen'. Stuttgart 1969.

14 Anton Hiersche gehört zu den wenigen, die sich mit jener in der UdSSR entbrannten Kontroversen um das Verhältnis zwischen Literatur und Naturwissenschaften beschäftigt hat. Vgl. Anton Hiersche: Sowjetliteratur und wissenschaftlich-technische Revolution. Berlin 1977.

paradigmatische Rede ausgelösten Kontroverse im Westen. Da sie eine ganz ähnliche Problemstellung – jenes neuralgische Verhältnis zwischen Literatur und Naturwissenschaften – ins Zentrum rückte und sich in ihrem späteren Verlauf auch punktuell auf Snows Rede bezog, darf sie als östliche ‚Zwei-Kulturen'-Debatte gelten.[15] Dass ihre Bedeutung nicht zu unterschätzen ist, zeigt sich bereits mit Blick darauf, dass sich an ihr eine ganze Reihe namhafter Schriftsteller*innen und renommierter (Natur-)Wissenschaftler der DDR über drei Jahrzehnte hinweg beteiligten. Ihr Auftakt fällt ebenfalls in das Jahr 1959, als wenige Monate nach Snows Vortrag, allerdings ohne direkte Bezugnahme auf ihn, im ostdeutschen PEN-Zentrum in Berlin über das Verhältnis der Literatur zu den das Zeitalter prägenden Naturwissenschaften diskutiert wurde (Teil 1). Während die Literat*innen in dieser Diskussion noch mehrheitlich der Wissenschafts- und Technikbegeisterung in der DDR der 1950er Jahre das Wort redeten und deshalb die ‚Grande Alliance' mit den Vertreter*innen der anderen Kultur probten, schlug der Tenor in der sogenannten *Forum*-Lyrik-Debatte zur Mitte der 1960er Jahre deutlich in eine wissenschaftskritische Richtung um, die von einer Abwehrbewegung tonangebender Lyriker*innen gegenüber den Naturwissenschaften getragen wurde (Teil 2). Wieder neu ausgehandelt und justiert wurde das besagte Verhältnis in den 1970er Jahren, als in der *Neuen Deutschen Literatur* (NDL), einer der wichtigsten Literaturzeitschriften der DDR, zahlreiche Beiträge erschienen, die sich um theoretisch-reflektierte Brückenschläge zwischen der Literatur und den (Natur-)Wissenschaften bemühten (Teil 3). Bereits in den 1980er Jahren vollzog sich unter dem Eindruck eines wachsenden ökologischen Krisenbewusstseins eine erneute Kehrtwende. So bezeugen abermals in der NDL ausgetragene Wortgefechte, dass die zuvor erprobten Schulterschlüsse zwischen der literarischen und naturwissenschaftlichen Intelligenz wieder stückweise aufgekündigt wurden (Teil 4). Diese wechselvolle Dynamik der östlichen ‚Zwei-Kulturen'-Debatte gilt es zu berücksichtigen, wenn am Ende des Beitrags auf die Frage zurückzukommen

---

15 Der Begriff ‚Zwei-Kulturen'-Debatte hat sich zunächst im engeren Sinn als Bezeichnung der westlichen Kontroverse im Anschluss an die paradigmatische Rede Snows durchgesetzt. Das Schlagwort der ‚zwei Kulturen' avancierte allerdings rasch zu einem geflügelten Wort, das zur generellen Kennzeichnung von Diskussionen über das Verhältnis zwischen Literatur und Naturwissenschaft (mit und ohne Anschluss an Snow) herangezogen wurde (vgl. Daniel Cordle: Postmodern Postures. Literature, Science and the Two Cultures Debate. Aldershot 1999). Im Anschluss an diese erweiterte Begriffsverwendung bezeichne ich auch die in der DDR geführte Diskussion ganz bewusst als ‚Zwei-Kulturen'-Debatte, um darauf aufmerksam zu machen, dass wichtige öffentliche Debatten über die Relation zwischen Literatur und Naturwissenschaft auch in anderen als den westlichen Ländern stattgefunden und beachtenswerte, bislang aber vernachlässigte Positionen hervorgebracht haben.

sein wird, inwiefern die These einer tiefgreifenden Kluft zwischen der literarischen und naturwissenschaftlichen Zunft für den DDR-Kontext zutreffend ist.

1 ‚Grande Alliance' zwischen Literatur und Naturwissenschaft im PEN-Zentrum der DDR

Im Jahr 1959 war die Frage nach dem Verhältnis zwischen Literatur und Naturwissenschaft in Ost und West offenbar so virulent, dass gleich mehrere öffentliche Diskussionen zu diesem Problemfeld stattfanden. Ähnlich wie Snow, der das besagte Verhältnis unter den Vorzeichen eines „heroische[n] Zeitalter[s] der Naturwissenschaften" diskutierte,[16] warf eine sowjetische Zeitung wenige Monate später die Frage auf, ob die „Literatur noch eine Funktion im ‚Zeitalter von Wissenschaft und Technik'" habe.[17] Weniger provokativ, aber in eine ähnliche Richtung weisend, lautete das Thema, das das PEN-Zentrum International auf die Tagesordnung seines internationalen Kongresses in Frankfurt am Main im Juli desselben Jahres setzte: Diskutiert werden sollte die „Schöne Literatur im Zeitalter der Wissenschaft"[18], wobei mit ‚Wissenschaft' wieder die *Natur*wissenschaft gemeint war. Inspiriert durch diese Themenwahl, die im Vorfeld der Zusammenkunft u.a. an den damaligen Präsidenten des ostdeutschen PEN-Zentrums, Arnold Zweig, kommuniziert wurde,[19] traf man sich kurz darauf, im November 1959, auch im PEN-Zentrum der DDR,[20] um über diese Fragestellung zu diskutieren. Diese nun genauer zu betrachtende Debatte, an der sich bekannte DDR-Schriftsteller wie Peter Hacks und Stefan Heym, der Kulturfunktionär Alfred Kurella, der PEN-Präsident Arnold Zweig, der Theaterkritiker Ernst Schumacher, der Chemiker Robert Havemann sowie der Historiker, Schriftsteller und spätere PEN-Präsident

---

16 Snow: Die zwei Kulturen, S. 22.

17 Hiersche: Sowjetliteratur und wissenschaftlich-technische Revolution, S. 9.

18 Vgl. dazu die Kongressdokumentation: 30. Kongress des Internationalen PEN, Frankfurt am Main, 19. bis 25. Juli 1959. Schöne Literatur im Zeitalter der Wissenschaft. Frankfurt/Main, Berlin 1960.

19 Arnold Zweig [Diskussionsbeitrag]. In: Literatur im Zeitalter der Wissenschaft. Deutsches PEN-Zentrum Ost und West. Öffentliche Diskussion des Deutschen PEN-Zentrums Ost und West, geführt in der Deutschen Akademie der Wissenschaften zu Berlin am 28. November 1959. Hg. von Ingeburg Kretzschmar. Berlin 1960, S. 31–34, hier: S. 32.

20 Genaugenommen firmierte das ostdeutsche PEN-Zentrum erst seit 1967 unter dem Namen ‚PEN-Zentrum der DDR'. Zuvor hieß die Organisation, die sich 1951 vom PEN-Zentrum der Bundesrepublik abspaltete, ‚PEN-Zentrum Ost und West'. Vgl. zur Geschichte des ostdeutschen PEN: Dorothée Bores: Das ostdeutsche PEN-Zentrum 1951 bis 1998. Ein Werkzeug der Diktatur? Berlin, New York 2010.

Heinz Kamnitzer mit Redebeiträgen beteiligten, darf als wichtiger Auftakt der ‚Zwei-Kulturen'-Debatte in der DDR gelten.

Ausgangspunkt der öffentlichen Diskussion, die in der Akademie der Wissenschaften in Ost-Berlin stattfand und von der im DDR-Rundfunk ausführlich mit O-Ton-Einspielungen berichtet wurde,[21] war ein langes Referat von Ernst Schumacher. Der westdeutsche Theaterkritiker und marxistische Brecht-Forscher, der 1962 in die DDR übersiedelte, stellte Brechts Drama *Leben des Galilei* in den Mittelpunkt seiner Ausführungen. Schumachers erklärtes Ziel war es, ausgehend von Brecht Stück, das die Diskutanten am Abend zuvor am Berliner Ensemble gesehen hatten,[22] allgemeine Direktiven für eine „dem wissenschaftlichen Zeitalter angemessenen schönen Literatur"[23] zu entwickeln. Eine seiner zentralen Forderungen an alle (sozialistischen) Schriftsteller*innen lautete, sich ähnlich wie Brecht, der die Wissenschaft nicht als „verzeihliche Nebenbeschäftigung"[24], sondern als tägliches Brot betrachtet hätte, szientifische Erkenntnisse in umfassender Weise anzueignen, denn: „Große Literatur in unserer Epoche kann nicht mehr ohne Kenntnis der [...] Gesellschafts- und Naturwissenschaft geschrieben werden."[25] Während Schumachers Aufruf zur wissenschaftlichen Selbstbildung aller Literat*innen offensichtlich sowohl die Gesellschafts- als auch die Naturwissenschaften umfasste, trat im weiteren Verlauf seiner Argumentation deutlich zu Tage, dass er vornehmlich die Naturwissenschaft als zentralen Orientierungspunkt einer dem „wissenschaftlichen Zeitalter angemessenen schönen Literatur" im Sinn hatte. Das spiegelten auch seine inhaltlich-stofflichen Vorgaben für die Literatur wider: „Die Probleme der schönen Literatur müssen mit den Problemen des Zeitalters korrespondieren. Sie müssen daher auch die Probleme der Wissenschaft einschließen, da das *Verhältnis zwischen Wissenschaft und Gesellschaft* heute ein Kardinalproblem ist."[26] Dieses Kardinalproblem machte Schumacher nun genau am paradigmatischen Beispiel der modernen Atomphysik fest: Für „uns Kinder [...] des wissenschaftlichen Zeitalters"[27] sei die dramatische Entwicklung der „modernen Naturwissenschaft"[28], die sich an der völlig konträ-

---

21 Vgl. 11. Generalversammlung des PEN-Zentrums Ost und West in Berlin. Mit Originaltönen der Redebeiträge von Arnold Zweig, Stefan Heym, Robert Havemann und Heinz Kamnitzer. DDR-Rundfunk, 1.12.1959.

22 Vgl. Zweig: [Diskussionsbeitrag], S. 34.

23 Ernst Schumacher: Wissenschaft in der schönen Literatur. In: Literatur im Zeitalter der Wissenschaft, S. 9–30, hier: S. 16.

24 Schumacher: Wissenschaft in der schönen Literatur, S. 15.

25 Schumacher: Wissenschaft in der schönen Literatur, S. 16.

26 Schumacher: Wissenschaft in der schönen Literatur, S. 13. Hervorhebung A.G.

27 Schumacher: Wissenschaft in der schönen Literatur, S. 13.

28 Schumacher: Wissenschaft in der schönen Literatur, S. 12.

ren Nutzung atomphysikalischer Erkenntnisse für die Energieerzeugung einerseits und den Bau von Atomwaffen andererseits zeige, zu „einem lebensfördernden wie lebensbedrohlichen Problem geworden“[29]. In Stücken wie Brechts *Galileo* würde nun genau dieser Konflikt in den Fokus gerückt, der schließlich in den „sozialen Verrat der Wissenschaftler“, d. h. in die Auslieferung der Atombombe mit katastrophaler Folgewirkung für die Gesellschaft, ausgeartet sei.[30] Bei dieser lebensvernichtenden Seite der modernen Naturwissenschaft solle die Literatur allerdings nicht stehen bleiben. Vielmehr erhielten die „Schöpfer einer dem wissenschaftlichen Zeitalter angemessenen schönen Literatur“[31] den konkreten Schreibauftrag, sich nun endlich – und damit mimte der Theaterkritiker ganz die offiziell geforderte Rolle des zukunftsgewissen Sozialisten bzw. Marxisten – ihrer lebensfördernden Seite zuzuwenden. Dementsprechend wünschte er sich von der schreibenden Zunft neue Physiker-Dramen, die „die Wissenschaftler von heute nicht nur anklag[t]en“[32], sondern den „Einsatz dieser produktiven Köpfe für das *Wohl* der Menschheit“[33] aufzeigten.

Das skizzierte Eröffnungsreferat, das kurze Zeit später auch in der *Neuen Deutschen Literatur* abgedruckt wurde,[34] nahm den Grundtenor der gesamten Diskussion vorweg, den auch andere Diskutanten mehrheitlich teilten: Als erstrebenswertes Ziel galt die umfassende Annäherung der Schriftsteller*innen und ihrer literarischen Produktionen an die das Zeitalter bestimmenden Naturwissenschaften. Dass davon nicht nur Literaturkritiker wie Schumacher, sondern auch die beteiligten Literaturproduzenten selbst überzeugt waren, zeigte sich eindrücklich am Wortbeitrag des Schriftstellers Stefan Heym: Für ihn galt es als selbstverständlich – und er unterstellte diese Position auch allen Anwesenden „im Saal“ –, dass die „Wissenschaft“, womit wieder vorrangig die „exakte Wissenschaft“, also die Naturwissenschaft, gemeint war, keinesfalls „schlecht für die Literatur [sei].“[35] Im Gegenteil: Er verstand sie vielmehr als „Goldgrube“[36] für Literat*innen und damit „außerordentlich anregend für die Phantasie“.[37] Heym selbst gab ein gutes Beispiel für einen Literaten ab, der, wie er die Diskussions-

---

29 Schumacher: Wissenschaft in der schönen Literatur, S. 12.

30 Schumacher: Wissenschaft in der schönen Literatur, S. 25.

31 Schumacher: Wissenschaft in der schönen Literatur, S. 16.

32 Schumacher: Wissenschaft in der schönen Literatur, S. 25.

33 Schumacher: Wissenschaft in der schönen Literatur, S. 25. Hervorhebung A.G.

34 Vgl. Ernst Schumacher: Wissenschaft in der Schönen Literatur. Wissenschaft für die Schöne Literatur. In: NDL 8 (1960), Heft 2, S. 115–129.

35 Stefan Heym: [Diskussionsbeitrag]. In: Literatur im Zeitalter der Wissenschaft, S. 35–42, hier: S. 35.

36 Heym: [Diskussionsbeitrag], S. 39.

37 Heym: [Diskussionsbeitrag], S. 39.

runde wissen ließ, die Naturwissenschaft wie die „Maus den Käse“[38] betrachtete. So kam er auf seinen „Versuch“ zu sprechen, „etwas über Wissenschaft zu schreiben“[39]. Ergebnis war seine damals neueste Publikation, das Reportagebuch *Das kosmische Zeitalter* (1959), für dessen Abfassung Heym zahlreiche naturwissenschaftliche Einrichtungen in der Sowjetunion, darunter das Observatorium von Pulkowo und das Kernforschungsinstitut in Dubna, besucht hatte. Ausgehend von diesen umfangreichen Vor-Ort-Recherchen berichtete Heym über damals drängende Forschungsfragen wie die Mondumrundung mit Satelliten oder die Erforschung kosmischer Teilchenstrahlung. Zudem thematisierte er explizit, welche Stellung der Literatur im „kosmischen Zeitalter“ zuzuweisen sei: „Die Zeiten sind vorbei, wo die Phantasie der Schriftsteller dem Leben vorauseilte, ins Reich der Utopie. Die Physiker und Ingenieure haben die Initiative an sich gerissen und machen die Träume der Utopisten zur Wirklichkeit.“[40] Da die Naturwissenschaftler*innen für Heym offensichtlich die neuen und offenbar erfolgreicheren Utopisten sind, bleibt für die schreibende Zunft nur mehr die Orientierung an den „Träumen“ der Naturwissenschaften. Dieser Stoßrichtung folgend, rückte Heym in seinem Reportagebuch die ‚Träume‘ von Weltraumspezialist*innen, Physiker*innen und Ingenieur*innen in den Fokus und würdigte ihre bereits erzielten Erfolge in der Realisierung ihrer Utopien. Diesen Ansatz empfahl er schließlich in der PEN-Diskussion als Blaupause für seine Schriftstellerkolleg*innen, die sich ebenfalls mit „kommenden Dingen“ befassen sollten und zwar auf Grundlage wissenschaftlicher Vorhersagen und Prognosen.[41] Daran anknüpfend wünschte Heym sich deutlich mehr Beiträge zur Science-Fiction-Literatur, die aber anders als die dystopische Literatur „im Westen“ ihrer „Grundlinie“ nach nicht „pessimistisch“ und wissenschaftskritisch, sondern eine optimistische und wissenschaftsaffirmative Perspektive an den Tag legen sollte.[42]

Diesen zukunfts- und wissenschaftsoptimistischen Standpunkt begründete Heym mit einem bemerkenswerten politisch grundierten Argumentationsmuster, das auch in der Politrhetorik der SED immer wieder auftauchte:[43] Heym, der im Jahr des PEN-Treffens gerade erst den Nationalpreis der DDR erhalten hatte und erst später als kritische Stimme unter den DDR-Literat*innen hervorgetreten ist, war davon überzeugt, dass sich der Kapitalismus ab einem gewissen Punkt als

38 Heym: [Diskussionsbeitrag], S. 41.
39 Heym: [Diskussionsbeitrag], S. 35.
40 Stefan Heym: Das kosmische Zeitalter. Ein Bericht. Berlin 1959, S. 9.
41 Heym: [Diskussionsbeitrag], S. 37.
42 Heym: [Diskussionsbeitrag], S. 40.
43 Vgl. Wissenschaft [Art.], in: Philosophisches Wörterbuch. Hg. von Georg Klaus, Manfred Buhr. Bd. 2, 12. Auflage, Leipzig 1976. S. 1310–1313, hier: S. 1312.

„Hindernis für den Fortschritt der Wissenschaft“[44] erweise. Als Beleg dafür galten ihm die zeitweiligen Misserfolge des amerikanischen Weltraumsatellitenprogramms. Demgegenüber betonte Heym, dass erst die sozialistische Gesellschaftsordnung der Wissenschaft zu solchen Erfolgen wie dem Sputnik verhelfe, und umgekehrt trügen die so entfalteten Wissenschaften dank ihrer Erfolge dazu bei, „mit größeren Schritten als bisher dem Zeitalter des Kommunismus näherzukommen“[45]. Daraus zog Heym die Schlussfolgerung, dass gerade Schriftsteller*innen im Sozialismus allen Grund dazu hätten, sich an den Naturwissenschaftler*innen zu orientieren und Hand in Hand mit ihnen zu arbeiten. Von dieser geforderten „Grande Alliance zwischen Wissenschaftler[n] und Schriftsteller[n]“[46] erhoffte sich der Autor, noch „rascher voranzukommen auf dem [...] langen Weg zu einer schönen und vernünftigen Zukunft.“[47]

Die Betonung einer scheinbar gleichberechtigen ‚Grande Alliance‘ zwischen den ‚zwei Kulturen‘ sollte allerdings nicht darüber hinwegtäuschen, dass Heyms Argumentation, und das galt tendenziell für die PEN-Diskussion insgesamt, ein ausgeprägtes Gefälle zwischen der schöngeistigen Literatur und den Leistungen von Naturwissenschaft und Technik statuierte. In der Folge geriet die geforderte Annäherung zu einem recht einseitigen Auftrag. So oblag es allein den Schriftsteller*innen, mit ihren literarischen Produktionen zu den ‚Höhen‘ von Naturwissenschaft und Technik (und nicht etwa umgekehrt) aufzuschließen. Diese Überhöhung der Naturwissenschaften, die bezeichnenderweise von der Mehrzahl der ‚literarisch Gebildeten‘ in der PEN-Diskussion selbst ausging und auf einer Linie mit wissenschaftseuphorischen Positionen der SED[48] lag, blieb dann auch nicht unwidersprochen: Peter Hacks wandte sich zwar als einziger, dafür umso vehementer gegen das Modell einer sich den Naturwissenschaften andienenden Literatur. Zuvörderst leugnete er, dass die Wissenschaft überhaupt ein „brauchbarer Gegenstand der Kunst“[49] sei, denn: Ein Stück wie Brechts *Galileo* wäre „teuflisch langweilig, wenn sein Thema die Wissenschaft wäre.“[50] Natur wie Naturwissenschaft seien allenfalls dann „kunstfähig“[51], wenn sie „gesellschaft-

---

44 Heym: [Diskussionsbeitrag], S. 38.
45 Heym: [Diskussionsbeitrag], S. 39.
46 Heym: [Diskussionsbeitrag], S. 41.
47 Heym: [Diskussionsbeitrag], S. 41.
48 Vgl. Dieter Hoffmann, Kristie Macrakis: Vorwort. In: Naturwissenschaft und Technik in der DDR. Hg. von Dieter Hoffmann, Kristie Macrakis. Berlin 1997, S. 9–15, hier: S. 9.
49 Peter Hacks: [Diskussionsbeitrag]. In: Literatur im Zeitalter der Wissenschaft, S. 63–72, hier: S. 64.
50 Hacks: [Diskussionsbeitrag], S. 64.
51 Hacks: [Diskussionsbeitrag], S. 64.

liche Fragen"[52] berührten. Weit oben auf Hacks' Einspruchsliste rangierte außerdem die Negation der Einflussbeziehung zwischen schöner Literatur und exakter Wissenschaft: „Ich bin [...] der Meinung, daß die Naturwissenschaft auf die Literatur keinen Einfluss hat."[53] Diese Spitze richtete sich dezidiert gegen den wesentlichen Punkt seines Vorredners, des Kulturfunktionärs Alfred Kurella, der von einer mittelbaren, dafür aber beständigen Beeinflussung der Literatur durch das (natur-)wissenschaftliche Denken seit der kopernikanischen Revolution ausgegangen war.[54] Ungeachtet dessen, dass Hacks keinen einzigen Beleg für sein Argument gegen die sorgfältig begründete These des Kulturpolitikers anzubringen wusste, ging der Dramatiker mit seiner Provokation noch einen Schritt weiter: Hacks erklärte es kurzerhand zum „Recht" und der „Pflicht" jeder einzelnen Autorin und jedes einzelnen Autors, die Naturwissenschaft zu vernachlässigen, da sie „klassenindifferent"[55] – also gewissermaßen blind gegenüber der „Klassenfrage"[56] als zentralem gesellschaftlichen Widerspruch (gemäß der marxistischen Vorstellung) – sei. In der polemischen Reaktion von Hacks zeichnete sich demnach eine deutliche Abgrenzungsbewegung eines Literaten gegenüber den sonst hochgeschätzten Naturwissenschaften ab.

Am Grundtenor der Diskussion konnte Hacks' abweichende Positionierung allerdings wenig ändern. Für die Mehrheit der ‚literarisch Gebildeten', angefangen beim Literaten über den Literaturkritiker bis hin zum Kulturpolitiker, stand fest, dass sich die Literatur und ihre Produzent*innen an den Naturwissenschaften zu orientieren und wissenschaftsaffine Themen bis hin zu szientifischen Prinzipien[57] zu übernehmen hatten. Bei so viel Entgegenkommen und Lob auf die Naturwissenschaften wundert es nicht, dass der diese Disziplin vertretende Chemiker Robert Havemann, der damals noch zu den Vorzeige-Akademiker*innen der DDR gehörte, in der PEN-Diskussion ebenfalls die ‚Grande Alliance' mit den ‚literarisch Gebildeten' probte. So sprach er der Literatur insofern seine Hochschätzung aus, als er sie als „wunderbares Medium" würdigte, mit deren Hilfe „neue[] Erkenntnisse" der Wissenschaften verständlich gemacht werden könnten.[58] Nichtsdestotrotz wurden solche wechselseitigen Schulterschlüsse schon bald wieder aufgekündigt – und zwar von Seiten der Literat*innen. Sie erregten damit das

52 Hacks: [Diskussionsbeitrag], S. 65.
53 Hacks: [Diskussionsbeitrag], S. 65.
54 Alfred Kurella: [Diskussionsbeitrag]. In: Literatur im Zeitalter der Wissenschaft, S. 43–62.
55 Hacks: [Diskussionsbeitrag], S. 65.
56 Hacks: [Diskussionsbeitrag], S. 66.
57 Vgl. Schumacher: Wissenschaft in der schönen Literatur, S. 30.
58 Robert Havemann: [Diskussionsbeitrag]. In: Literatur im Zeitalter der Wissenschaft, S. 55–62, hier: S. 57.

Missfallen der SED, die lange am Glauben an den wissenschaftlich-technischen Fortschritt festhielt[59] und Ähnliches auch von den Staatsbürger*innen, insbesondere der schreibenden Zunft, erwartete. Wie und warum die ‚Grande Alliance' zerbrach – wobei dieser Bruch kein endgültiger war, sondern nur für eine begrenzte Zeit währte –, wird der Blick auf den weiteren Verlauf der ‚Zwei-Kulturen'-Debatte in der DDR zeigen.

2 Strittiger Einfluss der wissenschaftlich-technischen Revolution auf die Literatur: die *Forum*-Lyrik-Debatte

Das *Forum* war eine von der FDJ in hohen Auflagen herausgegebene Jugend- und Studierendenzeitung, in der die „öffentliche Zwiesprache über Gedichte"[60] einen festen Platz hatte. 1966 initiierte die *Forum*-Redaktion eine „Grundsatzdiskussion" über ästhetische, politische und ideologische Aspekte der Lyrik und Literatur „in diesem besseren Land"[61]. Die Kontroverse, die die Redaktion durchaus in Eigenregie eröffnet hatte, bis sie von der SED beendet wurde,[62] vollzog sich in zwei hauptsächlichen Diskussionssträngen. Diese gingen darauf zurück, wie die Redaktion unter der Federführung des stellvertretenden Chefredakteurs Rudolf Bahro die von ihr so getaufte „FORUM-Lyrik-Debatte"[63] konzipiert hatte: Im Vorfeld der Diskussion stellte die Redaktion namhaften Lyriker*innen der DDR drei Fragen, worunter die erste und am stärksten diskutierte Frage auf die Auseinandersetzung mit der sogenannten wissenschaftlich-technischen Revolution (WTR) und ihrem Einfluss auf die Lyrik bzw. die Literatur im Generellen zielte. Parallel zu den Antworten von Lyriker*innen wie Heinz Czechowski, Hanns Cibulka, Karl Mickel, Uwe Berger, Adolf Endler, Sarah und Rainer Kirsch sowie Günter Kunert

59 Vgl. Hoffmann, Macrakis: Vowort.

60 Simone Barck: Bücher und Autoren des Mitteldeutschen Verlages in der Öffentlichkeit. In: Simone Barck, Martina Langermann, Siegfried Lokatis: „Jedes Buch ein Abenteuer". Zensur-System und literarische Öffentlichkeiten in der DDR bis Ende der sechziger Jahre. Berlin 1997, S. 286–347, hier: S. 307.

61 Redaktionelle Vorbemerkung (o.V.): In diesem besseren Land, in: Forum 20 (1966), Heft 8, S. 19.

62 Vgl. zu diesem „kulturpolitisch verfügten Ende der Lyrik-Debatte" Simone Barck: Bücher und Autoren des Mitteldeutschen Verlages, S. 311–316 u. Holger Brohm: Die Koordinaten im Kopf. Gutachterwesen und Literaturkritik in der DDR in den 1960er Jahren. Fallbeispiel Lyrik. Berlin 2001, bes. S. 110–113.

63 Redaktionelle Vorbemerkung, S. 19.

lud das *Forum* zur Diskussion der gerade erst erschienenen Lyrik-Anthologie *In diesem besseren Land* (hg. v. Adolf Endler und Karl Mickel) ein, da man sich auf ihrer „Grundlage" „echte Fortschritte" in der „ästhetisch-ideologischen Verständigung und Selbstverständigung von Dichtern und Publikum" erhoffte.[64] Beide Diskussionsanstöße führten zu intensiven, weitgehend voneinander unabhängig verlaufenden Diskussionen, wobei im Folgenden insbesondere der entfachte Streit um das Verhältnis zwischen Lyrik und WTR bzw. Naturwissenschaften von Interesse ist.

Im Wortlaut wandte sich die Zeitung wie folgt an die Lyriker*innen: „Führt die neue Stellung des Menschen in der sozialistischen Gesellschaft, wie sie insbesondere durch die technische Revolution herbeigeführt wird, zu inhaltlichen oder strukturellen Veränderungen der Lyrik?"[65] Mit dieser Frage hielt die etwa seit Mitte der 1960er Jahren andauernde Diskussion um den Prozess der offiziell zunächst so genannten technischen, später *wissenschaftlich*-technischen Revolution,[66] nun im größeren Stil auch Einzug in ästhetische Grundsatzdebatten. Der Begriff ‚wissenschaftlich-technische Revolution' bezeichnete (nicht nur in der DDR) einen im 20. Jahrhundert einsetzenden „epochalen Wandel[]"[67], der darauf zurückgeführt wurde, dass die „Wissenschaft in die Funktion der hauptsächlichen, obligatorischen und permanenten Quelle der technischen und technologischen Neuerungen"[68] eingetreten sei und damit als zentrale „Produktivkraft"[69] das Produktionssystem der Gesellschaft verändere. In der *Forum*-Diskussion erläuterte der Politökonom Klaus Mueller-Bülow genauer, wie man sich die in der Anfrage an die Lyriker*innen zitierte „neue Stellung des Menschen in der sozialistischen Gesellschaft, wie sie insbesondere durch die technische Revolution herbeigeführt" werde, vorzustellen hatte: Er verwies zunächst ganz im Sinne des

---

64 Redaktionelle Vorbemerkung, S. 19. Auf die Rekonstruktion dieses Diskussionsstrangs konzentrieren sich die folgenden Arbeiten: Anthonya Visser: Blumen ins Eis. Lyrische und literaturkritische Innovationen in der DDR. Zum kommunikativen Spannungsfeld ab Mitte der 60er Jahre. Amsterdam 1994, bes. S. 37–63 und Gerhard Kluge: Die Lyrikdebatte im „Forum" (1966). Vermittlung als ideologisches und ästhetisches Problem. In: Lyrik – Blick über die Grenzen. Gedichte und Aufsätze des zweiten Lyrikertreffens in Münster. Hg. von Lothar Jordan, Axel Marquardt, Winfried Woesler. Frankfurt/Main 1984, S. 164–181.

65 Redaktionelle Vorbemerkung, S. 19.

66 Vgl. Hubert Laitko: Wissenschaftlich-technische Revolution. Aspekte eines Konzepts in Wissenschaft und Ideologie der DDR. In: Utopie kreativ 73/74 (1996), S. 33–55, hier: S. 41 f.

67 Laitko: Wissenschaftlich-technische Revolution, S. 35.

68 Laitko: Wissenschaftlich-technische Revolution, S. 39.

69 Laitko: Wissenschaftlich-technische Revolution, S. 39.

WTR-Konzepts der SED[70] auf die umfassenden Bemühungen, die Produktion durch den Einsatz elektronischer Steuerungssysteme weitgehend zu automatisieren.[71] Als erhoffter Nebeneffekt dieser durch die WTR ermöglichten Automatisierung von Produktionsprozessen würde der arbeitende Mensch von repetitiven Aufgaben befreit, was wiederum seine „schöpferische[n] Potenzen"[72] freisetze und seine zitierte ‚neue Stellung in der sozialistischen Gesellschaft' begründe. Die Erläuterungen des Politökonomen verdeutlichen, wie sehr die Fragestellung der *Forum*-Redaktion ideologisch aufgeladen war: Nicht nur setzte die Redaktion eine nichts weniger als heilbringende Wirkung von Naturwissenschaft und Technik voraus, sondern sie ging auch wie selbstverständlich davon aus, dass sich die Lyriker*innen dieser Ansicht anschlössen. Gerade aber solche als Antworten formulierten Fragen riefen den fast geschlossenen Widerspruch der befragten Poet*innen hervor.

Unter den acht abgedruckten Antworten[73] war Hanns Cibulkas Stellungnahme die einzige, welche die Fragestellung in gewünschter Weise aufgriff: Der Lyriker erhob das Verhältnis „‚Technische Revolution und Kunst'" zur „wesentlichste[n] Frage" und konstatierte, dass es ein „große[r] Irrtum der letzten 200 Jahre" gewesen sei, „Kunst und Wissenschaft zu trennen."[74] Dementsprechend forderte er in seiner *Forum*-Stellungnahme dazu auf, ein „neues schwesterliches Verhältnis zwischen den beiden großen Erkenntnisbereichen der Menschheit, der Kunst und der Wissenschaft" zu schaffen.[75] Während Cibulka mit dieser Position in der nur wenige Jahre zuvor abgehaltenen PEN-Diskussion nicht besonders aufgefallen wäre, stand er mit Blick auf die vornehmlich gleichgültige bis ablehnende Haltung der Lyriker*innen gegenüber der Naturwissenschaft und Technik in der *Forum*-Debatte alleine da. Eine regelrechte Ignoranz gegenüber der WTR und ihrem möglichen Einfluss auf die Lyrik bzw. die Literatur im Generellen legten etwa Heinz Czechowski, Adolf Endler und Sarah Kirsch an den Tag. So ging Czechowski der eigentlichen Frage der Redaktion aus dem Weg, indem er sie so umformulierte, dass er nicht auf den Einfluss der „technischen Revolution" auf die Lyrik eingehen musste, sondern sich auf einer allgemeineren Ebene den

70 Vgl. Wissenschaftlich-technische Revolution [Art.]. In: Philosophisches Wörterbuch. Hg. von Georg Klaus. Bd. 2. Berlin 1987, S. 1313.

71 Vgl. Mueller-Bülow: Brief vom 30.05.1966. In: Forum 20 (1966), Heft 12, S. 11.

72 Mueller-Bülow: Brief, S. 11.

73 Die angekündigte Wortmeldung von Georg Maurer blieb aus; die Antwort von Volker Braun wurde weder erwähnt noch veröffentlicht. Vgl. Volker Braun: Eine große Zeit für Kunst? (Auf eine Umfrage). In: Volker Braun: Texte in zeitlicher Folge. Halle, Leipzig 1989, S. 238–246.

74 Hanns Cibulka: [Diskussionsbeitrag]. In: Forum 20 (1966), Heft 8, S. 21.

75 Cibulka: [Diskussionsbeitrag], S. 21.

Auswirkungen der „neuen sozialen und politischen Struktur" auf die „Literatur" widmen konnte.[76] Endler hingegen stellte einen dominanten Einfluss von Naturwissenschaft und Technik auf die Lyrik ganz offen in Frage: „Die Lyrik verändert sich so permanent wie die Weltkarte oder wie das Leben. Auch die technische Revolution wird diese Eigenschaft der Lyrik zu keiner Zeit beeinträchtigen."[77] Ähnlich reagierte auch Sarah Kirsch, die ihrer Ablehnung der unterstellten Einflussbeziehung zwischen WTR und Lyrik mit einem provozierenden Ton Luft machte: „[I]ch [lasse] der technischen Revolution, was ihrer ist, kümmere mich [...] um sie nicht".[78] Ergänzend zu dieser prononcierten Gleichgültigkeit stellte Kirsch die Bedeutung der WTR sowohl für die Lyrik als auch für die Gesellschaft per se in Frage: „Ich bin mir [...] nicht sicher, ob sich die Stellung des Menschen in der Gesellschaft durch die technische Revolution so sehr verändert, und dann gar so, daß es sich gleich auf die Lyrik auswirkt?"[79]

Wenngleich diese Wortmeldungen bereits genügend Zündstoff boten, führte erst die Stellungnahme von Günter Kunert zu einem offenen Streit zwischen den Lyriker*innen einerseits und der *Forum*-Redaktion in Person Rudolf Bahros andererseits: Kunert wandte sich entschieden gegen die „große Naivität", von der für ihn auch die *Forum*-Anfrage zeugte, „Technik mit gesellschaftlich-humanitärem Fortschreiten" gleichzusetzen.[80] „Mir erscheint", und damit wandte Kunert die Frage der Redaktion ins Gegenteil, „als bedeutendste ‚technische Revolution' (nicht ganz im Sinn Ihrer Frage) die Massenvernichtung von Menschen, das möglich gewordene Ende allen Lebens. Am Anfang des technischen Zeitalters steht Auschwitz, steht Hiroshima, die ich nur in bezug auf gesellschaftlich organisiert verwendete Technik hier in einem Atemzug nenne."[81] Genau diese „Kluft zwischen technischem Können und menschlichem Dasein"[82] gehöre zu den „Widersprüche[n] globalen Ausmaßes", die „der Schriftsteller" zur Kenntnis zu nehmen hätte, wenn er nicht die „Grundsätze seines Metiers" verraten wolle.[83]

Kunert verstieß mit seiner Antwort gegen mehrere „Grundsätze" nicht seines, wohl aber des „Metiers" des damals noch linientreuen, wissenschafts- und

---

76 Heinz Czechowski: [Diskussionsbeitrag]. In: Forum 20 (1966), Heft 8, S. 20.

77 Adolf Endler: [Diskussionsbeitrag]. In: Forum 20 (1966), Heft 8, S. 21.

78 Sarah Kirsch: [Diskussionsbeitrag]. In: Forum 20 (1966), Heft 10, S. 22.

79 Kirsch: [Diskussionsbeitrag], S. 22. Vgl. zu Kirschs Reaktion auf die *Forum*-Anfrage auch den Beitrag von Katja Stopka in diesem Band. Wie Stopka nachweist, stand Kirschs ablehnende Haltung gegenüber der Naturwissenschaft und Technik durchaus in einem Spannungsverhältnis mit ihrer Lyrik, in der sie ihr Wissen aus der Mikrobiologie verarbeitet hat.

80 Günter Kunert: [Diskussionsbeitrag]. In: Forum 20 (1966), Heft 10, S. 23.

81 Kunert: [Diskussionsbeitrag], S. 23.

82 Kunert: [Diskussionsbeitrag], S. 23.

83 Kunert: [Diskussionsbeitrag], S. 23.

technikeuphorischen Philosophen Rudolf Bahro, der sich zu langen und wiederholten Erwiderungen auf Kunert veranlasst sah. Neben der Verurteilung von Kunerts „Gesamthaltung", die als „intellektuell hilflos[]" und „spätbürgerlich" gebrandmarkt wurde,[84] ging es Bahro insbesondere um die Festlegung eines verbindlichen Standpunktes für alle Sozialist*innen in puncto Naturwissenschaft und Technik: Die „bärtige These" einer Kluft zwischen technischem Können und menschlichem Dasein gelte nicht „unterschiedslos in jeder Ordnung", sondern ausschließlich im kapitalistischen Gesellschaftssystem.[85] Dieser Logik folgend stellte er klar, dass Auschwitz und Hiroshima „Kriegsverbrechen gleicher Ordnung" gewesen seien, und zwar des „deutschen und [...] des amerikanischen Imperialismus".[86] Gegenüber Dichter*innen, die mit beiden Beinen in der sozialistischen Gesellschaftsordnung zu stehen hätten bzw. im Falle von Kunert durch klare Bekenntnisse dorthin zurückkehren sollten, mahnte Bahro dementsprechend eine „optimistische [...] Analyse unseres Zeitalters"[87] an. Was man sich zudem von den Poet*innen wünschte, buchstabierten an anderer Stelle der bereits zitierte Ökonom Mueller-Bülow und der Literaturwissenschaftler Horst Haase aus: Da die WTR, so ersterer, enorme gesellschaftliche Auswirkungen habe, könnten sich die Lyriker*innen diesem Prozess überhaupt nicht entziehen. Stattdessen sollten sie ihr „kühl-distanzierende[s] Verhältnis"[88] zur Naturwissenschaft und Technik aufgeben und „in der Lyrik deutlich [...] machen, daß die Vorbereitung des dritten Weltkrieges durch die reaktionärsten Kräfte des internationalen Kapitals heute ein Problem der kapitalistischen, menschenfeindlichen Art und Weise der wissenschaftlich-technischen Revolution"[89] sei. Vom Erteilen politisch-ideologischer Schreibaufträge schreckte auch der Literaturwissenschaftler Haase nicht zurück, wenn er von den Lyriker*innen einforderte, sich eindeutig zur Leistung „sozialistischer Wissenschaftler und Techniker" zu bekennen, die allein zu verhindert wüssten, dass wissenschaftlich-technische Errungenschaften das „Ende des Lebens" herbeiführten.[90]

Von einer Umsetzung solcher Direktiven war aber in den darauffolgenden Wortmeldungen der Lyriker*innen wenig zu spüren. Karl Mickel, der sich ebenso wie Rainer Kirsch erneut zu Wort meldete, um Kunert, der sich nicht mehr äußerte (oder äußern durfte), gegenüber Bahro zu verteidigen, hielt weiterhin an Kunerts

84 Rudolf Bahro: Die Abdankung des Grashüpfers. In: Forum 20 (1966), Heft 10, S. 23.
85 Bahro: Die Abdankung des Grashüpfers, S. 23.
86 Bahro: Die Abdankung des Grashüpfers, S. 23.
87 Bahro: Die Abdankung des Grashüpfers, S. 23.
88 Mueller-Bülow: Brief, S. 11.
89 Mueller-Bülow: Brief, S. 11.
90 Horst Haase: Lyrik und Klassenkampf. In: Forum 20 (1966), Heft 15/16, S. 15.

Hauptargument fest: Kunert habe mit seinem Hinweis auf das atomare Vernichtungspotential von Wissenschaft und Technik einen der „spektakulärsten" Widersprüche des Zeitalters herausgestellt, der ein „unbestreitbarer Sachverhalt" sei.[91] Nur Rainer Kirsch sah sich zumindest zu einer Differenzierung genötigt, die die Gleichsetzung von wissenschaftlich-technischer Revolution und atomarer Katastrophe seitens seiner Kollegen betraf: Die „Ursache der Kluft, von der Kunert sprach", liege „in keinem Fall in der Revolutionierung der Technik", sondern „immer in der Struktur der Gesellschaft" begründet.[92] Hätte die Debatte damit in eine neue Etappe eintreten können, die über die eigentliche Fragestellung nach dem Einfluss der WTR auf die Lyrik hinauswies und die Stellung von Naturwissenschaft und Technik in der (sozialistischen) Gesellschaft insgesamt betraf, wurde sie schließlich durch Bahro abgewürgt. Seine erneute Erwiderung schmückte seine alte Position nur wortreicher aus und mündete schließlich angesichts der unerwünschten „kulturkritische[n] Lamentationen" der Lyriker*innen in den Vorwurf des „Defätismus",[93] mit dem in der DDR-Kulturpolitik Debatten häufig beendet wurden.[94]

Diese Etappe der ‚Zwei-Kulturen'-Debatte in der DDR war demnach durch einen handfesten Streit über das Verhältnis zwischen Lyrik/Literatur und wissenschaftlich-technischer Revolution gekennzeichnet. Die tonangebenden Lyriker*innen distanzierten sich fast ausnahmslos von solchen programmatischen Schulterschlüssen zwischen Literatur und Naturwissenschaft, wie sie ihre Vorgänger in der nur wenige Jahre zuvor geführten PEN-Diskussionsrunde vehement gefordert und teilweise bereits eingelöst hatten oder weiterhin einlösten. Nicht nur trat damit innerhalb der schreibenden Zunft eine Kluft zwischen wissenschaftsaffinen und -kritischen Schriftsteller*innen offen zu Tage, vielmehr gerieten die mehrheitlich jungen, in der DDR sozialisierten Lyriker*innen auch in einen Konflikt zur offiziellen Parteilinie, die sich am Primat von (Natur-) Wissenschaft und Technik orientierte. Dieser Widerspruch äußerte sich vor allem im erbitterten Streit um die Wortmeldung von Günter Kunert, der das Tabu ge-

91 Karl Mickel: Über Bahro zu Kunert. In: Forum 20 (1966), Heft 12, S. 16.

92 Rainer Kirsch: Brief. In: Forum 20 (1966), Heft 12, S. 16.

93 Rudolf Bahro: Wozu wir diesen Dichter brauchen. In: Forum 20 (1966), Heft 12, S. 16–17, hier: S. 17.

94 Obwohl Bahro durchaus mit linientreuen Argumenten gegen Kunerts Position und die ihn verteidigenden Lyriker*innen vorging, wurde er Ende 1966 als stellvertretender Chefredakteur des *Forum* abgesetzt. Zusätzlich zur in Eigenregie eröffneten Lyrik-Debatte, für die er von offizieller Seite heftig kritisiert wurde, hatte Bahro auch einen Vorabdruck von Volker Brauns Drama *Kipper Paul Bauch* mitzuverantworten, sodass er schließlich seines Postens enthoben wurde. Vgl. Brohm: Die Koordinaten im Kopf, S. 115.

brochen hatte, die von oben verordnete Wissenschafts- und Fortschrittsgläubigkeit[95] radikal in Frage zu stellen: Kunerts „Position, die technische Revolution als ein allgemeines Problem der Moderne zu fassen, [lag] in jener Zeit außerhalb des Denk- und Vorstellbaren".[96]

Es ist bemerkenswert, dass die Auseinandersetzung mit dem Verhältnis von Literatur und Naturwissenschaft trotz oder gerade wegen der abgebrochenen Kontroverse im *Forum* auch über die nächsten zwei Jahrzehnte hinweg fester Bestandteil des literarisch-kulturellen Lebens in der DDR geblieben ist. Bereits Anfang der 1970er Jahre wurde die Problemstellung erneut diskutiert, diesmal im zentralen Organ des Schriftstellerverbands, in der *Neuen Deutschen Literatur.*

3 ‚Closing the Gap': Affinitäten zwischen Literatur und (Natur-)Wissenschaft im Fokus

Zum Auftakt des neuen Zeitschriftenjahrgangs 1971 startete die Redaktion der NDL eine Artikelserie unter der Überschrift ‚Literatur im sozialistischen Zeitalter'. Ausgehend vom Befund einer „vor unseren Augen [...] sich vollziehende[n] Umwandlung unseres Zeitalters in ein wissenschaftliches"[97], wie die NDL ihre neue Serie einleitete, wurden dezidiert Vertreter*innen der (Natur-)Wissenschaften dazu eingeladen, sich zur Literatur im Kontext der wissenschaftlich-technischen Revolution zu äußern. Der Grund zur Publikation ihrer umfangreichen Essays und Kommentare in der Literaturzeitschrift war offenbar eine empfundene Mangelsituation, die man dringend beheben wollte: Heinz Plavius, der zu den Initiatoren der Serie gehörte und zu dieser Zeit stellvertretender Chefredakteur der NDL war, ließ in einem Interview mit dem Physiker Manfred von Ardenne durchblicken, dass er eine gebührende Berücksichtigung der „Probleme der technischen Revolution"[98] in der Literatur vermisse. „Um einer Lösung näher zu kommen", so der Literaturkritiker und -wissenschaftler weiter, „hält die Redaktion es für notwendig, Sie [also (Natur-)Wissenschaftler wie von Ardenne – A.G.] und andere im weiten Sinne beteiligte Persönlichkeiten zu Wort kommen zu lassen."[99] Demnach

---

95 Vgl. Carl Wege: Buchstabe und Maschine. Beschreibung einer Allianz. Frankfurt/Main 2000, S. 172.

96 Brohm: Koordinaten im Kopf, S. 123.

97 Kommentar der NDL-Redaktion: Literatur im sozialistischen Zeitalter. In: NDL 19 (1971), Heft 1, S. 6 – 7, hier: S. 6.

98 Manfred von Ardenne: Das geistige Antlitz der Zeit vermitteln. Interview [mit Heinz Plavius]. In: NDL 19 (1971), Heft 4, S. 40 – 46, hier: S. 44.

99 Ardenne: Das geistige Antlitz der Zeit, S. 44.

sollte die Artikelserie, die von „theoretischen Abhandlung[en] bis zum Credo“[100] reichte und in loser Folge in den NDL-Heften der Jahre 1971 und 1972 erschien, zur Überwindung der ausgemachten „Lücke“[101] zwischen der Literatur und der wissenschaftlich-technischen Revolution, wie sie etwa in der *Forum*-Debatte offen zu Tage getreten war, beitragen.

Die NDL-Serie eröffnete ein Naturwissenschaftler mit exponierter Position, der Physiker und Vorsitzende des DDR-Forschungsrates Max Steenbeck. In seinem Essay *Über das Schöpferische in der Naturforschung und einige seiner Beziehungen zur Kunst* nahm Steenbeck direkten Bezug auf die Debatte um C. P. Snow. Ähnlich wie Snow, der das Anliegen seiner Rede auf die Formel 'Closing the Gap'[102] zugespitzt hatte, betrachtete Steenbeck seine Stellungnahme als Beitrag dazu, „daß unser Leben nicht weiter in die jetzt oft zitierten ‚Zwei Kulturen‘“ zerfalle.[103] Um für mehr Verständnis und weniger Feindseligkeit zwischen den beiden Kulturen zu sorgen, lenkte er das Augenmerk auf grundlegende Gemeinsamkeiten zwischen „Kunst und Wissenschaft“[104], wobei er unter ersterer vorrangig die Literatur verstand und unter letzterer mal die im Titel genannte Naturforschung und mal ein von ihr ausgehendes, dann aber von ihr abstrahierendes Konstrukt von Wissenschaft im Allgemeinen. Eine wesentliche Affinität zwischen Kunst und Wissenschaft (im zuletzt genannten Sinne) machte der Physiker an ihrem vergleichbaren Schaffensprozess – an ihrer „schöpferische[n] Suche nach Neuem“[105] – fest. Dementsprechend bestimmte er die Ideenfindung in der Wissenschaft ganz analog zur Ideenfindung in der Kunst bzw. Literatur als ein freies, zunächst noch „absichtsloses Spiel mit schon bekannten Bausteinen, Formen und Formeln“.[106] In einem nächsten Schritt setze sich dann das Bekannte qua produktiver „Phantasie“ allmählich zu „unerwartete[n] Verbindung[en]“ zusammen, bis sich schließlich eine neue Idee mit einem gewissen „Eigenleben“ abzeichne.[107] Genau dieses schöpferische Moment machte Steenbeck auch im literarischen Schaffensprozess aus. So wies er darauf hin, dass etwa Romanfiguren eine selbst für

---

100 Kommentar der NDL-Redaktion, S. 7.

101 Ardenne: Das geistige Antlitz, S. 44.

102 C. P. Snow: The Two Cultures and A Second Look. An Expanded Version of Version of The Two Cultures and The Scientific Revolution. Cambridge 1964, S. 1–51, hier: S. 50.

103 Max Steenbeck: Über das Schöpferische in der Naturforschung und einige seiner Beziehungen zur Kunst. In: NDL 19 (1971), Heft 1, S. 7–28, hier: S. 12.

104 Steenbeck: Über das Schöpferische, S. 7.

105 Steenbeck: Über das Schöpferische, S. 7.

106 Steenbeck: Über das Schöpferische, S. 7.

107 Steenbeck: Über das Schöpferische, S. 9.

den Literaturproduzierenden unerwartete Entwicklung nehmen könnten oder „plötzlich etwas sag[t]en [...], wovon der Autor selbst noch nichts wußte."[108]

Von mindestens gleicher, wenn nicht von größerer Bedeutung als die ausgemachte „Verwandtschaft der Wurzel des künstlerischen und wissenschaftlichen Schaffens"[109] war für Steenbeck die Festlegung von Kunst und Wissenschaft, insbesondere der Naturwissenschaft, auf eine gemeinsame – gesellschaftlich wirksame – Funktion. Denn trotz aller initialen Betonung des zweckfreien Spiels bei der „schöpferische[n] Suche nach Neuem" wiederholte Steenbeck im weiteren Verlauf seiner Argumentation fast schon gebetsmühlenartig, dass „Künstler und Forscher [...] nicht außerhalb und nicht über, sondern *in* der Gesellschaft" stünden.[110] Demgemäß forderte Steenbeck, der nun dezidiert in seiner Rolle als Vorsitzender des mittelbewilligenden Forschungsrates argumentierte, seine Kolleg*innen aus den Naturwissenschaften dazu auf, sich von jedem zweckfreien Wissensdrang zu verabschieden und sich stattdessen anwendungsorientierten Forschungsgebieten zuzuwenden, die „wirtschaftliche[] Höchstleistungen"[111] erwarten ließen und damit der sozialistischen Gesellschaftsordnung nützten. Für diese Arbeit an einer „lebensbejahende[n] Zukunft des Sozialismus"[112] spannte er anschließend auch die Schriftsteller*innen ein. Ihre höchste Aufgabe sei es, mittels ihres „Einfühlungsvermögens [...] in die menschliche Seele"[113] die „nüchternen Prognosen"[114] der Natur- und ferner der Gesellschaftswissenschaften über die zukünftige sozialistische Gesellschaft mit Blut und Leben zu füllen, um die Menschen mitzureißen und zu begeistern.[115] Erfüllten Vertreter*innen beider Kulturen gemäß dieser Arbeitsteilung die an sie gestellte gesellschaftliche Aufgabe, so prophezeite Steenbeck abschließend, verbände sich das „Schöpferische in Kunst und Wissenschaft zur höheren Einheit *einer* Kultur."[116]

Steenbeck gab mit seinem skizzierten Eröffnungsessay eine Richtung vor, die sich als Grundtendenz auch in weiteren Beiträgen zur NDL-Artikelserie widerspiegelte. Ähnlich wie Steenbeck trat auch sein Physiker-Kollege Bertram Winde gegen ein weitergehendes Auseinanderdriften von Literatur und (Natur-)Wissen-

108 Steenbeck: Über das Schöpferische, S. 12f.
109 Steenbeck: Über das Schöpferische, S. 27.
110 Steenbeck: Über das Schöpferische, S. 10 (Hervorhebung A.G.) und variierend: S. 15, 16f., 21, 22, 24.
111 Steenbeck: Über das Schöpferische, S. 24.
112 Steenbeck: Über das Schöpferische, S. 23.
113 Steenbeck: Über das Schöpferische, S. 28.
114 Steenbeck: Über das Schöpferische, S. 24.
115 Vgl. Steenbeck: Über das Schöpferische, S. 24f.
116 Steenbeck: Über das Schöpferische, S. 28.

schaft ein und erweiterte die Suche nach Wegen ihrer (Wieder-)Vereinigung um eine historische Perspektive: Als Aufhänger seines NDL-Beitrags mit dem Titel „Literatur ist mehr!" – „mehr" als nur ‚*schöne*' Literatur, wie zu ergänzen wäre – griff der Physiker und damalige Leiter des Zentralinstituts für Information und Dokumentation eine Kuriosität aus der Literaturgeschichte des 19. Jahrhunderts heraus. Mit großer Anerkennung verwies Winde auf die ‚allgemeine Literärgeschichte' (1837–1859) des Dresdner Bibliothekars Johann Georg Theodor Grässe, der nicht nur die Belletristik, sondern „*alle* Zweige der Literatur"[117] zu berücksichtigen beanspruchte. In der Tat verwies bereits Grässes Titel ‚Literärgeschichte' auf einen Begriff, der aus dem Polyhistorismus des 17. Jahrhunderts stammte und „den schriftlichen Niederschlag der intellektuellen Tätigkeit aller Disziplinen in Veröffentlichungen" bezeichnete.[118] Der Physiker rief demnach mit Grässe als quasi letztem Polyhistor eine Zeit in Erinnerung, als von einer tiefgreifenden Spaltung von Literatur und Wissenschaft, die sich als „semantische[r] Effekt" der funktionalen Ausdifferenzierung der Gesellschaft in der zweiten Hälfte des 18. Jahrhunderts vollends durchschlug,[119] noch keine Rede sein konnte. Aus diesem historischen Exkurs ergab sich das zentrale Anliegen des Physikers fast zwangsläufig: Da Literatur „mehr" sei als nur Belletristik und ebenfalls wissenschaftliche wie populärwissenschaftliche Literatur umfasse, seien alle Seiten dazu aufgefordert, dieses „Auseinanderfallen der Literatur"[120] und damit die „Entfremdung von Wissenschaft, Technik und Kunst"[121] wieder rückgängig zu machen. Im Anschluss daran unterbreitete der Physiker konkrete Vorschläge dafür, wie das neue ‚polyhistorische' Literaturprojekt im Sozialismus zu verwirklichen sei: Er reduzierte dafür die Fülle „alle[r] Zweige der Literatur" auf die drei Kernbereiche ‚schöne', wissenschaftliche und populärwissenschaftliche Literatur, wobei er letztere genau im Überschneidungsbereich zwischen Belletristik und Wissenschaft ansiedelte. Dieser Argumentationslogik folgend, bestimmte der Physiker just die populärwissenschaftliche Literatur als wesentliches Gebiet, auf dem „Wissenschaftler und Schriftsteller, jeder von seiner ‚Ecke' kommend, eng zusammenarbeiten"[122] sollten. Konkret visierte er an, dass beide Parteien gemeinsam an populärwissenschaftlichen Schreibprojekten arbeiteten, bei denen

117 Bertram Winde: Literatur ist mehr! In: NDL 20 (1972), Heft 1, S. 99–109, hier: S. 99.

118 Karl Klaus Walther: Das Europa der Bibliographen. Von Brunet bis Estreicher. Berlin, Boston 2019, S. 66.

119 Nicolas Pethes: Literatur- und Wissenschaftsgeschichte. Ein Forschungsbericht. In: Internationales Archiv für Sozialgeschichte der deutschen Literatur 28 (2003), S. 181–231, hier: S. 188.

120 Winde: Literatur ist mehr, S. 100.

121 Winde: Literatur ist mehr, S. 100.

122 Winde: Literatur ist mehr, S. 103.

die einen für die sachlich-fachliche Richtigkeit der Darstellung und die anderen für den „gehörigen Schuß emotioneller Faktoren" zuständig seien.[123] Sein Plädoyer für die Vereinigung von Literatur und Wissenschaft zu einer „harmonischen Einheit"[124] schloss er ähnlich wie sein Vorredner Steenbeck damit ab, dass er beide Seiten zu einem intensiven „Gedankenaustausch" aufforderte, da sie „voneinander lernen und einander helfen" könnten.[125]

Das Spektrum dessen, was insbesondere Wissenschaftler*innen von Schriftsteller*innen außer den erwähnten (und klischeehaften) ‚emotionellen Faktoren' (Winde) und dem ‚Einfühlungsvermögen in die menschliche Seele' (Steenbeck) lernen können, wusste der marxistische Wirtschafts- und Sozialhistoriker Jürgen Kuczynski in seinem Beitrag zur NDL-Serie deutlich auszuweiten: Kuczynski, der als „Nestor der DDR-Gesellschaftswissenschaften"[126] galt und über sein Spezialgebiet hinaus auch zahlreiche literaturkritische und -soziologische Studien vorgelegt hatte,[127] lenkte das Augenmerk darauf, dass die ‚schöne' Literatur als „Wissensquelle"[128] und zwar für die Wissenschaften selbst (!) zu betrachten sei: „Der Wissenschaftler [...] genießt nicht nur ihre Schönheit [der Literatur – A.G.], er läßt sie nicht nur auf seine Sinne und Gefühle wirken. Er nutzt sie auch zur Förderung seiner Wissenschaft."[129] Um zu verstehen, wie sich Kuczynski diese die Wissenschaft fördernde Leistung der Literatur vorstellte, hilft der Blick darauf, welche Disziplin er konkret vor Augen hatte. Anders als die Vielzahl seiner Vorredner (inklusive Snows)[130] bezog er die Frage nach dem Verhältnis zwischen Literatur und Wissenschaft nicht vorrangig auf die *Natur*wissenschaft, sondern – seiner Profession gemäß – vor allem auf die (marxistische) *Gesellschafts*wissenschaft, womit er insbesondere die politische Ökonomie bzw. die Wirtschaftsgeschichte meinte. Ausgehend von der marxistischen Prämisse, dass die ökono-

123 Winde: Literatur ist mehr, S. 103.
124 Winde: Literatur ist mehr, S. 103.
125 Winde: Literatur ist mehr, S. 109.
126 Jürgen Kuczynski [Art.]. In: Wer war wer in der DDR? Online-Ausgabe: https://www.bundesstiftung-aufarbeitung.de/de/recherche/kataloge-datenbanken/biographische-datenbanken/juergen-kuczynski (03.3.2021).
127 Vgl. exemplarisch: Jürgen Kuczynski: Gestalten und Werke. Soziologische Studien zur deutschen Literatur. Berlin 1969; Jürgen Kuczynski: Gestalten und Werke. Soziologische Studien zur englischsprachigen und französischen Literatur. Berlin 1971.
128 Jürgen Kuczynski: Der Wissenschaftler und die Schöne Literatur. In: NDL 19 (1971), Heft 2, S. 3–16, hier: S. 3.
129 Kuczynski: Der Wissenschaftler, S. 3.
130 Snow hat alle nicht naturwissenschaftlichen Disziplinen, darunter etwa die später als ‚dritte Kultur' diskutierte Soziologie, explizit aus seiner Betrachtung der ‚Zwei-Kulturen'-Spaltung ausgeschlossen. Vgl. Snow: Die zwei Kulturen, S. 25.

mische Basis das „Bewußtsein und damit auch Form und Inhalt der schönen Literatur"[131] bestimmten, erinnerte er daran, dass die „Riesen"[132] der politischen Ökonomie, Marx und Engels, die ‚schöne' Literatur immer wieder als Quelle herangezogen hätten, um etwa mittels antiker Epen oder Dramen sonst nicht erschließbare Erkenntnisse über die „Produktionsweise" und „wirtschaftlichen Verhältnisse" in der „Frühgeschichte" zu erlangen.[133] Bei dieser beachtlichen, wenn auch nicht unproblematischen Bestimmung der Literatur als mehr oder weniger direkte Auskunftsquelle über ökonomische Bedingungen blieb Kuczynski aber nicht stehen. Vielmehr war es ihm ein explizites Anliegen, die Literatur nicht nur als „eine Art ‚Ersatz'-Wissensquelle", als „‚Magd' der Wissenschaft", zu begreifen, sondern als „gleichberechtige[] [...] Schwester"[134] auszuweisen.

Um diese gleichwertige Verwandtschaft zu begründen, verwies Kuczynski darauf, dass im Verlauf der Geschichte mal die Wissenschaft, allen voran die politische Ökonomie, mal die Literatur die Wirklichkeit ‚tiefer' erfasst hätte.[135] Unter einer tief(er)en „Erfassung der Wirklichkeit"[136] verstand er als Marxist den Grad der Übereinstimmung des Dargestellten in wissenschaftlichen bzw. literarisch-künstlerischen Werken mit den von Marx und Engels als gültig erachteten ökonomischen Entwicklungsgesetzen der Gesellschaft. Während die „künstlerische Erfassung"[137] der Wirklichkeit, so Kuczynski, auf einer „Konglomeration von Sinnes- und Gefühlsaktivitäten"[138] beruhe, gründe sich die „wissenschaftliche Erfassung"[139] der Wirklichkeit auf eine „Verstandesleistung"[140]. Dieser Unterschiede ungeachtet, erbrächten „*beide*[] Erfassungen"[141] eine Erkenntnisleistung, auf die man zu keiner Zeit verzichten könne.[142] Mehr noch: Gerade weil der Sozialismus beide Wege der Wirklichkeitserkenntnis als gleichberechtigt anerkenne,

131 Kuczynski: Der Wissenschaftler, S. 3.
132 Kuczynski: Der Wissenschaftler, S. 10.
133 Kuczynski: Der Wissenschaftler, S. 3 f.
134 Kuczynski: Der Wissenschaftler, S. 13.
135 Vgl. Kuczynski: Der Wissenschaftler, S. 15.
136 Kuczynski: Der Wissenschaftler, S. 13 – 16. Kuczynski entwickelte seine Überlegungen zur Erfassung der Wirklichkeit in Kunst/Literatur und Wissenschaft in späteren Arbeiten weiter. Vgl. Jürgen Kuczynski: Künstlerische und wissenschaftliche Aneignung. In: NDL 21 (1973), Heft 2, S. 3 – 15; Jürgen Kuczynski, Wolfgang Heise: Bild und Begriff. Studien über die Beziehung zwischen Kunst und Wissenschaft, Berlin 1975, bes. S. 379 – 423.
137 Kuczynski: Der Wissenschaftler, S. 15.
138 Kuczynski: Der Wissenschaftler, S. 14.
139 Kuczynski: Der Wissenschaftler, S. 15.
140 Kuczynski: Der Wissenschaftler, S. 14.
141 Kuczynski: Der Wissenschaftler, S. 15. Hervorhebung A.G.
142 Kuczynski: Der Wissenschaftler, S. 16.

stellt Kuczynski abschließend eine nicht allzu ferne Zukunft in Aussicht, in der „Werke geschaffen [würden], die sowohl auf künstlerischer wie auf wissenschaftlicher Perzeption der Wirklichkeit [beruhten], die schön und wissenschaftlich [seien], die an die Gefühle und die Ratio [appellierten]".[143]

In der Zusammenschau aller bisher skizzierten Beiträge zur NDL-Serie wird deutlich, dass die beteiligten Natur- und Gesellschaftswissenschaftler zwar durchaus unterschiedlich akzentuierte Vorschläge dazu vorgelegt haben, auf welcher Grundlage die Literatur und die Wissenschaften (wieder) zusammengeführt werden sollten: Dem Physiker Steenbeck galt die gemeinsame Wurzel von (Natur-)Forschung und Literatur, das Schöpferische, als wesentlicher Ausgangspunkt; sein Kollege Winde setzte hingegen einen universellen, alle Disziplinen übergreifenden Literaturbegriff an den Anfang; und der Gesellschaftswissenschaftler Kuczynski ging von der gleichwertigen Erkenntnisleistung von Literatur und politischer Ökonomie in der Erfassung sozial-ökonomischer Gesetzmäßigkeiten aus. Bei allen konzeptuellen Unterschieden liefen ihre Überlegungen aber nichtsdestotrotz auf ein einziges programmatisches Ziel hinaus: auf eine möglichst gleichberechtigte Vereinigung von Literatur und Wissenschaft zu einer „höheren Kultur".

Mit der Veröffentlichung der skizzierten und weiterer[144] Essays war die neuerliche Diskussion um das Verhältnis zwischen Literatur und (Natur-)Wissenschaften jedoch längst nicht abgeschlossen, im Gegenteil: Bereits kurze Zeit nach der Veröffentlichung der skizzierten Essays regte der Forschungsratsvorsitzende Steenbeck eine Diskussionsrunde im Deutschen Kulturbund an, die auf eine dezidierte „Aussprache" mit den zwar adressierten, bisher aber nicht zu Wort gekommenen Vertreter*innen von Literatur und Kultur zielte.[145] So trafen sich im Februar 1971 Literatur- und Kunstschaffende wie Erik Neutsch, Jan Koplowitz, Günther Rücker, Willi Sitte, der NDL-Redakteur Heinz Plavius und der Physiker Steenbeck in einem Anwesen des Deutschen Kulturbundes in Bad Saarow. Zwar

143 Kuczynski: Künstlerische und wissenschaftliche Aneignung, S. 15.

144 Die NDL-Serie umfasste außerdem folgende Beiträge: Horst Rehtanz: Liebeslied aus rauchsatter Luft. In: NDL 19 (1971), Heft 12, S. 107–121; Peter Alfons Steiniger: Völkerrecht und Literatur. In: NDL 19 (1971), Heft 9, S. 61–69; Joachim Streisand: Begegnung mit Geschichte. In: NDL 21 (1973), Heft 3, S. 30–42. Diese Beiträge wurden außen vorgelassen, weil sie entweder den bereits rekonstruierten Diskussionslinien nichts wesentlich Neues hinzuzufügen hatten oder weil sie trotz der konkreten Frageperspektive der NDL-Redaktion, wie es einmal auch dezidiert heißt, die „Verbindung zur Literatur nur lose" geknüpft haben (Redaktionsnotiz. In: NDL 19 (1971), Heft 12, S. 107).

145 Werner Müller-Claud: Wissen, was den anderen treibt. In: Sonntag, Nr. 10, 1971, S. 3–5, hier: S. 3.

liegt über die „ausgiebige“[146] Aussprache nur der perspektivische Bericht des stellvertretenden Chefredakteurs des *Sonntag*, Werner Müller-Claud, vor, nichtsdestotrotz lassen sich anhand der im Report zitierten Stimmen und O-Töne zumindest Rückschlüsse auf die Reaktion der beteiligten Schriftsteller und Künstler ziehen: Günther Rücker etwa, der in der DDR vor allem als Hörspielautor bekannt wurde, kam den in der NDL vertretenen Vereinigungsansätzen insofern entgegen, als er forderte, dass ein literarischer „Autor [...] tief in die Probleme des grübelnden Wissenschaftlers“ einzudringen habe.[147] Erik Neutsch hingegen nahm – in „offen[er]“ und „polemisch[er]“ Weise, wie es im Bericht hieß[148] – eine weitreichende Revision vor: Während nämlich der Physiker Steenbeck sowohl in seinem NDL-Essay[149] als auch erneut bei der „Aussprache“ auf die enorme Bedeutung der kollektiven Zusammenarbeit in den Naturwissenschaften hingewiesen und dazu aufgefordert hatte, solche Kollektive auch in den Künsten zu bilden,[150] stellte der Schriftsteller richtig, dass „es längst auch solche Kollektive in der Kunst gäbe“.[151] Im Gegensatz zu den von Steenbeck beschriebenen Kollektiven, die *innerhalb* der naturwissenschaftlichen Disziplinen blieben, hob der Schriftsteller eine viel umfassendere Konstellation hervor: Neutsch betonte, dass ihm bei einem seiner damals aktuellen Romanprojekte ein „zwölfköpfige[s] Kollektiv[]“ zur Seite gestanden habe, das aus Vertreter*innen ganz unterschiedlicher geistes-, gesellschafts- wie naturwissenschaftlicher und künstlerischer Disziplinen sowie aus Werktätigen bestanden hätte.[152] An diesem Hinweis, den auch andere Diskutanten wie der Maler und Grafiker Willi Sitte mit weiteren Beispielen zu stützen wussten,[153] zeigte sich, dass es zumindest für die an dieser Diskussionsrunde beteiligten Schriftsteller und Künstler bereits eine Selbstverständlichkeit war, gemeinsam mit Vertreter*innen anderer Künste, der Wissenschaften und der Betriebe an Schreibprojekten oder sogar an Projekten zum Aufbau ganzer Städte (Stichwort „‚Experiment‘ Halle-Neustadt“[154]) zu arbeiten. Folglich waren diese Schriftsteller und Künstler den propagierten Vereinigungsprojekten zwi-

146 Müller-Claud: Wissen, S. 3.
147 Müller-Claud: Wissen, S. 4.
148 Müller-Claud: Wissen, S. 4.
149 Steenbeck: Über das Schöpferische, S. 13.
150 Müller-Claud: Wissen, S. 4.
151 Müller-Claud: Wissen, S. 4.
152 Müller-Claud: Wissen, S. 4.
153 Vgl. dazu Willi Sittes Hinweise auf Künste und Wissenschaften umfassende Kollektive zum Aufbau von Halle-Neustadt. Müller-Claud: Wissen, S. 4.
154 Müller-Claud: Wissen, S. 4.

schen Kunst und Wissenschaft, wie sie die besagten Wissenschaftler in langen Essays für die NDL ausbuchstabiert hatten, bereits einen großen Schritt voraus.

Die in der NDL begonnene und anschließend im Kulturbund weitergeführte Diskussion zeugte demnach davon, dass das ursprüngliche Anliegen der Redaktion, die „Lücke“ zwischen Literatur und Naturwissenschaft zu schließen, mit viel weitreichenderen Brückenschlägen zwischen Kunst und Wissenschaft beantwortet wurde: So gingen nicht nur die befragten (Natur-)Wissenschaftler über den bisher diskutierten Spezialfall des Verhältnisses zwischen Literatur und *Natur*wissenschaft (eben den ‚zwei Kulturen‘) hinaus, indem sie weitere Disziplinen wie die marxistischen Gesellschaftswissenschaften bzw. die politische Ökonomie oder ein von konkreten Disziplinen abstrahierendes Konstrukt von Wissenschaft in ihre Vorschläge zur Synthese von Kunst und Wissenschaft miteinbezogen. Auch die anschließend im Kulturbund intervenierenden Literatur- und Kunstschaffenden operierten mit ihren anvisierten oder teils bereits realisierten „Kollektive[n] gemischter Art“[155] gleich über mehrere traditionsreiche Grenzziehungen hinweg, darunter jene zwischen ‚schöner‘ Literatur und exakter Wissenschaft, zwischen Natur-, Geistes- und Gesellschaftswissenschaften, zwischen unterschiedlichen Künsten und schließlich zwischen Hand- und Kopfarbeit(er*innen). Demnach stand diese Etappe der fast nicht mehr als solche zu erfassenden ‚Zwei-Kulturen‘-Diskussion in der DDR ganz im Zeichen eines emphatischen Vereinigungsprojektes mindestens von Literatur und Wissenschaft, wenn nicht gar im Zeichen der Utopie einer universellen, jegliche Spezialisierung aufhebenden Synthese aller Künste und Wissenschaften.

4 Anfeindungen zwischen ‚schöngeistiger‘ Literatur und ‚eiserner‘ Naturwissenschaft

Trotz dieser bemerkenswerten Vereinigungsutopien vollzog sich bereits Ende der 1970er Jahre eine erneute Kehrtwende im Verhältnis zwischen Schriftsteller*innen und insbesondere Naturwissenschaftler*innen, wie gleich mehrere öffentlich ausgetragene Debatten in dieser Zeit bezeugen. Seit den späten 1970er Jahren geriet beispielsweise die Gentechnik ins kritische Visier zahlreicher DDR-Schriftsteller*innen. So stritten sich der Literat Jurij Brězan und der Genetiker Erhard Geißler in einer bis zur Mitte der 1980er Jahre andauernden Diskussion in der Literatur- und Kulturzeitschrift *Sinn und Form* darüber, ob For-

155 Müller-Claud: Wissen, S. 4.

schungen auf dem Gebiet der Humangenetik das „Ende der Menschheit“[156] vorbereiteten.[157] Für weiteren Zündstoff sorgten in jenen Jahren auch die zunehmende Umweltzerstörung im Zuge der wissenschaftlich-technischen Entwicklung und der Reaktorunfall von Tschernobyl. Dementsprechend waren zivilisations- und fortschrittskritische Töne mindestens von Seiten der Literat*innen in den 1980er Jahren kaum überhörbar.[158] Parallel zu diesen Auseinandersetzungen um die gesellschaftlichen Folgewirkungen von Naturwissenschaft und Technik entwickelte sich kurz vor dem Zusammenbruch des DDR-Staates eine erneute Debatte über das intrikate Verhältnis zwischen Literatur und Naturwissenschaften.

Auftakt der Diskussion, die wieder in der NDL, diesmal in mehreren Ausgaben des Jahres 1989, geführt wurde, bildete ein Interview mit einer für das ‚Zwei-Kulturen‘-Problem einschlägigen Persönlichkeit: Interviewt wurde John Erpenbeck, der Physiker, Philosoph, Psychologe und Schriftsteller war und damit gewissermaßen als östliches Pendant von C. P. Snow gelten darf. Hauptgegenstand des Gesprächs, das der Schriftsteller Helmut Hauptmann führte, war Erpenbecks gerade erschienener Roman *Gruppentherapie*, dessen erstes Kapitel im selben NDL-Heft im Januar 1989 abgedruckt wurde. Der Roman stellt eine (literarisch) schreibende wie forschende Hauptfigur in den Mittelpunkt, die, so Erpenbeck im Interview, an der „alltägliche[n] Schizophrenie“[159] leide, zwischen „[w]issenschaftlich-technische[r] Rationalität“ einerseits sowie Gefühl und Literatur andererseits hin und her gerissen zu sein.[160] Entsprechend dieser Themenstellung kam der Interviewer dann auch wiederholt auf das Verhältnis zwischen (Natur-) Wissenschaft und Literatur zu sprechen. Für einen Schriftsteller und Wissenschaftler in Personalunion war es beachtlich, dass Erpenbeck fast ausschließlich trennende Momente zwischen beiden Professionen hervorhob, wobei er zunächst keinen Unterschied innerhalb der von ihm vertretenen wissenschaftlichen Disziplinen machte: Als „schmerzlich[e]“ Erfahrung wies Erpenbeck darauf hin, dass er sich beim „literarischen Schreiben“ von jedweder „wissenschaftlichen Methode“ hätte ablösen müssen.[161] Ähnliches ließ er auch seine autobiographisch grundierte Romanfigur reflektieren, wenn sie sich just im eigenen Schreibprozess

156 Gespräch mit Jurij Brězan. In: Sinn und Form 31 (1979), Nr. 5, S. 995–1012, hier: S. 1006.
157 Vgl. als knappe Übersicht zu dieser Debatte: Gerd Dietrich: Kulturgeschichte der DDR. Göttingen 2018. Teil 2, S. 1778–1784.
158 Vgl. Rita Morrien: Literatur und Umwelt. In: Metzler Lexikon DDR-Literatur. Hg. von Michael Opitz, Michael Hofmann. Stuttgart, Weimar 2009, S. 343–345.
159 John Erpenbeck im Gespräch [mit Helmut Hauptmann]. In: NDL 37 (1989), Heft 1, S. 28–38, hier: S. 32.
160 Erpenbeck im Gespräch, S. 32.
161 Erpenbeck im Gespräch, S. 30.

mit der „Schwierigkeit" konfrontiert sieht, für das literarische Schreiben keine konventionelle Form wie im Falle „wissenschaftlicher Arbeiten" – inklusive „physikalische[r]" und „philosophische[r]" – vorfinden zu können, sondern stattdessen erst im Schreiben eine Form entwickeln zu müssen.[162] Daran anschließend erläuterte Erpenbeck im Interview, dass ihn diese Erfahrung erst dazu geführt habe, „einen schärferen Schnitt zwischen Kunst und Wissenschaft" zu machen „als viele Wissenschaftler und viele Künstler."[163] Ausgehend von dieser strikten Trennung zwischen dem wissenschaftlichen und dem künstlerischen Schreibprozess grenzte Erpenbeck auch ihre Endprodukte scharf voneinander ab: Während er den Bereich der „Wissensvermehrung und -bereicherung" insbesondere der Wissenschaft vorbehielt, verwies er die Kunst mitsamt der Literatur in den Bereich der „Produktion und Reproduktion", der „Kommunikation und Rezeption von Wertungen".[164] Diesen Gegensatz zwischen Erkenntnis produzierender Wissenschaft einerseits und Wertungen produzierender Literatur andererseits, dem er zuvor auch eine eigeständige philosophische Abhandlung gewidmet hatte,[165] ergänzte er um die gängige Trennung zwischen einer der Ratio und Objektivität verpflichteten Wissenschaft und einer sich an Gefühl und Subjektivität richtenden Literatur.[166]

Erpenbecks Überlegungen nahmen eine interessante Wendung dort, wo er mit seinen Beobachtungen zu den Unterschieden zwischen Kunst und Wissenschaft auf eine sozialpsychologische „Diagnostik"[167] abzielte. Bereits das erste Romankapitel, das diesen Titel trägt, läuft auf eine reflexive Passage zu, die in eine bemerkenswerte Diagnose mündet: „Eine Zeit geistiger Dissoziation: Erkennen und Werten, Wissen und Fühlen, Wissenschaft und Kunst bilden die Pole unseres irrgespaltenen Denkens."[168] Nach Erpenbeck verschärfe sich dieser „Zwiespalt"[169] aufgrund einer besorgniserregenden Verschiebung im Machtverhältnis beider Pole, wobei er nun dezidiert auf die soziale Rolle der Naturwissenschaft und Technik zu sprechen kam. Da beide „als wichtigste Triebkräfte des menschlichen Fortschritts [...] erst Macht, dann Übermacht" erlangt hätten, „würdig[t]en sie

162 Vgl. John Erpenbeck: Gruppentherapie [Auszug]. In: NDL 37 (1989), Heft 1, S. 10 – 27, hier: S. 11.
163 Erpenbeck im Gespräch, S. 30.
164 Erpenbeck im Gespräch, S. 30.
165 Vgl. John Erpenbeck: Was kann Kunst? Gedanken zu einem Sündenfall. Halle, Leipzig 1979; Teilabdruck auch in: John Erpenbeck: Was kann Kunst? Aus dem vierten Kapitel des Essays. In: NDL 27 (1979), Heft 3, S. 104 – 119.
166 Vgl. Erpenbeck im Gespräch, S. 31.
167 Erpenbeck im Gespräch, S. 29.
168 Erpenbeck: Gruppentherapie [NDL-Teilabdruck], S. 27.
169 Erpenbeck: Gruppentherapie [NDL-Teilabdruck], S. 27.

Kunst und Gefühl zu entbehrlichem Luxus herab"[170]. Im Interview ergänzte Erpenbeck, dass dieser schizoide Zustand nicht lediglich Einzelschicksale betreffe, sondern als ein „allgemein menschliche[s] Problem" zu Tage trete, gerade weil Naturwissenschaft und Technik heute eine „Schlüsselrolle" zukomme.[171] In Erpenbecks Diagnose trat damit die Spaltung zwischen Kunst und Naturwissenschaft nicht mehr nur als ein dem Individuum äußerliches Problem hervor, sondern sie erschien als innerer Riss, der quer durch das Individuum selbst verlief und zum erwähnten „irrgespaltenen" Dasein führte. Erpenbeck, der seine Kolleg*innen aus der literarischen Zunft noch wenige Jahre zuvor dazu aufgefordert hatte, Beiträge für eine Anthologie mit Texten zur Wissenschaft als „wichtigste[r] Produktivkraft" beizusteuern,[172] warnte nun nachdrücklich vor einer gefährlichen Fetischisierung der „wissenschaftlich-technische[n] Rationalität", die „Kunst und Gefühl" gleichermaßen verdränge und infolgedessen ein gespaltenes Individuum und eine gespaltete Gesellschaft hinterlasse: „Schizoidie als Zeitzustand."[173]

Erpenbecks Analyse war umso bedenkenswerter, als sie von einer Person stammte, die parallel zu ihrer Tätigkeit in der physikalischen, philosophischen und psychologischen Forschung literarische Texte verfasst und damit profunde Erfahrungen in unterschiedlichen Wissenschaften und der Literatur vorzuweisen hatte. Das mag auch einer der Gründe dafür gewesen sein, dass die NDL-Redaktion das Interview und das abgedruckte Romankapitel zum Anlass nahm, die begonnene Auseinandersetzung mit dem Verhältnis zwischen Literatur und (Natur-)Wissenschaft zu vertiefen. Dafür trat die Redaktion der NDL ungeachtet der turbulenten Umbruchszeit seit Mitte des Jahres 1989 mit einer neuen Anfrage an zahlreiche Wissenschaftler heran. Dieses Mal formulierte sie die Bitte – ausgehend von Erpenbecks Interview, das die Befragten mit der entsprechenden NDL-Ausgabe erhalten hatten –, Stellung zur „Beziehung zwischen Wissenschaft und Kunst, insbesondere Beziehungen des künstlerisch Schreibenden zur Wissenschaft"[174], zu beziehen. Außerdem wurde ihnen die Frage gestellt, was sie als Wissenschaftler von der Literatur bzw. der schreibenden Zunft auch mit Blick auf die Zukunft erwarteten.[175] Im Oktober-Heft der NDL erschienen dann die Ant-

170 Erpenbeck: Gruppentherapie [NDL-Teilabdruck], S. 27.

171 Erpenbeck im Gespräch, S. 32.

172 John Erpenbeck: Näherungen, in: Windvogelviereck. Schriftsteller über Wissenschaften und Wissenschaftler. Hg. von John Erpenbeck. Berlin 1987, S. 319–349, hier: S. 320. Siehe dazu auch die Einleitung in diesem Band.

173 Erpenbeck: Gruppentherapie [NDL-Teilabdruck], S. 27.

174 Herausforderungen. Wissenschaftler antworten der NDL. In: NDL 37 (1989), Heft 10, S. 11–43, hier: S. 34.

175 Herausforderungen, S. 11.

worten von zehn Wissenschaftlern, darunter mehrheitlich Forschende aus naturwissenschaftlich-technischen Disziplinen sowie einer Stellungnahme aus der Philosophie, wobei die fachlich-disziplinäre Zusammensetzung bereits die von Erpenbeck und anderen problematisierte „Übermacht“[176] von Naturwissenschaft und Technik spiegelte.

Der Physiker Rolf Enderlein, um mit Erpenbecks vehementesten Widersacher zu beginnen, nutzte die Anfrage für „einige kritische Anmerkungen zu dem, was über [...] Kunst und Literatur in letzter Zeit in Ihrer Zeitschrift“ – insbesondere von Erpenbeck – „zum Ausdruck gebracht worden“[177] sei: Was Enderlein keinesfalls so stehen lassen wollte, war die im Interview mit Erpenbeck laut gewordene Kritik an der „rationalisierenden Wirkung“ von Naturwissenschaft und Technik, die sich gegen das Individuum und dessen Emotionen richteten.[178] Enderlein zufolge hätten erst Naturwissenschaft und Technik dem Menschen „zur vollen Entfaltung seiner Persönlichkeit“ verholfen, da sie ihn vom Übermaß existenzsichernder Aufgaben befreit hätten.[179] Daran anschließend bestritt er auch den von Erpenbeck postulierten Gegensatz zwischen wissenschaftlich-technischer Rationalität und der durch sie bedrängten Literatur: Nicht die den Menschen befreiende Naturwissenschaft, sondern die Literatur selbst trage zu dem bei, was Erpenbeck als „irrgespaltenes Denken“ bezeichnet hatte und Enderlein als geistige „Verarmung des Individuums“ (vereinfachend) paraphrasierte. Enderlein begründete seine Ansicht damit, dass die Literaturschaffenden etwa „Wissenschaftlerromane“ im Stile Erpenbecks hervorbrächten, die Menschen nicht in der „Gesamtheit ihrer Beziehungen zur Gesellschaft“, sondern lediglich in isolierten „Berufskategorien“ erfassten.[180] Dem Physiker zufolge sollte es demnach ausgerechnet die Literatur und nicht (mehr) die Naturwissenschaft sein, die im Zuge zunehmender Spezialisierung ihre Gegenstände zergliederte und nicht mehr ganzheitlich betrachtete. Der Beitrag des Physikers lief somit darauf hinaus, den diskutierten Vorwurf einer rationalistischen und reduktionistischen Denkweise von der Naturwissenschaft auf die Literatur zu verschieben und ihr Verhältnis damit umzukehren.

Von der Herabsetzung der Literatur bei gleichzeitiger Aufwertung der Naturwissenschaft zeugen auch die Stellungnahmen fast aller weiteren befragten Naturwissenschaftler: Der Ingenieur und Betriebsleiter Joachim Handke gab sich am Beginn eines Beitrags zwar als Freund von Schriftsteller*innen und als eifriger

176 Erpenbeck: Gruppentherapie [NDL-Teilabdruck], S. 27.
177 Rolf Enderlein: [Diskussionsbeitrag]. In: NDL 37 (1989), Heft 10, S. 18–20, hier: S. 18.
178 Enderlein: [Diskussionsbeitrag], S. 19.
179 Enderlein: [Diskussionsbeitrag], S. 19.
180 Enderlein: [Diskussionsbeitrag], S. 19 f.

Leser von Erpenbecks Roman aus.[181] Nichtsdestotrotz konzentrierte sich sein Beitrag dann aber auf die wissenschaftlich-technische Intelligenz in seinem Betrieb und ihren Kampf um „Weltspitzenleistungen“[182]. Zur eigentlichen Fragestellung nahm er nur insofern Bezug, als er Erpenbecks Roman gelegentlich als Zitatgeber nutzte, um seine Erfahrungen mit der engen Zusammenarbeit von Produktion und Forschung auszuschmücken. Während der Ingenieur die Literatur aber zumindest noch zur Kenntnis nahm und als anschaulichen Zitatenschatz für wissenschaftlich-technische Spezialprobleme heranzog, überboten sich andere der befragten Naturwissenschaftler bei ihrer Ablehnung der Literatur. So betonte der Meteorologe Peter Hupfer nicht nur, dass er keine Zeit für „eine systematische Auseinandersetzung mit der Literatur“ habe.[183] Vielmehr hielt er die Lektüre „‚schöngeistige[r]‘ Literatur“[184] generell für eine Zeitverschwendung: „Das Leben ist kurz. Die Schriftsteller sollen uns keine Zeit stehlen.“[185]

Den „Stempel eines ‚kulturlosen Naturalisten‘“[186] verdiente sich sicherlich auch der Gerichtsmediziner Otto Prokop, der sich dieses Etikett selbst und nicht ohne Stolz verlieh. Für ihn, der sich als Experte auf dem Gebiet der Sezierung von „Toten“ und der „‚Seelen‘ der Täter [...] vor Gericht“ ausgab,[187] war Literatur ein Spiel aus Lug und Trug, vergleichbar mit dem täuschenden Schauspiel vor Gericht. Um diese Analogie zu illustrieren, verstieg er sich gar zu einem nicht nur in genderpolitischer Hinsicht problematischen Vergleich: So wie manche „kriminelle Frau[]“ mit ihren Schauspiel vor Gericht „arglose Beobachter“ zu „Liebesbriefe[n]“ animiert hätten, so rühre auch die Literatur nichts als trügerische „Stimmungen“ an.[188] Daran anknüpfend grenzte er solche den Irrtümern von (gerichtlichem) Schauspiel und Literatur aufsitzenden Menschen bzw. Männern von „Leute[n] [s]einer Kategorie“[189] ab. Letztere seien für „härtere Gutachten zuständig, die eisernen Gesetzen der Naturwissenschaften unterl[ä]gen.“[190] Der Beitrag des Gerichtsmediziners trieb damit die Ablehnung der ‚schöngeistigen‘ Literatur unter den Vertretern der ‚eisernen‘ Naturwissenschaften auf die Spitze. Sowohl diese prononcierte Wortmeldung als auch die moderater formulierten

---

181 Joachim Handke: [Diskussionsbeitrag]. In: NDL 37 (1989), Heft 10, S. 20–24, hier: S. 20 f.
182 Handke: [Diskussionsbeitrag], S. 21.
183 Peter Hupfer: [Diskussionsbeitrag]. In: NDL 37 (1989), Heft 10, S. 29–31, hier: S. 29.
184 Hupfer: [Diskussionsbeitrag], S. 30.
185 Hupfer: [Diskussionsbeitrag], S. 29.
186 Otto Prokop: [Diskussionsbeitrag]. In: NDL 37 (1989), Heft 10, S. 42–43, hier: S. 43.
187 Prokop: [Diskussionsbeitrag], S. 43.
188 Prokop: [Diskussionsbeitrag], S. 43.
189 Prokop: [Diskussionsbeitrag], S. 43.
190 Prokop: [Diskussionsbeitrag], S. 43.

Beiträge der anderen Naturwissenschaftler belegen demnach genau das, was Erpenbeck einer schizoiden Gesellschaft diagnostiziert hatte: Die diskutierenden Vertreter der wissenschaftlich-technischen Rationalität und des unbeirrbaren Fortschrittsglaubens versuchten die Literatur aus dem Bereich ernsthafter intellektueller Beschäftigung zu verdrängen, wenn sie ihr nicht gar die Existenzberechtigung absprachen oder sie als böswilliges Spiel mit Täuschung und Illusion verurteilten.

Unterstützung für die Literatur und ihre Produzent*innen kam in dieser Diskussion nur von einer, wenngleich nicht unerwarteten Seite – von der Philosophie, die der Literatur traditionell nahesteht: Der Philosoph Helmar Hegewald, der sich zu dieser Zeit vor allem mit ökologischen Fragen beschäftigte, widersprach dem fortschrittsoptimistischen Tenor der befragten Naturwissenschaftler deutlich und wies auf die massive Umweltverschmutzung und -zerstörung als Kehrseite der „technologische[n] Produktionsweise" hin.[191] Mit dem Thema ‚Umwelt' griff er eine Problematik auf, die etwa seit Anfang der 1970er Jahre sowohl in der Bundesrepublik als auch in der DDR verstärkt diskutiert wurde, wobei in der DDR lange der offizielle Tenor vorherrschte, den „wissenschaftlich-technische[n] Fortschritt [...] undifferenziert als ‚sakrosanktes Mittel zur Lösung von Problemen'" zu betrachten.[192] Damit einher ging eine Verschleierungspolitik der SED, die die Informationen über das wahre Ausmaß der Zerstörung der Umwelt durch Industrieanlagen oder die schädigende Ausbeutung der Natur lange unter Verschluss hielt.[193] Auf diesen Kontext reagierte der Philosoph Hegewald in seiner Wortmeldung, indem er die Leistungen der Literatur bzw. der Literat*innen für die Offenlegung und Bewusstmachung der ökologischen Probleme hervorhob: „Als ich die Protokoll-Bände des X. Schriftstellerkongresses der DDR [vom November 1987 – A.G.] las, wurde mir deutlich, daß dieser Kongreß eigentlich [...] der erste nationale Umwelt-Kongreß der Schriftsteller unseres Landes war. Hier meldete sich das Um-Welt-Gewissen in sehr deutlicher Sprache."[194] Hegewald hob damit hervor, dass die Schriftsteller*innen die eigentlichen Vordenker auf dem Gebiet der Ökologie seien, auch wenn ihre Beiträge zur Umweltproblematik bedauerlicherweise „im öffentlichen Denken unseres Landes" nur eine „geringe Rolle" spielten.[195] Hegewald kehrte demnach das typische Argumentationsmuster zahlreicher Wortmeldungen seiner befragten Kollegen aus den Naturwissen-

191 Helmar Hegewald: [Diskussionsbeitrag]. In: NDL 37 (1989), Heft 10, S. 25–29, hier: S. 28.
192 Rita Morrien: Literatur und Umwelt. In: Metzler Lexikon DDR-Literatur. Hg. von Michael Opitz, Michael Hofmann. Stuttgart, Weimar 2009, S. 343–345, hier: S. 343.
193 Vgl. Morrien: Literatur und Umwelt, S. 344.
194 Hegewald: [Diskussionsbeitrag], S. 26.
195 Hegewald: [Diskussionsbeitrag], S. 26.

schaften geradewegs um: Nicht die Schriftsteller*innen hinkten den Naturwissenschaftler*innen hinter her, sondern genau umgekehrt, die „zukünftige[n] Energetiker", also die Vertreter*innen der natur- und -ingenieurswissenschaftlichen Energieforschung, sollten zur schreibenden Zunft und ihrer Literatur aufblicken, da erst sie die „Um-Welt-Gewissenskonflikte" überhaupt zur Sprache brächten und die Augen für ökologische Fragen öffneten.[196] Damit gehörte der Philosoph zu den wenigen Diskutanten, die der Literatur in dieser NDL-Debatte ihre Hochschätzung entgegenbrachten. Statt die Literatur in ein Randgebiet zu verbannen, verstand er sie als zentrales gesellschaftliches Korrektiv für Fehlentwicklungen, die von der Naturwissenschaft und Technik mitverschuldet und von der Politik ungern öffentlich diskutiert wurden.

Diese letzte Etappe der ‚Zwei Kulturen'-Debatte kurz vor dem Ende der DDR war demnach von einer erneuten Frontstellung zwischen der literarisch-geisteswissenschaftlichen und naturwissenschaftlich-technischen Intelligenz geprägt. Was als differenzierte Diagnose zur Übermacht von Naturwissenschaft und Technik und ihren Auswirkungen auf die Literatur und Gesellschaft begonnen hatte, entwickelte sich rasch zu einem erbitterten Streit, bei dem sich konträre Positionen unversöhnlich gegenüberstanden. Während die einen vor der gesellschaftszerstörenden Macht der Naturwissenschaften warnten und die Literatur als Korrektiv dieser Fehlentwicklung in ihr Recht setzten, legten die anderen einen ungebrochenen Wissenschafts- und Fortschrittsoptimismus an den Tag und betrachteten infolgedessen alle ‚schöngeistigen' Beschäftigungs- und Äußerungsformen als überflüssig. Die Frage, ob und inwiefern es einmal mehr gelungen wäre, diese festgefahrene Diskussion mit neuen Impulsen zu beleben – ähnlich wie das zuvor der NDL-Redaktion nach den erbitterten Wortgefechten im *Forum* gelungen war –, muss aufgrund des Zusammenbruchs des DDR-Staates wenige Monate später offen bleiben.

Fazit

Die Rekonstruktion der ‚Zwei-Kulturen'-Debatte in der DDR hat gezeigt, dass die öffentliche Auseinandersetzung mit dem Verhältnis von Literatur und Naturwissenschaft einen breiten Raum in diesem Staat eingenommen hat. Während die Snow-Kontroverse die intellektuelle Öffentlichkeit in westlichen Ländern wie England oder der Bundesrepublik vor allem in den 1960er Jahren umtrieb und sich dann mehr und mehr zu einer innerwissenschaftlichen, insbesondere lite-

196 Hegewald: [Diskussionsbeitrag], S. 26.

raturwissenschaftlichen Diskussion entwickelte,[197] beschäftigte der besagte Gegenstand die literarische und die naturwissenschaftliche Intelligenz der DDR über drei Jahrzehnte hinweg. Im Zuge der von oben verordneten Wissenschafts- und Technikeuphorie[198] erhielt das Thema offensichtlich eine solche Relevanz, dass zentrale DDR-Kulturinstitutionen wie das PEN-Zentrum Ost oder die NDL als Organ des Schriftstellerverbands die aufgeworfene Problemstellung immer wieder auf die Tagesordnung setzten. Dementsprechend erhielten Schriftsteller*innen und Naturwissenschaftler*innen regelmäßige Anfragen und Aufforderungen, sich über das zwischen ihnen waltende Verhältnis Gedanken zu machen und sich offiziell dazu zu äußern. Gleichwohl lassen solche ‚offiziellen' Aufträge nicht gleich darauf schließen, dass die ‚Zwei-Kulturen'-Debatte in der DDR lediglich eine erzwungene und von oben forcierte Veranstaltung war. Denn zum einen lässt sich keine der hier skizzierten Diskussionen eindeutig und ausschließlich als aufoktroyierte und offiziell gesteuerte Debatte klassifizieren – im Gegenteil: Gerade solche Diskussionen wie jene im *Forum* gründeten sich nachweislich auf Alleingänge der Redaktion und brachten Wortbeiträge an die Öffentlichkeit, die das Missfallen der SED erregten. Zum anderen nahmen zahlreiche der beteiligten Diskutant*innen die besagte Fragestellung durchaus auch aus eigenem Antrieb und aus eigenen Interessen heraus ins Visier. Das belegen sowohl solch engagierte, gleichwohl kritische Wortmeldungen wie die des Schriftstellers und Wissenschaftlers John Erpenbeck als auch die weitreichenden Reflexionen zur Vereinigung der ‚zwei Kulturen' einige der befragten (Natur-)Wissenschaftler.

Angesichts des beständigen Engagements, mit dem sich sowohl Schriftsteller*innen als auch Naturwissenschaftler*innen in die ‚Zwei-Kulturen'-Diskussion einbrachten, erhärtet sich die Mutmaßung eines zeitgenössischen Beobachters, der bereits zum Auftakt der Diskussionen im Jahr 1959 spekuliert hatte, dass den im „Geiste des sozialistischen Realismus geprägten Literaten" ein „besonders inniges Verhältnis zur Wissenschaft"[199] nachzusagen sei. Mit Blick auf die hier rekonstruierte Debatte wäre zu ergänzen, dass gerade auch die im Geiste des Sozialismus geprägten Naturwissenschaftler*innen ein „besonders inniges Verhältnis" zur Literatur bzw. ihren Produzent*innen unterhielten. Dass das „innige[ ] Verhältnis" nicht nur die Gestalt einer einträchtigen, sondern bisweilen äußerst zwieträchtigen Beziehung angenommen hat, zeigt die wechselvolle Dynamik dieser östlichen ‚Zwei-Kulturen'-Debatte: Sie schwankte mehrfach zwischen der einvernehmlichen Diskussion anspruchsvoller Konzepte zur Vereini-

197 Vgl. Pethes: Literatur- und Wissenschaftsgeschichte, bes. S. 186–191.

198 Vgl. dazu auch die Einleitung dieses Bandes.

199 O.V.: Im Mittelfeld zwischen Jules Verne und Bert Brecht. PEN-Club diskutiert die schöne Literatur der Wissenschaften. In: Berliner Zeitung am Abend, 06.08.1959.

gung von Literatur und Naturwissenschaft einerseits und dem heftigen Schlagabtausch über die verabsolutierte wissenschaftlich-technische Rationalität und ihre Auswirkungen auf die Literatur und Gesellschaft andererseits. Doch auch wenn die unterschiedlichen Etappen dieser Diskussion mal mehr von Einigkeit, emphatischen Schulterschlüssen oder euphorischen Vereinigungsphantasien geprägt waren und ein anderes Mal eher von Zwietracht, gegenseitigen Angriffen und Vorurteilen zeugten, führt der beständige, intensive und engagierte Austausch über das Verhältnis zwischen Literatur und Naturwissenschaft eines in aller Deutlichkeit vor Augen: Snows vielzitierter Befund eines tiefen, sich auf Ignoranz und Kommunikationsverweigerung gründenden Grabens zwischen den ‚zwei Kulturen' ist im Falle der DDR als Land der östlichen Hemisphäre in der Tat stark einzuschränken.

Kristin Eichhorn

Objektivität, Leistung, Wahrheitsgewinn

Johannes R. Bechers kulturpolitischer Entwurf einer wissenschaftsanalogen sozialistischen Dichtung

Johannes R. Becher[1] hat im Laufe der Jahre zahlreiche Rollen eingenommen: Er war in seiner Jugend einer der führenden Expressionisten, ab den 1920er Jahren und im Exil Herausgeber diverser Zeitschriften,[2] nach 1945 schnell Kulturpolitiker und Minister sowie zeitlebens Dichter.[3] Wissenschaftler hingegen war Becher nie – schon allein deshalb, weil er keinen seiner Universitätsaufenthalte zu einem Studienabschluss geführt hat.[4] Dennoch nimmt die Auseinandersetzung mit Wissenschaft bzw. wissenschaftlicher Methodik zumindest ab einem bestimmten Zeitpunkt eine wichtige Funktion innerhalb von Bechers poetologischen wie kulturpolitischen Überlegungen ein. Dieser Zeitpunkt liegt in der Mitte der 1920er Jahre, was auf das ideologische Fundament seiner Beschäftigung mit Wissenschaft hinweist: Hat Becher sich schon 1917 von der Russischen Revolution begeistert gezeigt und in seiner Dichtung von einer ähnlichen Entwicklung in Deutschland geschwärmt,[5] dauert es doch noch bis 1923, bis er sich endgültig zum

---

1 Aufgrund der punktuell nicht immer befriedigenden Editionslage ist es z.T. nötig, die jeweiligen Erstausgaben zu zitieren. Ansonsten zitiere ich im Folgenden nach: Johannes R. Becher: Gesammelte Werke. Hg. vom Johannes-R.-Becher-Archiv der Akademie der Künste der Deutschen Demokratischen Republik. 18 Bde. Berlin, Weimar 1966–1981 [= GW].

2 Zu nennen sind vor allem die *Linkskurve* und die *Internationale Literatur.* Vgl. dazu Christa Streller, Volker Riedel: Internationale Literatur. Moskau 1931–1945. Bibliographie einer Zeitschrift. 2 Bde. Berlin 1985; Christian Dietrich: Literarisches Profil und politisches Programm. Zur Konzeptualisierung der Monatszeitschrift „Die Linkskurve“. In: Arbeit, Bewegung, Geschichte 16.1 (2017), S. 7–21.

3 Wichtig sind neben und vor der Tätigkeit als erster Kulturminister vor allem Bechers Rolle im Deutschen Kulturbund (vgl. Magdalena Heider: Politik, Kultur, Kulturbund. Zur Gründungs- und Frühgeschichte des Kulturbundes zur Demokratischen Erneuerung Deutschlands 1945–1954 in der SBZ/DDR. Köln 1993), die Zeitschrift *Sinn und Form* sowie der Aufbau Verlag.

4 Becher begann zweimal ein Medizinstudium – einmal direkt nach dem Abitur in Berlin; später machte er 1918 nach einer Entziehungskur in Jena einen erneuten Versuch, wo ihm allerdings die Zulassung verweigert wurde (vgl. Alexander Behrens: Johannes R. Becher. Eine politische Biographie. Köln 2003, S. 23 bzw. 59 sowie zu Bechers Zeit in Jena Jens-Fietje Dwars: Ein ungeliebter Ehrenbürger. Johannes R. Becher in Jena. Mit Dokumenten seiner Klinikaufenthalte. In: Jahrbuch der deutschen Schillergesellschaft 39 (1995), S. 87–110).

5 Vgl. vor allem das Gedicht „Gruß des deutschen Dichters an die russische föderative Sowjet-Republik“ (GW II, S. 18 f.).

 https://doi.org/10.1515/9783110771008-004

Kommunismus bekennt und in die KPD eintritt.[6] Obwohl sich Bechers Verhältnis zum Kommunismus bzw. zum Sozialismus in den folgenden Jahrzehnten durchaus spannungsvoll gestaltet,[7] ist damit die politische und weltanschauliche Grundlage für die spätere Ministertätigkeit in der DDR gelegt, denn als Kommunist emigriert Becher 1933 nach Moskau, kehrt 1945 mit der ‚Gruppe Ulbricht' zurück und ist von da an untrennbar mit dem Aufbau einer sozialistischen deutschen Kultur verbunden.[8]

Bechers Beschäftigung mit Wissenschaft ist also eng an seine Politisierung geknüpft und greift entsprechend deutlich auf die Wissenschaftsrhetorik zurück, die in den kommunistischen bzw. sozialistischen Zirkeln üblich war.[9] So wie Becher indes (im Gegensatz etwa zu Brecht) keine intensive intellektuelle Auseinandersetzung mit der marxistischen Lehre betreibt, sondern eher ihre populären Schlagworte aufgreift und mit diesen weiterarbeitet,[10] ist auch der Umgang mit wissenschaftlichen Erkenntnissen und Methoden in seinem Werk auf den ersten Blick recht oberflächlich: Er schreibt selbst in der frühen DDR keine Industrieromane, weshalb die technische Seite der Revolution bzw. des ‚Aufbaus' bei ihm eher weniger im Vordergrund steht. Demgegenüber operiert Becher durchweg mit einem viel schlichteren Wissenschaftsbegriff, der im Wesentlichen durch die Bemühung um Objektivität und Wahrheit sowie auf die Durchsetzung des ‚richtigen' Ansatzes im Sinnes eines ‚Leistungsprinzips' bestimmt ist. So wird der Begriff von Becher durchweg herangezogen, um den Status der Kunst – ins-

6 Die genaue Rekonstruktion von Bechers Weg zur Partei ist angesichts der widersprüchlichen Quellenlage höchst schwierig. Nicht zuletzt ist unklar, ob Becher 1919 schon einmal in die KPD eingetreten war, um dann wieder auszutreten, oder ob er 1923 zum ersten Mal Mitglied der Partei wurde. Vgl. dazu Dwars: Ein ungeliebter Ehrenbürger, S. 98.

7 Vgl. dazu die biographischen Ausführungen bei Jens-Fietje Dwars: Abgrund des Widerspruchs. Das Leben des Johannes R. Becher. Berlin 1998, S. 577–773; Ders.: Johannes R. Becher. Triumph und Verfall. Eine Biographie. Berlin 2003, S. 217–241; Behrens: Becher, S. 272–302, sowie aus stärker literaturwissenschaftlicher Sicht Carsten Gansel: Johannes R. Becher zwischen Dichten und Funktionieren. Vor-Spruch. In: Johannes R. Becher: Der gespaltene Dichter. Gedichte, Briefe, Dokumente 1945–1958. Hg. von Carsten Gansel. Berlin 1991, S. 11–30.

8 Vgl. Wolfgang Emmerich: Kleine Literaturgeschichte der DDR. Erweiterte Neuauflage. 4. Auflage. Berlin 2009, S. 40 f.

9 Dabei ist die Diskussion um das Verhältnis von Wissenschaft und Kunst wesentlich besser für die 1970er Jahre nachzuvollziehen. Vgl. insbesondere Jürgen Kuczynski, Wolfgang Heise: Bild und Begriff. Studien über die Beziehung zwischen Kunst und Wissenschaft. Berlin, Weimar 1975.

10 Das ist einer der Gründe, warum die Bewertung von Brecht und Becher in der Forschung stark auseinanderklafft, obwohl ihre Texte stellenweise so ähnlich sind, dass es sogar Fehlzuschreibungen gegeben hat. Vgl. dazu Kristin Eichhorn, Frank Tietje: Zwei Dichter zum Verwechseln ähnlich. Wie Johannes R. Bechers „Lied der neuen Erde" in die Werkausgabe Bertolt Brechts kam. In: Dreigroschenheft 22.4 (2015), S. 16–21.

besondere der (eigenen) Dichtung – zu reflektieren. ‚Wissenschaft' fungiert in diesem Sinne als richtungsgebender Maßstab, an dem sich künstlerisches Arbeiten orientieren kann und muss, um im 20. Jahrhundert und angesichts der anstehenden Revolution bzw. des Aufbaus des Sozialismus nach 1945 zeitgemäß wie relevant zu bleiben.

Diese Konstellation ist die Basis der Verknüpfung von Wissenschaft, Politik und Literatur, die Mitte der 1920er Jahre beginnt. Diese Verbindung läuft zunächst (nur) darauf hinaus, das eigene Schreiben durch Bezug auf aktuelle technische und wissenschaftliche Entwicklungen innerhalb der Gegenwart zu verorten und insofern als ‚modern' oder ‚zeitgemäß' zu markieren. Die unmittelbare Aufnahme aktueller Tendenzen sowohl wissenschaftlicher als auch ästhetischer Natur gehört zu den Grundprämissen von Bechers Schreiben, das stets darauf abzielt, sich als der eigenen Zeit zugehörig und für diese als repräsentativ zu markieren. Demgegenüber verschiebt sich der Schwerpunkt in den 1950er Jahren zugunsten der Betonung der Eigenständigkeit des künstlerischen Ausdrucks und der Abwehr bestimmter politischer Vorgaben. Es spricht Bände, dass Becher, der sich zeitlebens immer der Bewegung, die er vertrat, voll und ganz verschrieben hatte, ausgerechnet als Kulturminister und Staatsmann eine differenziertere Perspektive erkennen lässt und die offizielle kulturpolitischen Rhetorik mit eigenem Inhalt zu füllen versucht.

Diese Entwicklung im Umgang mit ‚Wissenschaft' zu beobachten, ist wichtig, weil die politisch-ideologische Kontinuität, die zwischen Bechers KPD-Mitgliedschaft und seiner Rolle als SED-Minister besteht, leicht dazu führen kann, die unterschiedliche Funktionalisierung des Rekurses zu übersehen. Während nämlich der Wissenschaftsbezug der 1920er Jahre sehr wohl ein affirmatives Bekenntnis zum Kommunismus als fortschrittlicher Ideologie enthält, die somit wie die Wissenschaft ‚auf der Höhe der Zeit' ist, dient er in den 1950er Jahren einem ganz anderen Ziel: Wo die erste Verknüpfung von Wissenschaft und Kunst letztere einem politisch geprägten Wissenschaftsbegriff unterwirft, nutzt Becher dieselbe Rhetorik drei Jahrzehnte später gerade zur (subtilen, aber deutlichen) Zurückweisung zu enger Vereinnahmungsversuche.

1 Wissenschaft als Modernitätsindikator: Kommunistische Avantgarde der 1920er Jahre

Das erste Mal wird die Verbindung zwischen Wissenschaft und Literatur für Becher in den 1920er Jahren im Kontext seines Eintritts in die Kommunistische Partei virulent. Hier beginnt die Suche nach einer ästhetischen Form, die dem Ziel gerecht werden kann, das er sich jetzt gesetzt hat, nämlich „dem Befreiungskampf des Proletariats“ unmittelbar zu dienen (GW XV, S. 592). Becher ordnet sich der ‚höheren‘ Sache voll und ganz unter, wie er in seinem viel zitierten Brief an die Malerin Eva Herrmann schreibt: „Mein Leben hat, was Freunde und Bekannte anbetrifft, eine vollständige Wendung genommen. Das Caféhaus ist vorbei, die lustige Künstlerei und Schwabingerei ist vorüber. Ich habe jede Minute zu tun. Ich habe zu funktionieren“.[11]

Dahinter steht das Programm einer Literatur, die gesellschaftlich wirksam sein muss, was gerade in den 1920er Jahren die Aufnahme von oder zumindest Reaktion auf die wissenschaftlich-technische Entwicklung nach sich zieht.[12] Damit bedarf es einer Strategie, wie dem Problem politisch wirksamer Dichtung in dieser Zeit Herr zu werden ist, denn die Literatur ist im Zugzwang auf Höhe der Zeit zu sein und mit der wissenschaftlichen Entwicklung mitzuhalten, um nicht von ihr als irrelevant zurückgedrängt zu werden. Diese Problematik wird ab den späten 1920er Jahren zunehmend relevant und zeigt sich am deutlichsten in einem Gedicht, das Becher im Exil über das Radio schreibt.

In „Radio – Wunder der Alltäglichkeit“ wird dem Medium Radio eine gleichsam magische Kraft zugeschrieben, weil eine Stimme „Berge, die zum Himmel branden“, überwinden kann: „Wer nichts Wunderbares dabei findet, / Hört nicht, wie *sein* Herz dort jubiliert.“[13] Dabei ist die Betonung des ‚Wunderbaren‘ der Technik über eine Poesie-Analogie konstruiert, die letztlich darauf hinausläuft, den Wert des Poetischen für die prosaisch-technisierte Moderne zu retten.[14] Der Dichter soll nicht einfach nur „Unsere große wunderbare Zeit“ verkünden.[15] Er soll das Alltägliche wieder als ‚Wunder‘ erkennbar machen, hinter dem rein technischen Übertragungsprozess der Radiowellen den „Zauberruf“ aufdecken:[16]

---

11 Brief an Eva Herrmann vom 28./29. Januar 1924 (Johannes R. Becher: Briefe 1909–1958. Hg. von Rolf Harder. Bd. I: Briefe an Becher. Berlin 1993, S. 122).

12 Dabei kommen die wichtigsten Einflüsse auf Becher einerseits aus dem italienischen Futurismus (vgl. Peter Demetz: Worte in Freiheit. Der italienische Futurismus und die deutsche literarische Avantgarde (1912–1934). Mit einer ausführlichen Dokumentation Originalausgabe. München, Zürich 1990), andererseits von Vladimir Majakowski, dessen Poem *150 Millionen* Becher übersetzt bzw. eigentlich sehr frei nachgedichtet hat (Wladimir Majakowski: 150 Millionen. Übersetzt von Johannes R. Becher. Berlin 1924).

13 Johannes R. Becher: Neue Gedichte. Moskau, Leningrad 1933, S. 72; Hervorhebung i. O.

14 Vgl. dazu Kristin Eichhorn: Den Dichter im Ohr. Johannes R. Becher, das Radio und der Klassenkampf. In: Literarisches Hören. Hg. von Klaus Schenk. Kiel 2019, S. 69–82.

15 Becher: Neue Gedichte, S. 73.

16 Becher: Neue Gedichte, S. 71.

Setz dich nieder. Vor dir steht ein Trichter.
Nur ein Knopf. Wenn du ihn zaudernd drehst,
Spricht zu dir aus ferner Stadt ein Dichter,
Worte, wie du sie sonst nie verstehst.[17]

Wissenschaft bzw. Technik (zwischen denen nicht differenziert wird[18]) werden immer Ausgangspunkt zur Dichtungsreflexion. Die Entwürfe der 1920er und 1930er Jahre laufen durchweg darauf hinaus, das poetische Moment der Wissenschaft und dem technischen Fortschritt gegenüberzustellen und dann ein verbindendes Element zu finden. Somit zieht Becher wissenschaftliche Erkenntnis oder Methodik sowie neue technische Erfindungen vorzugsweise heran, um ihre Dominanz zu diskutieren und den Platz der Kunst innerhalb einer Welt zu sichern, die sie – auf den ersten Blick – nicht mehr braucht, weil sie von ‚rationaleren' menschlichen Errungenschaften überflüssig gemacht wird.

In diesen Kontext gehört auch Bechers zweiter Roman *$(CHCl{=}CH)_3As$ (Levisite) oder Der einzig gerechte Krieg* von 1926, dessen Titel die chemische Formel des im Zentrum stehenden Giftgases Levisite enthält.[19] Mit Blick auf die großen historischen Zusammenhänge dreht sich das Buch nicht nur um die Ausnutzung des Proletariats durch die herrschende Klasse, sondern konkret um die zeittypische Angst vor einem möglichen Gaskrieg. Das im Roman aufgeworfene Problem besteht darin, dass sich die Produktion in den Händen weniger ‚Imperialisten' befindet und die Arbeiter oft gar nicht wissen, was sie in den Betrieben herstellen. Hauptanliegen des Buchs ist also die Aufklärung der Arbeiterschicht. Um den ‚imperialistischen' Krieg der Nationen gegeneinander zu beenden und auf Dauer Frieden zu schaffen, muss eine letzte Schlacht zwischen den Klassen geschlagen werden – der ‚einzig gerechte Krieg', der im Titel genannt wird. In die Vision dieses Krieges geht der zunächst auf die historische Realität bauende Roman am

---

17 Becher: Neue Gedichte, S. 71.

18 Becher tendiert generell zur oberflächlichen Rezeption bestehender Diskurse, allerdings wird auch noch in den (kultur-)politischen Verlautbarungen der frühen DDR häufig nicht zwischen beiden Begriffen unterschieden. Vgl. z. B. den ersten Abschnitt von Walter Ulbricht: Chemie gibt Brot, Wohlstand, Schönheit. Aus der Rede auf der Chemiekonferenz des Zentralkomitees der SED und der Staatlichen Plankommission am 3. und 4. November 1958. In: Marianne Lange (Hg.): Zur sozialistischen Kulturrevolution. Dokumente Bd. I: 1957–1959. Berlin (Ost) 1960, S. 414–429, hier S. 414.

19 Dieser Roman steht im Zentrum des gegen Becher geführten Hochverratsprozesses. Vgl. dazu Kristin Eichhorn: Johannes R. Becher und die Weimarer Justiz. Der provozierte Skandal um den Roman *$(CHCl{=}CH)_3As$ (Levisite) oder Der einzig gerechte Krieg* (1926). In: Weimarer Beiträge 66.1 (2020), S. 84–97.

Ende über, wobei viele Kommunisten für die gemeinsame Sache ihr Leben opfern.[20]

Anders als viele deutsche Romane aus dem proletarisch-revolutionären Umfeld wie etwa die eines Willi Bredel,[21] ist Becher 1926 (noch) einem avantgardistischen Schreiben verpflichtet. Die in den mittleren 1920er und frühen 1930er Jahren von Becher gewählte Strategie läuft darauf hinaus, zwei Formen von Avantgarde miteinander zu verbinden: die ästhetische und die politische. Insbesondere siedelt Becher seinen Roman trotz der nacherzählbaren Handlung (und damit des klar narrativen Charakters) formal auf der Grenze zum Sachbuch an. Insofern ist das Buch ein Beispiel für den Entwurf einer quasi verwissenschaftlichten Literatur, die sich nicht mit einer ästhetischen oder unterhaltenden Zielsetzung begnügen kann, sondern ihre Legitimität durch die Aufnahme wissenschaftlicher Diskurse zu begründen sucht. Durch die Einarbeitung von fremder Literatur über Giftgase und politisch-ideologische Fragen, über die das Quellenverzeichnis – sortiert nach dem proletarischen und dem bürgerlichen Standpunkt[22] – Auskunft gibt (GW X, S. 365–375), soll sich das Buch vom Muster des ‚typischen' Romans der Biedermeierzeit oder der Romantik (vgl. GW X, S. 10) absetzen, denn Becher weist die literarische Tradition dezidiert zurück, in der Romane zu stehen pflegen.

Mit dieser ‚fortschrittlichen' Einstellung freilich ergibt sich eine Abgrenzung von all dem, was als rückschrittlich erscheint, und dabei kommt für Becher vor allem die Perspektive des Bürgertums in den Blick, gegen dessen Moral- und Kunstvorstellungen er schon als Expressionist angeschrieben hatte.[23] Auf diese Weise gehen politische und ästhetische Vorstellungen Hand in Hand: Will man eine Revolution im gesellschaftlichen Sinne bewirken, sind neue künstlerische Mittel nötig, weshalb das Konstrukt des (früh-)realistisch-romantischen Romans – hier fehlt parallel zur In-Eins-Setzung von Wissenschaft und Technik die literaturgeschichtliche Differenzierung – von Becher konsequent abgelehnt wird. Stattdessen soll das Buch an die Tradition des „Heldengedicht[s]" anschließen

20 Dabei stirbt der bürgerliche Protagonist Peter Friedjung als Märtyrer, was sich als Verteidigung der Bedeutung der bürgerlichen Intellektuellen für die revolutionäre Bewegung lesen lässt. Vgl. dazu Kapitel 7 (GW X, S. 260–304).

21 Vgl. Willi Bredel: Gesammelte Werke in Einzelausgaben. Berlin, Weimar 1961–1985. 14 Bde.

22 Dabei konzentriert sich der deutlich kürzere Abschnitt zur Literatur vom „proletarischen Klassenstandpunkt aus" (GW X, S. 366) ausschließlich auf marxistische Texte, u. a. von Lenin, Stalin und Engels, während die Liste der Titel „vom bürgerlichen Klassenstandpunkt aus" (GW X, S. 366) wesentlich umfassender ist und die gesamte Fachliteratur zu Herstellung und Einsatz von Giftgasen umfasst.

23 Vgl. dazu vor allem die zweibändige Sammlung Johannes R. Becher: Verfall und Triumph. Erster Teil: Gedichte; Zweiter Teil: Prosa. Berlin 1914.

und selbst „ein lebendiges Wesen“ sein, das „künftig wieder selbst Anteil“ hat „an den Kämpfen, deren Blutzeuge es ist“ (GW X, S. 10).

Dieses ‚neue‘ inhaltliche Programm wird auf formaler Ebene von ebenso als innovativ markierten Mitteln begleitet, die Becher von der russischen Avantgarde übernimmt: Faktographie, Dokumentarismus und Fotomontage.[24] Die Zitate im Buch bilden eine entsprechende Parallele zu den bildkünstlerischen Arbeiten eines John Heartfield, von dem auch der Buchumschlag der Erstausgabe von *Levisite* stammt.[25] Becher beruft sich im Vorwort zur russischen Ausgabe von 1926 explizit auf die Fotomontage als von ihm angewandte „Methode“, mit der er in Analogie zur „Zusammensetzung eines Bildes aus verschiedenen Photographien“ aus „Dialoge[n], Reden und Beschreibungen“, ein zusammengesetztes Ganzes erschaffen habe (GW X, S. 500).

Bechers Umsetzung dieses Prinzips ist allerdings nicht mit der Heartfields zu vergleichen. Denn das Buch ist keinesfalls ein aus diversen Fremdzitaten zusammengesetzter Text – geschweige denn einer, dem man die Übergänge anmerken würde. Im Gegenteil: Becher greift in der Tendenz die konsultierten Texte lediglich als Material auf, das dann in Form von Dialogen in die Geschichte eingeht, um die Figuren eine informierte Diskussion über das Thema Gaskrieg führen lassen zu können. Die Hintergrundinformationen fließen vor allem in einen Vortrag ein, den Professor Snowden vor amerikanischen Marineoffizieren hält und der nicht zuletzt Informationen zur Erfindung der „Gasbomben“ enthält (GW X, S. 165).

Es lässt sich also folgern, dass Becher die innovative Form fast mehr ankündigt als ausführt und der performative Akt der Ausstellung des Innovativen eigentlich wichtiger ist als die genaue Umsetzung. Dass Becher das Prinzip der Fotomontage überhaupt für sich reklamiert, hat seinen Grund zwar einerseits darin, dass er sich auf diese Weise dem aktuellen Stand der avantgardistischen Kunstdebatten zuordnen kann, wie sie gerade in der Sowjetunion geführt werden. Becher dient das Etikett aber andererseits mehr noch zur Markierung eines Anspruchs, der Literatur – im Unterschied zu jenem romantischen Roman, den er in der ‚Einleitung‘ aufruft‘ – im Leben ihrer Leserschaft verankert. Die Aufnahme wissenschaftlicher Diskussionen in die Romandialoge sichert nicht nur die Realitätsnähe des Textes ab, der auf diese Weise ein in der Realität bestehendes Problem anspricht, mit dem die Notwendigkeit zum Handeln vor Augen geführt

24 Vgl. dazu Tanja Zimmermann: Abstraktion und Realismus im Literatur- und Kunstdiskurs der russischen Avantgarde. München 2007.

25 Zu Heartfields Buchumschlägen, von denen es einige zu Bechers Büchern aus dieser Zeit gibt, siehe Lux Rettej, Friedrich Haufe: John Heartfield. Buchgestaltung und Fotomontage. Eine Sammlung. Berlin 2014.

wird. Sie bindet das Buch darüber hinaus auch auf ästhetischer Ebene an seine Entstehungszeit: Die Dominanz und gesamtgesellschaftliche Bedeutung des wissenschaftlichen Fortschritts – der Entwicklung von kriegsrelevanten Giftgasen – macht es aus einem entsprechenden Literaturverständnis notwendig, dass sich Autoren auch in fiktionalen Texten mit diesen aktuellen Themen auseinandersetzen und sie konzeptionell für ihr Schreiben fruchtbar machen und popularisieren.

Bereits der sperrige Titel signalisiert diese Bezugnahme auf die wissenschaftliche Diskussion, aus dem eine neue Form von Literatur hervorgehen soll. Entsprechend stößt die ‚Einleitung' eine Leserschaft, die einen Roman nach dem Muster des 19. Jahrhunderts erwartet, vor den Kopf:

> Hände weg!
> Hände weg von diesem Buch, wenn Ihr damit, übersättigt und bis zum tödlichen Erbrechen gelangweilt, nur wieder einige Eurer müßigen Stunden totschlagen wollt!
> Dem stinkenden Kadaver dieser Zeit flechte ich keine Kränze.
> Das spannungslose Gesabber unserer offiziellen Poeten befriedigt schon übergenug solche Bedürfnisse. (GW X, S. 9)

Das Entscheidende ist dabei, dass die Wissenschaft – speziell die Chemie und die damit verbundene Literatur über Giftgase – nun das verbindende Element zwischen Politik und Ästhetik ausmacht. Aus diesem Impuls heraus fließen in das Buch die chemischen Fachkenntnisse von Bechers späterer Frau Lotte Rotter ein, von denen auch der angesprochene Quellennachweis zeugt.[26] Somit stellt Becher in *Levisite* durchweg die Verpflichtung auf Wirklichkeit und Nachprüfbarkeit aus; das Material darin muss „genau der Wirklichkeit entsprechen" (GW X, S. 500).

2 Objektivität und Leistungsprinzip: Die Poetik der 1940er und 1950er Jahre

Spielt sich die Beschäftigung mit Wissenschaft in den 1920er und 1930er Jahren bei Becher ausschließlich in seinen literarischen Arbeiten ab, ändert sich dies mit der veränderten Rolle, die er nach der Rückkehr aus dem Exil übernimmt. Denn die Funktion des Kulturpolitikers, die Becher ab 1945 in unterschiedlichen Ausprägungen innehat – als Vorsitzender des Kulturbunds sowie vor allem als Kulturminister der DDR –, führt zum einen zu einem Zuwachs an publizistischen Texten und Reden mit offiziellem und repräsentativem Charakter. Außerdem

26 Vgl. Dwars: Becher, S. 109.

nimmt gerade in den 1950er Jahren bei Becher die (private) poetologische Reflexion zu, der die vier Bände der unter dem Titel *Bemühungen* zusammengefassten Reden und Aufsätze ebenso entstammen wie einige weitere, erst im Nachlass in der ihrer ursprünglichen Form publizierten Reflexionen.[27] Bei allem politischen Aktionismus der vorangegangenen Jahrzehnte fallen erst durch diese Entwicklung die Rollen des Dichters und des Politikers für Becher merklich als ‚zwei Wege' auseinander,[28] die er immer wieder gegeneinander abwiegt, womit es zu einer Aufspaltung des Werks in Schriften offizieller (politischer) und privater (ästhetischer) Natur kommt.[29] Zum anderen ändert sich durch die Doppelrolle als Staatsmann und Dichter der Umgang Bechers mit den offiziellen Diskursen. Dies wirkt sich unmittelbar auf seine Beschäftigung mit Wissenschaft aus. Innerhalb der Rhetorik der frühen DDR wird der Wissenschaft eine zentrale Funktion für den Aufbau des Sozialismus zugewiesen, weil sie die Forderung nach ‚Wahrheit' und ‚Überprüfbarkeit' impliziert, mit der die Überlegenheit des Sozialismus nachgewiesen werden soll. In diesem Sinne können „Wissenschaftler und Kunst [...] nicht neutral"[30] sein und so geht auch Becher davon aus, dass „[k]ein Land der Erde [...] Künstler und Wissenschaftler gleichermaßen mit solch unwiderstehlicher Gewalt angezogen" habe „wie das neue Rußland, die Sowjetunion" (GW XIV, S. 220) und fordert eine Dichtung, die „der großen Ärzte, der Forscher, Wissenschaftler, der *wahren* Menschheitshelfer" gedenkt (GW XIII, S. 128).

Erneut darf diese auf den ersten Blick recht schablonenartige Rhetorik nicht darüber hinwegtäuschen, dass der vermeintlich oberflächliche Zusammenschluss von Wissenschaft, Kunst und Politik (vgl. etwa GW XIII, S. 121) durchaus eine brisante Funktion hat – und zwar in diesem Fall eine, die sich eigentümlich quer stellt zu der diskursiven Einbindung, der sie entstammt. Nach wie vor ist die Idee von Wissenschaftlichkeit, die hier aufscheint, nicht sonderlich spezifisch und tatsächlich sind die Leitbegriffe, mit denen Becher hier operiert – Wahrheit, Objektivität und Leistung – verhältnismäßig abstrakt. Dennoch lässt eine ge-

---

27 Johannes R. Becher: Der Aufstand im Menschen. Mit einem Nachwort von Rolf Harder. Hg. von Rolf Harder. Leipzig 1995.

28 So das späte Gedicht „Mein Weg", das in dieser Weise die Entscheidung für die Dichtung von der für die Politik abtrennt (Johannes R. Becher: Metamorphosen eines Dichters. Gedichte, Briefe, Dokumente 1909–1945. Hg. und mit einem Vorwort von Carsten Gansel. Berlin 1992, S. 225).

29 Dieses Phänomen lässt sich schon in der Aufteilung des Spätwerks beobachten, das sehr viel Publizistik in Amtsrollen umfasst, aber auch literarische Arbeiten und die theoretisch-poetologischen Schriften. Generell lässt sich in diesen beobachten, dass Becher einerseits versucht, dieselben Aussagen zu machen wie in den offiziellen Reden; andererseits werden die Begriffe hier häufig neu gefüllt und differenziert.

30 Otto Grotewohl: Aus der Rede auf einer Aussprache mit der Berliner Intelligenz am 9. Juni 1958. In: Lange: Zur sozialistischen Kulturrevolution, S. 353–363, hier S. 353.

nauere Analyse der Passagen in Bechers Texten, die sich mit Wissenschaft beschäftigen, sehr rasch erkennen, dass sich die Lage gegenüber dem emphatischen Bekenntnis zum technischen Fortschritt wie zur kommunistischen Ideologie in den 1920er Jahren verkompliziert hat. Bechers Verlautbarungen aus seinem letzten Lebensjahrzehnt zeigen demgegenüber eine eigentümliche Übernahme einer Rhetorik, die an die sonstigen Debatten anzuschließen versucht, jedoch verbunden ist mit dem Bemühen, die Deutungshoheit über diese Schlagworte zu behalten und sie mit einem anderen Sinn zu füllen, als er die generelle Diskussion bestimmt. Diese rhetorischen ‚Zugeständnisse' sind wesentlich dafür mitverantwortlich, dass Becher sowohl aus ostdeutscher als auch aus westdeutscher Sicht (nur mit unterschiedlicher Bewertung) als Prototyp des sozialistischen Nationalautors und Exempel des politischen Dichters erscheint, weil sich die darin versteckten Differenzierungen leicht überlesen lassen. Tatsächlich nämlich macht Becher in den Schriften der 1950er Jahre den wenn auch nur bedingt erfolgreichen Versuch, die kulturpolitische Diskussion zu lenken und in Richtung zumindest etwas größerer Spielräume für den künstlerischen Ausdruck zu verschieben. Dazu dient ihm ausgerechnet der Rekurs auf die Wissenschaft.

Grundsätzlich ist Bechers Vorstellung von dem, was die Wissenschaftlichkeit von Kunst und Literatur ausmacht, jetzt von der Überzeugung geprägt, dass sich von unterschiedlichen Ansätzen letztendlich immer der ‚beste' durchsetzen wird. Besonders offensichtlich ist die Konzeption in einer Passage in *Macht der Poesie*, in der Becher den Dichterwettkampf analog zum sportlichen Wettkampf beschreibt. Nicht nur wegen der Dichterwettkämpfe in der Antike, sondern auch aufgrund des Interesses, das andere Autoren für Massenveranstaltungen wie den Fußball erkennen lassen,[31] ist dies zunächst keine singuläre Position. Becher bezieht sich im dritten Teil der *Bemühungen* auf den Sieg der Ungarn gegen England im Jahr 1953, den er mit den „exakten wissenschaftlichen Methoden" erklärt, derer sich die Ungarn bedient hätten (GW XIV, 104). „Auch auf dem Gebiete der Literatur und Kunst" habe, so liest man nun weiter, „die exakte wissenschaftliche Methode schon bedeutende Erfolge errungen", die zwar nicht so deutlich wie im Fußball erkennbar seien, aber doch „unsere Gegner, die auf ihren veralteten Positionen beharren," schlussendlich zur Einsicht „unserer Überlegenheit" führen würden (GW XIV, 104).

Soweit bewegt sich Becher in einem Rahmen, der zu dem Vertreter eines sozialistischen Staats im Kontext der Abgrenzung vom westlichen Kapitalismus

31 So macht sich bekanntlich etwa der junge Brecht wiederholt Gedanken über die Parallelen zwischen Theater und Sportveranstaltungen. Vgl. dazu Sebastian Kleinschmidt, Therese Hörnigk (Hg.): Brecht und der Sport. Brecht-Dialog 2005. Berlin 2006.

passt: Der Bezug zum Kalten Krieg ist hier offensichtlich, weil der Rückgriff auf Wissenschaft in erster Linie erfolgt, um die Überlegenheit des sozialistischen Systems herauszustellen.[32] Indessen lohnt es sich, der Art und Weise, wie Becher Wissenschaft über ihre Funktion bestimmt, noch genauer nachzugehen. Grundsätzlich setzt sich bei Becher schon ab den späten 1930er Jahren allmählich ein Verständnis von Literatur durch, das nach ‚Regeln' oder zumindest Leitsätzen sucht, nach denen literarische Texte gestaltet werden sollten, um die Qualität der Dichtung zu bewahren.

Dieser Kontext ist für seinen Rekurs auf die Wissenschaft unbedingt zu bedenken; er beeinflusst Bechers Gattungswahl. Während etwa in der expressionistischen Dichtung das Sonett für Becher nur eine von mehreren lyrischen Formen ist, die in dieser Zeit auch bei anderen Autoren vorkommt, aber von Becher poetologisch nicht weiter profiliert wird,[33] ändert sich das in der Exil- und Nachkriegsphase entscheidend. Jetzt nämlich arbeitet Becher gezielt daran, sich als Sonettdichter zu etablieren. Dies gilt nicht erst für seine Arbeit in der frühen DDR, als er seine bisherigen Sonette in einer gemeinsamen Sammlung zusammenfasst[34] und im Rahmen der *Bemühungen* auch eine eigene Sonett-Theorie vorlegt (GW XIV, S. 603–632). Die erhöhte Konzentration auf das Sonett hat Distinktionswert. Wenngleich andere durchaus auch Sonette schreiben – man denke an Brecht –, wird ihr Werk doch nicht im selben Ausmaß mit dieser Gedichtform identifiziert. Konkret ist das Sonett für Becher die Gattung, die aufgrund ihrer strikten Regelhaftigkeit am ehesten zur Wissenschaftlichkeit neigt.[35]

Dabei ist Bechers Vorliebe zum Sonett zunächst primär als Selbstdisziplinierungsverfahren angelegt, das er nach der ‚Überwindung' seines sprachexperimentellen Frühwerks für nötig hält. Indem „ein schlechter Vers weniger ein

32 Ähnlich argumentiert Hubert Laitko: Produktivkraft Wissenschaft, wissenschaftlich-technische Revolution und wissenschaftliches Erkennen. Diskurse im Vorfeld der Wissenschaftswissenschaft. In: Hans-Christoph Rauh, Peter Ruben: Denkversuche. DDR-Philosophie in den 60er Jahren. Berlin 2005, S. 459–540.

33 Vgl. zum Sonett in der Exildichtung den wegweisenden Aufsatz von Theodore Ziolkowski: Form als Protest. Das Sonett in der Literatur des Exils und der Inneren Emigration. In: Exil und innere Emigration. Third Wisconsin Workshop. Hg. von Reinhold Grimm, Jost Hermand. Frankfurt 1972, S. 153–172.

34 Johannes R. Becher: Sonett-Werk 1913–1955. Berlin (Ost) 1956.

35 Diese Auffassung ist bei Becher unabhängig von der Frage zu konstatieren, ob das so für das Sonett als Ganzes wirklich gilt. Vgl. dazu Erika Greber: Textile Texte. Poetologische Metaphorik und Literaturtheorie. Studien zur Tradition des Wortflechtens und der Kombinatorik. Köln, Weimar, Wien 2002.

technisches Versagen als das Abbild einer menschlichen Schwäche" ist,[36] übt das Sonett auf Becher nun vor allem eine „moralische Anziehungskraft" aus und wird von ihm dafür in Anspruch genommen, seinem „sprunghaften, sprengenden Temperament" und seiner „hemmungslosen Ausdehnungssucht" Grenzen zu setzen.[37] Demgegenüber scheint hinter Bechers poetologischen Entwürfen der 1950er Jahre das Bemühen um eine Dichtungskonzeption durch, die bestimmten überindividuellen Standards genügen kann und die nun ausgerechnet auf jene Kategorien zurückgreift, die Bechers Wissenschaftsbegriff bestimmen. So sei an jedes Gedicht die Frage zu richten: „Ist das wahr, was hier geschrieben steht?", wobei er auf eine „künstlerische Wahrheit" abzielt, die „die Lebenswahrheit einschließt" (GW XIII, S. 580).

Kunst und Wissenschaft werden auf diese Weise in ihrer gemeinsamen Verpflichtung auf ‚Wahrheit' und Erkenntnisgewinn sowie hinsichtlich ihrer funktionalen Bestimmung zusammengedacht. In diesem Sinne stehen „Künstler und Wissenschaftler" ständig nebeneinander (GW XIV, S. 220), verbunden in einem gemeinsamen hehren Ziel: „Wissenschaftliche Erkenntnis, *verbündet mit Kunst*, wandelt die Erde zum Himmel – ein Erdenhimmel, unüberwindlich, dessen Endlichkeit ins Unendliche reicht, von Ewigkeit zu Ewigkeit" (GW XIV, S. 24; Hervorhebung: K. E.). Kunst und Wissenschaft kommt dieser emphatischen Vision zufolge die Aufgabe zu, die Gesellschaft zu der besseren und menschenwürdigeren Zukunft zu führen, die der Sozialismus in Überwindung nicht zuletzt der faschistischen deutschen Vergangenheit verspricht. Diese Zuspitzung findet sich bei Becher in den 1940er und 1950er Jahren in verschiedener Form wiederholt. Entscheidend ist hier, dass beiden – Kunst wie Wissenschaft – auf diese Weise eine gesamtgesellschaftliche Funktion, ein fester Platz, zugewiesen wird, der sie unentbehrlich macht, um das Ziel des Aufbaus einer neuen sozialistischen Welt zu erreichen.

In diesen Kontext gehören auch die Ausführungen zu Kunst und Wissenschaft in Bechers letztem Lebensjahrzehnt. Becher selbst ordnet seine poetologischen *Bemühungen*, die dichtungs*theoretisch* angelegt sind, explizit in den Bereich der Wissenschaft, nicht in den der Literatur ein, weil sie einen rationalen, argumentativen Charakter aufweisen. Indem sich Becher aber gegen die Form der klassischen ‚Abhandlung' entscheidet, sondern in den vier Büchern jeweils kürzere und nur lose miteinander verbundene, punktuell nicht immer zueinander

36 Johannes R. Becher: Der Glücksucher und die sieben Lasten. Eine Voranzeige. In: Internationale Literatur 7.9 (1937), S. 111–115, hier S. 111.

37 Becher: Der Glücksucher, S. 113.

passende Passagen präsentiert, wird der ,wissenschaftliche' Duktus wieder durchbrochen, was Becher zu folgender Überlegung bringt:

> Der Autor war sich vornherein klar darüber, daß er die von ihm selbst oftmals erhobene Forderung nach einer exakt-wissenschaftlichen Betrachtungsweise der Literatur und somit auch der Poesie nicht erfüllen könne. Er besitzt nicht das Vermögen, ein Prinzip in seiner wissenschaftlichen Geordnetheit darzustellen, es ist ihm versagt, seine Einsichten in ein System zu bringen. Aber nichtsdestoweniger wird sich eine neue ,ars poetica' nur dann auf wissenschaftlicher Grundlage herausbilden, wenn Vorarbeit verschiedener Art geleistet wird, ja es muß auch vor allem immer wieder auf das Gedicht gehört, es muß auch der Dichter selber gehört werden, und zwar in der Sprache, wie sie ihm eigen ist und wie sie ihn vom Wissenschaftler unterscheidet. (GW XIV, S. 241)

Der Umstand, dass Becher sich selbst hier einerseits einer „exakt-wissenschaftlichen Betrachtungsweise der Literatur" unterwirft, andererseits aber angibt, diese Forderung gar nicht einlösen zu können, ändert nichts an der generellen Modellierung der Dichtung nach wissenschaftlichem Vorbild. Denn die Überlegungen zeigen an, dass Becher hier selbst nur Vorarbeiten zu einer exakt-wissenschaftlichen Betrachtungsweise von Literatur leisten kann; deren Umsetzung in größerem Stil ist im Alleingang nicht zu bewältigen. Für den hiesigen Zusammenhang ist indes der zweite Teil des Zitats zentral, denn in ihm wird die Forderung nach ,exakter' Wissenschaftlichkeit zwar mit gewissen Einschränkungen, aber doch deutlich genug auf die Poesie übertragen. Während der Anfang des Zitats eher an die Adresse der (Literatur-)Wissenschaftler geht, spricht die letzte Hälfte die Dichter selbst an, die nun ihrerseits auf Wissenschaftlichkeit verpflichtet werden: Allein der Rückgriff auf den Begriff ,ars poetica', der den handwerklichen Charakter von Dichtung stark macht, weniger das schöpferische Moment einer genieästhetischen Konzeption von Lyrik, verbindet Becher einmal mehr mit Gottfried Benn,[38] der die Entstehung von Gedichten qua Eingebung 1951 in einem gern zitierten Diktum bekanntlich ebenfalls abgelehnt hat: „Ein Gedicht entsteht überhaupt sehr selten – ein Gedicht wird gemacht."[39]

Im Gegensatz zu Benn dekliniert Becher nicht eigens durch, welche formalen oder sprachlichen Seiten ein Gedicht zum guten Gedicht machen. Abgesehen von

---

38 Vgl. zu den Parallelen zwischen Becher und Benn Jürgen Haupt: Gottfried Benn, Johannes R. Becher. Stuttgart 1994.

39 Gottfried Benn: Probleme der Lyrik. In: Ders.: Sämtliche Werke (Stuttgarter Ausgabe). Bd. IV: Prosa 4, S. 9–44, hier S. 10. – Dass Becher und Benn in dieser Hinsicht Gegenpole bilden, wird aber schon deutlich in dem berühmten Rundfunkgespräch beider von 1930 sichtbar, in dem sich Benn für die „Dichtung an sich" ausspricht, während Becher für eine Dichtung plädiert, die am „Befreiungskampf des Proletariats" teilhat (GW XV, S. 593).

der Forderung nach ‚Exaktheit' wird an dieser Stelle (wie überhaupt) nicht einmal richtig klar, was genau ein Gedicht auf ‚wissenschaftlicher Grundlage' sein soll. Entscheidend ist aber, dass Becher diesen Punkt gar nicht ausführen muss, weil es ihm nicht um den Entwurf eines konkreten Musters für die Produktion von Dichtung geht, sondern allgemeiner um den gesellschaftlichen Status der eigenen Profession. Die eigenen ‚Lösungen' wie die Präferenz des Sonetts sind von Becher entsprechend als Vorschläge oder Versuche gedacht, die er der Leserschaft zur Prüfung übergibt; es ist denkbar, dass andere Schreibweisen sich als ‚besser' herausstellen.

Der Rekurs auf wissenschaftsadäquate Verfahren in der Dichtung markiert hier eine klare (Selbst-)Verpflichtung des Autors, der nicht weltfremd vor sich hinschreiben darf, weil er im Aufbau des Sozialismus eine Aufgabe zu erfüllen hat. Umgekehrt bedeutet dies aber, dass der Dichtung über die Rückbindung an Wissenschaft eine Aufwertung zukommt. Becher macht sich die DDR-Rhetorik einer wissenschaftsorientierten Dichtung[40] hier zunutze, um im Nachgang einer Vereinnahmung der Dichtung durch die Wissenschaft vorzubeugen. Diese – so lässt sich herauslesen – ist jedoch weniger von der Wissenschaft selbst zu erwarten als von kulturpolitischer Seite. Deren Eingriffe in die Freiheit der Kunst schwingen beim späten Becher fast überall als Thema mit. Mitunter wird Becher – der sonst eher zur Anpassung tendiert, was ihm immer wieder den Vorwurf des Opportunismus eingebracht hat – für seine Verhältnisse sogar erstaunlich deutlich:

> Zweifellos hat die exakte wissenschaftliche Untersuchung den Vorzug vor solch einer poetischen Selbstverständigung, wie sie in unseren Bemerkungen vorliegt. Wer das eine aber durch das andere ersetzen will, ‚vergewaltigt die Natur', die bekanntlich auf der Folter verstummt. (GW XIV, S. 234 f.).

Becher arbeitet insgesamt nicht an einem detaillierten Konzept, nach dem Dichtung wirklich nach wissenschaftlichen Kriterien aufzubauen bestrebt ist. Es geht letztlich sehr viel stärker um die gemeinsame Aufwertung von „Kunst *und* Wissenschaft als voll gleichberechtigte, gesellschaftliche Faktoren" (GW XIV, S. 32; Hervorhebung: K. E.), die sich nicht von der Politik vereinnahmen lassen dürfen, aber mit ihr zusammenarbeiten müssen, wobei sie in ihrem Eigenwert und ihrer Eigenlogik Bestand haben sollen.

Sowohl die Wahl der Bewertungskategorien als auch die Art und Weise, wie Becher in diesem Kontext argumentiert, erweisen sich als höchst aufschlussreich.

---

40 Vgl. auch die Zusammenführung von Wissenschaft und Kunst bei Grotewohl: Aussprache mit der Berliner Intelligenz, S. 353.

Der letzte Band der *Bemühungen* unter dem Titel *Das poetische Prinzip* (1957) beginnt mit der Erklärung, dass es gar nicht um „*Das poetische Prinzip* [...] im großen und allgemeinen, nicht um ein Abstraktum" gehen solle, sondern bloß „um dasjenige poetische Prinzip, das ich in meinen Dichtungen durchzusetzen bemüht bin und das ich demnach für ein richtiges halte" (GW XIV, S. 255; Hervorhebung i. O.). Auf der einen Seite weist Becher hier also den Anspruch auf eine dogmatische Festlegung der einzig richtigen Schreibweise explizit zurück. Auf der anderen Seite ist der Ausdruck der eigenen Einsichten nicht als rein subjektive Meinungsäußerung angelegt. Vielmehr spricht aus der zitierten Passage neben dem Glauben an die ‚Richtigkeit' der präsentierten Auffassung noch die Zielsetzung, das als richtig erkannte Prinzip auch ‚durchzusetzen' und so über den rein individuellen Gebrauch hinaus zu einem Vorbild für andere Autoren zu erheben.

Trotz dieses verallgemeinernden Anspruchs – immerhin will Becher das gleich noch zu erläuternde Prinzip ‚durchsetzen' – folgt auf diese Erklärung noch einmal die Betonung, dass hier kein „Dogma", „Monopol" oder eine „Diktatur" angestrebt sei (GW XIV, S. 255). Im Gegenteil stellt sich Becher die ‚Durchsetzung' eines ‚poetischen Prinzips' so vor, dass aus der Konkurrenz und „Hegemonie" mehrerer Modelle schließlich eines ‚freiwillig' als überlegen anerkannt wird (GW XIV, S. 255). Das ist das, was Becher in Analogie zum sportlichen Wettkampf als „Leistungsprinzip" (GW XIV, S. 256) der Dichtung formuliert: Die beste „schöpferische[] Methode" oder der beste Dichter wird sich am Ende von selbst durchsetzen, ohne dass es dafür eines „administrative[n] Verhalten[s] bedarf, das dieses Ziel „gewalttätig" zu erreichen versucht (GW XIV, S. 256). Dahinter steckt der Gedanke, dass sich jeder Dichter an den Werken der Kollegen – sei es der Vergangenheit oder der Gegenwart[41] – messen muss und dabei das Streben, ein besserer Mensch zu werden, einhergeht mit der Perfektionierung des ‚technischen Könnens'.[42] Diese Formulierungen erinnern an die letzten beiden Strophen von Goethes programmatischem Sonett aus dem Vorspiel *Was wir bringen* (1802).[43]

Der Passage aus *Das poetische Prinzip* ist indes schon die Distanzierung anzumerken, die Becher in den 1950er Jahren gegenüber der sich abzeichnenden kulturpolitischen Linie der DDR vollzieht. Während sich die beiden deutschen Staaten zunehmend voneinander abgrenzen, bemüht sich Becher weiterhin um

41 Vgl. Becher: Der Glücksucher, S. 112.

42 Becher: Der Glücksucher, S. 111.

43 Vgl. Johann Wolfgang Goethe: Sämtliche Werke nach Epochen seines Schaffens. Münchner Ausgabe. Hg. von Karl Richter in Zusammenarbeit mit Herbert G. Göpfert, Norbert Miller und Gerhard Sauder. Bd. 6,1: Weimarer Klassik 1798–1806. Hg. von Hartmut Reinhardt. München, Wien 2006, S. 780.

den Kontakt zu westdeutschen Medien und Schriftstellern.[44] Auch die unrühmliche Absetzung als Kulturminister im Jahr 1956 deutet den Bruch an, der sich hier inzwischen vollzogen hat,[45] weshalb die letzten Lebensjahre Bechers gewissermaßen von der „Ohnmacht eines Allmächtigen" gekennzeichnet sind.[46] Bereits in seiner Tätigkeit für den Kulturbund hatte sich Becher immer wieder um eine Verständigung mit der Bundesrepublik eingesetzt, was in Ost wie West nicht unbedingt auf Gegenliebe gestoßen war.[47] Generell steht Becher den Versuchen, die ästhetischen Ausdrucksformen staatlich zu kontrollieren, immer skeptischer gegenüber. So sehr er selbst die rein formexperimentellen Ausprägungen der ‚Moderne' des frühen 20. Jahrhunderts, wie er sie selbst ehemals vertreten hatte, inzwischen ablehnt (vgl. GW XIV, S. 82), sieht er doch nicht die Zensur oder Vorgaben von oben als den Weg, mit dem sich derartige ‚Fehlentwicklungen' aus der Welt schaffen lassen. Er spricht sich stattdessen dafür aus, unterschiedliche Herangehensweisen zuzulassen; seiner Argumentation zufolge wird sich dann ganz von selbst der Vorrang des im sozialistischen Teil Deutschlands präferierten Musters erweisen. Mit anderen Worten: Becher spricht sich dafür aus, Menschen mit anderen Auffassungen zu überzeugen, nicht konträre Positionen oder Ausdrucksformen zu verbieten oder zu sanktionieren.[48]

3 Schlussfolgerungen

Insgesamt zeigt sich somit, was den Wissenschaftsbezug in Bechers Spätwerk funktional auszeichnet. Letztendlich erweisen sich die entsprechenden Ausführungen durchweg als Reaktionen auf Forderungen, die der Literatur zu enge Vorgaben machen wollen, wie sie ihrer gesellschaftlichen Aufgabe nachzukom-

44 Vgl. z. B. sein an den bayrischen Behörden gescheiterter Versuch, eine Zusammenkunft west- und ostdeutscher Intellektueller auf bundesrepublikanischem Boden zu organisieren (Christian E. Lewalter: Mancher lernt's nie. In: Die Zeit vom 8. Januar 1953; https://www.zeit.de/1953/02/mancher-lernts-nie, Zugriff am 22.05.19) sowie die diversen Richtigstellungen seines Lebenslaufs gegenüber westdeutschen Zeitungen (Brief an den Limes Verlag vom 27. April 1955; Brief an die Redaktion „Das freie Wort", Düsseldorf vom 15. Juni 1955; beide in: Becher: Briefe 1909 – 1958 Bd. I, S. 478 f., bzw. 479 ff).

45 Vgl. dazu Behrens: Becher, S. 297, vor allem aber Dwars: Becher, S. 217 – 241.

46 Dwars: Becher, S. 217.

47 Vgl. dazu etwa Lewalter: Mancher lernt's nie; Dieter Schiller: Überparteilich, nicht neutral. Fragmente zur politischen Geschichte des „Kulturbundes zur demokratischen Erneuerung Deutschlands". Hg. von Siegfried Prokop, Dieter Zänker. Berlin 2009, S. 235.

48 Vgl. dazu auch die Ausführungen in Kristin Eichhorn: Johannes R. Becher und die literarische Moderne. Eine Neubestimmung. Bielefeld 2020, S. 237 – 242.

men hat bzw. welche Form dies annehmen darf. So sehr sich Becher selbst kritisch gegenüber Entwicklungen äußert, die innerhalb der in der DDR geführten Kritik unter das Schlagwort ‚Formalismus' fallen,[49] so offensichtlich ist doch bei ihm immer wieder die Tendenz, präskriptive Ansagen zu vermeiden und als problematisch herauszustellen. Der Dichter muss eben „selber gehört werden, und zwar in der Sprache, wie sie ihm eigen ist und wie sie ihn vom Wissenschaftler unterscheidet" (GW XIV, S. 241) und mit der er gegenüber anderen Dichtern, aber durchaus auch Politik und Wissenschaft, einen Platz sichern kann. Damit geht die Vorstellung einher, dass es bestimmte objektive Maßstäbe geben muss, nach denen sich die Qualität von ästhetischen Produkten bemessen lässt. Becher profiliert die unterschiedlichen Gattungen, Stile und Schreibweisen entsprechend als eine Art Konkurrenzkampf und lässt die poetologischen Überlegungen im Kern um die Frage kreisen, welche Maßstäbe hierfür anzusetzen sind.

Obwohl Becher die Linie zwischen wissenschaftlicher und künstlerischer Arbeit immer wieder zieht und infolgedessen die beiden Bereiche auch rhetorisch ständig parallel führt, sind sie doch bei genauerem Hinsehen keineswegs so gleichwertig, wie es auf den ersten Blick den Anschein hat. Liest man die Passagen vor allem aus den *Bemühungen* genauer, wird – wie bereits aus dem Vorangegangenen ableitbar – sichtbar, wie stark Becher seine Argumentation letztlich darauf ausrichtet, Kunst bzw. Literatur die nötigen Spielräume zu sichern und politische oder weltanschauliche Einschränkungen zu verhindern. Damit ist der Bezug zur Wissenschaft mehr als ein rhetorischer Kunstgriff, sondern wird zur Grundbedingungen der Absicherungen der Freiheit der Kunst.

Die Zusammenführung von Wissenschaft und Kunst hat auf diese Weise tatsächlich einen vorrangig kulturpolitischen Charakter, dessen Komplexität sich dennoch nicht ohne weiteres erschließt: Becher nutzt die gängige sozialistische Rhetorik der frühen DDR,[50] um der (eigenen) künstlerischen Arbeit Freiräume zu erschließen, die ihr gerade durch diese Rhetorik tendenziell genommen werden sollen. Aus der Auffassung, dass Kunst und Wissenschaft den Auftrag haben, am Aufbau des sozialistischen Systems mitzuarbeiten, folgt beim späten Becher – durchaus anders als in den 1920er und teils auch 1930er Jahren – nicht mehr die

---

49 Bechers entsprechende Skepsis zeigt sich vor allem an der retrospektiven Bewertung des eigenen expressionistischen Frühwerks, etwa in *Abschied* (GW XI, S. 351). Allerdings kritisiert Becher den Expressionismus schon 1920 für seinen zu stark auf die Form und zu wenig auf den Inhalt achtenden Umgang mit Sprache (vgl. den Brief an Katharina Kippenberg vom 17. September 1920; Becher: Briefe 1909–1958, Bd. I, S. 98 f.).

50 Vgl. dazu z. B. Walter Ulbricht: Sozialismus heißt Befreiung der Wissenschaft. Aus der Rede auf dem Festakt zur 550-Jahr-Feier der Karl-Marx-Universität Leipzig am 12. Oktober 1959. In: Lange: Zur sozialistischen Kulturrevolution, S. 516–526.

Forderung einer Unterordnung beider unter die politischen Vorgaben mit den entsprechenden normativen Konsequenzen. Im Gegenteil geht es Becher vor diesem Hintergrund gerade um eine „Legitimation des Geistigen" gegenüber der Politik (GW XIV, S. 32). Die gemeinsame gesellschaftliche Aufgabe macht demnach gerade den Eigenwert besonders der Kunst aus. So sehr Becher die Künstler ermahnt, sich ihrer Verantwortung bewusst zu werden und so deutlich die Ablehnung ‚formalistischer' Ansätze auch bei ihm wird, so sehr wird die Aufgabe, die richtige Ausdruckweise zu finden, in die Kunst selbst zurückverlagert. Wenn sich auch in Kunst und Literatur das ‚Beste' durchsetzen wird, weil sie einem Fortschrittsprinzip unterworfen sind, das gleichermaßen für Wissenschaft und Gesellschaft gilt, dann muss es keine politischen Vorgaben geben; der Prozess kann der Kunst selbst überlassen werden. Die Rückbindung künstlerischer Arbeit an in diesem Sinne ‚wissenschaftliche' Kriterien wie Leistung, Wahrheit und Objektivität geschieht also deutlich im Interesse einer Aufwertung künstlerischen Schaffens und einer Betonung von dessen Eigenständigkeit. In der Konsequenz wird der Rückbezug auf die Wissenschaft intentional zu einem Schutzmechanismus, der Kunst und Literatur vor ihrer Indienstnahme bzw. vor regulierenden Eingriffen in den Produktionsprozess und Zensur bewahren soll. Dieser Punkt ist insofern besonders bedeutsam, weil die von Becher verwendeten Kategorien ‚Wahrheit' und ‚Objektivität' in der sozialistischen Kulturpolitik durchaus eine entscheidende Rolle spielen – und zwar, um die Forderung nach einer entsprechenden ideologischen wie ästhetischen Ausrichtung von Literatur und Kunst zu begründen.

II Literarische Aneignungen szientifischen Wissens

Katja Stopka

Präzise Poesie

Spuren naturwissenschaftlichen Wissens in Sarah Kirschs Lyrik und Prosa

1

Kaum ein Gedicht von Sarah Kirsch kommt ohne Flora und Fauna aus, und wenn es dann doch einmal ohne Getier und Gewächs zugeht, dann fehlt in keinem Fall das Meteorologische; der Wind, der Regen, der Schnee. So gilt Sarah Kirsch auch als Naturlyrikerin. Allerdings gehorcht ihre Literatur nicht dem Klischee, das Naturdichtung gerne anhaftet. Sie produzierte weder Bukolik noch verfing sie sich in Landschaftsidyllen oder romantischem Eskapismus als Gegenpol zur „wissenschaftlich-technischen Revolution", die der sozialistische Staat, in dem sie literarisch wirkte, sich verordnet hatte. Vielmehr verfügt Kirschs Lyrik über eine nüchterne und unsentimentale, aber zugleich auch luftige und spielerische Klaviatur, „in der Naturzyklen, Seelen- und Weltzustand eine untrennbare Verbindung eingehen".[1] Denn die Dichterin, die gleichzeitig auch diplomierte Biologin war, kannte ihre Natur, die eigene, die sie mitunter als wölfisch diagnostizierte und zunehmend daran verzweifelte und die andere Natur, die ihres Lebensraums, der, sei er städtisch oder ländlich, unabdingbar von Flora und Fauna belebt war wie vom Wetter und von Jahreszeiten beeinflusst und verwandelt: „lagst du im Wald die Vögel / trippelten um uns braune Pilze / durchstießen das Moos du hattest / solche niemals gesehen und sagtest / auch die Hühner / wärn dir hier fremder, in Finnland / gäbe es nur weiße" (Einmal).[2] Aber eben nicht nur auf die Vielfältigkeit der Arten und das jahreszeitlich bedingte Gedeihen und Vergehen nimmt Kirschs Lyrik Bezug, mitunter spöttisch oder gar mit lakonischem Witz,[3] sondern ebenso verweist sie im Gestus der Verstörung und Niedergeschlagenheit auf die Anzeichen der Naturzerstörung, ihrer Ausbeutung, ihres fortgesetzten

1 Richard Kämmerlings: Sarah Kirsch. Die Erneuerin deutscher Naturlyrik. Nachruf. In: Welt vom 22. 05. 2013. Vgl. außerdem das Nachwort von Sabine Wolf zu dem Briefwechsel von Sarah Kirsch und Christa Wolf: „Wir haben wirklich an allerhand gewöhnt", herausgegeben von Sabine Wolf. Frankfurt/Main 2019, S. 348 – 374, hier S. 63.

2 Sarah Kirsch: Einmal. In: Kirsch: Landaufenthalt. Gedichte. Berlin (Ost) u. a. 1976, S. 72.

3 Vgl. z. B. die Gedichte Hierzulande; Zwischenlandung; Muskelkater.

https://doi.org/10.1515/9783110771008-005

Verfalls und der damit einhergehenden ökologischen Katastrophen: „Erde und Menschen sind / Gänzlich verwildert hilft / Kein Besinnen der Klotz / Ist unterwegs im freien Fall / Und ich selbst / Entstamme einer Familie von Wölfen." (Krähengeschwätz).[4] Ihre Ästhetik basiert indes auch weniger auf einem idealistischen Denken als vielmehr auf ihren Wahrnehmungen faktischer Veränderungen und Prämissen materialistischen Wissens, das durchaus anschlussfähig ist an neueste Ansätze, die sich mit der Komplexität des Natur-Kultur-Verhältnisses im Tenor eines Neuen Materialismus befassen.

Im Folgenden wird der Frage nachgegangen, warum gerade die Natur für das schriftstellerische Werk Sarah Kirschs derart prägend ist. Dabei wird zum einen die Biographie Kirschs in den Blick zu nehmen sein, in der das Verhältnis zur Natur von Kindheit an eine wesentliche Rolle spielte und sich auf Kirschs Berufswahl sowohl als Biologin wie auch als Literatin entscheidend ausgewirkt hat. Daneben erweist sich auch die Sozialisation im sozialistischen Staatssystem der DDR für Leben und Werk der zu den erfolgreichsten deutschen Dichterinnen des 20. Jahrhunderts avancierten Autorin als relevant. Zum anderen wird zu erörtern sein, in welchen Ausprägungen sich Kirschs naturwissenschaftliches Wissen in ihre Dichtung eingetragen hat. Anhand von exemplarischen Analysen des lyrischen Werks aber auch ausgewählter Prosa sollen diese Wissensspuren freigelegt werden, nicht zuletzt um aufzuzeigen, wie beachtlich der Einfluss der Lebenswissenschaften auf das poetologische Selbstverständnis der Natur-Dichterin Sarah Kirsch war.

2

1935 als Ingrid Hella Irmelinde Bernstein geboren, wuchs Sarah Kirsch in Halberstadt auf, wo sie sieben Jahre ihrer Schulzeit im DDR-Schulsystem verbrachte und ihr Abitur an einer Erweiterten Oberschule (EOS) machte. Von 1954 bis 1959 studierte sie Biologie in Halle (Saale) an der Martin-Luther-Universität (MLU). Die Entscheidung für das naturwissenschaftliche Studienfach, so erinnert sich Kirsch später, hatte mit ihrer jugendlichen Naturliebe und ihrer Affinität zu Adalberts Stifters Naturprosa zu tun.

> [Ich] glaubte, ich müsste in der Natur leben und auch einen Beruf haben, der damit zu tun hat. Ich hatte Stifter gelesen und dachte, jetzt muss ich Forstwirtschaft studieren. [...] Ich habe auch eine Forst-Facharbeiterlehre gemacht, dann festgestellt, daß es sich nur um

4 Sarah Kirsch: Krähengeschwätz. In: Kirsch: Schneewärme. Gedichte. Stuttgart 1989, S. 74.

> Festmeter Holz und keinen Wald handelt, und dann bin ich wieder abgesprungen und habe Biologie studiert.[5]

In ihrer damaligen Bewerbung für das Biologiestudium an der MLU begründet sie die Wahl ihres Studiums ähnlich.

> Mir erscheint das Biologiestudium als Inbegriff all meiner Wünsche und Hoffnungen, weil ich mich schon von klein auf für alles Lebende begeisterte. Schon früh wurden Herbarien angelegt, Fische gezüchtet, Blumen gekreuzt.[6]

Diesmal stellt sie allerdings keinen Bezug zu literarischen Vorbildern her. Vielmehr betont sie hier ihre wissenschaftliche Kompetenz, indem sie auf andere Vorbilder verweist, etwa die russischen Botaniker Kliment Arkadjewitsch Timirjasew und Iwan Wladimirowitsch Mitschurin oder den russisch-sowjetischen Agrarbiologen Wassili Robertowitsch Wiljams.[7]

Während ihrer Studienzeit besuchte Kirsch, hier allerdings noch unter ihrem Geburtsnamen Bernstein auftretend, Präparierkurse, war auf Exkursionen mit Fischerbooten und großen Schleppnetzen unterwegs, beringte Enten und studierte das Milbenbuch des Grafen Vitzthum.[8] Des Weiteren arbeitete sie als Assistentin im Botanischen Institut und absolvierte ein Berufspraktikum im Tiergesundheitsamt in Halle.[9] Ihre Diplomarbeit schrieb sie entgegen ihren Vorstellungen, die sie noch vor dem Studium hatte – nämlich an einem Institut für Pflanzenphysiologie zu arbeiten[10] – am Zoologischen Institut über Parasitologie. Der Titel der naturwissenschaftlichen Abschlussarbeit lautet: *Untersuchungen über Ektoparasiten bei Muriden in und in der Umgebung von Halle*. Sie basierte auf einer Feldstudie der angehenden Biologin über das Leben von Floh, Laus und Milbe im Pelz der Langschwanzmaus. Betreut wurde ihre Untersuchung von dem damaligen Institutsleiter Professor Johannes Otto Hüsing, der 1956 die Nachfolge des Zoologen Ludwig Freund antrat. Freund, der aus einer österreichisch-jüdi-

---

5 Sarah Kirsch: Selbstauskunft. Sarah Kirsch im Gespräch (August 1993). In: Sarah Kirsch. Texte, Dokumente, Materialien. Peter-Huchel-Preis. Ein Jahrbuch. Hg. von Wolfgang Heidenreich, Richard Rübenach. Baden-Baden 1993, S. 42.

6 Zitiert nach Joachim Jahns: Die Kirschs oder die Sicht der Dinge. Leipzig 2016, S. 141. Jahns hat die Studentenakten Sarah Kirschs der Martin-Luther-Universität in Halle und die des Johannes R. Becher-Instituts in Leipzig gesichtet.

7 Vgl. Jahns: Die Kirschs, S. 141.

8 Elke Erb. Nachwort. In: Sarah Kirsch: Musik auf dem Wasser. Gedichte (herausgegeben von Elke Erb). Leipzig 1977, S. 83 – 95, hier S. 84 f.; vgl. auch Hans Wagener: Sarah Kirsch. Berlin 1989, S. 7.

9 Vgl. Jahns: Die Kirschs, S. 143.

10 Vgl. Jahns: Die Kirschs, S. 141; Wagener: Sarah Kirsch, S. 7.

schen Familie stammte und dessen wissenschaftliche Laufbahn von den Nationalsozialisten unterbrochen worden war, hatte an der MLU die Zoologie nach dem Krieg wieder aufgebaut und maßgeblich geprägt.[11] Als eines seiner Spezialgebiete galt die Parasitologie. Insofern ist anzunehmen, dass Kirsch sich fachlich an seiner Forschung orientiert hatte. Freund gehörte zu der Generation von in der DDR neuberufenen Professoren, die sich einem „traditionellen Universitätsverständnis“[12] verpflichtet sahen. „Ihre Stellung in der DDR gründete sich weniger auf ein primäres politisches Bekenntnis zum ‚Arbeiter-und Bauern-Staat‘ als dass sie pragmatische Freiräume für ihre wissenschaftlichen Interessen sahen und schufen.“[13] Die wissenschaftliche Atmosphäre, in der Ingrid Hella Irmelinde Bernstein alias Sarah Kirsch damals studierte, lässt sich als entsprechend unideologisch und staatsfern beurteilen. Im „‚soziale[n] Millieu‘ in den botanischen und zoologischen Instituten der 1950er Jahre“ überwogen „höchste Rationalitätsansprüche wissenschaftlicher Arbeiten mit charismatischen Elementen [der Ordinarien], persönlichen Loyalitäten [und] geringer Bürokratisierung.“[14] Anders als ihr künftiger Ehemann Rainer Kirsch, der 1958 aus politischen Gründen von seinem Philosophiestudium relegiert worden war und ein Jahr später sogar aus der SED ausgeschlossen wurde, hatte die junge Sarah Kirsch in ihrem ersten Studium noch keine Konflikte mit Staat und Partei erfahren. Und im Unterschied zu ihm trieben sie zu dieser Zeit auch noch keinerlei literarischen Ambitionen um. Als sie Rainer Kirsch 1958 über eine Freundin kennenlernen sollte, war sie allerdings von dessen dichterischer Tätigkeit genauso fasziniert wie von seiner renitenten Aura beeindruckt.[15] Und er war es schließlich auch, der sie zum literarischen Schreiben motivierte und ihr ins Bewusstsein rief, dass es nicht die Biologie, sondern eigentlich schon immer die Literatur gewesen war, die sie angezogen hatte.[16] Entsprechend gab sie die im Jahr 1959 nach ihrem Studienab-

---

11 Vgl. Ekkehard Höxtermann: „Wieviel Zufall doch in der Geschichte steckt!“ Zum Profil der Biologie an den Universitäten der DDR. In: Biologie in der DDR. Beiträge zur 24. Jahrestagung der DGGTB in Greifswald 2015. Hg. von Joachim Kaasch, Michael Kaasch, Torsten K. D. Himmel. Berlin 2015, S. 11–35, hier S. 24.

12 Höxtermann: Zum Profil der Biologie, S. 17.

13 Höxtermann: Zum Profil der Biologie, S. 17. Gleichwohl hatte Ludwig Freund Konflikte mit der SED, die ihm Forschungsreisen ins Ausland verweigerte. Aus Protest gab er seine Ämter an der Universität auf.

14 Höxtermann: Zum Profil der Biologie, S. 18.

15 Vgl. Sarah Kirsch: Versteinerte Wälder. In: Kirsch: Schwingrasen. Prosa. Stuttgart 1991, S. 30; Jahns, S. 132ff.

16 Vgl. Kirsch: Versteinerte Wälder; Kirsch: Selbstauskunft, S. 42.

schluss in Halle angenommene und sehr gut bezahlte Stelle als wissenschaftliche Mitarbeiterin bei der *Gesellschaft zur Verbreitung wissenschaftlicher Kenntnisse*[17] für die Bereiche Biologie, Landwirtschaft, Medizin und Geowissenschaft bald schon wieder auf, um sich verstärkt der literarischen und kulturellen Arbeit zu widmen. Inzwischen hatte sie Rainer Kirsch geheiratet, seinen Nachnamen angenommen und sich selbst den Namen Sarah gegeben, unter dem sie noch während ihres Biologiestudiums sehr schnell erste literarische Erfolge mit ihrer Lyrik erzielte.[18] 1960 zog das Ehepaar dann nach Schafstädt, einem Ortsteil der sachsenanhaltinischen Stadt Bad Lauchstädt. Dort sollten sie auf der Basis eines Vertrags zwischen dem Schriftstellerverband und der dort ansässigen LPG *Friedrich Engels* die Kulturarbeit in der Landwirtschaftlichen Genossenschaft als Schriftsteller unterstützen. Gegen ein regelmäßiges Gehalt rückte Sarah Kirsch gemeinsam mit ihrem Ehemann statt Mäusen und Läusen nun einem anderen lebenswissenschaftlichen Untersuchungsgegenstand auf den Pelz. Ziel ihrer neuerlichen Forschung im Feld war es, „die Atmosphäre eines Lebensbereichs zu erfassen, die Menschen kennenzulernen, wie sie im Alltag handeln, reagieren, sich irren oder sich verrennen, mit sich kämpfen, ohne Pathos das Ihre tun."[19] Die Beobachtungen und Ergebnisse allerdings sollte die frisch gekürte Literatin diesmal nicht in eine wissenschaftliche Arbeit, sondern in Lyrik transferieren. Gleichwohl demonstriert bereits die Umschreibung des neuen Beobachtungs- und Arbeitsfelds, wie stark die literarische Vorgehensweise der Dichterin Sarah Kirsch sich an die naturwissenschaftlichen Verfahren der Biologin Ingrid Hella Irmelinde Bernstein anlehnt.

3

Dass man ein einmal erworbenes Wissen nicht einfach ignorieren kann und dieses auf zukünftiges Denken und Handeln Einfluss nimmt – sei es als explizites oder aber auch als implizites Wissen[20] – ist mittlerweile Status quo des soziologischen wie kulturwissenschaftlichen Diskurses. Und spätestens seit C. P. Snows Einwurf seiner Zwei-Kulturen-These Ende der 1950er Jahre haben sich auch Teile

17 Die Gesellschaft gehörte zu den Massenorganisationen der DDR und setzte sich vor allem für eine allgemein verständliche Verbreitung wissenschaftlicher Erkenntnisse und neuer Technologien sowie für eine Popularisierung der Wissenschaften ein.

18 Vgl. Jahns: Die Kirschs, S. 144.

19 Sarah und Rainer Kirsch: Literatur in Schafstädt. Ein Beitrag zur Vorbereitung des V. Schriftstellerkongresses. In: Freiheit vom 15.04.1961.

20 Vgl. dazu Michael Polanyi: Implizites Wissen. Frankfurt a. M. 1985.

der internationalen Literaturwissenschaften auf den Wissensdiskurs fokussiert[21] und in diesem Zusammenhang die Frage aufgeworfen, welche Stellung der Literatur im wissenschaftlich-technischen Zeitalter zukommt, wenn man von einem Wissensbegriff ausgeht, der als ‚hartes' Wissen die Relation von Literatur und Naturwissenschaft in den Fokus bringt.[22] Mit Blick auf die DDR lässt sich zudem konstatieren, dass die naturwissenschaftlichen und kulturellen Bereiche im dem sozialistischen Staat weniger stark von der von Snow beklagten Spaltung betroffen waren wie etwa die Gesellschaftssysteme des Westens.[23] Bereits Karl Marx und Friedrich Engels hatten die Relevanz vor allem auch der Evolutionsbiologie erkannt, sahen sie doch in Darwins Evolutionstheorie ihr materialistisches Weltbild bestätigt, nach dem sich Gesellschaftsentwicklung und Naturentwicklung bedingen.[24] Darüber hinaus zählten in der DDR die Natur- und Technikwissenschaften neben der Ökonomie zu den wichtigsten Komponenten des fortschrittsorientierten Sozialismus, die neben der Schaffenskraft der Werktätigen, zu denen Künstler wie auch die sogenannten ‚Intelligenzler' gehörten, das Leben verbessern helfen sollten. Und auch wenn Kirsch in ihrem Biologiestudium in Halle weitgehend unberührt von sozialistischer Ideologie geblieben war, musste

---

21 Vgl. C. P. Snow: Die zwei Kulturen. In: Literarische und naturwissenschaftliche Intelligenz. Dialoge über die „zwei Kulturen". Stuttgart 1969, S. 11–25; Nicolas Pethes: Literatur- und Wissenschaftsgeschichte. Ein Forschungsbericht. In: IASL; Bd. 28 (2003), Heft 1, S. 181–231; Bernadette Malinowski, Michael Ostheimer: Komparatistik als Wissenspoetik. In: Handbuch Komparatistik. Theorien, Arbeitsfelder Wissenspraxis. Hg. von Rüdiger Zymner, Achim Hölter. Stuttgart u. a. 2013, S. 256–261, hier S. 256 f.

22 Vgl. Malinowski, Ostheimer: Komparatistik, S. 257; Pethes: Literatur- und Wissenschaftsgeschichte, S. 182 f. Diese Frage ist mithin zu einer literaturwissenschaftlichen Frage geworden, insofern ihre Beantwortung ohne Beteiligung von Naturwissenschaftlern erfolgt und erfolgen wird; darauf hat Nicolas Pethes bereits hingewiesen und damit verdeutlicht, dass zumindest aus literaturwissenschaftlicher Perspektive die Zwei-Kulturen-Debatte zu einem Ergebnis gekommen ist, nämlich, dass es sich letztlich um *eine* (Verflechtungs-)Kultur handelt. (Vgl. Pethes: Literatur- und Wissenschaftsgeschichte, S. 191) Diese Einsicht hat wiederum dazu beigetragen, die Literaturwissenschaft als eine kulturwissenschaftliche Disziplin anzuerkennen, insofern sie aus wissenspoetologischer Perspektive die Einflüsse der Naturwissenschaften auf Literatur verfolgt bzw. nachzeichnet, wie sich poetische Verwandlungsverfahren und -prozesse naturwissenschaftlichen Wissens ästhetisch entfalten. Vgl. dazu auch Joseph Vogl: Für eine Poetologie des Wissens. In: Karl Richter, Jörg Schönert, Michael Titzmann: Die Literatur und die Wissenschaften 1770–1930. Stuttgart 1997, S. 107–127.

23 Vgl. etwa Snow: Die zwei Kulturen, S. 21; Wolfgang Emmerich: „Die Technik und die Kehre". Affirmation, Protest und Regression im literarischen Technikdiskurs der DDR. In: Der Technikdiskurs in der Hitler-Stalin-Ära. G. von Wolfgang Emmerich, Carl Wege. Stuttgart u. a. 1995, S. 231–254, hier S. 240 f.

24 Vgl. Karl Porges: Evolution und Schule in der SBZ/DDR. In: Biologie in der DDR. Hg. von Michael Kaasch, Joachim Kaasch, Torsten Himmel. Berlin 2015, S. 215–242, hier S. 216 f.

ihr zumindest während der Schulzeit der besondere Stellenwert der Naturwissenschaft für den Sozialismus vermittelt worden sein. Denn die Lehrpläne orientierten sich seit 1946 in der SBZ/DDR an dem „marxistisch-lenistische[n] bildungstheoretische[n] Denken", das „wissenschaftliche Bildung mit wissenschaftlicher Ideologie" verband.[25] Für das Unterrichtsfach Biologie sollte neben der Vermittlung von Fachwissen vor allem auch „die große ideologische und erzieherische Kraft, die gerade der Biologie innewohnt, so wirksam werden, daß in den Schülern ein wissenschaftliches Weltbild systematisch aufgebaut wird".[26]

Bei einem ersten Blick auf Sarah Kirschs Lyrik wird man jedoch trotz ihres hohen ‚Naturgehalts' und des biologischen Fachwissens der Urheberin eines direkten naturwissenschaftlichen Bezugs nicht gewahr. Was die Ideologie betrifft, so stand Sarah Kirsch bei aller feinsinnigen Kritik, die in ihrer Literatur zu finden ist, lange für den Sozialismus ein, ohne staatstragende Worthülsen zu dreschen. Entsprechend liebevoll bedichtet sie die DDR auch als „mein kleines wärmendes Land"[27]. Hingegen verzichtet die Autorin auf den Gebrauch von naturwissenschaftlicher Terminologie in ihren Gedichten, wie man dies etwa von Lyrikern wie Durs Grünbein oder Raoul Schrott kennt. Der Biologie als Gegenstand oder Topos wendet sie sich ebenfalls nicht zu. Vor dem Hintergrund des eben explizierten Wissenszusammenhangs ist es aber schlichtweg undenkbar, davon auszugehen, dass Kirschs Literatur nicht von ihrem naturwissenschaftlichen Know-how geprägt ist. Jedoch gibt sich diese Relation erst bei einem genaueren Blick zu erkennen, wobei es eben diese Genauigkeit der Lektüre ist, die schließlich auf eine Spur des Zusammenhangs führt. Denn diese Genauigkeit des Lesens fordert zu nichts weniger heraus, als zu der Wiederholung gerade jener naturwissenschaftlichen Methode der Genauigkeit, mit der die Autorin arbeitet.[28] Schlägt man bei Wikipedia unter *Genauigkeit* nach, stößt man auf folgende Erläuterung:

> Genauigkeit ist ein Begriff, der in sämtlichen Wissenschaften eine zentrale Rolle spielt. Genauigkeit bedeutet Sorgfalt, Gründlichkeit, Richtigkeit, Zielgerichtetheit, Übereinstimmung. Der Begriff Exaktheit (von lateinisch: *exigere* abwägen) wird beispielsweise in der

---

25 Vgl. Gerhart Neuner: Allgemeinbildung. Berlin (Ost) 1989, S. 85, hier zitiert nach Porges: Evolution und Schule, S. 216 f.

26 A. Kupke: Zur Gründung der Biologischen Gesellschaft in der Deutschen Demokratischen Republik. Biologie in der Schule. o.O. 1959, hier zitiert nach Porges: Evolution und Schule, S. 220.

27 Kirsch: Fahrt II. In: Kirsch: Landaufenthalt, S. 6 f.

28 Diese Erkenntnis lässt sich gleichfalls aus einer umgekehrten, von der Produktionsseite her gedachten Perspektive erschließen. Dann hieße es, dass es Kirschs Lyrik ist, die diese Lektürepraxis herausfordert, um das *Wie* ihres Gemachtseins überhaupt erst erkennbar werden zu lassen.

> Wortkombination *exakte Wissenschaften* benutzt. Dies bedeutet, dass die Erkenntnisse dieser Teilwissenschaft in allen Einzelheiten nachvollziehbar und überprüfbar sind.[29]

Und um Genauigkeit in diesem wissenschaftlichen Sinne kommt man nicht umhin, wenn man aus einer wissenspoetologischen Perspektive den Einflüssen der Biologie auf die Literatur Kirschs folgt. Dabei wird auch deutlich, dass der Zusammenhang von *literature and science* nicht nur dann gegeben ist, wenn Literatur Terminologien der Naturwissenschaft aufnimmt oder sie als Thematik behandelt, sondern ebenso, wenn der Einsatz szientifischer Methoden literarisch produktiv gemacht wird.[30] Die wissenschaftlichen Verfahren, die Sarah Kirsch aus ihrer Profession als Biologin vertraut sind, lassen sich als Labortechniken kennzeichnen. Zu ihnen gehört die Arbeit mit dem Mikroskop, die Fertigkeiten zu kleinteiliger Beobachtung und Präzision erfordert, sowie die Techniken des Autopsierens und Präparierens, des Sammelns und Selektierens sowie des Zählens und des Wiederholens. Dass sich auch die Dichterin Sarah Kirsch solcher naturwissenschaftlichen Verfahren bedient bzw. ihrer Literatur die Spuren szientifischer Methoden eingetragen sind, wird im Folgenden anhand der analytischen Genauigkeit gezeigt, die wiederum der literaturwissenschaftlichen Vorgehensweise eignet.

4

Ähnlich vage wie aus ihrer Lyrik scheint auch aus den autobiographischen Auskünften der Autorin eine Verbindung zwischen ihrer wissenschaftlichen Ausbildung und ihrer literarischen Arbeit ableitbar. Es sei Georg Maurer gewesen, Dichter und Professor für Lyrik am Institut für Literatur Johannes R. Becher, bei dem Kirsch von 1963 bis 1965 studiert hatte, von dem sie das Prinzip der Genauigkeit in Argumentation und Spracharbeit gelernt habe, so lautet eine Auskunft der Autorin.[31] Und nicht nur das: Maurer habe seinen Studierenden außerdem

29 Wikipedia Link „Genauigkeit": https://de.wikipedia.org/wiki/Genauigkeit (zuletzt eingesehen 01.10.2019). In der Enzyklopädie *Brockhaus* ist die allgemeine Definition von Genauigkeit sehr verkürzt und daher nicht hilfreich. Darüber hinaus erläutert der *Brockhaus* die Bedeutung von Genauigkeit lediglich für den technischen Bereich. Im historischen Wörterbuch *Ästhetische Grundbegriffe* und im *Historischen Wörterbuch der Philosophie* ist Genauigkeit als Begriff gar nicht erst aufgenommen.

30 Vgl. Malinowski, Ostheimer: Komparatistik, S. 257; Pethes: Literatur- und Wissenschaftsgeschichte, S. 198 f.; Vogl: Für eine Poetologie des Wissens, passim.

31 Sarah Kirsch: Selbstauskunft, S. 47.

dazu geraten, dass man nicht die großen „philosophischen Gedichte machen soll, wie das im Sozialismus üblich war, so etwas wie es der späte Becher machte [...]. Er sagte, wir sollten lieber den kleinen Gegenstand nehmen."[32] Anscheinend ist Kirsch diesem Rat gefolgt, widmet sich ihre Lyrik doch spätestens zur Zeit ihres Literaturstudiums vorwiegend diesem kleinen Gegenstand. In ihren frühen Gedichten – etwa die, die gemeinsam mit den Gedichten ihres Ehemanns in dem Band *Gespräche mit dem Saurier*[33] erschienen sind – geht es ganz und gar nicht ums Große und Ganze. Vielmehr kreisen die Verse um die beiläufigen Dinge in Alltag und Natur: „Morgens, / wenn die bunten Schatten / von Gardinenfabelwesen unter meinem matten / Lid spazieren." (Schöner Morgen)[34]; „Sanft kommt der Herbst, / mit Sonnenkringeln, Seidenpapierhimmeln und Schwalbenflügeln" (Versnobtes Herbstlied)[35]; „Die eiligen Stiefel der Mädchen / laufen Schnittmuster über den Markt; Taubenfüße purpurrot / programmiern den rußigen Schnee" (Das sind die Vorbereitungen).[36] Ähnliche Miniaturen, Diminutive und Stilfiguren des Pars pro Toto sowie Beobachtungen des scheinbar Unauffälligen und Unerheblichen finden sich auch noch zwei Jahrzehnte später in ihrer Lyrik. Der luftige und optimistische Tonfall der Frühgedichte ist Kirsch, die aufgrund politischer Konflikte mit dem DDR-Regime nach der Biermann-Ausbürgerung in die Bundesrepublik umgesiedelt ist, aber mittlerweile abhandengekommen. Stattdessen klingt der Tenor ihrer Gedichte nun galliger und desillusionierter. „Früher sollen sie / Wälder gebildet haben und Vögel / Auch Libellen genannt kleine / Huhnähnliche Wesen die zu / Singen vermochten schauten herab" (Bäume).[37] „Nachrichten aus dem Leben der Raupen / Der Kuckuck stottert und die gebackenen Beete / Zerreißen sich wenn ich Gießkannen schleppe." (Erdreich)[38]; Weiße Zähne die / Schneeglöckchenzwiebeln beim Graben / Schwarz schwarz das Erdreich oh weh / sagt mein Kind wenn es das Wort / Gras rückwärts liest oder Leben" (März)[39]. So brachte der DDR-Schriftsteller Gerhard Wolf, der zugleich auch als Lektor für den Mitteldeutschen Verlag gearbeitet hatte und als Förderer von Nachwuchsautoren galt, Kirschs lyrisches Werk dezidiert auf den Punkt: „Ihr Vers, nüchterner Prosa

32 Sarah. Kirsch: Selbstauskunft, S. 49. Das Gleiche behauptet sie auch von ihrem anderen Mentor Gerhard Wolf gelernt zu haben. Vgl. Hans Ester und Dick von Stekelenburg: Gespräch mit Sarah Kirsch. In: Het Duitse Boek, Bd. 9, 2 (1979), S. 100 – 113, hier S. 103.

33 Sarah Kirsch, Rainer Kirsch: Gespräch mit dem Saurier. Gedichte. Berlin 1965.

34 Kirsch: Schöner Morgen. In: Kirsch; Kirsch: Gespräche, S. 8.

35 Kirsch: Versnobtes Herbstlied. In: Kirsch, Kirsch: Gespräche, S. 12.

36 Kirsch: Das sind die Vorbereitungen. In: Kirsch; Kirsch: Gespräche, S. 33.

37 Sarah Kirsch: Bäume. In: Kirsch: Katzenleben. Gedichte. Stuttgart 1984, S. 85.

38 Sarah Kirsch: Erdreich. In: Kirsch: Erdreich. Gedichte. Stuttgart 1982, S. 51.

39 Sarah Kirsch: März. In: Kirsch: Schneewärme. Gedichte. Stuttgart 1989, S. 10.

nah, bestand auf der genauen Beobachtung des Details einer gewöhnlichen ‚Gelegenheit'."[40]

Dennoch drängt sich die Frage auf, ob es tatsächlich der Lyrikprofessor des Becher-Instituts Georg Maurer gewesen sein soll, der die Dichterin auf den Weg des „kleinen Gegenstands" geführt hat. Denn bereits als Biologin hatte sich Kirsch mit ihrer Spezialisierung auf die Parasitologie doch schon dem Kleinen – mit dem bloßen Auge kaum Erkennbaren –verschrieben, hatte für ihre biologischen Studien, insbesondere für ihre Abschlussarbeit, beobachten, sammeln, präparieren und mikroskopieren gelernt. Nicht zuletzt hatte sie mit dem Mikroskop ein Gerät verwendet, das im Umgang ein Höchstmaß an Präzision und Konzentration erfordert. Die Schriftstellerin Elke Erb, mit der Sarah Kirsch befreundet war, wusste indes auch so Einiges aus deren naturwissenschaftlichem Vorleben zu berichten. Die Feldstudie über die Ektoparasiten bei Muriden, respektive Langschwanzmäusen, muss jedenfalls ein hohes Maß an Ausdauer, Achtsamkeit, Sorgfalt und Präzision erfordert haben.

> Mit einem Studenten, der die Entoparasiten zu erforschen hatte, ging sie ein Jahr lang jeden Abend Mäusefallen aufstellen. [...] Sie versteckten die Fallen, es waren gewöhnliche, die die Mäuse töteten und kostbare, welche sie lebend fingen. [...] Jeden Morgen, ein Jahr hindurch, auch im Schnee, gingen sie so früh wie möglich zwischen sechs und sieben die Mäuse einsammeln. Die Parasiten, Läuse, Flöhe, Milben verlassen die toten Tiere, verlassen auch die lebendigen, verlassen die unsicher gewordenen Wirte [...]. Manche Mäuse sahen wie in Mehl getaucht aus: von Milben, die fressen das Haar, die Haut ab bis aufs Blut, ein tödlicher Befall. Die Studentin stellt Proben her, läßt Flöhe in durch lange Reihen immer höher prozentigen Alkoholpräparaten erscheinen.
>
> Die gediegene Ausbildung war altmodisch. [...] Sie war zu Hause dort [...]. Sie saß zweimal in der Woche am Nachmittag stundenlang und zeichnete die mit dem Mikroskop gesehenen Strukturen von Pflanzengeweben.[41]

Die Affinität und Beobachtungsgabe für das Kleine wie auch die Kenntnis und Fähigkeit mit ihm umzugehen, besaß Kirsch also längst, bevor sie sich für ihre literarische Laufbahn bzw. ihr literarisches Studium entschied. Letztlich konnte Georg Maurer nicht den Ausschlag „für den kleinen Gegenstand" gegeben haben, sondern die Nachwuchslyrikerin bloß darin bestärkt haben, das, was sie auf ihrem naturwissenschaftlichen Gebiet versiert zu beherrschen gelernt hatte, nun in ihrem neuen Arbeitsgebiet zu erproben. Schon früh erkannt wurde die Relevanz des naturwissenschaftlichen Wissens für Kirschs literarisches Werk von Elke Erb. Mit

---

40 Gerhard Wolf: Ausschweifungen und Verwünschungen. Vorläufige Bemerkungen zu Motiven bei Sarah Kirsch: In: Heinz Ludwig Arnold (Hg.): Sarah Kirsch, Text und Kritik 1989, H. 101, S. 13–28, hier S. 21

41 Erb: Nachwort, S. 84.

Blick auf den ersten eigenen Lyrikband *Landaufenthalt* von Sarah Kirsch, der 1967 im Aufbau Verlag erschienen ist und in dem sich die Gedichte weniger dem im Titel angekündigten Aufenthalt als vielmehr Reisen, Fahrten, Veränderungen und Verwandlungen widmen, sinnierte die Weggefährtin Erb:

> Sie ist unterwegs von Bereich zu Bereich. Nicht mehr von Präparat zu Präparat, aber wäre sie dem Gang des unliterarischen Studiums nicht gefolgt [...], hätte sie nicht Struktur um Struktur arbeitend, sie nachzeichnend, aufgenommen, ginge dann ihr Wort im Vers den gleichen Gang, wäre überhaupt ein Vers dann erschienen?[42]

Hinweise, welchen Einfluss das ‚unliterarische Studium' auf die Lyrik Kirschs hatte, lassen sich zudem noch an weiteren Vorgehensweisen und Stilmitteln entfalten, etwa, wenn die Autorin dem Autopsieverfahren der Pflanzenbestimmung folgend, ihre Verse die Funktion einer Lupe übernehmen lässt: „jeder Halm / War geschärft frisch angespitzt und ich zählte / Nebenäste vierundzwanzigster Ordnung." (Sanfter Schrecken).[43] Und schließlich versetzt dieses empirische Vorgehen, welches die Methode des Zählens nun mal ist, das lyrische Ich in den titelgebenden sanften Schrecken: „Die Welt besteht aus Einzelteilen"[44]. Eine Erkenntnis, die sich letztlich aus dem Erfahrungswissen speist, welches man in den Naturwissenschaften erlernt. Darüber hinaus verwendet die Autorin häufig Enjambements, verzichtet meistens auf Reime und vor allem auch auf Kommata, so dass sich erst durch genaues und wiederholtes Lesen die Satzlogik ihrer Lyrik erarbeiten lässt – der Lektürevorgang somit der Genauigkeit des Herstellungsprozesses folgt:

> ich lag auf kühlem Parkett las alte Bücher in denen
> winzige Tiere seit Jahren wohnen sie
> aßen vom Leim manchmal ein Komma, den Text
> konnte ich trotzdem verfolgen: es waren Fata
> von See-Fahrt und Schiff-Bruch.[45]

Wiederholung sei für sie auch eine zentrale Methode des Schreibens, erfährt man indes von Kirsch aus einem Interview: „Immer wieder abschreiben und kontrollieren."[46] Dies gleicht den Verfahren naturwissenschaftlicher Laborarbeit, bei der

42 Erb: Nachwort, S. 86

43 Sarah Kirsch: Sanfter Schrecken. In: Kirsch: Katzenleben, S. 7.

44 Kirsch: Sanfter Schrecken. In: Kirsch: Katzenleben, S. 7.

45 Sarah Kirsch: „Morgens hatte ich Wein getrunken weil die Sonne so brannte". In: Kirsch: Landaufenthalt, S. 39.

46 Kirsch: Selbstauskunft, S. 57.

Kontrolle und Wiederholung in Versuchsreihen entscheidend ist für Aussagekraft und Ergebnis. In einem anderen Interview stellt Sarah Kirsch diesen Zusammenhang tatsächlich selbst einmal dezidiert her: „naturwissenschaftliches Interesse führt auch die Feder, Vergleiche der wiederholten irdischen Erscheinungen drängen sich auf. Künstler sind Experimentatoren auf allen Gebieten."[47]

Auch die lyrische Befassung mit Transformationsprozessen, Verwandlungen und Gestaltveränderungen, so lässt sich vermuten, verweist nicht allein zurück auf den literarischen Kanon, sondern gleichfalls auf die Botanik, Zoologie und Humanbiologie, in denen Wachstumszyklen, Metamorphosen oder auch die Ontogenese und Phylogenese wichtige Studienobjekte sind. Hier sei als Beispiel das mindestens zweideutige Bewegungs-Gedicht „Umschwung" zitiert, welches nicht nur auf die schwingenden Bäuche der Katzen bezogen ist, sondern ebenso auf den kommenden zeitlichen Umschwung verweist, von denen die Trächtigkeit der Katzen zeugt.[48]

> Die Katzen gehen wie Kühe auf den Wegen.
> Es schlenkern ihre Kugelbäuche,
> wie schaukeln ihre Nochnichtkatzen,
> wenn sie in schmale Sonnenstreifen treten
> Sie blinzeln weiße Wolken an -
> fahrt hin, fahrt weg, ihr Himmelsmäuse,
> auf Dächer steigen wir nicht mehr!
> Die Katzen gehen wie Kühe auf den Wegen.[49]

Zudem spickte Kirsch dieses Frühgedicht, das in der Phase ihres Studiums am Becher-Institut entstanden ist, schon mit jenen Neologismen (Nochnichtkatzen; Himmelsmäuse), die für Sarah Kirschs Lyrik stilbildend werden sollten.[50] Neo-

---

47 Annette Zimmermann, Mererid Hopwood: ‚Fragen hinter der Tür'. Gespräch mit Sarah Kirsch. In: Hopwood, Zimmermann (Ed.): Sarah Kirsch. Contemporary german writers. Cardiff 1997, S. 9–11, hier S. 10.

48 Und beherrscht man die vor allem in der DDR praktizierte Kunst des *Zwischen den Zeilen lesens*, eröffnet „Umschwung" sicherlich noch eine dritte Bedeutung im Sinne eines politischen Umschwungs.

49 Sarah Kirsch: Umschwung. In: Kirsch, Kirsch: Gespräch, S. 32. Hier seien noch einige weitere Gedichte genannt, in denen Transformationen und Gestaltveränderungen thematisiert werden: Bäume lesen (Landaufenthalt); Nachricht aus Lesbos; Dritter Monat, Schwarze Bohnen (Zaubersprüche), Wiepersdorf 4 (Rückenwind).

50 Weitere Wortneuschöpfungen bzw. Wortneukombinationen, aus Kirschs Gedichten, die mit zu ihrem unverwechselbaren Sound beigetragen haben, sind z. B. „Buchsbaumgärten", „Baumruinen" „Hexenschußpflaster", „Beigottschnee", „Flügelschuppen von Engeln", 'brüllende Tauben'. Vgl. zu Neologismen auch Christine Cosentino: Sarah Kirschs Dichtung in der DDR. Ein Rückblick. In: German Studies Review. Vol. 4, Nr. 1 (Februar 1981), S. 105–116.

logismen spielen indes auch im Forschungsfeld der Biologie eine wichtige Rolle und können für diese Naturwissenschaft gleichfalls als stilbildend gelten. Denn „die Wissenschaftlichkeit von Medizin und Biologie [wird] weniger durch die Formalisierung, Quantifizierung oder Mathematisierung ihres Gegenstandes verbürgt, als durch ihre Experimentalanordnungen und eine spezifische Begriffsbildung."[51] Freilich sind die Wortneubildungen in Biologie und Literatur von unterschiedlichen Voraussetzungen und Intentionen geprägt. Gleichwohl lässt sich konstatieren, dass Künstler wie Biologen sich ihren Gegenständen in verblüffend ähnlicher Weise nähern, wenn sie neben der genauen Beobachtung und dem Experiment den sprachlichen Neumarkierungen von Gegenständen, Merkmalen, Merkmalsrelationen, Ereignissen und Beziehungen eine gewichtige Rolle zuerkennen.

Von hier aus lässt sich zudem eine Verbindung zu der von Kirsch geliebten Literatur Adalbert Stifters herstellen, die gleichfalls als „eine Poesie aus dem Geist der Naturwissenschaft"[52] gelten kann und mit der Kirsch, wie von ihr selbst betont, literarisch sozialisiert wurde. Wolfgang Frühwald hat in seiner Laudatio anlässlich des Literaturpreises der Konrad-Adenauer-Stiftung für Sarah Kirsch im Jahre 1995 diese ‚Seelenverwandtschaft' mit einem Wort von Günter Kunert treffend hervorgehoben:

> Kunert also hat darauf hingewiesen, daß in der ungeheueren Sanftheit von Sarah Kirschs lyrischer Sprache eine zersetzende und eine aufklärerische Kraft zugleich am Werk sind, daß diesen Gedichten „zwar keineswegs die Festigkeit der Form, wohl aber jede Härte und Schärfe fehlt. Sie sind ungeheuer sanft. Und in ihrer Sanftheit sprechen sie Erschreckendes, ja, das Schreckliche mit schöner Naivität aus, als bestände es in Wirklichkeit nicht [...]". Die

---

51 Armin Schäfer: Poetologie des Wissens. In: Handbuch Literatur Wissen, S. 36 – 41, hier S. 36 f. Zum Einfluss von (Natur-)Wissenschaftssprache auf Alltagssprache und poetischer Sprache vgl. auch Gaetono Mitdieri: Wissenschaft, Technik und Medien im Werk Alfred Döblins im Kontext der europäischen Avantgarde. Potsdam 2016. „Die Wissenschaft, die sich bestehender Sprachbegriffe und außerwissenschaftlicher Denkbilder und Erkenntnismodelle bedient und diese nach einer interdiskursiven Praxis dem jeweiligen Sachverhalt anpasst, erweist sich letztendlich als produktive Quelle neuer Begriffsbestimmungen und Neologismen, die Eingang in die Allgemeinsprache finden, und neuer Denkbilder, die die Allgemeinheit prägen, wie auch neuer Erklärungsmuster, von denen, neben ihrem heuristischen Wert für andere Kulturbereiche, auch ihre imaginative und ‚narrativliterarische' Leistung anzuerkennen ist." (Mitdieri: Wissenschaft, S. 72).

52 Vgl. dazu die gleichnamige Studie von Martin Selge. Stuttgart 1976. Im Zuge des Literatur-Wissen-Diskurses der letzten Jahre wurde immer wieder auf Adalbert Stifters Prosa verwiesen, in der nachweisbar ein naturwissenschaftliches Wissensprinzip literarisch produktiv gemacht worden sei. Vgl. etwa Michael Gamper: Literarische Meteorologie. Am Beispiel von Stifters „Das Haidedorf". In: Georg Braungart, Urs Büttner: Wind und Wetter. Kultur, Wissen, Ästhetik. München 2018, S. 261 – 277.

> Beobachtung, daß Rettung und Zerstörung zugleich in einer Sprache wohnen, die „den Zwiespalt des Wirklichen selber" benennt und deshalb Erschreckendes „sanft" auszudrücken vermag, weist über die Gedichte und ihren Anlaß selbst hinaus in das „kosmische Erschrecken" der Romane und Erzählungen Adalbert Stifters.[53]

Frühwald nimmt Bezug auf Stifters *Sanftes Gesetz*, einem Konzept, das der Autor in seinem Erzählband *Bunte Steine* vorgestellt hat. Darin erläutert er das sanfte Gesetz als ein dem Naturgesetz zwar verwandten, aber sich vor allem durch seine Dynamik kennzeichnendes Prinzip, das der Mensch durch seine Fähigkeit zur wissenschaftlichen Erfassung der Welt in der Lage ist zu erkennen:

> [D]iese [die Wissenschaft] lehrt uns, daß die elektrische und magnetische Kraft auf einem ungeheuren Schauplatze wirke, daß sie auf der ganzen Erde und durch den ganzen Himmel verbreitet sei, daß sie alles umfließe und sanft und unablässig verändernd, bildend und lebenerzeugend sich darstelle.[54]

Dieses Prinzip des *Sanften Gesetzes* ist zu einem der dichterischen Leitfäden Kirschs avanciert, wie sich am bereits oben zitierten Gedicht „Sanfter Schrecken" gut zeigen lässt. Der ‚sanfte Schrecken', den das lyrische Ich Kirschs überfällt ob der Erkenntnis der ‚aus Einzelteilen bestehenden Welt', in der 'genau zu unterscheiden war', „[w]elches übriggebliebene Blatt / Um ein weniges vor oder hinter / Anderem sich leis bewegte"[55], entspringt der scharfen Beobachtung in jener „evolutive[n] Kraft", die bereits Stifters entdeckt hat: das immer gleichgültige und das menschliche Freude wie menschliches Leid gleichgültig ertragende, alles umfassende Gesetz des Werdens und Vergehens[56] – „Wieder war alles gründlich verwandelt", heißt es so auch entsprechend bei Kirsch.[57] Es ist der scharfe, naturwissenschaftlich genaue Blick, der solche Erkenntnis wie solche Verse erst ermöglicht. Allerdings gelingt dies nur in Verbindung mit einer Praxis der Distanzierung, die wiederum „durch Besinnung auf und Anwendung von wissen-

---

53 Wolfgang Frühwald: „Die Endlichkeit dieser Erde". Laudatio auf Sarah Kirsch. In: Literaturpreis der Konrad-Adenauer-Stiftung: https://www.kas.de/einzeltitel/-/content/sarah-kirsch-literaturpreistraegerin-1993 (zuletzt eingesehen 14.4.2019)

54 Adalbert Stifter: Vorrede (1852). In: Adalbert Stifter: Bunte Steine. Mit einem Nachwort, einer Zeittafel zu Stifter, Anmerkungen und bibliographischen Hinweisen von Hannelore Schlaffer. München 1983, S. 7–13, hier S. 8.

55 Kirsch: Sanfter Schrecken. In: Kirsch: Katzenleben, S. 7.

56 Vgl. Frühwald: https://www.kas.de/einzeltitel/-/content/sarah-kirsch-literaturpreistraegerin-1993 (zuletzt eingesehen 14.4.2019).

57 Kirsch: Sanfter Schrecken. In: Katzenleben, S. 7.

schaftlichen Methoden“[58] geleistet werden kann: „Beobachtung, Aufzeichnung, Verschriftlichung, Rückzug aus dem Forschungsfeld, Selektion und Vermittlung an die Science Community und schließlich die Sinnstiftung.“[59] Erst aus der Distanzierung, mit der zugleich ein Unkenntlichmachen szientifischen Wissens einhergeht, kann eine Vermittlung erfolgen, die hier im *sanftem Schrecken* als eine Sinneswahrnehmung poetisch verwandelt und damit ästhetisch erfahrbar wird. So ist es auch nicht überraschend von einer weiteren wichtigen Arbeitsmethode des Kirsch'schen Schreibprozesses zu erfahren: „Es muß erst wieder fremd sein, als ob es ein Gedicht von jemandem ganz anderen ist.“[60] Erst wenn sich mit der „Methode der Befremdung und de[m] explizite[n] Einbezug des Kontrollverlusts“[61] das Gesetz des Werdens und Vergehens im Prozess des Dichtens wiederholt, ist das immer gleichgültige, und das menschliche Freude wie menschliches Leid gleichgültig ertragende, alles umfassende sanfte Gesetz nicht nur als naturwissenschaftliches ‚hartes‘ Wissen vermittelt, sondern man wird seiner zugleich als Erfahrung, als Aisthesis, gewahr.

Trotz solcher Einflechtungen von Wissenschaftlichem in ihre lyrischen Schreibprozesse, weigert sich Sarah Kirsch auf einen Zug aufzuspringen, der ab Anfang der 1960er Jahren unter dem Schlagwort *Wissenschaftlich-Technische Revolution*, kurz WTR, von der DDR-Doktrin ausgegeben wurde und auch für die ‚Ingenieure der Seele‘ von Bedeutung sein sollte.

5

Im Sommer 1966 kommt die unter dem Namen *Forum-Lyrik-Debatte* bekannt gewordene Auseinandersetzung von DDR-Lyriker und -Lyrikerinnen mit der Frage nach dem Verhältnis von Literatur und wissenschaftlich-technischem Fortschritt in Gang.[62] In der FDJ-Zeitung *Forum* initiierte der damalige stellvertretende Chefredakteur und zu dieser Zeit noch technikbegeisterte Rudolf Bahro eine

58 Elke Bippus, Frank Hesse: „Social Disease“. Andy Warhols Gesellschaftsfotografie als Teilnahme und Beobachtung. In: Kunst und Ethnographie. Zum Verhältnis von visueller Kultur und ethnographischem Arbeiten. Hg. von Beate Binder, Dagmar Neuland-Kitzerow, Karoline Noack. Münster 2008, S. 44–52, hier S. 49.

59 Bippus, Hesse: „Social Disease“, S. 49.

60 Kirsch: Selbstauskunft, S. 57

61 Bippus, Hesse: „Social Disease“, S. 49.

62 Zur Debatte vgl. Simone Barck: Literaturkritik zwischen Parteiauftrag und Professionalität in der DDR der sechziger Jahre. In: Deutsche Literaturwissenschaft 1945–1965. Fallstudien zu Institutionen, Diskursen, Personen. Hg. von Petra Boden, Rainer Rosenberg. Berlin 1997, S. 333–343, hier S. 339–343.

Umfrage zu den Auswirkungen der naturwissenschaftlich-technischen Umwälzungen auf die künstlerische Arbeit.

Bereits zu Beginn der 1960er Jahre hatte die SED die Wissenschaft neben Kapital, Arbeit und Boden zur „vierten Produktivkraft" erhoben.[63] Einige Jahre später folgte dann mit den Konzept der WTR eine weitere ideologische Aufwertung der Wissenschaften für den sozialistischen Fortschrittsgedanken, die in einer „‚organischen' Verbindung der wissenschaftlich fundierten Führung in der Wirtschaft, der gleichfalls wissenschaftlich begründeten zentralstaatlichen Perspektivplanung und der materiellen Interessiertheit aller am Produktionsprozeß Beteiligten" liegen sollte.[64] Die Schaffenskraft der Werktätigen zusammen mit dem kreativen Einsatz von Wissenschaft und Technik durch die sogenannten Intelligenzler sollte das Leben bis zum Kommunismus verbessern. Gefragt waren in diesem Zusammenhang nun auch die Schriftsteller des Landes, galt ihre Literatur doch als eine der wichtigsten Vermittlungsinstanzen für die Verbreitung sozialistischer Ideen. Anfang bis Mitte der 1960er Jahre besaß zugleich auch die Lyrik in der DDR ein besonders hohes Ansehen, das in dem Begriff der *Lyrikwelle* seinen Ausdruck fand.[65] Das beantwortet auch die Frage, warum der Umfragekatalog im *Forum* speziell auf Lyriker und Lyrikerinnen zugeschnitten war.

Sarah Kirsch hatte sich in ihrem Gedicht „Kleine Adresse", das 1965 im *Gespräch mit dem Saurier* erschienen war, bereits mit der WTR befasst und sich gewissermaßen vor ihr verneigt. Das zwar mit vertrauten Naturmotiven wie Vogel, Fluss und Wald gespickte Langgedicht greift neben dem Thema des Reisens zugleich auch Motive des menschlichen Schaffens und technischen Fortschritts auf. Insofern erweist es sich als ein klares Bekenntnis zum Sozialismus und zur DDR, wenngleich, oder vielleicht auch gerade weil es eine unstatthafte Reiselust annonciert, die „sich antithetisch oder auch spiegelbildlich zu den Grenzen der politischen Welt verhält und ‚eine ungeheure Sehnsucht nach außen' zum Ausdruck bringt", wie die Dichterin die Position ihrer Lyrik selbst einmal beschrieb.[66] „Aufstehn, möcht ich, fortgehn und sehn, / ach wär ich Vogel, Fluß oder Eisenbahn / besichtigen möcht ich den Umbruch der Welt" heißt es in den ersten

63 Vgl. Walter Ulbricht: Der XXII. Parteitag der KPdSU und die Aufgaben der DDR. Berlin (Ost) 1961, S. 96

64 Sigrid Meuschel: Symbiose von Technik und Gemeinschaft. Die Reformideologie der SED in den sechziger Jahren. In: Emmerich, Wege (Hg.): Der Technikdiskurs, S. 203–230, hier S. 206.

65 Zur Lyrikwelle vgl. Gert Dietrich: Kulturgeschichte der DDR. Göttingen 2018, S. 1041 ff.

66 Vgl. Sarah Kirsch: Im Spiegel. Poetische Konfession. Abschlussarbeit am Institut für Literatur Johannes R. Becher, hier zitiert nach: Sarah Kirsch. Im Spiegel. Mit einer Vorbemerkung von Isabelle Lehn, Sascha Macht und Katja Stopka. In: Sinn & Form 2013, H. 6, S. 852–855, hier S. 851.

Versen des Gedichts, das von Fernweh und Erfahrungshunger spricht.[67] Das lyrische Ich wünscht sich „hinter die Grenze“, nach New York, will überall dorthin „gehn, alles sehn, was ich / früh aus spreutrockenen Zeitungen klaube“, möchte aber auch in die UdSSR nach Sibirien reisen, um zu inspizieren, wie der sozialistische Aufbau vorankommt: „Hah, wie schrein die elektrischen Sägen, wie steigt / Sägemehl pyramidenhoch, wie wuchert Wald, wie / brechen Städte herein! Und die Flüsse!“ Den sozialistischen Ingenieuren will das lyrische Ich zusehen, wie sie ihren Teil zum Kollektivwohl beitragen: „Söhne der Fischer baun Wasserkanonen, zersägen / mittlere Berge damit, setzen Staudämme ein / und verteilen das Wasser gerecht.“ All das möchte das lyrische Ich erleben, um schlussendlich wieder heimreisen zu können, wie im letzten Vers bekundet: „fortgehn, möchte ich, sehn und / wiederkommen.“

Dass „Kleine Adresse“ von Wünschen und nicht von der Wirklichkeit spricht, wird durch den stetigen Gebrauch des Optativs, einem Modus des Irrealen, gekennzeichnet. Bevor aber die Sehnsucht, die aus all diesem „Wollen“ und „Möchten“ herausklingt, in ein allzu großes Pathos abzugleiten droht, setzt die Lyrikerin in gekonnt ironischer Brechung als Gegengewicht das „Sein“ im Modus des Indikativs ein. „Ach warum bin ich Dichter, ackre den Wagen / der Schreibmaschine übers Papierfeld, fahr Taxi / und koche mit Wasser?“ Der Zweifel, der aus dieser Frage klingt, gibt sich allerdings nur auf dem ersten Blick als ein solcher aus. Bei näherer Betrachtung verkehrt er sich in die Gewissheit, das Richtige zu tun. Geschuldet ist diese Umkehrung einer List, die die Dichterin äußerst gewitzt einzusetzen weiß, was ihr Plädoyer für eine Ästhetik des Kleinen und Alltäglichen einmal mehr unterstreicht. Denn nicht als Schlussverse werden diese Zweifel laut, mithin nicht als Resümee des Gedichts. Vielmehr sind diese Zeilen in einem Dazwischen von Versen über das Wünschen angesiedelt. Und was, wenn nicht die Kunst der Dichtung, wäre besonders geeignet, Wunsch und Vorstellung sprachlich Ausdruck zu verleihen. Sarah Kirsch folgt in ihrem Gedicht konsequenterweise eben diesem dichterischen Prinzip, wenn sie es mit einer imaginativen Quintessenz beschließt, wiederum im Modus des Optativs: „Wär ich Ardenne, Gewichtheber, Fluß oder Eisenbahn – / fortgehn möchte ich, sehn und / wiederkommen.“ Die Dichtung, deren genuine Aufgabe in der Eröffnung von Möglichkeitswelten liegt, bestimmt letztlich ganz realiter die Arbeitswelt der Dichterin. Dass es ihr gelingt, den sozialistischen Fortschrittsauftrag ernst zu nehmen, ohne ihn pathetisch oder gar ideologisch zu überhöhen, hat nicht zuletzt mit der Konzentration auf die ihr aus der naturwissenschaftlichen Arbeit vertraute

67 Sarah Kirsch: Kleine Adresse. In: Kirsch, Kirsch: Gespräch, S. 37 f. Die folgenden Verse entstammen diesem Gedicht.

Genauigkeit zu tun. So reagiert sie stilistisch erneut mit einer Figur der Diminuierung, in diesem Fall der eigenen, nun literarischen Arbeit: „ackre den Wagen [...] übers Papierfeld / [...] koche mit Wasser [...].“[68]

Umso mehr verwundert es, dass Sarah Kirsch kurze Zeit später der WTR höchst abweisend gegenübersteht. Äußerst scharfzüngig und spöttisch, aber auch resigniert und mokant fallen ihre Antworten auf die Fragen des *Forum* aus, die folgendermaßen lauten:

> 1. Führt die neue Stellung des Menschen in der sozialistischen Gesellschaft wie sie insbesondere durch die technische Revolution herbeigeführt wurde, zu inhaltlichen und strukturellen Veränderungen der Lyrik? 2. Unter welchen Voraussetzungen seitens des Autors und des Lesers kann Lyrik in unserer Zeit Wirkungen zeitigen, und wie könnten diese beschaffen sein. 3. Vor welchen hauptsächlichen Schaffensproblemen stehen Sie zur Zeit?[69]

Mittlerweile, so klingt die nüchterne Antwort Kirschs auf Frage 1 „habe ich mir abgewöhnt wichtige ökonomische Probleme in meinen Gedichten aus Einsicht in die Notwendigkeit zu vermissen“.[70] Und die Objekte des wissenschaftlich-technischen Fortschritts mit ihren stählernen Anmutungen dienen der Lyrikerin höchstens dazu, sie mit Hilfe von Neukombinationen in mitunter schillernde Naturphänomene zu verwandeln: „mir reichen die [...] silbernen Vögel, silbernen Haie, Werkhallensaurier, Antennenkämme [...] Neonschwanenhälse.“[71] Einem Zusammenhang von technischer und künstlerischer Entwicklung begegnet sie nun mit gehörigem Zweifel: „Ich bin mir auch nicht sicher, ob sich die Stellung des Menschen in der Gesellschaft durch die technische Revolution so sehr verändert, und dann gar so, daß es sich gleich auf die Lyrik auswirkt?“[72] Lyrik könne lediglich indirekte Anstöße geben, kommentiert Kirsch dann doch noch recht ernsthaft die zweite Frage, aber auch nur dann, so klingt die Hinzufügung im Ton eines klirrenden Sarkasmus, „sie stößt auf einen Hörer, Leser, Seher, der nicht in stolzes Schimpfen ausbricht, wenn etwas sich ihm nicht auf Anhieb erschließt, sondern womöglich aus dem Bemühen um Verständnis noch Freude bezieht.“[73] Die Antwort der dritten Frage enthält nur noch feinen Spott, wenn Kirsch ihre Schaffensprobleme an mangelnder Zeit, schlechtem Kognak und fehlendem Pa-

---

68 Vgl. zu dieser Gedichtanalyse auch meine Ausführungen in: Isabelle Lehn, Sascha Macht, Katja Stopka: Schreiben lernen im Sozialismus. Das Institut für Literatur Johannes R. Becher. Göttingen 2018, S. 337–339.

69 Sarah Kirsch: Forum-Lyrik-Debatte In: Forum 1966, H. 9/10, [S. 22].

70 Kirsch: Forum-Lyrik Debatte, [S. 22].

71 Kirsch: Forum-Lyrik-Debatte, [S. 22].

72 Kirsch: Forum-Lyrik-Debatte, [S. 22].

73 Kirsch: Forum-Lyrik-Debatte, [S. 22].

pier in Halle festmacht und es „demzufolge ebenso schwer ist wie vor der technischen Revolution, gute Gedichte zu schreiben".[74]

Mehr als deutlich kristallisiert sich aus Kirschs Antworten heraus, dass sie sich ideologisch nicht vereinnahmen lassen wollte und sich schon gar nicht als Auftrags-Literatin verstand. Dieses Selbstverständnis spricht bei allem fortschrittsgläubigem Optimismus schon aus ihrem Gedicht „Kleine Adresse", ist die Nennung des Naturwissenschaftlers Manfred von Ardenne („Wär ich Ardenne, Gewichtheber, Fluß oder Eisenbahn – / fortgehn möchte ich, sehn und / wiederkommen") zugleich eine Bezugnahme auf eine ideologieunabhängige Wissenschaft. Der vor allem in der angewandten Physik tätige Forscher hatte in den 1950er Jahren in Dresden die einzige private Forschungseinrichtung in einem der sozialistischen Regimes Europas gründen können, an der vorrangig auf den Gebieten der Elektronen- und Plasmaphysik, der Elektronenmikroskopie sowie der Biophysik geforscht wurde und die den Ruf hatte, staatsunabhängig zu sein.

Allerdings muss Kirschs Optimismus in den Jahren zwischen der Entstehung ihres Gedichts „Kleine Adresse" und der Forum-Umfrage arg gelitten haben. Dies zeigt sich auch an der Auswahl der Gedichte, die sie ihren Forum-Antworten beigefügt hat. „Seestück", „Hirtenlied", „Lange Reise" und „Fahrt I" sind in dem ein Jahr später erscheinenden Gedichtband *Landaufenthalt* versammelt und deuten bereits mit dem „Insistieren auf dem eigenen Ich und [der] Wendung zur Natur [...] eine vorsichtige Relativierung der am geschichtsmächtigen Kollektiv orientierten sozialistischen Ästhetik an".[75] Denn trotz der Sympathie für ihr „kleines wärmendes Land" (Fahrt II) klingen die ausgewählten Gedichte resigniert und düster: „da sehn / Narben und Schorf hervor die Erde / in unserer Gegend ist grindig" (Fahrt I); „ich schneide / das Lid vom Aug da bleib ich wach: / Meine tückische Herde / die sich vereinzelt, die sich vermengt / meine dienstbare tückische Herde / wird Wolke sonst" (Hirtenlied);[76] „Ich setze die Brille auf, balancier / Finger im Ohr weg über gesättigte Schollen, ich springe / und liege zerschunden auf meinem Ufer" (Seestück). Aus diesen Versen spricht eine Versehrtheit, die sich durchaus als eine Abkehr von der sozialistischen Vereinnahmung des Einzelnen lesen lässt. Damit gibt sich ein Selbstbewusstsein zu er-

74 Kirsch: Forum-Lyrik-Debatte, [S. 22].

75 Wolfgang Bunzel: „...dankbar, daß ich entkam" Sarah Kirschs Autorexistenz im Spannungsfeld von DDR-Bezug und „Exil"-Erfahrung. In: Germanistische Mitteilungen 57/2003, S. 7–27, hier S. 7.

76 Hier nimmt Kirsch Bezug auf die Verstörung Heinrich von Kleists, die diesen bei der Betrachtung von David Kasper Friedrichs Gemäldes *Mönch am Meer* zu seiner berühmten Äußerung verleitete: „als ob einem die Augenlider weggeschnitten wären".

kennen, das auf einem Entwurf von Subjektivität „frei von fremder Verfügung“[77] gründet. Entsprechend harsch fiel die kulturpolitische Kritik auf ihre, die wissenschaftlich-technische Relevanz für ihre Kunst verneinende, Haltung in der Forum-Lyrik-Debatte auch aus. „Intellektualistische Darstellungsweisen und snobistische Auffassungen“ wurden ihr zum Vorwurf gemacht.[78] Ihre ausgewählten Gedichte seien „ideologisch indifferent“ und „eigenwillig verfasst“, zudem lassen sie einen klaren Klassenstandpunkt größtenteils vermissen“.[79] Diese Anwürfe, und auch noch zahlreiche hinzukommende, hatten jedoch keine weiteren Konsequenzen für den literarischen Erfolg Sarah Kirschs als Dichterin in der DDR, veröffentlichte sie doch bis zu ihren Konflikten im Kontext der Biermann-Ausbürgerung erfolgreich und vielbeachtet weitere Gedichtbände, die die Eigenständigkeit und Eigensinnigkeit ihrer Urheberin bezeugen.

Dass trotz der dezidierten Abkehr von wissenschaftlich-technischer Vereinnahmung durch Partei und Staat die ‚harte‘ Wissenschaft gleichwohl einen größeren Nachhall auf Sarah Kirschs Leben hatte, geht wiederum aus einer Notiz Elke Erbs hervor. Jahre später noch, so muss es ihr die befreundete Dichterin berichtet haben, träumte Kirsch von den Laboren, in denen sie lange Zeit ihres Biologiestudiums verbracht hatte.[80] Spuren dieser Eindrücke finden sich – mitunter sogar deutlicher noch als in ihrer Lyrik – auch in ihrer Prosa, der es sich im Folgenden zuzuwenden gilt.

6

Bereits zu Beginn ihrer schriftstellerischen Laufbahn verfasste Kirsch ein bemerkenswertes Stück Prosa, das erst 2013 wiederentdeckt wurde und einigen Aufschluss über das frühe literarische Selbstverständnis der Dichterin gibt.[81] Die

---

77 Ursula Heukenkamp: Lyrisches Subjekt und weibliche Perspektive. Lyrikerinnen aus der DDR. In: Frauen Literatur Geschichte. Schreibende Frauen vom Mittelalter bis zur Gegenwart. Hg. von Hiltrud Gnüg, Renate Möhrmann. Stuttgart u. a. 1999, S. 327–339, hier S. 331.

78 Zur Lyrik-Diskussion im *Forum*. In: Bundesarchiv DY 30 IV A 2/906/146, S. 3, hier zitiert nach Barck: Literaturkritik, S. 341 f. Diese Vorwürfe gelten Sarah Kirsch nicht allein, sondern genauso Rainer Kirsch, Karl Mickel und Heinz Czechowski.

79 Barck: Literaturkritik, S. 341 f.

80 Erb: Nachwort, S. 84.

81 Das Prosastück wurde kurz nach Sarah Kirschs Tod im Mai 2013 im Archiv des Deutschen Literaturinstituts Leipzig von Wissenschaftlerinnen wiederentdeckt, die an einem Forschungsprojekt zur Geschichte des Becher-Instituts arbeiteten. Im selben Jahr gelang ihnen dann die erstmalige Veröffentlichung des Essays in der Zeitschrift *Sinn und Form*. (Sarah Kirsch: Im Spiegel. Mit einer Vorbemerkung von Isabelle Lehn, Sascha Macht und Katja Stopka. In: Sinn & Form 2013,

Arbeit mit dem Titel *Im Spiegel* ist der Form nach ein Essay, der gerne auch als „halb wissenschaftliche, halb literarische Gattung“[82] bezeichnet wird und erneut als ein Hinweis dafür gelten kann, wie eng der Konnex zwischen dem wissenschaftlichem und literarischem Denken und Schreiben Kirschs war. Sie hatte diesen Essay in der Schlussphase ihres zweijährigen Studiums am Becher-Institut als sogenannte poetische Konfession verfasst. Es handelt sich dabei um ein vorgegebenes Format im Rahmen der Abschlussprüfungen für das an der Schreibschule zu erwerbende Schriftsteller-Diplom.[83]

Das Format des Bekenntnisses nimmt die Autorin ernst, indem sie den Essay als eine poetologische Selbstbetrachtung konzipiert. So verweist bereits der Titel *Im Spiegel* auf das bewusst gewählte Programm der kritischen Reflexion einer Dichterin über ihr eigenes Schaffen. Zugleich will der Text aber nicht als ein authentisches Zeugnis gelesen werden, sondern in seiner fiktionalen Gestaltung gibt er sich als ein Stück Literatur zu erkennen, in der zwar ein Ich spricht, das aber nicht rundweg mit der Autorin gleichgesetzt werden sollte.

Im Spiegel beginnt mit einer Szene, in der eine Ich-Erzählerin ihren Schreibtisch vor einen neu erworbenen Spiegel rückt. Dieser erzeuge, so sinniert das nun in ihn hineinblickende Ich, einen Widerschein, aber auch eine Brechung der Wirklichkeit – nicht zufällig hat besagter Spiegel einen Sprung. Lange aber bleibt die Ich-Erzählerin nicht allein vor bzw. in ihrem Spiegel. Schon bald erhält sie Besuch.

> Ist es gestattet, sagt einer und kommt den Sprung im Spiegel entlang, legt einen altmodischen Helm ab, setzt sich mit seinen blue jeans auf den Tisch, stützt beide Arme auf ein rostiges Schwert. [...] Ich bin Lanzelot, sagt er, hab vor kurzem noch Drachenköpfe abgeschlagen, Sie haben davon gehört. Das war nicht einfach, Menschen und Arbeit kaum organisiert. Jetzt bin ich in einem Forschungsinstitut angestellt. Entschuldigen Sie das Schwert, ich hab es aus Stilempfinden mit in den Spiegel gebracht. [...] Was wollen Sie, sage ich, der Spiegel ist wirklich schön und übersichtlich, ich brauch ihn zum Nachdenken. Deshalb bin ich hier, da kann ich helfen.[84]

Wie in ihrer Lyrik nutzt Sarah Kirsch auch hier Motive aus Legenden und Märchen zur ironischen Brechung der Wirklichkeit, was zeigt, dass sie als Künstlerin schon recht früh eine unkonventionelle Haltung dem sozialistischen Realismus gegenüber eingenommen hatte. Allerdings bleibt ihr Besucher, der Ritter Lanzelot, nicht

---

H. 6, S. 852–855.) Die folgenden Zitate aus Sarah Kirschs Text entstammen dieser Veröffentlichung.

82 Birgit Nübel: Robert Musil. Essayismus als Selbstreflexion der Moderne. Berlin 2006, S. 16.

83 Vgl. Lehn, Macht, Stopka: Schreiben lernen, S. 335, 360.

84 Kirsch: Im Spiegel, S. 852.

auf eine Figur aus der Legende beschränkt, sondern erweist sich als Angestellter in einem Forschungsinstitut zugleich auch als eine Figur aus der Gegenwart der Ich-Erzählerin. Aber nicht nur das: Als Mitarbeiter einer Wissenschaftseinrichtung hat er eine Position inne, die auch der Autorin Sarah Kirsch vertraut ist aus ihrer Zeit als Biologin.

Insofern fungieren die Ich-Erzählerin, die sich als Dichterin vorgestellt hat, („Der Erlös der Gedichte reicht nicht für eine Sommerreise"[85]) und der Ritter, der als Forscher auf das Vorleben der Dichterin Sarah Kirsch anspielt, als zwei Alter-Ego der Autorin Sarah Kirsch. Die wiederum versteht es mit ihrer Fingierung geschickt, die eigenen inneren Widersprüche in einen Dialog zwischen diesen zwei Figuren zu verwandeln und sohin in ein buchstäbliches Spiegelgefecht zu überführen. „Schickt Sie irgendwer?", fragt indes noch etwas irritiert erst einmal die Ich-Erzählerin. Der Ritter gibt ihr freilich bereitwillig darüber Auskunft, dass er eigentlich ein Spiegelbild von ihr ist. „Ich komme von selbst; aber der Spiegel ist ein entfernter Verwandter von mir, wenn Sie wollen, wir arbeiten zu Zeiten Hand in Hand".[86] Dies nun akzeptiert die Ich-Erzählerin und die Autorin verwickelt ihre beiden Alter Ego in ein Gespräch über Lyrik, was diese vermag, was sie sein kann und möglicherweise nicht sein darf. Dabei stellt sich heraus, dass die Ich-Erzählerin sich in einer Schaffenskrise befindet und den Spiegel bzw. Ritter für die Klärung von Fragen benötigt, die ihr Selbstverständnis als Lyrikerin betreffen. „[W]enn man dreißig und eine Frau ist, tendiert man zum Spiegel", gibt sie zu. „Ich zum Beispiel sehe mich jetzt anders als ein Jahr früher oder später. [...] [M]an steht zwischen nicht mehr und noch nicht"[87] erklärt sie ihre Situation und verweist auf den Zustand des Umbruchs, in dem sich die Lyrikerin Sarah Kirsch während ihrer Studienzeit am Becher-Institut befunden haben muss: das alte Leben als studierte Biologin hinter sich gelassen zu haben, um in ein neues Stadium wie Studium eingetreten zu sein: „Die Zweifel beginnen. Ich bin auf einem Hügel in meinem Noch-Flachland und schaue mir über die Schulter."[88] Sich an ihr anderes Ich wendend, fragt sie denn auch „Ach, Lanzelot, was soll ich tun?[89] [...] und stößt zum Kern ihres Problems vor. „Ich höre Bobrowskis Erzählungen und frage mich, ob Gedichte überhaupt ein eigenes Genre sind oder nur Durchgangsstadien, bei denen einige Schreiber stehen bleiben. Soll ich nicht lieber deinen Helm putzen? Lanzelot, können Gedichte so aufregen wie Prosa?"[90]

85 Kirsch: Im Spiegel, S. 852.
86 Kirsch: Im Spiegel, S. 852.
87 Kirsch: Im Spiegel, S. 853.
88 Kirsch: Im Spiegel, S. 853.
89 Kirsch: Im Spiegel, S. 853.
90 Kirsch: Im Spiegel, S. 853.

Vielleicht, so setzt sie fort, seien Gedichte „doch nur Schreibversuche, etwas Begrenztes, für Anfänger grade zu überblicken?“[91] Diese Selbstbemitleidung lässt das Alter Ego Lanzelot aber nicht gelten. „[...] weil dir deine Gedichte nicht gefallen, möchtest du, daß die Gattung Schuld ist. Versuchst vielleicht Prosa um zu entdecken, daß die eigentliche Kunst erst bei der Dramatik anfängt“,[92] spöttelt er und fordert die Ich-Erzählerin dazu auf, Tacheles zu sprechen: „Was sagst du zu deinen Gedichten?“[93] Die Ich-Erzählerin, die sich nun offenkundig als Alter Ego von Sarah Kirsch zu erkennen gibt, reagiert äußerst selbstkritisch und befindet von der Gesamtheit der Gedichte, die während ihrer, respektive Sarah Kirschs Studienzeit entstanden und im *Gespräch mit dem Saurier* publiziert sind, lediglich „2 im Ganzen gut, nämlich ‚Umschwung‘ und ‚Kleine Adresse‘“.[94] Angesichts dieser eher unbefriedigenden Statistik stellt sie sich sodann die Frage, ob für sie eine „anständige Arbeit in der Forschung, in einem Betrieb, in der Schule“ nicht angebrachter wäre – aber auch nur, um sie gleich wieder zu verneinen, wobei sie Lanzelot nun gar nicht mehr braucht, um zu dem Schluss zu kommen, dass es sich mit der Kunst besser lebe und arbeite.[95] Und als das Lanzelot-Alter Ego dann noch dazu rät, „ein paar größere Geschütze“ aufzufahren und „[e]in bißchen Distance von Lämmerwolken, Sonnenkringeln, Nachtigallen, Tauben, Schwalbenflügeln“ zu halten,[96] widerspricht die Dichterin nun schon äußerst selbstbewusst und entschieden: „Lanzelot, sag mir nichts gegen Vögel. Man muß sie nur richtig einsetzen.“[97] Die Ich-Erzählerin als das *eine* Alter-Ego der Autorin verteidigt damit gegenüber Lanzelot, ihrem *zweiten* Alter-Ego, rigoros das von ihr gewählte literarische Prinzip der Verkleinerung und der Hinwendung zu den nebensächlichen Dingen: „die trippelnden Vögel, Menschen, struppige Hunde, ein sanfter Garten, der vornehme Verkäufer, ein Fisch.“[98] Denn sie sind es, die die Kontraste zu den hehren und heroischen Ansprüchen einer sozialistischen Kunst setzen und damit auch deren Fallhöhe sichtbar werden lassen. Darin, das wusste Sarah Kirsch – und hob es, bei allen Selbstzweifeln an ihrer literarischen Befähigung selbstbewusst hervor, – liegt der Gewinn ihres naiven Tonfalls, der zwar einfach klingt, aber ihrer Lyrik eine Doppelbödigkeit eröffnet, die unterschwellig das Große und Ganze immer mit im Blick behält, ohne dies allerdings mit großem Pathos stili-

---

91 Kirsch: Im Spiegel, S. 853.
92 Kirsch: Im Spiegel, S. 853 f.
93 Kirsch: Im Spiegel, S. 854.
94 Kirsch: Im Spiegel, S. 854.
95 Kirsch: Im Spiegel, S. 855.
96 Kirsch: Im Spiegel, S. 855.
97 Kirsch: Im Spiegel, S. 855.
98 Kirsch: Im Spiegel, S. 852.

sieren zu müssen. Lanzelot hält nun auch nicht mehr dagegen, sondern bestärkt sie in ihrem Urteil und ermutigt sie weiterzumachen. Alsbald lässt er die von ihren Selbstzweifeln nun weitgehend kurierte Lyrikerin allein zurück, die nun „etwas klüger als zuvor und unzufrieden“[99] sich mit der Gewissheit trägt, sich trotz aller Mühen, die das Dichten kostet, für den richtigen Weg entschieden zu haben. Um zu dieser Einsicht zu gelangen, bedurfte es aber gleichwohl noch der Zuhilfenahme ihres ‚anderen‘ Ich, das der Naturwissenschaftlerin.[100]

Auf eine ganz andere Art als in dieser reflektorisch wie ästhetisch eindrücklichen Selbstbespiegelung, in der die Autorin nicht zuletzt zu zeigen vermag, dass ihr auch Prosa gelingt, kommt Sarah Kirsch knapp zehn Jahre später ein weiteres Mal auf ihre Vorgeschichte als Biologin zurück. In ihrem 1975 erschienenen Kinderbuch *Caroline im Wassertropfen* arbeitet die erfolgreiche Autorin sich aber schon längst nicht mehr an ihrem Selbstverständnis als Dichterin ab. Vielmehr kokettiert sie hier mit ihren biologischen Fachkenntnissen auf eine höchst originelle Weise, gepaart – wie sollte es anders sein – mit den aus ihrer Lyrik wohlvertrauten poetischen Figurationen des Diminutiven, den märchenhaften Anleihen und der Perspektivierung auf das Kleinteilige und Mikroskopische.

Das Mädchen Caroline trifft bei der Suche nach ihrer Katze im Haus nebenan ihren Nachbarn, den Biologieprofessor Mandelbaum. Er führt sie in sein Studierzimmer, in dessen Regalen Bücher und interessante Laborgerätschaften aus Glas stehen, unter anderem ein Mikroskop, unter dem Caroline einen Wassertropfen betrachten darf und staunend das darin schwimmende Plankton entdeckt. Der Neffe des Professors, der auch gerade mit einem von seiner Mutter gebackenen Pflaumenkuchen angekommen ist, erklärt ihr, dass dies „winzige Tiere und Pflanzen seien“ und Plankton ein griechisches Wort sei, was übersetzt „Schwebewelt“ genannt werden könne.[101] Wie sich herausstellt, besitzt der Pflaumenkuchen Zauberkräfte: Kinder, Katze und Professor verzehren ihn und schrumpfen in Folge auf eine Größe, die es ihnen ermöglicht mit einem stecknadelgroßen, runden Tauchboot in den soeben noch durchs Mikroskop betrachteten Wassertropfen einzudringen. Hier stößt das Forscherteam auf eine für das bloße Auge unsichtbare Welt. Der Tropfen ist bevölkert von Einzellern, Geißel- Pantoffel- und Augentierchen, die im Vergleich zu den menschlichen Winzlingen im U-Boot riesengroß und mitunter auch unheimlich erscheinen. Nicht zuletzt durch die farbenreiche Bebilderung der Illustratorin Erdmut Oelschlaeger lässt sich das Staunen der kleinen Caroline nachvollziehen, denn all die „merkwür-

99 Kirsch: Im Spiegel, S. 855.
100 Vgl. dazu auch meine Ausführungen in Lehn, Macht, Stopka: Schreiben lernen, S. 335–337.
101 Sarah Kirsch, Erdmut Oelschlaeger: Caroline im Wassertropfen (1975). Berlin 1990, S. 6.

dige[n] Käuzchen", die „Wassertropfen-Igelchen, fliegende Pantöffelchen, Hörnchenträger, Fädchenschlepper, Schneesterne, Perlenkettchen, Kochlöffelchen und kleine Trompeten"[102] erscheinen wie aus einer Märchenwelt entsprungen und sind doch, so lernt Caroline, keine Wunder, sondern der Ursprung allen Lebens, fing doch bei diesen Ungetümen, „vor undenklichen Zeiten die Differenzierung von Pflanzen und Tieren an."[103] Sarah Kirsch gibt sich alle Mühe, die biologischen Fachbegriffe für Kinder sachkundig zu erklären, ohne die wissenschaftliche Korrektheit zu opfern. „‚Der deutsche Name ist irreführend'"[104] erläutert der Professor, als Caroline darüber erstaunt ist, dass eine Alge als Augentierchen bezeichnet wird.

> Die wunderbare behäbige Alge heißt lateinisch Euglena [...]. Der Fühler hat ihr und ihren Verwandten den Namen gegeben [...], die schöne Euglena kann sich wie eine Pflanze von Licht und Wasser ernähren. Wenn ihr die Sonne fehlt, lebt sie wie ein Tier, und verschlingt Bakterien und Algen.[105]

Die Crew erlebt in der Wassertropfenwelt noch einige Abenteuer, bevor sie wieder in die Studierstube zurückkehrt und alle wieder zur ihrer Normalgröße zurückfinden. Der Junge Philipp etwa musste mit Taucherausrüstung das U-Boot verlassen, um ein Pantoffeltierchen zu fangen, damit der Professor es für die „Wissenschaftliche Rundschau" und den „Planktonfreund" fotografieren konnte.[106]

Kirschs Kinderbuch gewährt einen ebenso profunden wie leicht verständlichen Einblick in das Feld der Mikrobiologie, gibt Auskunft über die Relevanz von Ein- und Vielzellern für die Entwicklung des Lebens, ohne allerdings nüchtern und sachlich zu dozieren. Vielmehr begegnet man in diesem Text der aus der Lyrik vertrauten poetischen Luftigkeit und Sanftheit, die durch die Technik der Diminuierung bzw. durch ungewöhnliche Wortkompositionen (Wassertropfen-Igelchen, Hörnchenträger, Fädchenschlepper) erzeugt werden oder auch durch die präzisen Beobachtungen der kleinen Caroline entstehen[107] sowie durch ihre

---

102 Kirsch, Oelschlaeger: Caroline, S. 15.
103 Kirsch, Oelschlaeger: Caroline, S. 16.
104 Kirsch, Oelschlaeger: Caroline, S. 16.
105 Kirsch, Oelschlaeger: Caroline, S. 16.
106 Kirsch, Oelschlaeger: Caroline, S. 24
107 „Auch schwammen sie nicht eigentlich, sondern waren schlafmütziger als die bekannten Fische, sie schienen zu träumen und selbstvergessen durchs Wasser zu schweben" (Kirsch, Oelschlaeger: Caroline, S. 15).

klugen Überlegungen zu den größeren Lebenszusammenhängen anhand der kleinen und alltäglichen Dinge.[108]

Die Fähigkeit, wissenschaftliches Fachwissen populär und nachvollziehbar zur vermitteln, erweist sich indes als eines der Talente der Schriftstellerin-Biologin und hatte auch sicherlich dazu beigetragen, dass Kirsch 1958 direkt nach ihrem Biologiestudium die Mitarbeiterstelle bei der *Gesellschaft zur Verbreitung wissenschaftlicher Kenntnisse* erhalten hatte, deren Ziel der populärwissenschaftlichen Aufklärung der DDR-Bevölkerung unter anderem für die Bereiche Naturwissenschaften, Technik und Medizin galt. Dass sie diese Begabung auch als Schriftstellerin einzusetzen wusste, verweist ein weiteres Mal auf den engen Konnex von Literatur und Wissen(schaft) im Werk Sarah Kirschs.

Eine eher ironische Antwort auf das staatliche Ansinnen, den wissenschaftlich-technischen Fortschritt zum herausgehobenen Ziel des Sozialismus zu erklären, gibt Sarah Kirsch mit ihrer Erzählung *Blitz aus heiterem Himmel*, in der sie im Rahmen einer Liebesgeschichte eine Geschlechtsumwandlung thematisiert, allerdings ohne dabei auf phantastische Elemente zu rekurrieren, wie sie es sich in ihrem Kinderbuch erlaubt hat. Diese Erzählung ist 1972 entstanden und sollte eigentlich in einer Anthologie zum Thema Geschlechtertausch erscheinen, die die Autorin und Übersetzerin Edith Anderson herauszugeben geplant hatte. Durch Zensureingriffe und vermeintlichen Papiermangel wurde die Publikation allerdings über Jahre verzögert.[109] Sarah Kirsch nutzte indes die Gelegenheit, die Erzählung in ihrem 1973 beim Eulenspiegel Verlag publizierten Prosaband *Die ungeheuren bergehohen Wellen auf See* unterzubringen, in dem sie eine Reihe skurriler Geschichten versammelte. Da der Eulenspiegel Verlag seinen Schwerpunkt im Bereich der Satire hatte, verschwanden Kirschs Erzählungen wohl unter dem Radar ernstzunehmender Literatur und wurden entsprechend auch keiner so harschen Begutachtung unterzogen wie etwa die von Edith Anderson geplante Anthologie, die schließlich erst 1975 erscheinen konnte, zu einem Zeitpunkt, als das Thema des Geschlechtertauschs in der DDR längst seine Brisanz verloren hatte.[110]

---

108 „‚Tiere, Pflanzen, Verwandte', murmelte Caroline. Dabei dachte sie an ihre Mutter, an Mimis Mutter, einer Katze in der Gartenstraße, an ihren eigenen Vater, der am Abend ihre Schularbeiten kontrollieren wollte und an Tante Isolde mit dem Bärtchen." (Kirsch, Oelschlaeger: Caroline, S. 16).

109 Vgl. Helen Thein: Eine Amerikanerin in Ost-Berlin: Edith Anderson. In: Reizland. Deutungen und Selbstdeutungen literarischer West-Ost-Migration. Hg. von Margit Bircken, Andreas Degen. Göttingen 2015, S. 73–86, hier S. 80–83.

110 Vgl. Thein: Eine Amerikanerin, S. 81 f.

Blitz aus heiterem Himmel erzählt aus der Perspektive von Katharina den Wechsel ihres biologischen Geschlechts von einer Frau zu einem Mann. Die – wieder einmal – in einer Forschungsabteilung arbeitende und als „tüchtige Kraft" geltende Katharina wird als eine Frau „mit angenehmen Äußeren" beschrieben, ausgestattet mit „großer Zähigkeit des Körpers und des Geistes sowie einem der Fröhlichkeit verpflichtetem Naturell".[111] Kein Zweifel soll also daran bestehen, dass es sich hier um eine ‚ganz normale' durchschnittliche Frau handelt, deren einzige Merkwürdigkeit darin besteht, den lästigen Hausarbeiten, die alltäglich anfallen, vergnügliche Seiten abzugewinnen. Mit wissenschaftlicher Genauigkeit und spezifischen Ordnungssystemen folgend, wäscht, putzt und spült Katharina:

> Im Korb hatten sich Klammern, verschiedener Farben in gleicher Zahl befunden. Bei den Wäschestücken galten die Farben nichts, Hauptmerkmal war die Form. Es gab Hemdchen, Höschen, Strümpfe, kaum Unterröcke, viele Pullover [...]. Die Abfolge der Wäschestücke und Klammern, zufällig entstanden, ließ nun Gesetzmäßigkeit erkennen: Blau Höschen blau, blau Strumpf, blau Höschen blau, rosa Pullover, weiß, weiß Pullover, rosa [...]. Sie konnte schon ein Muster erkennen, vielleicht wurde es sogar eine Serie. Weitersehen und Kombinieren.[112]

Gestört werden ihre Ordnungslogiken vor allem durch ihren Geliebten Albert, einem vielbeschäftigten Fernfahrer, der, wenn er nicht unterwegs ist, sich bei Katharina einnistet, keinen Handschlag im Haushalt tut und sich von Katharina bedienen und versorgen lässt, so dass sie nach Feierabend zu nichts Anderem mehr kommt. Katharina liebt Albert trotzdem, bestimmt mit Hilfe der Wahrscheinlichkeitsrechnung sogar den Quotienten der Dauer und Intensität ihrer Liebesbeziehung, beginnt aber trotz eines vielversprechenden Ergebnisses, daran zu zweifeln, ob ihre Liebe wird halten können.[113]

Die Wahrscheinlichkeitsrechnung spielt in der grotesken Erzählung indes eine tragende Rolle, denn, was in Folge mit Katharina passieren soll, wird gleich im ersten Satz in eine wissenschaftliche Fragestellung überführt:

> Ist ein Ereignis ein Ereignis, wenn es keine Schatten vorauswirft, keine entscheidenden Spuren zurücklässt und statistisch betrachtet, weit außerhalb des Feldes zu verzeichnen ist, so daß es den Mittelwert in keiner Weise modifiziert?[114]

---

111 Sarah Kirsch: Blitz aus heiterem Himmel. In: Kirsch: Die ungeheuren bergehohen Wellen auf See. Berlin 1973, S. 68–95, hier S. 68.

112 Kirsch: Blitz, S. 69.

113 Vgl. Kirsch: Blitz, S. 75.

114 Kirsch: Blitz, S. 68.

Das Ereignis, verstanden als Übergang von einem Zustand in einen anderen Zustand, meint, das wird schnell klar, den Transformationsprozess, der aus Katharina einen Mann werden lässt, eine Verwandlung, die einfach, ohne Vorankündigung passiert[115] – „Blitz aus heiterem Himmel" – und schließlich niemanden irritiert, weder Katharina noch Albert. So bemerkt die Protagonistin nach einem länger währenden Schlaf unaufgeregt ihre Metamorphose. „Da lag sie, Katharina Sprengel, 25 Jahre alt, in ihrem Nachthemd, in ihrem Bett, hatte drei Tage hintereinander geschlafen, und ihr Körper wies die männlichen Merkmale auf."[116] Sie akzeptiert ihren neuen Zustand, tauft sich Max, fürchtet allerdings, dass Albert damit nicht klarkommen könnte. Doch auch Albert kommt klar, insofern ihm zunächst gar nicht auffällt, dass aus Katharina Max geworden ist. Wundersamer Weise fordert er von Max nun nicht mehr die hausfraulichen Pflichten ein wie noch von Katharina. „Sie schnitten Zwiebeln, pellten Kartoffeln. Albert trug unaufgefordert den Müll runter [...]. ‚Wir waschen zusammen ab', sagte er."[117] Vielmehr erkennt er Max wie selbstverständlich als seinen Kumpel an, mit dem sich jetzt gemeinsam wunderbar Kohlen schippen und Autos reparieren lässt. Und auch Katharina alias Max ist glücklich, verhilft ihr die Geschlechtsumwandlung doch dazu, ein emanzipiertes Leben an der Seite mit Albert zu führen. Rückblickend auf die Eingangsfragestellung lässt sich mithin ohne weiteres zu dem Schluss kommen, dass aus statistischer Perspektive die Geschlechtsumwandlung den Mittelwert tatsächlich in keiner Weise modifiziert hat, bleibt die Beziehung der beiden zueinander doch einfach bestehen.

Aus der Perspektive der Geschlechterforschung ist bereits viel über diese Erzählung reflektiert worden, vor allem mit dem Fokus auf das Beziehungsverhältnis zwischen den Geschlechtern im Sozialismus, welches für die DDR als wesentlich fortschrittlicher und gleichberechtigter beurteilt wurde als beispielsweise für die Bundesrepublik.[118] Dass Sarah Kirsch Gleichberechtigung und Emanzipationswillen mit ihrer Groteske als einen Mythos entlarvt, der mitnichten der sozialistischen Realität entspricht, liegt auf der Hand. Darüber hinaus erweist sich ihr Stück Prosa aber nicht nur als ein ironischer Kommentar zum Gender-Gap

115 Man kann annehmen, dass Kirsch als Biologin Kenntnis von solch unaufgeregten Geschlechtsumwandlungen im Tierreich hatte.

116 Kirsch: Blitz, S. 77.

117 Kirsch: Blitz, S. 90.

118 Vgl. Sigrid Damm, Jürgen Engler: Notate des Zwiespalts und Allegorien der Vollendung. In: Weimarer Beiträge 21 (1975), H. 7, S. 37–69; Irene Dölling: Frauen- und Männerbilder als Gegenstand kulturtheoretischer Forschung. In: Weimarer Beiträge 34.4 (1988), H. 4, S. 556–579; Madeleine Marti: Hinterlegte Botschaften. Die Darstellung lesbischer Frauen in der deutschsprachigen Literatur seit 1945. Stuttgart 1991, S. 253.

in der DDR, sondern ebenso als eine bissige Anspielung auf die staatlich verordnete Fortschritts- und Wissenschaftsmythisierung. Mit ihrer skurrilen Liebesgeschichte übererfüllt sie indes auch die ernsthaft gemeinten Aufforderungen der Partei, als Künstlerin kreativ mit den wissenschaftlich-technischen Herausforderungen umzugehen. So lässt sie ihre Protagonistin ein von wissenschaftlichen Komponenten gesteuertes Leben führen, in dem „auch bei scheinbar willkürlichen Erscheinungen Gesetzmäßigkeiten“[119] festgestellt werden können, die Liebe mittels Quotienten berechenbar wird und selbst Wäscheberge und Wäschevorgänge Aussagen über Wahrscheinlichkeit und Zufall zulassen: „dis is [sic.] wissenschaftliche Arbeit“ konstatiert denn auch Katharina so flapsig wie kühn[120]. Vor dem Schlafengehen kann es die Wissenschaftsgläubige zudem nicht lassen, mathematische Textaufgaben zu lösen, deren Inhalt aber derart albern und absurd daherkommt,[121] dass man die Intention der Urheberin der Erzählung zweifelsfrei erkennt, wird mit einer solchen Verballhornung das Ansinnen der im Realsozialismus gepriesenen WTR doch offenkundig ins Lächerliche gezogen. Einmal mehr zeigt sich mit diesem Stück Literatur, wie virtuos Sarah Kirsch ihr naturwissenschaftliches Know-how für die verschiedenen Spielarten ihrer Kunst zu nutzen weiß.

7

Es lässt sich besonders an ihren Gedichten ersehen, dass Sarah Kirsch, nachdem sie in die Bundesrepublik übergesiedelt ist, ihren bissigen, aber dennoch sanftspöttischen Humor kaum mehr zum Einsatz gebracht hat. Der Ton ihrer Gedichte wird nun elegischer und düsterer. Klang bereits in der DDR die Klage über die Ausbeutung der Natur und ihre Zerstörung aus einigen Gedichten[122], so tritt dieser Aspekt nun in den Vordergrund ihrer „bundesrepublikanischen“ Lyrik, die als „karge Gedichte und Epigramme“ erscheinen, „in denen die Natur kein Refugium

119 Blitz: Kirsch, S. 68.

120 Blitz: Kirsch, S. 70.

121 So lautet die Textaufgabe: „Vier schwarzhaarige Männer und drei blonde Männer beglücken in fünf Tagen ihre Mädchen so oft wie drei schwarzhaarige Männer und fünf Blonde in vier Tagen. Wer erfreute die Mädchen mehr, die schwarzhaarigen oder die blonden Männer?“ (Kirsch: Blitz, S. 76).

122 Vgl. dazu das Gedicht „Im Sommer“, in dem das drohende Unheil der Umweltzerstörung angekündigt wird: „Noch fliegt die Graugans, spaziert der Storch/ Durch unvergiftete Wiesen [...] / Wenn man hier keine Zeitung hält / Ist die Welt in Ordnung.“. (Sarah Kirsch: Im Sommer. In: Kirsch: Rückenwind. Berlin (Ost) u. a. 1976, S. 59.

mehr ist, sondern Vorbote eines größeren Unglücks: ‚Heute abend gingen / Zwei Sonnen unter da trat / Die Verzweiflung/ Ans Ufer.‘“[123] Auch gesellschaftlich und politisch gewannen die Einsichten in die Begrenztheit der Naturressourcen durch zahlreiche Fakten und wissenschaftliche Studien zum Waldsterben, zum Ozonloch und zur Erderwärmung an enormer Relevanz und bescherte den Umweltbewegungen nicht nur in der Bundesrepublik, sondern auch in der DDR einen großen Zulauf.[124] Bereits ihre Distanzierung von dem verordneten wissenschaftlich-technischen Fortschrittsdenken der DDR und ihre Affinität zu Adalberts Stifters Konzept des *Sanften Gesetzes* kennzeichnen Sarah Kirschs ablehnende Einstellung gegenüber der Naturausbeutung, ihrer Schädigung und Tilgung, wie sie im Sozialismus unter den Vorzeichen des Historischen Materialismus und ebenso im Kapitalismus praktiziert wurde. Gleichwohl bleibt ihre Sichtweise der Lehre des Materialismus verpflichtet, insofern ihre ästhetische Bezugnahme auf Welt, Natur und Gesellschaft unermüdlich auf den Prozess einer permanenten Wechselwirkung von Geist und Materie verweist. Allerdings scheint diese Perspektive in Abgrenzung zum Historischen Materialismus als eine dem Neuen Materialismus verpflichtete zu sein.[125] Demzufolge wird Materie nicht als „stumme Verfügungsmasse und einfaches Objekt menschlichen Zugriffs“[126] oder geronnene, verfestigte Struktur von Arbeits-, Klassen- und Tauschverhältnissen verstanden,[127] sondern basiert auf einem Austausch von und Achtung vor der Materie und den Dingen. Diese Achtung gegenüber der Natur bringt Sarah in einem nahezu mimetischen Sinne sowohl in Stimme und Form dichterisch zum Ausdruck.

> Die großen Bilder alltäglich
> Deutliche Klarheit der Luft scharfe
> Linien um Gräser und Wolken nachts

---

123 Michael Braun: Die Schmerzzeitlose. Schwarze Idyllen: zum 70. Geburtstag der Dichterin Sarah Kirsch. In: Tagesspiegel vom 16.04.2005. Braun zitiert hier ein titelloses Gedicht aus dem Gedichtband Schwanenliebe. Zeilen und Wunder. Stuttgart 2001, S. 139.

124 Vgl. Johann Grolle: Als Deutschland grün wurde. In: Spiegel 2017, H. 1, S. 104–110.

125 Unter den Begriffen ‚Neuer Materialismus‘, New Materialism‘ oder auch ‚Neo Materialism‘ hat sich im Laufe der letzten zwei Jahrzehnte ein heterogenes Diskursfeld mit einer Vielzahl unterschiedlicher Ansätze und disziplinärer Perspektiven entwickelt. Diese Fokussierung kann als Reaktion auf die durch ökologische Krisen veränderte Umwelt und den rapiden technischen Fortschritt betrachtet werden. Vgl. den Wikipedia-Eintrag zum Neuen Materialismus https://de.wikipedia.org/wiki/Neuer_Materialismus#cite_ref-6 (zuletzt eingesehen 14.04.2019).

126 Katharina Hoppe, Thomas Lemke: Die Macht der Materie. Grundlagen und Grenzen des agentiellen Realismus von Karen Barad. In: Soziale Welt. Band 66, 2015, S. 261–279, S. 262.

127 Vgl. Jane Bennett: The Force of Things. Steps toward an Ecology of Matter. In: Political Theory. Band 32, Nr. 3, 2004, S. 347–372, S. 366.

Der Teller des Mondes auf dem Wasser
Die fliegenden Tiere der Erde
Schwere steigende Leiber die sanften
Hälse vertraulich dem Wind
Dargeboten [...][128]

Dabei ist sie auch in der Bundesrepublik geleitet von ihrem zuverlässigen lebens- und naturwissenschaftlichen Blick, mit dem sie sich zwar nach wie vor noch in aller Detailliertheit auf die wiederkehrende Hervorbringung und Verwandlung von Pflanzen-, Tier- und Menschenwelt konzentriert, aber zugleich auch ihren Verwüstungen, Bedrohungen und Gefährdungen literarisch schweres Gewicht auferlegt.

Bitternis sinkt allenthalben die Trauer
In unser Frohsein weggefegt
Wie die Blätter vom Baum
[...]
Nach starkem Frost sind wir gleich
Eh noch der Atem uns ausgeht vernichtet
Wie gelassen wäre der Abschied
Könnten wir in leichter Gewißheit
Daß diese Erde lange noch
Dauert gerne doch gehn[129]

---

128 Sarah Kirsch: Die Ebene. In: Schneewärme Gedichte. Stuttgart 1989, S. 40, Vers 1–8.
129 Kirsch: Die Ebene, S. 40, Vers 9–19.

Lukas Betzler

Vom kritischen Geist der Literatur

Sprachwissen und Sprachkritik in Franz Fühmanns *Die dampfenden Hälse der Pferde im Turm von Babel*

1 Kunst versus Wissenschaft?

> Ich möchte euch hier nur so viel sagen, daß es in der Tat zwei verschiedene Arten von Wahrheit gibt, das Kunst-Wahre und das Wissenschafts-Wahre, und wenn beide auch darin übereinstimmen, die Wirklichkeit dieser Welt (zu der auch die Wirklichkeit all dessen gehört, was wir Seele nennen) in einer dem Menschen gemäßen Form wiederzugeben, so unterscheiden sich beide doch so voneinander, wie sich etwa eine Landkarte von einem Gemälde unterscheidet, auch wenn beide das gleiche Stück Erdoberfläche abzubilden scheinen.[1]

Dies ist eine der letzten und zugleich zentralen Lektionen, die der kleine türkische Sprachgeist Küslübürtün den fünf Protagonist*innen – und damit zugleich den Leser*innen – von Franz Fühmanns 1978 erschienenem Sprachspielbuch *Die dampfenden Hälse der Pferde im Turm von Babel*[2] auf den Weg gibt. Küslübürtün hat mit Fühmann mehr gemeinsam als (nur) den u-Umlaut: Wie sein *alter ego* beharrt auch Fühmann selbst auf einer grundlegenden Differenz zwischen Literatur bzw. Kunst und Wissenschaft, insbesondere in seinem essayistischen Werk. So schreibt er bereits 1964 in einem offenen Brief an den Minister für Kultur, Hans Bentzien: „Unaufhörlich wird von der Literatur gefordert, was sie ihrem Wesen

Anmerkung: Ich danke Manfred Bierwisch für seine Bereitschaft, auf meine vielen Fragen zu antworten. Seine kenntnisreichen und präzisen Auskünfte waren für diesen Aufsatz unentbehrlich. Ich danke Bettina Köhler vom Archiv der Akademie der Künste, Berlin, und Volker Scharnefsky von den Historischen Sammlungen der Zentral- und Landesbibliothek Berlin, die mir bei meinen Recherchen in Franz Fühmanns Nachlass mit Erfahrung und Expertise zur Seite standen. Und ganz besonders gilt mein Dank schließlich Angela Gencarelli für die sorgfältige und kritische redaktionelle Betreuung dieses Texts.

1 Franz Fühmann: Die dampfenden Hälse der Pferde im Turm von Babel. Ein Spielbuch in Sachen Sprache. Ein Sachbuch der Sprachspiele. Ein Sprachbuch voll Spielsachen. 3. Auflage. Berlin 1981, S. 299. Zitate aus dieser Ausgabe werden im Folgenden in Klammern im Fließtext ausgewiesen.

2 Im Folgenden wird auf das Buch im Fließtext mit dem Kurztitel *Die dampfenden Hälse* referiert.

nach nicht geben kann, nämlich Wissenschaft".[3] In seinem Essay über Georg Trakl, *Vor Feuerschlünden* (1982), postuliert er außerdem, dass es „zwei in den Grundelementen gleichlautende und dennoch wesensverschiedene Sprachen" gebe, „eine Sprache der Wissenschaft und eine der Dichtung".[4] Kunst und Wissenschaft sind Fühmann zufolge zwei unterschiedliche Modi der Erkenntnis und der Erfahrungsbewältigung. Zwar unterstellt er keine Hierarchie dieser beiden Modi, doch kritisiert er vehement die von ihm beobachtete Tendenz, dem künstlerischen Erkenntnismodus die Logik des wissenschaftlichen zu oktroyieren.

Mit *Die dampfenden Hälse* scheint Fühmann allerdings selbst auf den ersten Blick ein ideales Gegenbeispiel zu der von ihm emphatisch vertretenen Unterscheidung von wissenschaftlichem und künstlerischem Erkenntnismodus verfasst zu haben. Es handelt sich nämlich um ein, wie der Untertitel präzisiert, „Spielbuch in Sachen Sprache, ein Sachbuch der Sprachspiele, ein Sprachbuch voll Spielsachen" (2f.), das mit Unterstützung des renommierten Linguisten Manfred Bierwisch entstand. Das Buch ist ein Hybrid, es oszilliert zwischen Fiktion und Sachbuch, zwischen Spiel und Belehrung, und enthält ebenso viel Wissen und Erkenntnisse wie Unsinn und Absurdes.

Die dampfenden Hälse erzählt von fünf etwa zwölfjährigen Kindern – Jens, Gabi, Monica, Emmanuel und Caroline –, die sich aufgrund anhaltend schlechten Wetters während ihres Sommerurlaubs in den Bergen langweilen, bis sie Sprachspiele für sich entdecken und dadurch den gelehrten Sprachgeist Küslübürtün heraufbeschwören. Diese Handlung schafft den Rahmen für zahlreiche Diskussionen über den Sinn und Unsinn von Sprache, für Gespräche über Lyrik und ihre Formprinzipien sowie schließlich für sprachphilosophische und -historische Erläuterungen durch Küslübürtün. In einem magischen Buch, dem „Blaubuch", das Küslübürtün den Kindern überreicht und das sich im Verlauf der Handlung (wie) von Geisterhand immer weiter füllt, finden sich neben weiteren Erläuterungen zudem theoretische und literarische Fremdtexte sowie Arbeitsaufträge, Aufgaben und (Sprach-)Rätsel. So stößt der Leser etwa auf Ausschnitte aus Schriften von Johann Gottfried Herder, Wilhelm von Humboldt, Karl Marx und Friedrich Engels, folgt Monologen Küslübürtüns über die verschiedenen Sprachtypen und ihre Merkmale, liest Ausschnitte aus Texten Herodots und aus der Bibel ebenso wie lehrbuchartige Einträge, etwa zum Stabreim und zur Ironie, aber auch

3 Franz Fühmann: Brief an den Minister für Kultur. In: Franz Fühmann: Essays, Gespräche, Aufsätze. 1964–1981. Rostock 1993, S. 7–16, hier: S. 14.

4 Franz Fühmann: Vor Feuerschlünden. Erfahrung mit Georg Trakls Gedicht. In: Franz Fühmann: Vor Feuerschlünden. Unter den Paranyas. Rostock 1993, S. 7–205, hier: S. 14. Vgl. außerdem Franz Fühmann: Das mythische Element in der Literatur. In: Franz Fühmann: Essays, Gespräche, Aufsätze. 1964–1981. Rostock 1993, S. 82–140, hier: S. 136.

zahlreiche Gedichte, und ist aufgefordert, Sprachrätsel zu lösen, deren Auflösung am Ende des Buchs gegeben wird.

Man scheint es also mit einem widersprüchlichen Buch zu tun zu haben: je nach Perspektive mit einem Kinderbuch, das (zu) anspruchsvolle Texte und Erläuterungen enthält, oder mit einem von Nonsens und Spielereien durchzogenen Sachbuch. Betrachtet man das Verhältnis von Literatur und Wissen(schaft) in *Die dampfenden Hälse*, stellt sich somit nicht nur die Frage, welches (Sprach- und Literatur-)Wissen das Buch vermittelt und auf welche Weise. Vielmehr wirft es mit Blick auf Franz Fühmanns dezidierte Position zum Verhältnis von Literatur und Wissen(schaft) die Frage auf: Welche Sprache spricht dieses Buch – die ‚Sprache der Wissenschaft' oder die ‚der Dichtung'? Und wenn es beide Sprachen zugleich spricht: Resultiert das in einem Widerspruch? Oder zeigt es womöglich, dass bereits die Unterscheidung gar nicht sinnvoll ist? Diesen Fragen soll im Folgenden nachgegangen werden, wobei sich die Untersuchung in vier Teile gliedert. Im ersten Teil wird die Zusammenarbeit Fühmanns mit dem Linguisten Manfred Bierwisch in den Blick genommen, die Fühmanns Anspruch auf wissenschaftliche Stimmigkeit belegt; im zweiten Teil geht es um das Wie und Was der Wissensvermittlung – um die Sprachspiele, um die Vermittlung von Sprachphilosophie und Sprachgesetzen und um die Bedeutung der Lyrik; im dritten Teil steht das – oft implizite – kritische und subversive Wissen des Buchs im Fokus, ein Wissen, das nicht zuletzt gängige Vorstellungen von Wissen und Wissenschaft kritisiert und hinterfragt; im resümierenden letzten Teil wird schließlich die These entwickelt, dass *Die dampfenden Hälse* einer ‚antididaktischen Didaktik' folgt, die sich einem verdinglichten Verständnis von ‚Wissenserwerb' widersetzt und ihm eine Praxis eigenständigen kritischen Denkens mit und über Sprache und Literatur entgegenstellt.

2 Fühmanns Zusammenarbeit mit Manfred Bierwisch

Das Buch mit dem ebenso sperrigen wie rätselhaften Titel erschien 1978 im SED-eigenen *Kinderbuchverlag Berlin*, mit dem Franz Fühmann bereits eine längere Zusammenarbeit verband. Erstmals schriftlich erwähnt wurde der „Plan eines Büchleins mit Sprachspielen" in einem Brief Fühmanns an Edith George, Lektorin im Kinderbuchverlag, im Oktober 1973.[5] Erst im Februar 1975 war allerdings die

5 Franz Fühmann: Briefe 1950 – 1984. Eine Auswahl. Hg. von Hans-Jürgen Schmitt. Rostock 1994, S. 125.

erste Manuskriptfassung fertig. Diese hatte Fühmann allein verfasst, doch am Ende sollte das Buch ein Gemeinschaftsprojekt werden: in Form der Zusammenarbeit mit dem Linguisten Manfred Bierwisch vom Zentralinstitut für Sprachwissenschaft der Akademie der Wissenschaften, mit dem Illustrator Egbert Herfurth und mit Walter Schiller, Professor für Typographie an der Leipziger Hochschule für Grafik und Buchkunst (HGB).

Insbesondere die wissenschaftliche Zusammenarbeit mit Bierwisch war Fühmann von Beginn an ein großes Anliegen, damit die im Buch vermittelten linguistischen und sprachtheoretischen Inhalte überprüft würden und dem neuesten Stand sprachwissenschaftlicher Erkenntnis entsprächen. So schrieb Fühmann seiner Lektorin in Bezug auf die erste Manuskriptfassung:

> Außerordentlich wichtig ist, daß ein Mann von der Neuen Grammatik und Sprachphilosophie sich a l l e s anschaut. Ich würde dafür Herrn Manfred Bierwisch von der Akademie der Wissenschaften vorschlagen, sicherlich eine der besten Kapazitäten bei uns. Ich glaube, er würde das übernehmen.[6]

Bierwisch war bereits damals ein weit über die DDR hinaus anerkannter Linguist, der sich gegen alle institutionellen und politischen Widerstände[7] am Strukturalismus und an Noam Chomskys generativer Linguistik orientierte. Er vertrat im Gefolge von Wolfgang Steinitz eine strukturalistische, kognitiv orientierte Linguistik und war von 1962 bis zu ihrer politisch erzwungenen Auflösung 1973 Mitglied der Arbeitsgruppe „Strukturelle Grammatik" an der Akademie der Wissenschaften. Sein *wissenschaftliches* Gutachten[8] vom 20. Mai 1975 ist mit großem

---

6 Franz Fühmann an Edith George, Brief vom 24.2.1975, Akademie der Künste Berlin, Franz-Fühmann-Archiv, Nr. 585. Fühmann hatte Bierwisch im Zuge seiner Arbeit an einer Adaption des Nibelungenlieds kennen gelernt. Bierwisch war nämlich gemeinsam mit Uwe Johnson der Urheber einer 1961 bei Reclam erschienenen Prosaübertragung des Nibelungenlieds, die Fühmann sehr schätzte (vgl. Manfred Bierwisch, E-Mail an den Verfasser, 28. Januar 2019). Bierwisch war auch an einer Diskussionsveranstaltung zu Fühmanns Neuerzählung des Nibelungenlieds beteiligt, die im Februar 1973 an der Akademie der Künste in Berlin stattfand (vgl. Hans Richter: Franz Fühmann. Ein deutsches Dichterleben. Biographie. Erweiterte Neuausgabe. Berlin, Weimar 2001, S. 321).

7 Vgl. dazu u. a. Manfred Bierwisch: Grammatikforschung in der DDR. Auch ein Rückblick. In: Merkur 46 (1992), H. 519, S. 497–505.

8 Er schreibt explizit, dass er „[d]ie Erörterungen der belletristischen Seite des Buches [...] zuständigeren Gutachtern" überlassen wolle (Manfred Bierwisch: Gutachten zu Franz Fühmann, Die dampfenden Hälse der Pferde im Turm von Babel, 20. Mai 1975, Akademie der Künste Berlin, Franz-Fühmann-Archiv, Nr. 1225).

Wohlwollen, teils gar mit Begeisterung geschrieben und er verleiht darin dem Wunsch Ausdruck, „daß das Buch produziert wird".[9]

Bierwisch unterstreicht heute sein damaliges Einverständnis mit Fühmann: Er habe ihm „mit Herz und Verstand folgen" können[10] und habe „nur zu bekräftigen, nicht zu korrigieren" gehabt.[11] Bierwischs Gutachten nennt jedoch auch eine nicht eingelöste Möglichkeit. Neben einigen zu korrigierenden „Sachinformationen vornehmlich aus dem Bereich der Sprachwissenschaft" formuliert Bierwisch darin nämlich das Desiderat,

> die systematischen Zusammenhänge deutlich werden zu lassen, die hinter den vorgeführten Aspekten der Struktur und Wirkungsweise der Sprache liegen. Vielleicht würde die Verfolgung einer solchen Absicht den Charakter des ganzen Unterfangens zerstören. Aber Ansätze dazu wären denkbar. Was Sprachwissenschaft ist, was Linguisten treiben, ließe sich dann etwas weniger verlegen erklären, als es im Augenblick geschieht.[12]

Zugleich erkennt Bierwisch aber an, dass diese fehlende Systematik auch darin begründet sei, dass „Auswahl und Anordnung" des linguistischen Wissens „sich weniger aus der Systematik des Gegenstandsbereichs [ergeben], als aus den Fragen, Beobachtungen und Nachdenklichkeiten" der Figuren.[13] Inwieweit Bierwischs Anmerkungen bei Fühmanns Überarbeitung berücksichtigt wurden, lässt sich nicht mehr rekonstruieren. Im Archiv befinden sich leider keine Manuskript-Fassungen, die sich vergleichen ließen und anhand derer sich über den Umfang der Überarbeitungen und das Maß der Zusammenarbeit präzisere Aussagen treffen ließen. Sicherlich werden die von Bierwisch angemerkten Sachinformationen korrigiert worden sein; doch die von ihm gewünschte stärker systematische Darstellungsweise hat vermutlich in der aus den Interessen und dem Eigensinn der jungen Protagonist*innen hervorgehenden Handlung und deren Eigenlogik ihre Grenze gehabt. *Die dampfenden Hälse* ist eben kein systematisch gegliedertes, von einem Linguisten verfasstes Sachbuch.

Der an Bierwisch gerichtete Dank „für hilfreiche Beratung" (4) im Impressum lässt sich als Beleg für die Bedeutung verstehen, die Fühmann der Zusammenarbeit zuschrieb. In einem Brief an Bierwisch (neben dem Gutachten das einzige Archivdokument, das Aufschluss über die Zusammenarbeit gibt) charakterisiert er das Buch implizit als Gemeinschaftsprodukt, indem er von „unserem Sprach-

---

9 Bierwisch: Gutachten.

10 Manfred Bierwisch, E-Mail an den Verfasser, 28. Januar 2019.

11 Manfred Bierwisch, E-Mail an den Verfasser, 10. Februar 2019.

12 Bierwisch: Gutachten.

13 Bierwisch: Gutachten.

büchlein" schreibt.[14] Demselben Brief ist zu entnehmen, dass sich Bierwisch und Fühmann zur Verständigung über das Manuskript auch persönlich getroffen haben[15] und dass Bierwisch Fühmann mehrere seiner Arbeiten zukommen ließ, u. a. seinen viel zitierten Strukturalismus-Aufsatz[16] aus dem Kursbuch von 1966.[17]

Es steht somit außer Frage, dass die Zusammenarbeit zwischen Fühmann und Bierwisch, zwischen dem Autor und dem Wissenschaftler, für das Buch von entscheidender Bedeutung war – auch wenn Bierwisch selbst heute schreibt, das Buch sei „eine vollkommen Fühmann'sche Kreation"[18] gewesen. Auf Nachfrage bekräftigt er:

> In Fühmanns Erläuterungen zur Sprache habe ich mich nicht eingemischt. Wir haben natürlich über unsere Vorstellungen gesprochen, kann auch sein, dass er das eine oder andere aufgenommen hat, aber allenfalls im Sinn der Verständigung, denn Fühmann wollte nicht Linguistik machen, sondern Sprache verstehen.[19]

Fühmann scheint die Arbeit mit Bierwisch jedoch so gut gefallen zu haben, dass er in seinem Brief an ihn schreibt, man könne hoffentlich bald „einem so nebenbei bei unsrer letzten Unterhaltung gestreiften Plan etwas nähertreten, nämlich der Möglichkeit einer gemeinsamen Arbeit".[20] Worin dieser Plan bestand, lässt sich dem Brief nicht entnehmen. Eine gemeinsame Veröffentlichung jenseits von *Die dampfenden Hälse* gab es jedenfalls nicht, dafür aber eine gemeinsame Konferenz, zu der sich im Fühmann-Archiv einige Materialien finden: An der *Evangelischen Akademie Berlin-Brandenburg* fand vom 15.–16. Dezember 1979 eine Tagung zu *Die dampfenden Hälse* statt, die Fühmann und Bierwisch gemeinsam gestalteten. Fühmann trug zum Tagungsprogramm einleitende Anmerkungen, eine Lesung und einen Vortrag über „Die Folgen des Turmbaus zu Babel. Gebrauch und Mißbrauch der Sprache" bei; Bierwisch leitete einen Abschnitt zu „Spiele[n] mit Sprache" und hielt einen Vortrag mit dem Titel: „Spielcharakter der

---

14 Franz Fühmann an Manfred Bierwisch, Brief vom 22.9.1975, Akademie der Künste Berlin, Franz-Fühmann-Archiv, Nr. 585.

15 Manfred Bierwisch bezeichnet seine „Begegnungen und Gespräche mit Fühmann" rückblickend als „ein großes Vergnügen und Privileg" (Manfred Bierwisch, E-Mail an den Verfasser, 15. November 2018).

16 Manfred Bierwisch: Strukturalismus. Geschichte, Methoden, Probleme. In: Kursbuch 5 (1966), S. 77–152.

17 Vgl. Fühmann an Bierwisch, 22.9.1975. Fühmann gesteht, dass er „bei dem Kursbuchessay nicht alles verstehn [sic!] kann", bedankt sich aber für „Anregung in Fülle, und Genuß ebenso".

18 Manfred Bierwisch, E-Mail an den Verfasser, 28. Januar 2019.

19 Manfred Bierwisch, E-Mail an den Verfasser, 10. Februar 2019.

20 Fühmann an Bierwisch, 22.9.1975.

Sprache. Ein Kapitel Linguistik."[21] Die produktive Zusammenarbeit zwischen dem Wissenschaftler und dem Schriftsteller fand also auch nach Fertigstellung des Sprachspielbuchs eine Fortsetzung – wenn auch offenbar nicht in dem Maße, das einmal angedacht gewesen war.[22]

Zwar ging es Fühmann nicht um ein linguistisches Sachbuch, doch wie seine Zusammenarbeit mit Manfred Bierwisch zeigt, scheint es ihm äußerst wichtig gewesen zu sein, dass das von ihm vermittelte Wissen dem aktuellen wissenschaftlichen Stand entspricht. Explizit wünscht er sich ja die Begutachtung des Werks durch einen Vertreter der „*Neuen* Grammatik und Sprachphilosophie"[23]. Von mindestens ebenso großer Bedeutung für die Wahl Bierwischs als wissenschaftlicher Gutachter wird vermutlich gewesen sein, dass er, der u. a. bei Hans Mayer und Ernst Bloch studiert und gemeinsam mit Uwe Johnson das Nibelungenlied ins Neuhochdeutsche übertragen hatte, nicht nur ein herausragender *Wissenschaftler*, sondern auch ein literarisch kundiger und kritisch-nonkonformistischer *Intellektueller* war, bei dem Fühmann daher mit Sympathie für sein unkonventionelles Buch rechnen konnte.

3 Spielerisch lernen und lehren – Sprachspiele und andere Formen der Wissensvermittlung

Das Sprachspielbuch umfasst zwölf Kapitel und einen Prolog und ist mit zahlreichen Illustrationen versehen, die häufig ganze Seiten, insbesondere aber den Bundsteg der Buchseiten füllen (und die nicht selten auch in den Satzspiegel übergreifen). Die Handlung des Buchs umfasst fünf Tage. Sie spielt in einem ungenannt bleibenden Urlaubsort in den Bergen und ist dort überwiegend im Zimmer von Jens, dem einzigen Ortsansässigen unter den Kindern, angesiedelt. Zum Ausgangspunkt der Handlung und des gesamten Buchs wird eine zufällige Entdeckung: Emmanuel, einem der fünf Freund*innen, fällt auf, dass der Ausruf „Regenwetter – regelrecht ekelerregend" (5) mit nur einem Vokal auskommt. Ausgehend davon erdenken sich die Kinder eine Reihe von Sprachspielen, beginnend mit dem Herausfinden anderer Wörter oder Wortverbindungen mit Vokalharmonie – etwa „Ananas" (8) oder „Bikini" (11).

---

21 Vgl. Programm der Tagung „Die Folgen des Turmbaus zu Babel" in der Evangelischen Akademie Berlin-Brandenburg, 15.–16.12.1979, Akademie der Künste Berlin, Franz-Fühmann-Archiv, Nr. 553.

22 Vgl. Bierwisch, E-Mail an den Verfasser, 10. Februar 2019.

23 Fühmann an George, Brief vom 24.2.1975, Herv. L.B.

Angelockt von diesem vergnüglichen Sprachspiel erscheint bald der kleine türkische Sprachgeist Küslübürtün: Das Spiel der Kinder mit den gleichlautenden Vokalen gefällt ihm besonders gut, weil die Vokalharmonie eines der zentralen Gesetze der türkischen Sprache darstellt, wie er den Kindern erklärt (vgl. 31). In den nächsten Tagen besucht Küslübürtün die Kinder immer wieder, beantwortet ihre Fragen, erzählt ihnen Geschichten und hält Vorträge über die Geschichte und Philosophie der Sprache. Küslübürtün wird beschrieben als ein ganz in grün gekleidetes „spanngroßes Männlein" (13), das mit seiner stereotypen osmanischen Aufmachung (Pluderhosen, Turban, spitz zulaufende Pantoffeln, Krummschwert und Pfeife) wie aus einem Märchen aus Tausendundeiner Nacht entsprungen wirkt[24] und so auch in den Illustrationen vielfach abgebildet wird.[25] Er dient, da sich sprachliches Wissen nicht ausschließlich durch eigenständige Spiele und Geschichten der Kinder aneignen lässt, als vermittelnde Instanz und ermöglicht es, in die Handlung Belehrungen, Geschichten, philosophische und literarische Fremdtexte einzubauen. Damit ist er die wichtigste Figur des Buchs[26] und lässt sich zugleich als Fühmanns *alter ego* begreifen.

Küslübürtün schenkt den Kindern auch das magische „Blaubuch", das mit ca. 120 Buchseiten[27] mehr als ein Drittel des Umfangs von *Die dampfenden Hälse* ausmacht.[28] Es füllt sich durch seine Zauberkraft mit stets neuem Inhalt und wird auf diese Weise zu einer Mischung aus Nachschlagewerk, Lehrbuch und Ge-

---

24 Die Beschreibung lässt außerdem an Walter Benjamins *Über den Begriff der Geschichte* denken. In der ersten These wird bekanntlich „die Puppe, die man ‚historischen Materialismus' nennt", als eine „Puppe in türkischer Tracht, eine Wasserpfeife im Munde", beschrieben (Walter Benjamin: Über den Begriff der Geschichte. In: Walter Benjamin: Gesammelte Schriften 1. Abhandlungen. Hg. von Rolf Tiedemann, Hermann Schweppenhäuser. Frankfurt a. M. 1991, S. 691–704, hier: S. 693). Der Bezug drängt sich auch deswegen auf, weil Küslübürtün im Buch dezidiert historisch-materialistische Positionen vertritt (siehe vor allem Abschnitt 4 dieses Aufsatzes).

25 Die fünf Kinder hingegen sind in den Illustrationen nie zu sehen. Sie tauchen allenfalls als kleine, kaum voneinander zu unterscheidende Figuren in einem Wald aus Buchstaben auf, so auf dem Schutzumschlag. Sie werden nicht durch die Illustrationen, sondern nur durch den Text charakterisiert.

26 Nicht umsonst ziert das von Egbert Herfurth gestaltete Konterfei Küslübürtüns – auf Fühmanns Vorschlag hin – den Leineneinband des Buchs.

27 S. 18 f., S. 44 f., S. 93–95, S. 116–121, S. 152–191, S. 202–204, S. 222–241 (=Kap. 8), S. 264–313 (=Kap. 10).

28 Gegen Ende wird in einer metaleptischen Wendung sogar das gesamte Buch zum Blaubuch, wenn Küslübürtün erklärt, dass jedes der Kinder das Blaubuch bekommen könne – und zwar mithilfe des „Kinderbuchverlag[s]": „Den tun wir zu diesem Manuskript hinzu, und dann werdet ihr sehn, daß ihr teilen könnt und jeder seins kriegt [...]." (337) Auf der gegenüberliegenden Seite wird diese Metalepse mit einem von Büchern umgebenen Zauberer bebildert, auf dessen Zauberhut das Logo des Kinderbuchverlags zu sehen ist.

dichtsammlung. Die Kinder finden darin nicht nur Texte, Aufgaben und neue Ideen für Sprachspiele, sondern auch „all ihre Gespräche und Geschichten wieder“ (93).

Die Sprachspiele münden nämlich immer wieder in kurze Geschichten, die sich entweder die Kinder selbst ausdenken oder die Küslübürtün ihnen vorträgt. Die Kinder entdecken, dass es Wörter gibt, die vorwärts- wie rückwärtsgelesen den gleichen Sinn ergeben, wie etwa „Marktkram“ – und da ihnen der Fachbegriff (‚Palindrom‘) nicht bekannt ist, bezeichnen sie es als „Kugelwort“ (23). Zudem entdecken sie, dass es auch Spaß macht, nach Wörtern zu suchen, die rückwärtsgelesen einen *anderen* Sinn ergeben. Als Monica „Regen“ sagt und die Kinder entdecken, dass es rückwärts gelesen das Wort „Neger“[29] ergibt, erfindet Emmanuel eine kurze Geschichte zur Frage „Wie entsteht ein Neger aus Regen?“ (24).

Durch dieses Spiel wird zusammen mit Küslübürtün ein zweiter Sprachgeist herbeigelockt, und zwar Arthur Schopenhauer, der (fälschlicherweise) als Erfinder des Palindroms „Marktkram“ gilt. Noch ein dritter Geist[30] gesellt sich schließlich zu den beiden, und zwar Christian Morgenstern. Er bleibt jedoch zumeist unsichtbar, als „Blitzende[r]“ (76) scheint er den Kindern vor allem Inspirationen für lustige Wortspiele und Geschichten zu geben – so etwa im vierten Kapitel (63–92), das fast ausschließlich aus Geschichten besteht, die aus verschiedenen Wortspielen hervorgehen und die die Kinder sich gegenseitig erzählen: So lässt sich etwa Monica von der Doppelbedeutung des Wortes ‚Ball‘ zu einer Geschichte inspirieren, in der zahlreiche Homonymien vorkommen. Und Caroline erdenkt spontan „Die Geschichte von der Maus und dem Hund“, in der die beiden ihre ‚Köpfe‘ tauschen und so zu Haus und Mund werden, damit nach einer Weile aber doch unglücklich sind und neue Tauschpartner suchen. Diese Verbindung von Spielerei und Erzählen entspricht Fühmanns bereits 1973 in einem Brief an den Kinderbuchverlag geäußerten Intention, die Sprachspiele stets mit „eine[r] kleine[n] Geschichte“ oder „mit verstecktem Sinn“ zu verbinden.[31]

---

29 Dass die Bezeichnung „Neger“ heute nicht (mehr) ohne Weiteres auf derart spielerische Weise verwendet werden kann – und schon gar nicht im Kontext eines Kinderbuchs, das die Bedeutung von Sprache für das Weltverstehen hervorhebt und zu kritischem und genauem Lesen auffordert –, scheint auch den Herausgeber*innen der 2005 erschienenen Neuauflage klar gewesen zu sein. Wie auch für andere Begriffe, die für heutige (kindliche) Leser*innen einer Erläuterung bedürfen, findet sich für das Wort „Neger“ ein Eintrag im Glossar, das der Ausgabe beigefügt wurde.

30 Fühmann spielt hier mit der Homonymie des Wortes „Geist“. Deutlich wird das etwa, wenn Küslübürtün über Herder und Humboldt sagt, sie seien „Geister ersten Ranges“ gewesen. (114)

31 Fühmann: Briefe, S. 126.

Der anhaltende Regen wird zum Anlass, sich mit Metaphern und Floskeln zu beschäftigen. Die Erwachsenen verwenden Metaphern und stehende Wendungen, ohne ein Bewusstsein davon zu haben: Gabis Vater, ein Klempner, spricht von einem „Himmelsrohrbruch“, Monicas Vater, ein Staatsanwalt, fordert, „So ein Wetter müßte verboten werden!“, und Carolines Vater, Leiter einer Planungsabteilung, sagt, der Regen sei „nicht einplanbar“ gewesen (47). Diese sprachlichen Bilder verweisen auf die unreflektierten eingeschliffenen Sprech- und Denkweisen der Erwachsenen, die maßgeblich von ihren jeweiligen Berufen geprägt zu sein scheinen. Auf abgegriffene sprachliche Bilder macht auch die anschließende Episode mit einer von den Kindern eigentlich mit völligem Desinteresse verfolgten Fernsehübertragung eines Fußballspiels aufmerksam. Dieses Fußballspiel wird für sie nur dadurch kurzweilig, dass sie die floskelhaften und oft katachrestischen Sprachbilder des Kommentators und der zuschauenden Erwachsenen sowie die Vereinsnamen („Hansa“ und „Lokomotive“) wörtlich nehmen. Durch den Widerspruch zwischen konkreter und übertragener Bedeutung wird das Spielgeschehen auf dem Bildschirm in ihrer Fantasie zu einem surrealen Wettstreit zwischen Dampflokomotiven und hanseatischen Ratsherren:

> Dann marschierten die Ratsherren in Reih und Glied und boten also eine tolle Parade; die Lokomotive warf alle ihre Kräfte, das waren ihre Kohlen, in die Schale einer Waage, die plötzlich an einem seidenen Faden über dem Stadion hing, doch die Ratsherren machten Dampf dahinter, und da kochte das Stadion. (53)[32]

Diese Kritik an einer unreflektierten, gewohnheitsmäßigen Verwendung sprachlicher Bilder erhält ihre Kraft dadurch, dass sie nicht in moralischem oder belehrendem Ton vorgetragen wird, sondern dass das Aufdecken der Floskeln und Bildbrüche zu einem fantasie- und lustvollen Spiel wird.

Auch den Anlass für ein weiteres Sprachspiel finden die Kinder im Alltag: Teildefekte Neonschriftzüge an Geschäften (die etwa an einem Geschäft für „FLEISCHWAREN“ das Wort „LEICHEN“ anzeigen (56)) bringen sie auf die Idee für das Spiel „Was alles in den Dingen steckt“. Es besteht darin, im Buchstabenbild längerer Wörter andere Wörter zu entdecken.[33]

---

32 Auch die Kommentare der Erwachsenen zur Niederlage der von ihnen unterstützten Mannschaft offenbaren ihre *déformation professionnelle:* Der Klempner nennt das Spiel eine „Pfuscharbeit“, während der Staatsanwalt kommentiert: „Gerechtigkeit muß sein“ (55).

33 Im 1973 erschienenen Prosawerk *Zweiundzwanzig Tage oder Die Hälfte des Lebens* notiert Fühmann seinen Einfall zu diesem Spiel: „Draußen die Leuchtschrift funktioniert nicht; man liest anstatt ZENEAKADÉMIA (Musikakademie) nur ADÉMIA, ein Wort, wie geschaffen für einen Schlager, Neonröhrenpoesie; eine Sammlung davon anlegen“ (Franz Fühmann: Zweiundzwanzig Tage oder Die Hälfte des Lebens. In: Franz Fühmann: Das Judenauto. Kabelkran und Blauer Peter.

Die Inspiration für ein weiteres Sprachspiel liefert der legendäre Dichterwettstreit zwischen Homer und Hesiod, von dem im „Blaubuch" berichtet wird und dem sich die erste Hälfte des Buchtitels verdankt. Der Überlieferung zufolge mussten beide Dichter je abwechselnd einen Vers aufsagen, der den vorangegangenen Vers sinnvoll weiterdichtet: Der erste – und auf den ersten Blick kaum sinnvoll zu ergänzende – Vers Hesiods lautete: „Rindfleisch gab es zum Mahl und die dampfenden Hälse der Pferde". Homer ergänzte jedoch: „Lösten sich unter dem Joch; sie hatten sich müde gestritten." (157) Angelehnt an dieses Prinzip spielen die Kinder das Reimspiel „Es war einmal ein Mann / Der hatte einen Schwamm"[34], in dem das Gedicht reihum (und potentiell endlos) weitergereimt wird (vgl. 207–214). Die Kinder lernen auf diese Weise, dass die Herausforderung, die aus einer selbstauferlegten, die sprachliche Form betreffenden (Spiel-)Regel erwächst, großen Spaß machen kann. Wenig verwunderlich ist es daher, dass nicht wenige Spiele und Aufgaben in *Die dampfenden Hälse* Prinzipien folgen, die an die *contrainte*, den Formzwang des Autorenkreises *Oulipo* erinnern,[35] so etwa die im „Blaubuch" enthaltene Aufgabe, einen Text zu verfassen, in dem ein bestimmter (üblicherweise häufig vorkommender) Konsonant ausgespart wird (vgl. 171f.).

Die Kinder und die Leser*innen werden durch derlei Spiele angehalten, die verschiedenen Aspekte der Sprache und ihr jeweiliges spielerisches oder ästhetisches Potential zu entdecken. Sprachspiele werden aber auch zur expliziten Erklärung von Sprachwissen verwendet. So erklärt Küslübürtün die flektierenden Sprachen mit einem aus Nonsens-Neologismen gebauten Satz, der sich aber durch Affixe abwandeln und dabei Sprachgesetze erkennen lässt: „Ein Quilknauz vadohmelt den Quorkniller brasch!" (135).[36] Und er erläutert den Unterschied zwi-

---

Zweiundzwanzig Tage oder Die Hälfte des Lebens. Rostock 1993, S. 281–506, hier: S. 321). Und später kombiniert er darin das Prinzip dieses Spiels mit dem des Palindroms. Mit Bezug auf einen zuvor geträumten Albtraum, in dem ein Gnom und ein Mongole vorkamen, erkennt die Erzählerfigur mit einem Mal: „[...] in dem MONGolen steckt der GNOM" (Fühmann: Zweiundzwanzig Tage, S. 426).

34 Vgl. etwa James Krüss (Hg.): So viele Tage wie das Jahr hat. 365 Gedichte für Kinder und Kenner. Gütersloh 1959, S. 34f.

35 Vgl. zum Verhältnis von Spiel und Regel, u.a. in der oulipotischen Literatur: Gundel Mattenklott: Spiele in ästhetischen Bildungsprozessen. In: Literatur als Spiel. Evolutionsbiologische, ästhetische und pädagogische Konzepte. Hg. von Thomas Anz, Heinrich Kaulen. Berlin 2009, S. 601–616.

36 Dieses Sprachspiel mit Unsinnswörtern, aber sinnvoll gebauten Sätzen, ist auch in der Lyrik immer wieder zum Formprinzip geworden, etwa in Christian Morgensterns *Gruselett:* „Der Flügelflagel gaustert / durchs Wiruwaruwolz, / die rote Fingur plaustert, / und grausig gutzt der Golz." (Christian Morgenstern: Gruselett. In: Christian Morgenstern: Sämtliche Galgenlieder. Mit

schen Grammatikalität und Akzeptabilität – freilich ohne diese Fachbegriffe zu verwenden – am Beispiel einiger unfreiwillig komischer Stilblüten Johann Georg August Gallettis (z. B.: „Nächsten Mittwoch ist Äquator“ (269)).

Aber nicht nur in der direkten Rede der Figuren oder in den im „Blaubuch“ zitierten Gedichten und Geschichten finden sich Sprachspiele, auch die Erzählinstanz beherrscht die uneigentliche und spielerische Sprache und signalisiert so ihre Komplizenschaft mit den Kindern und den Sprachgeistern. Viele Beschreibungen zeugen von einem spielerischen Umgang mit der Sprache, etwa: „Am nächsten Morgen regnete es erst in Massen, dann in Maßen. Als erster streckte Emmanuel seine Nase ins Nasse.“ (63) Auch in den Illustrationen und in der Typografie finden die Sprachspiele eine Fortsetzung oder Ergänzung – wobei Illustration und Typografie, Bild und Schrift, oft miteinander kombiniert werden und ineinander übergehen.[37] Besonders häufig finden sich auch Illustrationen, die mit dem Widerspruch zwischen wörtlicher und übertragener Bedeutung oder mit Homonymien spielen – so bereits im Paratext: Neben die Widmung an die Kinderbibliothek Suhl hat der Grafiker Egbert Herfurth eine Hand gemalt, die anstelle eines Blumenstraußes einen Vogel Strauß in der Hand hält.[38]

Die vielen verschiedenen Sprachspiele, die in dem Buch vorkommen, lassen sich zwar den je unterschiedlichen linguistischen Analyseebenen zuordnen (Phonologie, Graphematik, Semantik, Morphologie, Syntax und Pragmatik)[39], allerdings werden die wenigsten linguistischen Fachbegriffe eingeführt und die Sprachspiele folgen keiner erkennbaren Systematik. Wichtiger als ein konse-

---

einem Nachwort von Leonard Forster und einer editorischen Notiz von Jens Jessen. Zürich 1985, S. 256). Vgl. außerdem Hans-Magnus Enzensberger: „Kreubst du das Lerd (Neologismus)“. In: Hans-Magnus Enzensberger: Geisterstimmen. Übersetzungen und Imitationen. Frankfurt a. M. 1999, S. 321.

37 So wird etwa aus einem ‚e‘ dank einer Spiegelung eine Lesebrille (9), aus dem Wort „Uhu“ wird im Stil konkreter Poesie ein stilisierter Uhu (29) und aus dem Wort „Turm“ ein stilisierter Turm gebaut (100 f.). In einer weiteren Illustration ist auf einem Berg zwischen Wolken ein riesiger Kamm abgebildet (67), der Dichterwettstreit zwischen Homer und Hesiod wird mit zwei großen Hs illustriert, die gegeneinander Armdrücken spielen (156), an einer anderen Stelle lässt eine Abrisskugel den ganzen Satzspiegel einer Seite schräg werden (244).

38 Und auch der Untertitel des Buchs ist mit seiner Permutation der vier Wörter ‚Sprache‘, ‚Sache‘, ‚Spiel‘ und ‚Buch‘ ein Spiel mit der Sprache (vgl. 2 f.).

39 Vgl. dazu auch Jörg Meibauer: Das Sprachspielbuch „Die dampfenden Hälse der Pferde im Turm zu Babel“ (1978) von Franz Fühmann. In: Wissensvermittlung in der Kinder- und Jugendliteratur der DDR. Themen, Formen, Strukturen, Illustrationen. Hg. von Sebastian Schmideler. Göttingen 2017, S. 293–310, hier: S. 299–301. Von all diesen Teilbereichen der Linguistik wird im Buch nur die Semantik explizit erwähnt. Womit sich diese „Wissenschaft von der Bedeutung der Wörter und Zeichen“ genau beschäftigt und wozu sie dient, erläutert Küslübürtün am Beispiel der „[s]emantische[n] Probleme der Sexualerziehung“ (145).

quentes systematisches Vorgehen scheint es Fühmann gewesen zu sein, die Sprachspiele aus der Handlung und damit aus der Erfahrungswelt der Kinder heraus zu entwickeln.[40]

3.1 Materialismus und Mythos – zum Ursprung der Sprache(n)

Etwa in der Mitte der Handlung verlässt das Buch zeitweilig den Bereich der Sprachspiele. Im fünften Kapitel stehen Sprachgeschichte und -philosophie im Zentrum, und hier insbesondere der Ursprung der Sprache. Waren zuvor fast sämtliche Entdeckungen und Erkenntnisse aus den spielerischen Interaktionen der Kinder entstanden und fungierte Küslübürtün meist bloß als Ideengeber, finden sich hier nun Passagen mit „Vorlesungscharakter"[41]– auch wenn das Wissen überwiegend in einem gewissermaßen sokratischen Dialog vermittelt wird, an dem die Kinder sich mit mal klugen, mal naiven oder albernen Fragen und Kommentaren beteiligen. Den Ausgangspunkt von Küslübürtüns ‚dialogischer Vorlesung' über Sprachgeschichte bildet die alttestamentarische „Mythe" (101) vom Turmbau zu Babel. Mythen, so Küslübürtün, gäben Antworten auf (scheinbar) unlösbare Fragen, „vor allem Fragen nach dem Ursprung von etwas" (101) – und so eben auch nach dem „Ursprung der Sprache" und dem der „Sprachzersplitterung": „Warum reden die Menschen, und warum reden sie in verschiedenen Zungen?"(101)[42]

Zur Beantwortung dieser Fragen, also zur Erklärung der Sprachentstehung und -entwicklung, verbindet Küslübürtün auf anschauliche und beispielreiche Weise Mythos, Naturwissenschaft und historischen Materialismus. Küslübürtün ruft den Kindern zunächst die Vererbungslehre ins Gedächtnis. In Anlehnung an Charles Darwins Evolutionstheorie erklärt er, dass der Mensch wie alle neuen Arten durch Mutationen in den Erbanlagen seiner tierischen Ahnen entstanden sei. Die neu entstandene Spezies Mensch habe sich von allen anderen Lebewesen durch drei spezifische Anlagen unterschieden: „die Fähigkeit zur Arbeit, die Fähigkeit zum Denken und die Fähigkeit zur Sprache" (103). Diese drei Fähigkeiten

40 Für eine umfassende Systematik von Sprachspielen vgl. Alfred Liede: Dichtung als Spiel. Studien zur Unsinnspoesie an den Grenzen der Sprache. 2. Aufl. Hg. und mit einem Vorwort von Walter Pape. Berlin 1992.

41 Jacqueline Grenz, Karin Hirdina: Ein Sprachbuch voll Spielsachen. [Zu] Franz Fühmann, Die dampfenden Hälse der Pferde im Turm von Babel. Berlin 1978. In: Sinn und Form 32 (1980), S. 884–892, hier: S. 886.

42 Küslübürtüns Ausführungen zu Mythen in diesem Kapitel sind eng angelehnt an Fühmanns Essay *Das mythische Element in der Literatur* (vgl. Fühmann: Das mythische Element).

bildeten „im Grunde genommen eine Einheit" und machten das Wesen des „Menschsein[s]" aus (103).

Diesen Ansatz zur Erklärung der Sprachentstehung bezieht Fühmann/Küslübürtün, ohne die Quelle zu nennen, von Friedrich Engels und seinem Text „Anteil der Arbeit an der Menschwerdung des Affen".[43] Engels zufolge, der in seinem Text ebenfalls an Darwin anknüpft, ermöglichte der aufrechte Gang die „Ausbildung der Arbeit" und damit die Notwendigkeit „gemeinsamen Zusammenwirkens" der Menschen untereinander. Das wiederum habe zur Folge gehabt, „daß sie einander *etwas zu sagen hatten*", und so habe sich nach und nach die sprechfähige Stimme entwickelt. Engels erklärt also die „Entstehung der Sprache aus und mit der Arbeit"[44] und nimmt an, dass die kognitiven Anforderungen von Arbeit und Sprache wiederum zur für die Entwicklung des Menschen entscheidenden Weiterentwicklung des Gehirns, somit des Denkens, geführt habe: „Durch das Zusammenwirken von Hand, Sprachorganen und Gehirn [...] wurden die Menschen befähigt, immer verwickeltere Verrichtungen auszuführen, immer höhere Ziele sich zu stellen und zu erreichen."[45]

Küslübürtün geht jedoch anders als Engels auch auf die Widersprüchlichkeit der konkreten Sprachentstehung ein, die etwas „Unumgänglich-Unmögliches" (111) gewesen sei:

> Seine Natur, seine Lebensweise, seine Fähigkeit zur Arbeit und zum Denken und die Arbeit selbst drängen den Menschen notwendig zur Sprache; er kann nur mit der Sprache Mensch sein; doch damit die Sprache sich bilde, muß man sich über die Bedeutung der Wörter und der grammatischen Formen verständigen. Verständigen aber heißt: Miteinander sprechen. Wenn man also sprechen will, muß man vorher die Sprache haben. Das Eine setzt das Andere voraus, doch das Andere genauso das Eine. Da habt ihr eben den Widerspruch. (111)

Küslübürtün betont, die Sprachgeister Johann Gottfried Herder und Wilhelm Humboldt „könnten euch das ja viel besser erklären" (111). Doch da sie beschäftigt seien, verweist Küslübürtün nur auf Texte von ihnen, die er den Kindern ins „Blaubuch" schreibt. Es folgen daher, ohne weitere Erläuterung oder Kontextualisierung, zwei längere Textausschnitte von Herder und Humboldt sowie ein halbseitiger Textausschnitt von Marx und Engels. In den Ausschnitten von Herder und Humboldt wird die widersprüchliche Gleichursprünglichkeit von Vernunft und Sprache thematisiert. Die Vernunft sei zugleich Bedingung und Folge des Übergangs vom ausgestoßenen zum artikulierten Laut. Bei Humboldt heißt es:

---

43 Friedrich Engels: „Anteil der Arbeit an der Menschwerdung des Affen" (1876). In: MEW, Band 20. Berlin 1962, S. 444–455.

44 Engels: „Anteil der Arbeit an der Menschwerdung des Affen", S. 446 f.

45 Engels: „Anteil der Arbeit an der Menschwerdung des Affen", S. 450.

„Der Mensch ist nur Mensch durch die Sprache; um aber die Sprache zu erfinden, müßte er schon Mensch seyn.“[46] (120) Marx und Engels schließlich führen beides, Bewusstsein und Sprache, auf die „Notdurft des Verkehrs mit anderen Menschen“[47] (121) zurück, also auf das Verhältnis des Einzelnen zu seiner (sozialen) Umwelt. Ihr Zitat dient hier somit dazu, Herders und Humboldts Idealismus ‚vom Kopf auf die Füße zu stellen‘, also materialistisch zu wenden.

Küslübürtün verbindet diese materialistische Deutung des Sprachursprungs und seine (bzw. Engels') These vom Zusammenhang von Arbeit, Sprache und Denken nun mit dem Alten Testament, der „einzige[n] Mythe, die Sprache und Arbeit in Verbindung setzt“ (107): Er liest den Kindern zweimal hintereinander die Passage zum Turmbau von Babel (Genesis 11, 1–9) vor. So erkennen sie, wie der Mythos mit Küslübürtüns These von der Sprachentstehung zusammenhängt:

> ‚Mensch‘, sagte er [Emmanuel, L.B.], ‚ich begreife was: Mit der Arbeit ist die Sprache geschaffen worden, und durch die Arbeit wurde sie auch verwirrt.‘
> ‚Und eben das‘, sagte Küslübürtün, ‚daß die Arbeit sowohl eint wie auch trennt, ist einer der großen Widersprüche des menschlichen Lebens, die im Mythos abgebildet sind. (107)

Küslübürtün interpretiert den göttlichen Eingriff als Gleichnis für den inneren Widerspruch der Arbeit und veranschaulicht diese komplexe und voraussetzungsreiche These anhand einer ausführlichen Interpretation des Mythos vom Turm zu Babel (vgl. 108 f.). Die grundlegende Voraussetzung des Mythos sei, dass der Mensch „von Anfang an mit zwei besonderen Fähigkeiten ausgestattet“ sei: „mit der Sprache und mit der Arbeit“ (108) Nur dadurch, dass die Menschen zur Arbeit fähig sind *und* diese Arbeit durch die sprachliche Verständigung planvoll untereinander aufteilen können, sei der Bau eines Turms von derartigen Ausmaßen möglich, hätten die Menschen also das Potential, „allmächtig zu werden“ (108). Die Sprachverwirrung, die das Vorhaben des Turmbaus vereitelt, deutet Küslübürtün nun aber nicht als Strafe Gottes für die menschliche Hybris, sondern als Gleichnis für den der Arbeit inhärenten Widerspruch. Um das anschaulicher zu erläutern, vergleicht Küslübürtün den Menschen mit einem Hasen. Während der Hase sich immer gleich bleibe, weil seine Fähigkeiten durch seine Artzugehörigkeit bestimmt und begrenzt sind, entwickle der Mensch (als Gattungswesen) seine Fähigkeiten durch Arbeit stetig weiter. Die Folge dieser spezifisch

---

46 Wilhelm von Humboldt: „Über das vergleichende Sprachstudium in Beziehung auf die verschiedenen Epochen der Sprachentwicklung“ (1820). In: Wilhelm von Humboldt: Gesammelte Schriften, Band 4, Berlin 1905, S. 1–32, hier: S. 15.

47 Friedrich Engels, Karl Marx: Die deutsche Ideologie (1845/46). In: MEW, Band 3. Berlin 1978, S. 5–530, hier: S. 30.

menschlichen Fähigkeit sei jedoch eine zunehmende Auseinanderentwicklung der Menschen, die zunehmende Arbeitsteilung.[48] „Ein jeder kann seine besondere Sache besser als der darin Ungeübte, [...] doch kein Einzelner kann mehr alles Menschliche, und das entzweit den Menschen mit seiner Art." (108) Da Arbeit und Sprache eng miteinander zusammenhängen, habe sich mit der Arbeitsteilung folglich auch die Sprache auseinanderentwickelt. Diesen Zusammenhang drückt Küslübürtün zufolge die Geschichte vom Turmbau von Babel aus. „Die Arbeit vereint und macht mächtig – also ist sie ein Segen; die Arbeit entzweit und sondert – also ist sie ein Fluch. Das ist ein tiefer Widerspruch, doch ohne ihn gäbe es keinen Fortschritt." (109)

Mit dem Widerspruch mache der Mythos aber zugleich die Möglichkeit bewusst, ihn zu lösen, betont Küslübürtün:

> Die Arbeit hat die Menschen auseinandergebracht, und nur die Arbeit kann sie wieder vereinen. Dann ist erfüllt, was geschrieben steht: ‚Fortan wird für sie nichts mehr unausführbar sein, was immer sie zu tun ersinnen.' Das ist die Möglichkeit des Menschen, und ich glaube an sie. Dann werden, in ferner Zukunft, vielleicht auch die Sprachen zu einer verschmelzen, doch selbst wenn dies niemals geschehen sollte, werden die Völker auch mit verschiedenen Wörtern und Worten insgesamt eine Sprache sprechen: die des Menschen in freier Menschlichkeit! (109)

Man könnte aus diesem Abschnitt wie Jörg Meibauer den Schluss ziehen, dass Fühmann/Küslübürtün „damit im ideologischen Kosmos des wissenschaftlichen Sozialismus verbleibt".[49] Doch wird man damit nicht nur Fühmanns origineller Erklärung der Sprachentstehung, die sich an Marx und Engels orientiert, aber auch über ihre Bestimmungen hinaus weist, nicht gerecht, sondern übersieht vor allem eine zentrale Bedeutungsebene. Denn wenn Küslübürtün auf Carolines erstaunte Frage, ob all das wirklich in der Bibel stehe, antwortet: „‚Der Denkende liest es darin'", weist das darauf hin, dass dieser Abschnitt nicht nur etwas über den Ursprung der Sprache und ihre Verbindung mit der Arbeit lehrt, sondern auch

---

48 Deutlich ist diese Passage an Marx' Ausführungen zur entfremdeten Arbeit aus den *Ökonomisch-philosophischen Manuskripten* angelehnt, in denen es u. a. heißt: „Zwar produziert auch das Tier. Es baut sich ein Nest, Wohnungen, wie die Biene, Biber, Ameise etc. Allein es produziert nur, was es unmittelbar für sich oder sein Junges bedarf; es produziert einseitig, während der Mensch universell produziert; es produziert nur unter der Herrschaft des unmittelbaren physischen Bedürfnisses, während der Mensch selbst frei vom physischen Bedürfnis produziert und erst wahrhaft produziert in der Freiheit von demselben [...]." (Karl Marx: Ökonomisch-philosophische Manuskripte aus dem Jahr 1844. In: MEW, Band 40. Berlin 1968, S. 465–588, hier: S. 517).

49 Meibauer: Das Sprachspielbuch, S. 302.

und vor allem etwas über das Lesen von Literatur im Allgemeinen und von Mythen im Besonderen:

Das Alte Testament hatte, wie auch Mythen und Märchen, kaum einen Platz im DDR-Kanon. Fühmann verweist darauf, wenn er Küslübürtün verwundert fragen lässt, ob die Kinder die Geschichte vom Turm von Babel denn nicht kennten und als Antwort darauf ein „[a]llgemeines: ‚Nein!'" erhält (100). Dabei sei das Alte Testament, so Küslübürtün, „ein wunderbares Buch, das jeder kennen sollte", denn es erzähle nicht nur etwas über „den Weg der Menschheit", sondern enthalte auch „die tiefe Weisheit einer bestimmten Art von Märchen, die man Mythen nennt" (100). Man dürfe diese Mythen jedoch „nicht wörtlich nehmen, sondern muß versuchen, sie zu verstehen"[50] (104), fordert Küslübürtün, nachdem Monica die biblische Geschichte vom Ursprung des Menschen als „[w]issenschaftlich [...] komplette[n] Unsinn" (103) bezeichnet hat.

Die Bedeutung des Mythos besteht nicht darin, historische Wirklichkeit verlässlich wiederzugeben. Denn es ist in ihm zwar „oftmals ein Stück Geschichte bewahrt wie ein Insekt im rinnenden Bernstein" (123) – im Falle des Turmbaus zu Babel etwa die mesopotamischen Zikkurate, die dem Nomadenvolk der Juden „so unglaublich erscheinen [mußten] wie einem Dorfbewohner Anfang dieses Jahrhunderts ein Wolkenkratzer" (123). Doch nicht darin besteht die besondere „Weisheit" des Mythos, sondern darin, dass er, wie Fühmann in seinem Essay *Das mythische Element in der Literatur* schreibt, es ermöglicht, „die individuelle Erfahrung [...] an Modellen von Menschheitserfahrung zu messen".[51] Diese Eigenschaft des Mythos jedoch, eine subjektive Erfahrung zu verallgemeinern, ohne das subjektive Element auszulöschen, sei auch die wesentliche Eigenschaft von Literatur. In Küslübürtüns materialistischer Bibel-Exegese verbirgt sich also nicht zuletzt Fühmanns in seinem Mythos-Essay formulierter Appell, die „Dichtung nicht *so* [zu] befragen, als ob sie eine wissenschaftliche Aussage sei".[52] Der Wahrheitsgehalt der Mythen, also die in ihnen gestaltete Menschheitserfahrung, lässt sich nicht einfach als wissenschaftlich gesichertes, positives Wissen aneignen. Vielmehr muss man Mythen (und dasselbe gilt, folgt man Fühmanns Mythos-Essay, auch für Literatur im Allgemeinen), will man ihrem Gehalt näherkommen, *denkend* lesen.

50 Dieser starke, den Literalsinn ausschließende Begriff von „Verstehen" steht im Erbe der Marx'schen Dialektik, die „jede gewordne Form im Flusse der Bewegung [...] auffaßt", den Sinn also in den Widersprüchen im Inneren des Gegenstands sucht statt an der Oberfläche der äußeren Erscheinung (Karl Marx: Nachwort zur zweiten Auflage [von Das Kapital]. In: MEW, Band 23. Berlin 1962, S. 18–28, hier: S. 28).

51 Fühmann: Das mythische Element, S. 96.

52 Fühmann: Das mythische Element, S. 137.

3.2 „Beginnt zu begreifen, was die Form vermag" – Über Lyrik

Schon die Sprachspiele sensibilisieren für die formalen Eigenheiten der Sprache, und auch am Beispiel des Mythos wird das Potential einer erfahrungsgesättigten, literarisch geformten Sprache anschaulich. Dieses ästhetische Potential der Sprache und die emanzipatorische Kraft der Fantasie sind denn auch der eigentliche Kern von *Die dampfenden Hälse*. Das Spielen der Kinder mit Sprache – mit Klang, Schrift, Bedeutung usw. – bringt sie nahezu beiläufig zum Erfinden von Geschichten und zur Beschäftigung mit Lyrik. Küslübürtün zeigt ihnen, wie der in den Sprachspielen eingeübte Blick auf die Formprinzipien der Sprache auch die Literatur und vor allem die Lyrik kennzeichnet. Und so finden sich im „Blaubuch" nicht nur Lektionen zu den verschiedenen Formen und Elementen der Sprache, u. a. Morphologie, Interpunktion, Vokale und Konsonanten, und den von ihnen ermöglichten Formgebungen (Reim, Assonanz, Alliteration, usw.), sondern auch und vor allem zahlreiche Gedichte, die allerdings nur in Ausnahmefällen zum Gegenstand auktorialer Analysen oder Interpretationen werden, sondern entweder unkommentiert bleiben oder von den Kindern selbst lebhaft und kontrovers diskutiert werden.

Die zitierten Gedichte sind sehr vielfältig. Es sind darunter sowohl bekannte als auch unbekannte Gedichte, anonyme (Volks-)Gedichte und solche von berühmten Verfassern, heitere und ernste, simple und anspruchsvolle Gedichte.[53] Zu den kanonischen Dichtern, von denen einzelne Werke wiedergegeben werden, gehören Johann Wolfgang Goethe, Friedrich Schiller, Bertolt Brecht und Joseph von Eichendorff. Das zentrale achte Kapitel versammelt jedoch – bis auf das Gedicht „Das Wunderhorn" aus der Sammlung von Clemens Brentano und Achim von Arnim – Werke von weniger kanonisierten oder weniger bekannten Autoren: dreizehn Gedichte von Christian Morgenstern (223–231), acht Gedichte von Friedrich Rückert (232–236) und sieben Gedichte von Uwe Greßmann (237–240). Das zehnte Kapitel, das ebenfalls zum „Blaubuch" gehört, versammelt neben einigen Stilblüten Johann Georg August Gallettis (269–272) und einem kurzen Gedicht František Halas' (288) auch siebzehn volkstümliche Nonsensgedichte und -geschichten aus Karl Simrocks Sammlung *Das deutsche Kinderbuch* (Band IX der Deutschen Volksbücher).

53 So schreibt auch Bierwisch schon in seinem Gutachten: „Daß zur Illustration, zum Nachdenken und zum Spaß sehr verschiedenartige Texte, wenn sie nur durch oder für die Sprache merk-würdig sind, in das Buch einbezogen werden, entspricht dem Thema. Kalauer und Philosophie dürfen, ja müssen dabei gleichermaßen Platz haben." (Bierwisch: Gutachten).

Diese in Rezensionen und Forschungsbeiträgen vielfach bemerkte antikanonische Literaturauswahl[54] geht sogar so weit, dass die ausführlichste und in ihrer Prägnanz beeindruckende Lyrikanalyse, die sich im „Blaubuch" findet, an einem bekannten Abzählreim vorgenommen wird: „Ich und du / Müllers Kuh / Bäckers Esel – das bist du!" (167) Fühmann stellt dem Reim eine leicht veränderte Variante bei: „Ich und du / Müllers Ochse / Bäckers Esel – du bist das!" (167) Daran zeigt er, dass sich bei (nahezu) identischem Aussagegehalt die Wirkung einer Äußerung fundamental unterscheiden kann und dass die Gründe dafür im Geformtsein der Sprache liegen: Der Reim präsentiere eine Paarung Gleicher – die mit einem „und" verbundenen „Ich und Du" – und zwei „Paarungen Ungleicher" (167) – Müllers Kuh und Bäckers Esel, die mit einem Genitiv verbunden seien. Indem das „Du" zu Bäckers Esel, also zu einem Unterworfenen, erklärt wird, werde er „gewissermaßen verhext" (168) und müsse, um sich von seiner ‚Tierhaftigkeit' zu erlösen, eine Aufgabe erfüllen. Das „Staunenswerte" (168) nun sei: „Diese Märchenerinnerung wird erst durch die Formgebung mit Reim (und Rhythmus) heraufbeschworen, erst dadurch wird dies Verslein zum Spielanfang tauglich, auch wenn das den Spielenden gar nicht bewußt wird." (168)

Die Leser*innen werden nach dieser Analyse aufgefordert, die beiden Varianten des Abzählreims (einmal gereimt, einmal leicht verändert und dadurch reimlos) zu vergleichen, und zwar möglichst präzise. Emphatisch heißt es dann: „Solche winzigen Eingriffe im Einzelnen – und welche Veränderungen im Ganzen!"[55] Dementsprechend mündet diese Passage in die Aufforderung: „Beginnt zu begreifen, was die Form vermag!" (169)[56]

Die Auseinandersetzung der Kinder mit Lyrik geschieht überwiegend ohne Anleitung. Nach der Lektüre der Gedichte, die im achten Kapitel versammelt sind, beginnen die Kinder, affiziert von der Lektüre – ob positiv oder negativ –, über die

---

54 Vgl. etwa Grenz, Hirdina: Ein Sprachbuch, S. 888.

55 Fühmanns Emphase auf das Formdetail verdankt sich u. a. Karl Kraus, wie sich einer inhaltlich sehr ähnlichen Passage aus *Zweiundzwanzig Tage oder Die Hälfte des Lebens* entnehmen lässt: „Karl Kraus wurde nicht müde, nachzuweisen, daß die Umstellung zweier Wörter, die Ersetzung eines Adjektivs durch ein bedeutungsähnliches, ja die Änderung einer einzigen Vorsilbe oder der Interpunktion aus einem großen Gedicht ein amorphes (kitschiges, triviales, totes, leeres) Gebilde, ein Nicht-Gedicht machen kann [...] – und er hat recht" (Fühmann: Zweiundzwanzig Tage, S. 423).

56 Dieses Prinzip beherzigt natürlich nicht zuletzt Fühmann selbst. Die sprachliche Kraft seiner Schilderungen ragt über das in Kinderbüchern Übliche weit hinaus, etwa – um willkürlich eine Stelle auszuwählen – in der Beschreibung des Blaubuchs: „Emmanuel schlug das blaue Buch auf. Der Einband fühlte sich an wie lebendige Seide: kühl, glatt und dennoch griffig und zum Streicheln verlockend; das Papier schien wie frischer Schnee zu duften, und obwohl es so dünn war, als sei ein Zeichenkarton zwölfmal gespalten, schlug der Druck der Rückseite nicht durch." (92)

Gedichte zu diskutieren, ohne Küslübürtün (der erst am Ende des Kapitels erscheint) oder eine andere pädagogische Instanz. Die Diskussion der Kinder dreht sich insbesondere um die Frage, wie Bedeutung sich konstituiert und wie Lyrik zu lesen sei. Des Weiteren diskutieren die Kinder über Wertungskriterien und Geschmacksurteile: Monica findet Uwe Greßmann „blöde" (243), Friedrich Rückert hingegen toll: „Das ist Kunst, Leute!" (247). Emmanuel geht es genau umgekehrt: Ihm gefällt Greßmann, Rückerts Lyrik hingegen findet er „[h]undsmiserabel" (255). Welches Urteil ist nun richtig? Caroline vertritt eine relativistische Position: „[I]m Einzelfall" seien „‚gut' und ‚schlecht' für jeden was ganz Verschiedenes" (256). Emmanuel hingegen besteht darauf: „Es kann doch nur *eine* Wahrheit geben!" (256) Ausgehend von der Polyphem-Episode aus der Odyssee, die Caroline frei erzählt (vgl. 257–259), kommen sie einer Lösung näher, die sich als situierter Universalismus bezeichnen ließe: Es gibt zwar nur eine unteilbare Wahrheit, aber absolute Werturteile sind trotzdem nicht möglich, weil das Urteil immer durch die Positionierung, die „moralische Ortsbestimmung" (261) des Urteilenden, bestimmt sei.

So entwickeln die Kinder eigenständig ein Verständnis davon, wie sich die Funktionsweise und der Wahrheitsgehalt der Literatur von jenen der Wissenschaft unterscheiden. Im „Blaubuch" wird dieses Verhältnis dann explizit thematisiert, insbesondere in dem diesem Aufsatz vorangestellten Zitat über „das Kunst-Wahre und das Wissenschafts-Wahre" (299). Diese voraussetzungsreichen Überlegungen werden unter anderem am Beispiel des Satzes „Du bist ein Kamel!" veranschaulicht: Diese Aussage sei, an einen Menschen gerichtet, „wissenschaftlich genommen, natürlich unwahr", als Vergleich hingegen könne sie sinnvoll oder wahr sein (300). Analog verhalte es sich in der Kunst: Während die Wissenschaft nach einer „Gleichung" oder einer „Formel" strebe, suche die Kunst nach einem „Vergleich" bzw. einem „Bild" (301).[57]

Zu Missverständnissen könne es leicht kommen, weil „die Sprache [...] der gemeinsame Stoff für Wissenschaft *und* für Dichtung" (301) sei. Ein- und dasselbe Wort bedeute in der Wissenschaft jedoch etwas ganz anderes als in der Literatur, und zwar aufgrund des Erfahrungsgehalts der Sprache: Während die Wissenschaft von diesem Erfahrungsgehalt abstrahieren müsse, sei er für die Literatur das entscheidende Moment der Sprache. Am Beispiel der Worte ‚Wolke' und ‚schneien' veranschaulicht Küslübürtün diese These: Das Wort ‚schneien' könne die verschiedensten und widersprüchlichsten Vorstellungen aufrufen, etwa individuelle Erinnerungen (von „Skilaufen" bis „Kohleschleppen"), gesellschaftli-

57 Vgl. dazu auch Fühmanns Ausführungen zum Gleichnischarakter des Mythos, in Fühmann: Das mythische Element, S. 120 ff.

che bzw. geschichtliche Erfahrungen (von der Eiszeit bis zur Schlacht bei Stalingrad) und künstlerische Bearbeitungen („ein Winterbild Breughels oder [...] das Wintergedicht von Matthias Claudius") (303).

> Der Schriftsteller wird bei jedem Wort dessen Durchtränktheit mit Bedeutung, auch widerspruchsvoller, berücksichtigen müssen; ein Wissenschaftler hingegen, der Meteorologe zum Beispiel, muß gerade von allem Sinngehalt absehn, der über die Bedeutung von Schnee als einer bei bestimmten Temperatur und bestimmten atmosphärischen Bedingungen sich bildender Niederschlagsform hinausgeht.
> Das ist ein weiterer Wesensunterschied von Wissenschaft und Kunst. Ihre Sprachen sind nicht dieselben. Das Wort ‚Schnee' ist nicht gleich dem Wort ‚Schnee', und der Schnee, den der Meteorologe erforscht, ist nicht derselbe wie der Schnee des Dichters.
> Die Wortfolge: ‚Bald wird es schnein' sagt daher, bei völlig gleicher Gestalt, in einem Gedicht etwas durchaus anderes als in einem Wetterbericht; sie kann eine simple Feststellung sein, aber auch eine erschütternde Mahnung. (303)[58]

Um zu zeigen, wie Literatur diesen reichen Bedeutungsgehalt ihres Materials, der Sprache, einerseits nutzt und andererseits zu ihm beiträgt, fügt Küslübürtün Brechts Gedicht *Erinnerung an die Marie A.* an. Er zitiert es sogar zweimal hintereinander (304 und 306 f.)[59], um den „Prozeß mitzuvollziehen, in dem das Wort ‚Wolke' sich mit Bedeutung auflädt" und dadurch „erblüht – etwas, was sie [die Wolke, L.B.] in einer wissenschaftlichen Aussage nie könnte" (306 f.). Und so schließt Küslübürtün den Merksatz an: „Merkt: Wenn man ein Gedicht als wissenschaftliche Aussage betrachtet, wird man es nie erfassen können, man wird sich höchstens darüber ärgern, und das hat man ja oft getan." (308)

3.3 „Ist es ein Kinderbuch?"

Wie bereits deutlich wurde, ist das in *Die dampfenden Hälse* vermittelte Wissen oft sehr komplex und voraussetzungsvoll. In der Korrespondenz zwischen Fühmann und seiner Lektorin Edith George wird dieses Problem thematisiert. Im Brief zur ersten Manuskriptfassung schreibt Fühmann, er sei sich „völlig darüber im Klaren, daß dies ein schwieriges Buch ist und Kinder sehr hoch fordert, und ich bin

58 Vgl. in Teilen fast wortgleich (!) Fühmann: Das mythische Element, S. 135 f.

59 Die darin sich ausdrückende Überzeugung, dass die Beschäftigung mit Literatur Zeit braucht und man einen Text häufig mehr als einmal lesen muss, kommt mehrfach zum Tragen: im Hinweis, dass man die sprachtheoretischen Texte „oftmals lesen und Wort für Wort durchdenken" (116) müsse, ebenso wie darin, dass Küslübürtün die Geschichte vom Turmbau zu Babel zweimal vorliest (vgl. 101). Das Buch regt zu aufmerksamem, langsamem und mehrfachem Lesen an – und ist damit nicht zuletzt ein Plädoyer gegen schnelle Urteile.

auch darüber im klaren [sic!], daß nicht alle alles verstehen werden".[60] Er wolle, fügt er hinzu, gerne versuchen, „es zu verbessern oder abzurunden [...]. Aber ich möchte es keinesfalls versimpeln".[61]

Fühmanns Lektorin versichert ihm, er habe seinen Gegenstand so kindgerecht wie möglich vermittelt.[62] Doch auch Manfred Bierwisch betrachtet die Frage der Altersangemessenheit im Gutachten als „Hauptproblem" und fragt: „Ist es ein Kinderbuch?"[63] Diese Frage stellt sich insbesondere mit Bezug auf die Erläuterungen zur Sprachgeschichte und -theorie sowie zum Form-Inhalt-Verhältnis, in denen Fühmann politische, ästhetische und poetologische Fragestellungen auf nahezu demselben Niveau verhandelt wie in seinen Essays und Prosawerken, aus denen er einzelne Passagen (quasi) wörtlich übernimmt. Statt diese Fragestellungen entweder zu streichen oder zu „versimpeln", versieht Fühmann das Buch mit ‚Warnungen' und ‚Pädagogischen Bemerkungen', oft verbunden mit der Aufforderung, die zu schwierigen Teile zu überspringen.[64]

Doch es gibt nicht nur einige Passagen, die für einen Teil der Leser*innen „zu schwierig, ja unverständlich" sein können, vielmehr stellt sich das Problem auch in umgekehrter Richtung, wie Bierwisch betont: Denn andere Teile des Buchs wiederum dürften für einen anderen Teil der Leserschaft „zu trivial" oder „zu elementar" sein.[65] Damit ist ein zentrales Kennzeichen des Buchs angesprochen. Die, wie für DDR-Kinder- und Jugendbücher üblich, im Impressum angeführte Altersempfehlung lautet: „Für Leser von 13 Jahren an."[66] (4) Tatsächlich sind jedoch viele Teile des Buchs, etwa die meisten Sprachspiele und Geschichten, auch für deutlich jüngere Kinder gut geeignet, während einige der Ausführungen zur

60 Fühmann an George, 24.2.1975.

61 Fühmann an George, 24.2.1975.

62 Vgl. Edith George an Franz Fühmann, Brief vom 25.3.1975, Akademie der Künste Berlin, Franz-Fühmann-Archiv, Nr. 1225.

63 Bierwisch: Gutachten.

64 Den Texten von Herder, Humboldt, Marx und Engels etwa ist folgende „Warnung" vorangestellt: „Diese Stellen sind außerordentlich schwierig, und selbst Erwachsene haben Mühe mit ihnen. Man muß sie oftmals lesen und Wort für Wort durchdenken, um den Sinn der Sätze zu erfassen. Sie mögen dennoch im Blaubuch erscheinen, damit besonders Interessierte von euch philosophisches Denken kennenlernen; und damit sie auch sehn [sic!], wie die Sprache sich ändert, haben wir die alte Schreibweise unverändert gelassen. Ihr könnt also diese Seiten durchaus überspringen!" (116)

65 Bierwisch: Gutachten.

66 In der 2005 im Hinstorff-Verlag erschienenen Neuausgabe wird als „empfohlenes Lesealter" hingegen „ab 9 Jahren" angegeben (Franz Fühmann: Die dampfenden Hälse der Pferde im Turm von Babel. Erste Auflage der Neuausgabe. Rostock 2005).

Sprachgeschichte selbst für die meisten 13-Jährigen eine große Herausforderung darstellen dürften.

In der ersten westdeutschen Lizenzausgabe wurde auf dieses ‚Problem‘[67] reagiert, indem das Buch mit einem zusätzlichen Untertitel versehen wurde: „Ein heiteres Sprachbuch *nicht nur für Kinder*“.[68] Darin äußert sich die Feststellung, dass die erwachsenen Leser*innen hier keine bloßen, eigentlich nicht adressierten „Mitleser*innen“ darstellen. Doch auch die in der Kinder- und Jugendliteraturforschung voneinander unterschiedenen Formen der Mehrfachadressierung, also der Adressierung mehrerer, sich in Alter, Erfahrungs- und Wissensstand unterscheidender Leser*innengruppen,[69] lassen sich auf *Die dampfenden Hälse* nicht widerspruchsfrei anwenden. Hans Heino Ewers unterscheidet mehrfach adressierte Literatur mit einer *gleichlautenden* Botschaft für Kinder und Erwachsene und solche mit einer *anderslautenden* Botschaft.[70] Ein großer Teil des vermittelten Wissens, von den Sprachgesetzen über die materialistische Sprachtheorie bis hin zum Form-Inhalt-Verhältnis, richtet sich gleichermaßen an Kinder und Erwachsene, gehört also zum ersten Typus. Zugleich aber ist das Werk immer wieder *doppelsinnig*, so dass sich eine an Kinder gerichtete wörtliche und eine an Erwachsene gerichtete allegorische Sinnebene unterscheiden ließen.[71] Doch würde man die kindlichen und jugendlichen Leser*innen sicherlich unterschätzen, ginge man davon aus, dass ihnen die allegorische Sinnebene gänzlich verborgen bliebe. Im Gegenteil: Die Kinder in *Die dampfenden Hälse* sind den Erwachsenen in dieser Hinsicht oft sogar voraus.

---

67 Die Weigerung, den Text ‚altersgerecht‘ auf eine bestimmte Zielgruppe zuzuschneiden, muss keineswegs als Manko verstanden werden. Problematisch ist sie vor allem für die Verlage, die in ihrer Vermarktung darauf bauen, möglichst präzise Zielgruppen zu definieren.

68 Vgl. den Buchumschlag der 1978 bei VMA erschienenen Lizenzausgabe in Meibauer: Das Sprachspielbuch, S. 296.

69 Vgl. Hans Heino Ewers: Literatur für Kinder und Jugendliche. Eine Einführung in Grundbegriffe der Kinder- und Jugendliteraturforschung. 2, überarbeitete und aktualisierte Auflage. Paderborn 2012, S. 57–67.

70 Ewers: Literatur für Kinder und Jugendliche, S. 60–64.

71 Eine relativ typische Form dieser doppelsinnigen Kommunikation ist es, auf Wissen zu rekurrieren, das die kindlichen Leser*innen vermutlich noch nicht besitzen, die erwachsenen Leser*innen aber schon. In *Die dampfenden Hälse* ist das etwa der Fall, wenn Gabi bei der Suche nach Palindromen der Name ‚Anna‘ einfällt und Jens in seiner Antwort, ohne es zu wissen, Kurt Schwitters' Gedicht *An Anna Blume* zitiert: „Einwandfrei, Leute, die Anna ist von hinten genau wie von vorn“ (24).

4 Kritisch-subversives Wissen

Erwachsene treten im Buch selten auf, und wenn, dann in aller Regel als Gegenfiguren zur eingeschworenen Gemeinschaft der Kinder und zu ihrem Spielgefährten und Mentor Küslübürtün. Meistens sind die Kinder unter sich, worauf schon ganz zu Beginn des Buches hingewiesen wird: Im zweiten Satz erfährt man bereits, dass die Mutter von Jens, in dessen Zimmer die Kinder sich treffen, „tagsüber nie anwesend war“ (5). Und auch die Eltern der anderen Kinder scheinen ganz froh zu sein, dass ihre Kinder sich untereinander selbst beschäftigen können.

Für die Kinder wiederum geht mit der Abwesenheit der Eltern ein von ihnen sehr geschätzter Gewinn an Autonomie einher. Dass die Kinder ihre mit der Sprache und mit Küslübürtün gemachten Erlebnisse nicht mit den Erwachsenen teilen, steht daher schon von Beginn an fest. Das „Blaubuch“ verstecken sie bei Jens auf dem Dachboden (vgl. 96).

Wenn die Eltern doch einmal auftreten, stören oder verhindern sie zumeist die Sprachspiele der Kinder, etwa wenn sie trotz des Regens auf einer Wanderung bestehen. Derlei Aktivitäten werden von der Erzählinstanz mit parteiischer Ironie beschrieben: „[...] und es war so schön, wie es immer ist, wenn man als Zwölfjähriger in den Ferien bei leichtem Regen mit seiner Familie auf ein überlaufenes Berglein steigt.“ (47)

Dass das Sprachgefühl der Kinder feiner und ihre Wahrnehmung offener sind als die der Erwachsenen, wurde bereits an der Fußball-Episode deutlich. Die offenere Wahrnehmung der Kinder besteht aber auch in ihrer Offenheit für das Wunderbare und das Märchenhafte. Nach einer Begegnung mit dem Sprachgeistlein Christian Morgenstern etwa sehen sie ihn „durchs Abendrot“ als „Sternschnuppe“ aufsteigen: „[A]ber das sahen nur sie allein. Für die andern drängten sich Wolken am Himmel, und die waren grau wie jeden Tag.“ (151)

Diese Offenheit für das Märchenhafte – und damit auch für die Literatur – schätzt Fühmann an Kindern.[72] Im bereits zu Beginn dieses Aufsatzes zitierten Abschnitt des „Blaubuchs“ heißt es: „Euch Kindern ist das dichterisch Wahre gemäßer als das Wissenschafts-Wahre. Das wird sich bald ändern. Bei vielen Menschen verkümmert im Erwachsenenalter das Kunstverständnis, und bei

---

72 Zudem spiegelt sich darin Fühmanns eigene Kindheitserfahrung wider, von der er 1973 schrieb: „Das Ausdenken von Geschichten war von Kindheit an für mich eine Lebensfunktion, ein selbstverständlicher Teil des Spielens, denn meine Gefährten waren Schrate und Gnome und andere Geister [...].“ (Franz Fühmann: Mein Erstling. In: Sinn und Form 41 (1989), H. 2, S. 273 – 279, hier: S 274).

manchen stirbt es gänzlich ab." (301) Wie Küslübürtün sah auch Fühmann in Kindern „das dankbarste, das intelligenteste, das kritischste, das verständigste, das aufgeschlossenste, das sachkundigste, kurzum, das ideale Publikum".[73] Mit Ausdrücken wie dem „dichterisch Wahre[n]" und der Bezeichnung von Kindern als „intelligenteste[s]" und „sachkundigste[s]" Publikum dreht Fühmann gängige Auffassungen von Wissen und Sachkenntnis um. Anschaulich wird das, wenn Gabi in einem gemeinsamen Reimspiel auf das Wort „Mensch" das Reimwort „Ränsch" (Ranch) findet. Dass sich nichts auf ‚Mensch' reime, ist Caroline zufolge „wissenschaftlich streng erwiesen", und „nicht einmal der Johannes Er Becher" habe einen Reim auf dieses Wort gefunden (211). Auf das Wort „Ränsch" hätte er aber doch kommen können, meint Gabi, woraufhin Caroline einwendet, dass Becher doch „Minister oder so" war – und Minister „müssen streng wissenschaftlich bleiben" (212). Der von Gabi gefundene Reim hingegen sei, so Monica, „unwissenschaftlich" (212). Ein derartiges Verständnis von Wissen und Wissenschaftlichkeit in Bezug auf Literatur wird hier explizit mit Johannes R. Becher und also mit der offiziellen DDR-Kulturpolitik in Verbindung gebracht. *Die dampfenden Hälse* präsentiert sich offensiv als Gegenmodell zu dieser Auffassung.[74]

Küslübürtün/Fühmann gibt den Kindern (und Leser*innen) zugleich Mittel an die Hand, gegen diese ‚erwachsene' Auffassung vom Verhältnis von Wissen und Literatur Widerstand zu leisten. Diese Mittel sind genuin sprachliche oder literarische, nämlich vor allem die der uneigentlichen Rede. Mehrere Abschnitte aus dem „Blaubuch" behandeln Doppelsinnigkeit, Ironie und sprachliche Geheimbotschaften und vermitteln dabei untergründig ein äußerst kritisches und subversives Wissen.

Als Beispiel für einen versteckten Doppelsinn wird eine versförmige Eintragung aus einem Heidelberger Poesiealbum aus dem 19. Jahrhundert herangezogen, deren erste zwei Zeilen folgendermaßen lauten:

> Hab' du nur deine Lust, mein Freund, an seltnen Gaben,
> An eines Mädchens Brust kannst du dich schwerlich laben. [...] (289)

---

73 Franz Fühmann: Interview mit Josef-Hermann Sauter. In: Weimarer Beiträge 17 (1971), H. 1, S. 33–53, hier: S. 52.

74 Das Buch lässt sich damit außerdem als Intervention gegen die DDR-Literaturwissenschaft verstehen, die noch in den 1970er Jahren eine ähnlich dogmatische Literaturauffassung vertrat und mit der Fühmann insbesondere im Jahr 1976, d.h. zur Zeit der Überarbeitung des Manuskripts von *Die dampfenden Hälse*, in Konflikt geriet (vgl. Ralf Klausnitzer: Literatur und Germanistik im Krisenjahr 1976. Franz Fühmanns Interventionen gegen die DDR-Literaturwissenschaft und ihre Folgen. Scientia Poetica 25 (2021), S. 407–424). Vgl. zu Johannes R. Bechers Ideal einer ‚Verwissenschaftlichung' der Literatur den Beitrag von Kristin Eichhorn in diesem Band.

Liest man das Gedicht oberflächlich, so lautet seine Botschaft, dass Fleiß, Arbeit und Bildung dem Vergnügen und der (geschlechtlichen) Liebe vorzuziehen seien. Das sechshebige Versmaß lässt sich jedoch – worauf die Binnenreime hinweisen – in ein dreihebiges Versmaß verwandeln, so dass man zwei Strophen enthält, deren Sinn der vordergründigen Botschaft genau entgegengesetzt ist. Aus den ersten beiden Versen werden so zweimal zwei Verse, die den verborgenen Sinn des Gedichts offenbaren: „Hab' du nur deine Lust / An eines Mädchens Brust"; „mein Freund, an seltnen Gaben / kannst du dich schwerlich laben".

Eine weitere Form der untergründigen Geheimbotschaft folgt dann mit einer Umdichtung des Märchens von Hänsel und Gretel. Darin schreiben Hänsel und Gretel an ihre Eltern einen Brief, in dem die wahre Botschaft – ein Hilferuf und Angaben zum Ort, an dem Hänsel und Gretel festgehalten werden – nur dann erkennbar ist, wenn man, worauf das Datum des Briefs, „3.3.333", verschlüsselt hinweist, nur jede dritte Zeile liest. Die Hexe, die diese geheime Bedeutungsebene nicht erkennt, kann in dem Brief nichts zu Zensierendes erkennen, Hänsels und Gretels Eltern hingegen entschlüsseln die Geheimbotschaft. Die Kinder bzw. Leser*innen werden aufgefordert, ebenfalls solche verschlüsselten Briefe zu schreiben – ein widerständiges Praxiswissen, zumal in einem Staat, in dem es keineswegs nur in Märchen vorkommt, dass Briefe abgefangen und kontrolliert werden.

Durch diese ‚Lektionen in Widerständigkeit' bleibt es nicht bei der imaginierten verschworenen Kindergemeinschaft gegen die Erwachsenen, die außerhalb des Buches keinerlei Wirkungsmacht mehr hätte. Vielmehr werden Kinder zu einem souveränen und kritischen Umgang mit erwachsenen Autoritäten ermuntert. Und zugleich lässt sich in diesen Abschnitten eine Art Poetik des Buchs selbst entdecken, denn es steckt voller verborgener Botschaften, subtilem Doppelsinn und subversiver Ironie. Anders als bei doppelsinnigen Mehrfachadressierungen üblich, geht es hier somit gerade darum, das Erkennen der ‚versteckten Botschaft' *nicht* den Erwachsenen zu überlassen, sondern im Gegenteil darum, dass auch die jungen Leser*innen diese Botschaften zu entziffern lernen oder sogar selbst doppelsinnige Aussagen produzieren können, deren eigentlicher Sinn den Erwachsenen verborgen bleibt.

Das subversive Wissen aus dem „Blaubuch" zeigt auch in der Praxis, d. h. in der Handlung des Buchs, seine Wirkung. Beim Essen gemeinsam mit ihren Eltern vergleicht Monica die Geschichte vom Rumpelstilzchen, dessen Bann gebrochen ist, sobald sein Name ausgesprochen wird, mit der Arbeit ihres Vaters, eines Staatsanwalts: „[...] wenn Vater ein Verbrechen aufklären will und kriegt den Namen des Täters raus, dann hat der doch eigentlich auch schon verloren!" (316) Diese hellsichtige Analogie können ihre Eltern natürlich nicht akzeptieren:

> ‚Das ist doch was Andres', sagte Monicas Mutter. ‚Das ist doch unsere Wirklichkeit.'
> ‚Die willst du doch nicht mit einem Märchen vergleichen?' sagte Monicas Vater.
> ‚Natürlich nicht', sagte Monica.
> Monicas Vater stutzte.
> ‚Wie meinst du das?' fragte er, ‚meinst du das ironisch?'
> ‚Natürlich nicht', sagte Monica [...]. (316)

Monica bringt ihre Eltern hier zunächst dadurch aus der Fassung, dass sie die Trennung von rationaler Wirklichkeit und irrational-fantastischer Fiktion infrage stellt; noch mehr aber dann durch ihr ironisches Sprechen. Ihre verwirrend-mehrdeutigen Nachfragen bringen ihren Vater schließlich so auf, dass er zu Monica brüllt: „Und nun geh zum Teufel!" – woraufhin Monica aufspringt und auf die Frage ihrer Mutter, wohin sie denn wolle, antwortet: „Zum Teufel!" (325) Hier werden exemplarisch zwei unterschiedliche Arten von ‚Wissen' gegeneinandergestellt: Auf der einen Seite, verkörpert von Monicas Eltern, steht das „Wissenschafts-Wahre" (299), das offizielle Wissen, dem zufolge Märchen unrealistisch sind und sich nicht mit der Wirklichkeit vergleichen lassen. Auf der anderen Seite steht das „Kunst-Wahre" (299), Monicas im Laufe der Handlung gewonnenes Wissen über den Erfahrungsgehalt und die Funktionsweisen von Sprache und Literatur sowie über das subversive und widerständige Potential uneigentlichen Sprechens.

4.1 „Kulturbundschulungskursunlust" – satirische Sprach- und Gesellschaftskritik

Das kritisch-subversive Moment von *Die dampfenden Hälse* manifestiert sich nicht zuletzt in vielen satirischen Anspielungen auf Sprache und Realität der DDR. Dabei spielt Wissen in zweierlei Hinsicht eine Rolle: Zum einen wird mit Satire, Witz und Sprachspiel gewissermaßen nebenbei kritisches Wissen vermittelt; zum anderen setzen diese Bezüge ein außertextuelles Wissen (über Kultur und Gesellschaft der DDR) voraus.

Viele kleine Witze beziehen sich auf die alltäglichen Mängel und Unannehmlichkeiten des Alltags in der DDR. So erfinden die Kinder das Spiel „Was in den Dingen steckt", weil sie im Dunkeln an einem Geschäft vorbeikommen, dessen Neon-Leuchtschrift „teilkaputt" ist. „‚[...] wie so manches so manchmal'" (56), kommentiert Monica lakonisch. Ähnlich verfährt Küslübürtün, wenn er im „Blaubuch" den Unterschied zwischen Paradoxon und Widerspruch erklärt: Als Beispiel für ein Paradox, also einen „Widerspruch, der nicht in der Sache, sondern nur in der Sprachgestalt sich zeigt", führt er an: „wenn ein *Fahr*stuhl *geht*". Denn: „Daß ein Fahrstuhl bei uns funktioniert, ist zwar nicht eben die Regel, doch auch nicht grade ein Widerspruch." (298, Herv. i. O.) Auf einen anderen Missstand wird bei der Umerzählung des Märchens von Hänsel und Gretel angespielt. Die Hexe wirft den Brief der Kinder „in den nächsten Briefkasten mit Nachtleerung, und da die Geschichte im Märchenland spielt, kam die Post schon zwei Tage später an" (292–294). In der DDR, so der Subtext, hätte die Post viel länger gebraucht. Derartige Anspielungen auf die wirtschaftliche Situation des Landes waren in der DDR auch in zahlreichen Witzen verbreitet, die „die im täglichen Leben empfundenen Mängel zu beschreiben und mit Witz zu verarbeiten"[75] suchten und damit zur Ausdrucksform eines subversiven Wissens wurden.

Häufiger noch als in solchen Anspielungen äußert sich die Kritik aber in Form von Sprachkritik. Als Küslübürtün betont: „Nicht jeder Deutsche beherrscht das Deutsche; seine Muttersprache bleibt manchem fremd" (34), fallen den Kindern sofort Beispiele aus ihrem Alltag ein, die von solch einer mangelnden Beherrschung des Deutschen zeugen: Emmanuel etwa muß „an den Polit-Unterricht" denken und „Caroline fiel die Fachzeitschrift ein, die ihre Eltern abonnierten" (34). Frau Habermilch, Jens' Mutter und Mitglied im Kulturbund, stöhnt, sie müsse am übernächsten Tag zu einer „Kulturbundschulung" – und verwendet damit, ohne es zu merken und zur Freude der Kinder, ein Wort, das fünf ‚u' enthält. Emmanuel fällt sogar noch eine Erweiterung ein: „Kulturbundschulungskursunlust" (17) – hier wird nicht zuletzt die zu langen Komposita neigende politbürokratische Sprache der DDR aufs Korn genommen. Die Leere und Formelhaftigkeit dieser Sprache wird von den Kindern selbstständig erkannt: Als Küslübürtün von den Kindern gefragt wird, worüber die Sprachgeister auf ihrer Versammlung im Turm von Babel beraten hätten, sagt Caroline: „‚Ich weiß schon, [...] erstens: Auswertung der letzten Beschlüsse; zweitens: Grundsatzfragen und schließlich drittens: Verschiedenes.'" (127) Und auch das „Blaubuch" könnte als satirische Anspielung verstanden werden, denn die Thälmann-Pioniere, denen fast alle Schüler*innen vom ersten bis zum siebten Schuljahr angehörten, besaßen ein blau gebundenes Liederbuch.[76]

75 Andrea Schiewe, Jürgen Schiewe: Witzkultur in der DDR. Ein Beitrag zur Sprachkritik. Göttingen 2000, S. 57.

76 Vgl. Meibauer, Das Sprachspielbuch, S. 303. Die Bezeichnung „Blaubuch" könnte auch eine Anspielung auf „Das blaue Buch" von Wittgenstein sein, von dem sich auch ein Exemplar in Fühmanns Arbeitsbibliothek befindet. Weiterhin wäre etwa an die von Karl Marx häufig als Quelle herangezogenen englischen Parlamentsdrucksachen zu denken, die als *blue books* oder eben ‚Blaubücher' bezeichnet wurden (zur Geschichte des Ausdrucks ‚Blaubuch' vgl. Christiane Wanzeck: Zur Etymologie lexikalisierter Farbwortverbindungen. Untersuchungen anhand der Farben Rot, Gelb, Grün und Blau. Amsterdam, New York 2003, S. 150–156).

Zum kulturellen Wissen, das für das Verständnis des kritischen Gehalts einiger Passagen nötig ist, gehört etwa das Wissen um die politisch aufgeladene Bedeutung der Beatmusik, die in *Die dampfenden Hälse* mehrmals erwähnt wird. Schon zu Beginn des Buchs wird Beat implizit als mögliches Mittel gegen die Langeweile der Kinder charakterisiert, denn im Radio läuft nur „Gequassel", „[n]icht einmal ein Säuseln von Beat" (5). An späterer Stelle meldet sich Gabi auf Küslübürtüns Frage hin, ob sie Englisch könne: „‚Na ja', erklärte sie mutig verlegen, ‚was man von den Beatles und Stones halt so weiß.'" (138) Auch im „Blaubuch" wird Beatmusik erwähnt – in einer kleinen und in Klammern gesetzten „Pädagogischen Bemerkung": „Wenn's euch zu blöd wird, hört Beat oder kegelt – das geht noch eine ganze Weile so weiter!" (162) Diese positiven Verweise auf Beatmusik sind insofern nicht bloß nebensächlich, als diese Musik in der DDR seit Mitte der 1960er Jahre als dekadentes Phänomen der „amerikanischen Unmoral" galt und ein „schädliche[r] Einfluss solcher Musik auf das Denken und Handeln von Jugendlichen" konstatiert wurde.[77]

Auch einige Verse aus dem bereits erwähnten von den Kindern gemeinsam ad hoc gereimten Nonsensgedicht lassen sich als subtiler Verweis auf die (vermeintlich schädlichen) westlichen Einflüsse lesen.

> Es war einmal ein Mensch,
> der hatte eine Ränsch,
> die Ränsch war ihm zu westlich,
> da zog er weiter östlich.
> Östlich war ihm zu arbeitsam,
> da kauft' er sich ein Filmprogramm [...]. (213)

In diesen Versen stecken gleich mehrere kritische Verweise. Das Wort „Ränsch", ist eine Anspielung auf die in der DDR als „amerikanische Unkultur" diffamierte „Texasideologie". Mit diesem Kampfbegriff wurde seit den 1960er Jahren „[u]nter Bezugnahme auf die Beliebtheit der amerikanischen TV-Serie ‚Die Texas Rangers'" gegen „westliche Einflüsse auf die Jugendlichen der DDR" vorgegangen.[78] Kein Wunder also, dass die „Ränsch [...] zu westlich" ist: Ganz im Sinne von Fühmanns Lektionen in Hintersinnigkeit ist nur auf der Oberfläche die Himmelsrichtung gemeint, während der verborgene Sinn auf den Systemkonflikt zwischen Ost und West verweist. In diesem Sinne lässt sich der Vers „Östlich war ihm zu arbeitsam" als Kritik an den Arbeitsbedingungen und der Fetischisierung

---

77 Neues Deutschland, 16.12.1965. Zitiert nach: Ulrich Weißgerber: Giftige Worte der SED-Diktatur. Sprache als Instrument von Machtausübung und Ausgrenzung in der SBZ und der DDR. Münster 2010, S. 78.

78 Weißgerber: Giftige Worte der SED-Diktatur, S. 329.

der Arbeit in der DDR bzw. im Realsozialismus deuten. Auch hier verbindet sich somit eine spielerisch-subversive Sprachkritik mit einer *Gesellschafts*kritik, die allerdings subtil genug bleibt, um nicht Anlass für Zensur zu werden.

Einige dieser Anspielungen sind aufgrund des heute zumeist fehlenden historischen Kontextwissens kaum mehr zu verstehen; und schon zum Zeitpunkt der Veröffentlichung wird auch für Leser*innen in der DDR so manche ironisch-subtile Kritik nicht (sofort) verständlich gewesen sein. An diesen Formen der Satire und des Witzes wird deutlich, was Jörg Schönert in Bezug auf das bei Satire vorausgesetzte außertextuelle Wissen schreibt: „Ohne textuellen Rückbezug auf dieses Wissen wird der nennend-implizierende Wirklichkeitsbezug funktionslos: Die Mitteilung wird ›hermetisch‹, die satirische Intention ist nicht mehr nachvollziehbar.“[79]

4.2 Kritik an der DDR-Kulturpolitik

Wie am letzten Beispiel deutlich wird, gehen die satirischen Bezüge auf Alltagswelt und Sprachgebrauch in der DDR ebenso wie die Kritik an den fantasielosen, autoritären und bornierten Erwachsenen vielfach in eine Kritik an der offiziellen (Kultur- und Bildungs-)Politik der DDR über. Ein entscheidender Bestandteil dieser Kritik ist dabei die Infragestellung dessen, was als Wissen über Literatur bzw. als wissenschaftliche Betrachtung von Literatur gilt.

Als fiktionaler Vertreter dieser Auffassung lässt sich Herr Leipzig verstehen, der Bibliothekar des Ortes. Die Kinder suchen ihn auf, um Bücher von Christian Morgenstern auszuleihen. Doch Herr Leipzig händigt ihnen Morgensterns Literatur nicht aus, ohne zuvor vor ihr gewarnt zu haben:

> Der Morgenstern sei nichts für Kinder, erklärte er, der habe die ‚Galgenlieder‘ geschrieben, das sei eigentlich ein ganz sinnloser Unsinn, der weder fortschrittliches Wissen noch wertvolle Gefühle vermittele. Zwar dürfe dies Buch bei uns erscheinen, weil es nicht direkt kriegshetzerisch sei, doch einen Nutzen für Produktion oder Unterricht könne man nimmermehr aus ihm ziehen.
>
> ‚Müssen Gedichte denn immer einen Nutzen für die Produktion oder den Unterricht haben?‘ erkundigte sich Gabi.
>
> ‚Sie sollten, sie sollten!‘ sagte Herr Leipzig verklärten Gesichts […]. (219)

79 Jörg Schönert: Theorie der (literarischen) Satire. Ein funktionales Modell zur Beschreibung von Textstruktur und kommunikativer Wirkung. In: Textpraxis 2 (2011), H. 1. URL: http://www.uni-muenster.de/textpraxis/joerg-schoenert-theorie-der-literarischen-satire, S. 36 f.

Wertvoll sind Herrn Leipzig zufolge außerdem Gedichte, die „zur Verteidigung des Friedens aufrufen oder die Liebe zur schönen sozialistischen Heimat erwecken oder Normen des sozialistischen Verhaltens propagieren" (219). Gabi entgegnet, sie „finde Gedichte manchmal schön und weiter nichts, und dann gefallen sie mir eben" (219). Hier wird ein bestimmtes Verständnis von Kunst und Ästhetik dargestellt und kritisiert, eines, in dem Literatur einen „Nutzen" haben und „fortschrittliches Wissen [...] vermittel[n]" soll und in dem Literatur, die das nicht tut, tautologisch als „sinnloser Unsinn" abgewertet wird.

Der reale Kern dessen, was hier in die Form amüsanter Satire gekleidet ist, ist die im Sinne eines instrumentellen Nutzen-Denkens betriebene politische Bevormundung der Kunst, an der Fühmann über sein gesamtes Schaffen hinweg gelitten und die er häufig kritisiert hat. In einer Rede an junge Schriftsteller*innen etwa sagte er im Jahr 1972:

> Literatur wirkt auf den ganzen Menschen, auch dadurch unterscheidet sie sich von der Wissenschaft und deren Kalkül, und gerade das erwarten wir ja. Von der Wissenschaft verlange ich Spezifiziertes [...], doch ich kenne niemand, der etwa sagt: Ich will heut meinen Willen zur Zivilverteidigung stärken! und nach einem Roman dieses Themas fragt.[80]

Im „offiziellen Literaturverständnis[]" werde „Dichtung nur als Transportmittel für Anderes angesehen", beklagt Fühmann sich im Gespräch mit Margarete Hannsmann,[81] und der Niederschlag dieses Literaturverständnisses auf die Bildung und Erziehung der Kinder bereitet ihm besondere Sorgen. Dies wird etwa deutlich, wenn er Herrn Leipzig auf Gabis Frage, ob es denn schlimm sei, dass sie auch ‚nutzlose' Gedichte schön finde, antworten lässt:

> Herr Leipzig lachte. So scharf, sagte er freundlich, wolle er die Frage nun eben nicht stellen, dafür seien Kinder ja noch Kinder und ihre literarischen Ansprüche naturgemäß noch unterentwickelt, doch werde, und da nickte er zuversichtlich, doch werde die Schule ihnen sicher noch beibringen, was ihnen zu gefallen habe und was nicht.
> Das sehe er durchaus kommen, erklärte Emmanuel. (219)

Fühmann kehrt Herrn Leipzigs Perspektive um: Nicht die literarischen Ansprüche der Kinder sind unterentwickelt, sondern die Fantasie und ästhetische Urteilskraft der Erwachsenen sind verkümmert. Demgemäß sieht Fühmann in einem

80 Franz Fühmann, Ein Wort an künftige Kollegen. In: Franz Fühmann: Essays, Gespräche, Aufsätze. 1964–1981. Rostock 1993, S. 44–55, hier: S. 51.
81 Franz Fühmann: Miteinander reden. Gespräch mit Margarete Hannsmann. In: Franz Fühmann: Essays, Gespräche, Aufsätze. 1964–1981. Rostock 1993, S. 429–457; hier: S. 446.

Deutschunterricht, der den Kindern beibringt, „was ihnen zu gefallen ha[t] und was nicht", eine Gefahr für ihre Erfahrungsoffenheit, Neugier und Fantasie.[82]

Das bedeutet jedoch nicht, dass die Bedeutung von Wissen und seiner Vermittlung durch fachliche Autoritäten generell in Frage gestellt würde. Im „Blaubuch" finden sich immer wieder Verweise darauf, dass auch enzyklopädisches Wissen durchaus wichtig ist. Eine „[g]rundsätzliche pädagogische Bemerkung" lautet: „Beschafft euch zu allen Personen, die wir euch noch nennen sollten, biographische Angaben aus Nachschlagewerken!" (164) Und an anderer Stelle werden die Kinder aufgefordert: „Fragt Herrn Leipzig nach Büchern, aus denen ihr mehr über die verschiedenen Arten von Reimen erfahren könnt." (169). Zudem umfasst das dem Buch am Ende beigefügte „Bücherverzeichnis" mit weiterführender Lektüre vor allem Enzyklopädien und Wörterbücher (345). Und auch zu Christian Morgenstern und seinen *Galgenliedern* kann Herr Leipzig den Kindern einiges Wissenswertes erzählen (vgl. 220), was diese wertschätzen, allerdings auch kritisch-ironisch kommentieren: „‚Was Sie alles wissen, Herr Leipzig?' staunte Caroline." (220) Von Egbert Herfurth wird diese Szene gleichermaßen ironisch bebildert: mit dem Bild einer Hemd und Krawatte tragenden Figur, der statt eines Kopfes ein Buch auf dem Hemdkragen sitzt, auf dem „A – Z" steht. Bild und Text signalisieren somit, dass Herr Leipzig zwar über breites enzyklopädisches Wissen über Literatur verfügt, dass ihm jedoch ein nicht-instrumenteller, erfahrungsoffener Zugang zur Literatur fehlt. Zugleich steckt darin ein metatextueller Kommentar zum eigenen Buch: *Die dampfenden Hälse* ist dem „sinnlose[n] Unsinn" Morgensterns näher als dem systematischen Wissen einer Enzyklopädie, einem „Spielplatz"[83] näher als einem Klassenzimmer.

5 Schluss: Antididaktische Didaktik

Die Beschäftigung mit *Die dampfenden Hälse* hat gezeigt, dass das Buch als Sachbuch ein beträchtliches Wissen über Sprache vermittelt – Wissen über Sprachtypen, Sprachgesetze und ihren Ursprung, über Sprachwandel und Sprachgebrauch, sprachphilosophisches und -historisches Wissen u.v.m. Insbesondere durch das „Blaubuch", durch „die vielfältigen Übungen und Musterlösungen und die Arbeitsaufträge an die Kinder", steht das Buch damit „in einer

82 Vgl. Fühmanns ausführlichen Brief an eine angehende Lehrerin: Franz Fühmann an Ingeborg Rähmer, Brief vom 12.12.1964, Akademie der Künste Berlin, Franz-Fühmann-Archiv, Nr. 829.
83 So wird das Buch von Ulrike Almut Sandig bezeichnet (Ulrike Almut Sandig: Das ausgeschnittene Bild. Franz Fühmann. Ein Leseporträt. In: die horen 256 (2014), H. 4, URL: http://www.planetlyrik.de/wp-content/uploads/2015/10/Zu-Franz-Fühmann.pdf).

didaktischen Tradition", wie Jörg Meibauer betont.[84] Einzelne Ausschnitte, vornehmlich aus den „Blaubuch"-Teilen, lassen sich auch im Deutsch-Unterricht gut einsetzen.[85] Monica beschwert sich daher auch über „so viele Hausaufgaben" (205) und tatsächlich haben viele Abschnitte aus dem „Blaubuch" die typische Form pädagogischer Arbeitsaufträge.[86]

Man könnte *Die dampfenden Hälse* daher auf den ersten Blick als einen ‚Rückfall' Fühmanns in seine Phase des „didaktische[n] Schreibens" auffassen, wie er seine Literatur bis zum Ende der sechziger Jahre selbst rückblickend bezeichnete: „Ich hatte bestimmte Erkenntnisse, die ich auch mitteilen wollte. Ich hatte also eine lehrhafte Absicht, und es wurde auch eine Literatur, die in einem didaktischen Sinn engagiert war."[87] Diese Beschreibung trifft fraglos auch auf *Die dampfenden Hälse* zu, folgt das Buch doch eindeutig einer „lehrhaften Absicht". Dennoch ist es nicht nur zeitlich, sondern auch programmatisch der ‚nachdidaktischen' Literatur Fühmanns zuzuordnen, wie im Folgenden knapp argumentiert werden soll.

Bereits der Form nach ist das Buch weit mehr als bloß didaktisch. Für ein Sachbuch ganz ungewöhnlich, folgt es kaum einer zuvor konzipierten Systematik, sondern scheint sich vor allem vom Material leiten zu lassen und dessen Eigenlogik auch auf Abwege zu folgen. Wenn Meibauer die „oft mäandernde Darstellung"[88] moniert, trifft das durchaus ein Merkmal des Textes. Um in Meibauers Bild zu bleiben: Statt einen abgezirkelten Kanal zu graben, folgt Fühmann den Windungen und Bewegungen seines Gegenstands. Damit gilt für *Die dampfenden Hälse*, was Fühmann in Bezug auf *Zweiundzwanzig Tage oder die Hälfte des Lebens* konstatierte: dass „etwas, was ich schreiben wollte, mir mit eigenem Willen gegenübertrat"[89] und er diesem ‚eigenen Willen' seines Gegenstands immer wieder gefolgt ist. So wie Literatur für Fühmann nicht nur die ‚schöne Verpackung' einer propositionalen Aussage ist, ist auch in *Die dampfenden Hälse* die

84 Meibauer: Das Sprachspielbuch, S. 308.

85 Vgl. u. a. Karola Vos: Mit Sprache spielen. Mit vielen Materialien und Arbeitsblättern zu den einzelnen Unterrichtsideen im Heft und zur Audio-CD. Seelze 2009; Monika Plath: Franz Fühmann: Die dampfenden Hälse der Pferde im Turm von Babel (1978). In: Erzählende Kinder- und Jugendliteratur im Deutschunterricht. Textvorschläge – Didaktik – Methodik. Hg. von Kaspar H. Spinner, Jan Standke. Paderborn 2016, S. 100–104.

86 Etwa: „Schlagt jetzt in der Grammatik nach, unter welchen Gesichtspunkten man dort die Konsonanten zu gruppieren versucht." (173)

87 Franz Fühmann: Gespräch mit Jacqueline Benker-Grenz. In: Franz Fühmann: Essays, Gespräche Aufsätze. 1964–1981. Rostock 1993, S. 408–422; hier: S. 419.

88 Meibauer: Das Sprachspielbuch, S. 308.

89 Fühmann: Gespräch mit Jacqueline Benker-Grenz, S. 419.

literarische Form nicht bloßes Mittel zum Zweck, ein bestimmtes Wissen zu vermitteln. Zweck und Mittel, Gehalt und Darstellung fallen hier vielmehr in eins.

Schließlich ist das Verhältnis von Lehrendem und Lernenden zu betrachten. Küslübürtün begegnet den Kindern nicht nur wegen seiner kleinen Statur auf Augenhöhe. Er beharrt auf keiner hierarchischen Distanz, sondern lässt sich duzen und sogar mit Kosenamen anreden. Seine Sprache ist derjenigen der Kinder oft ähnlich; umgangssprachliche oder flapsige Ausdrücke der Kinder werden von ihm nicht korrigiert, manchmal verwendet er sie sogar selbst. Die Kinder werden als kompetente, überwiegend ebenbürtige Gesprächspartner*innen angesprochen – jedenfalls als deutlich kompetentere Gesprächspartner*innen als die Erwachsenen.[90] Und so wird er von den Kindern auch gleichermaßen als Wissensvermittler und als Spielgefährte wahrgenommen. Küslübürtün bietet ihnen Raum für ihre eigenen Fragen, ihre eigenen Bedürfnisse und Interessen.[91] Gleichzeitig hat Küslübürtün aber auch Schwächen und Fehler, die aus ihm kein ungebrochenes Vorbild machen. Er ist nicht nur manchmal genervt (vgl. 141), sondern kann sogar leicht cholerische Züge annehmen, beleidigend und ungerecht werden. So beschimpft er die Kinder einmal mit dem Ausruf: „‚Ihr seid dumm wie der Häcksel auf den Tennen der Erhabenen Majestät Urukaginas oder Lugalzaggesis!“ (125) und reagiert auf eine unbedarfte Frage mit dem spöttischen Stoßgebet: „Oh Allah, erleuchte diese Torheit!“ (132)[92]

Die Kinder, die ihrem ‚Lehrer‘ derartige Ausfälle nicht übelzunehmen scheinen, eignen sich den Großteil des Wissens selbstständig und souverän an – Erwachsene sind in diesem Erkenntnisprozess überflüssig oder sogar störend. Und auch die Kinder sind keine Musterschüler*innen: Sie sind nicht selten frech, aufsässig, ungeduldig und vorlaut – und durchaus auch einmal desinteressiert. Das Buch zeigt für diese nonkonformen Haltungen Verständnis[93] und konterkariert seinen didaktischen Charakter, etwa indem es dazu auffordert, die ‚Beleh-

90 Dass diese Haltung für Fühmann charakteristisch war, erinnert etwa Christa Wolf in ihrem Nachruf auf ihn: „Ernst, ganz ernst nahm er die Jungen. [...] Alle seine Freunde mit Kindern wissen davon zu erzählen, wie er für Stunden aus dem Kreis der Erwachsenen ins Kinderzimmer entschwinden und sich mit einem achtjährigen Mädchen oder einem fünfjährigen Jungen in profunde Gespräche verstricken konnte [...].“ (Christa Wolf: Worte des Gedenkens. In: Sinn und Form 36 (1984), H. 5, S. 1017–1022, hier: S. 1021).

91 Vgl. Grenz, Hirdina: Ein Sprachbuch, S. 885 f.

92 Küslübürtün entspricht damit einem Ideal, das Fühmann in *Zweiundzwanzig Tage* formuliert: „Völlige Unbefangenheit der Rede als Spielregel, das schließt nämlich Rücksichtslosigkeit durchaus ein, auch Schärfe, auch Bosheiten, aber man setzt vom andern voraus, daß er sich wehren kann [...].“ (Fühmann: Zweiundzwanzig Tage, S. 420).

93 Jacqueline Grenz und Karin Hirdina bezeichnen es daher zu Recht als „ein antiautoritäres Buch“ (Grenz, Hirdina: Ein Sprachbuch, S. 885).

rungen' zu überblättern, wenn sie zu langweilig sind, oder indem es Aufgabenstellungen um den Hinweis ergänzt: „Aber ihr müßt nicht!" (288) Fraglos ist dieses lehrreiche Buch trotz alledem *auch* didaktisch. Doch es übersteigt den didaktischen Zweck eines Wissenstransfers: Die Spiele und die Literatur müssen sich an keinerlei Nutzen messen lassen, es reicht, dass sie „schön" (oder lustig oder interessant) sind – „und weiter nichts", um Gabis gegen Herrn Leipzig gerichtete Worte zu verwenden (219). Das vermittelte Wissen wiederum ist nur durch den ‚Nutzen' legitimiert, das Verständnis von Sprache und Literatur zu vertiefen, die Sprache als Ausdrucksmittel eigener Erfahrungen zu erkennen und vor allem die Freude an ihr zu vergrößern. Und schließlich trägt das Buch dazu bei, einen kritischen Blick und eine subversive Haltung einzuüben, und lehrt so „auf vergnügliche und radikale Weise denken"[94], wie Manfred Bierwisch es formuliert.

Was damit aber in Frage steht, ist nicht nur die Didaktik, sondern auch der Begriff des Wissens, der gängige Modus der Erkenntnis. Diese Infragestellung ließe sich wie folgt pointieren: In *Die dampfenden Hälse* geht es um Erkenntnis statt um Kenntnis, um Denken statt um Wissen, um Bildung statt um Erziehung, um Unfertiges statt um Abgeschlossenes, ums Verstehen statt ums Erklären, ums Fragen statt ums Bescheidwissen, ums Reflektieren statt ums Nachbeten, um Kritik statt um Know-how, um Spiel statt um Mühe. Weit davon entfernt, jegliches Sachwissen zu verwerfen, wird in *Die dampfenden Hälse* doch deutlich, dass das herrschende Verständnis von Wissen und Wissenschaft dem Verständnis von Literatur mehr schadet als es zu ihm beiträgt.

Gegen einen verdinglichten Begriff von Wissen als etwas, das sich ‚erwerben' lässt wie eine Ware, steht eine Auffassung von Erkenntnis als Prozess. Gemeinsam mit den Protagonist*innen des Buchs durchläuft der Leser einen Prozess, an dessen Ende nicht (nur) ein umfangreicheres Wissen über Sprache steht, sondern vor allem eine Reihe von in Erfahrung wurzelnden Erkenntnissen. Um solch eine Erfahrung zu ermöglichen, muss man jedoch langsam, mehrfach, genau, ‚denkend' lesen. Die „Warnung" vor den Texten von Herder, Humboldt, Marx und Engels – „Man muß sie oftmals lesen und Wort für Wort durchdenken" (116) – lässt sich in diesem Sinne auch jedem literarischen Text voranstellen.

Zugleich macht das Buch seine Leser*innen nicht zu bloßen Objekten der Wissensvermittlung, zu bloßen Empfängern, sondern zu Subjekten ihres eigenen Erkenntnisprozesses. Dazu gehört auch der Mut zum eigenständigen Denken und Urteilen. Das Buch will Kindern nicht „beibringen, was ihnen zu gefallen habe und was nicht" (219), wie Fühmann es Herrn Leipzig sagen lässt, sondern ermuntert sie dazu, sich auf Sprache und Literatur einzulassen, und ermutigt sie

94 Bierwisch: Gutachten.

gleichzeitig zu einer souveränen, um gängige Urteile unbekümmerte Haltung gegenüber Sprache und Literatur. Vielleicht ließe sich dieser Widerspruch in dem Ausdruck einer ‚antididaktischen Didaktik' fassen.

Spricht das Buch nun aber, um die eingangs formulierte Frage aufzugreifen, die ‚Sprache der Wissenschaft' oder die ‚der Dichtung' – oder ist diese Unterscheidung obsolet? Paradoxerweise scheint keine dieser drei Alternativen zuzutreffen: *Die dampfenden Hälse* vereint in sich sowohl wissenschaftliche als auch dichterische Sprache, doch wird die Differenz zwischen beiden nicht aufgelöst. Fühmann beharrt auch hier auf dem Gegensatz von Wissenschaft und Literatur und auf der Autonomie der literarischen Form, für deren Verständnis die Kenntnis von Sprachgesetzen nötig ist, die sich auf diese Gesetze aber nicht reduzieren lässt. Der Widerspruch bleibt also bestehen, und er wird zum Ansatzpunkt für kritische Reflexion: Ohne Widerspruch gäbe es keine Bewegung – nicht ohne Grund ist Küslübürtün ein „Fan der Widersprüche" (142). *Die dampfenden Hälse* richtet sich gegen all jene, die Literatur behandeln, als sei sie eine – bloß in eine schöne Form verpackte – wissenschaftliche, und d. h. widerspruchsfreie Aussage. Darüber hinaus drückt das Buch aber auch die Überzeugung aus, dass wissenschaftliche Definitionen, Kategorien und Beschreibungen zum Verständnis von Literatur nicht ausreichen, sondern dass sie, wie es in Bezug auf Brechts Gedicht *Erinnerung an die Marie A.* heißt, „als Erlebnis erfahren" (307) werden muss. Mit *Die dampfenden Hälse* hat Franz Fühmann vermutlich vielen Leser*innen, kindlichen wie erwachsenen, solche Erfahrung ermöglicht.

III Wissenschaft und Sozialismus im Fokus der Literatur

Marlen Arnolds

Vom schweren Anfang

Wissenschaftspolitische und -geschichtliche Reformprozesse in Dieter Nolls Roman *Kippenberg*

1 Vorbemerkungen

Nahezu alle Handlungsstränge in Dieter Nolls 1979 erschienenem Roman *Kippenberg* sind vor dem Hintergrund eines wichtigen wissenschaftspolitischen Umbruchs in der DDR angesiedelt, der 4. Hochschulkonferenz im Februar 1967. Diese Konferenz zielte auf eine umfassende Neustrukturierung aller Bildungsinstitutionen im Land. Im universitären Bereich sollte der von ihr angeregte Reformprozess die Auflösung tradierter Institutsgrenzen zugunsten interdisziplinär arbeitender Forschungsgemeinschaften zur Folge haben. Der titelgebende Protagonist in Nolls Roman, Dr. rer. nat. habil. Joachim Kippenberg, leitet eine Arbeitsgruppe im fiktiven Berliner *Institut für biologisch aktive Stoffe*, das sich der Erforschung biologisch aktiver, d. h. pharmazeutisch nutzbarer Stoffe widmet. Kippenbergs Arbeitsgruppe ist als Prototyp eines solchen Forschungskollektivs angelegt. Innerhalb der Diegese nimmt diese Arbeitsgruppe damit lange vor der tatsächlichen Umsetzung der geplanten Hochschulreform deren Kerninhalte vorweg,[1] denn in ihr arbeiten Mediziner, Chemiker, Biologen, Mathematiker, aber auch Wirtschaftswissenschaftler und Informatiker an gemeinsamen Projekten mit Vertretern produzierender Unternehmen. Insbesondere die Einbindung der Wirt-

1 Da Noll die fiktive Arbeitsgruppe als gewissermaßen ahistorisches Modell eines sozialistischen Forscherkollektivs, das seiner Zeit voraus ist, entwirft, soll hier kurz der historische Rahmen, in dem die realen wie fiktiven Ereignisse zu verorten sind, skizziert werden: Auf dem VI. Parteitag der SED wird im Januar 1963 das ‚Neue Ökonomisches System zur Planung und Leitung der Volkswirtschaft' beschlossen und in dessen Zuge auch eine III. Hochschulreform. Die Umsetzung dieses Vorhabens beginnt mit dem Beschluss über das *Gesetz über das einheitliche sozialistische Bildungssystem* vom 25.02.1965. In dessen Zuge werden vom Staatssekretariat für das Hoch- und Fachschulwesen 1966 die *Prinzipien zur weiteren Entwicklung der Lehre und Forschung an den Hochschulen der DDR* veröffentlich, die nach einjähriger Diskussion und Überarbeitung von der IV. Hochschulkonferenz im Februar 1967 verabschiedet werden. Zu diesem Zeitpunkt setzt die Romanhandlung ein. Die eigentliche Umsetzung der Reform erfolgt ab 1968. Zu den genaueren Zusammenhängen siehe auch Abschnitt 2 *Neuanfang hochschulpolitisch* in diesem Beitrag sowie Hubert Laitko: Umstrukturierung statt Neugründung. Die dritte Hochschulreform der DDR. In: Berichte zur Wissenschaftsgeschichte 21 (1998), S. 143–158.

 https://doi.org/10.1515/9783110771008-007

schaftswissenschaften und der Informatik verweist zudem auf weitere Umbrüche in der Wissenschaftsgeschichte der DDR, nämlich die Etablierung der Systemverfahrenstechnik als Querschnittsdisziplin sowie den Einsatz von Großrechnern in der naturwissenschaftlichen Grundlagen- und Anwendungsforschung.

Der Roman bilanziert diese wissenschaftspolitischen und -geschichtlichen Umbrüche in doppelter Weise: Zum einen arbeitete Noll offenbar bereits seit Ende der 1960er Jahre an seinem Text[2] und hatte so die Möglichkeit, die historischen Auswirkungen der von ihm literarisch aufgearbeiteten Reformen zu beobachten. Zum anderen spiegelt sich diese historische Beobachtungsdistanz in der Gestaltung der Erzählperspektive, denn der autodiegetische Erzähler Joachim Kippenberg berichtet über das im Februar 1967 Erlebte und seine damit verbundene Schaffens- und Existenzkrise mit einem zeitlichen Abstand von etwa einer Dekade. Dennoch wurde der Roman von der zeitgenössischen Literaturkritik in der DDR mitunter als großer Gesellschaftsroman der Gegenwart charakterisiert.[3] Einige LiteraturkritikerInnen stellten allerdings auch heraus, dass zwischen der Zeitebene 1967, in der die *histoire* des Romans angesiedelt ist und der Zeitebene 1977, der Gegenwart des sich erinnernden Kippenberg, kaum erkennbare Bezüge hergestellt werden. Tatsächlich ist der historische Abstand des Erzählers zum Erzählten deutlich zu erkennen; über seine eigene Gegenwart hingegen gibt dieser Erzähler jedoch kaum etwas preis. Eine Rahmenhandlung im eigentlichen Sinne ist also nicht vorhanden. Es scheint so, als ob das schon im Klappentext der Originalausgabe ins Zentrum gerückte Thema des Romans, die kritische Reflexion der eigenen Persönlichkeit und Bilanzierung des eigenen Fortschritts, nicht konsequent zu Ende erzählt werde. Vielmehr verbleibt Kippenberg als sich entwickelnde Figur wie Erzähler lediglich bei der Ankündigung von wahrlich neuen Entwicklungen: eines revolutionären Syntheseverfahrens samt des Baus einer zugehörigen Pilotanlage im Eilverfahren; der Einführung eines neuen, kollektiven Arbeitsstils im *Institut für biologisch aktive Stoffe* in Berlin; eines „von Grund auf umgekrempelt[en]"[4] Joachim Kippenberg. Die tatsächliche Umsetzung all dieser Innovationen bleibt jedoch unerzählt. Mehr noch: Der Erzähler des Jahres 1977 suggeriere, so zumindest der Tenor einiger zeitgenössischer RezensentInnen, durch die Auslassung der konkreten Realisierung all dieser angekündigten Neu-

2 Darauf lässt die Publikation einer kurzen literarischen Skizze schließen, die den Titel *Kippenbergs* trägt und 1969 in der Zeitschrift *Neue deutsche Literatur* veröffentlicht wurde. Im späteren Verlauf wird auf diese literarische Skizze noch eingegangen. Weitere Entwicklungsstufen des Romans liegen, zumindest in publizierter Form, nicht vor.

3 Vgl. Gerd Labroisse: Überlegungen zu Dieter Nolls *Kippenberg*. In: DDR-Roman und Literaturgesellschaft. Hg. von Jos Hoogeveen, Gerd Labroisse. Amsterdam 1981, S. 469.

4 Dieter Noll: Kippenberg. Roman. Berlin, Weimar 1979, Umschlag.

anfänge in der Erzählung, sie hätten sich problemfrei vollzogen. Eine „dialektische Sicht auf unser Heute“[5] werde so jedenfalls nicht ermöglicht. *Kippenberg* sei damit gerade kein moderner und seiner Gegenwart entsprungener Text, sondern vielmehr „ein traditioneller Roman mit einer Figurenkonstellation und Konfliktgestaltung der fünfziger Jahre und einer miserablen Sprache, die nicht mehr in unsere Literaturlandschaft passe.“[6] Für Gerd Labroisse ist die weitgehend fehlende Rahmenhandlung der blinde Fleck des Romans, seine „Konzeptions-Schwäche[] (oder sogar -Fehler)“[7], denn es sei nicht erkennbar, welche Funktion die zusätzlich eingezogene Zeitebene für die Erzählung überhaupt habe.

Unabhängig von den vermeintlichen Schwachstellen, die die zeitgenössische Literaturkritik am Roman aufgedeckt zu haben meint, kann es aber als unbestritten gelten, dass Noll seinen *Kippenberg* vor der Folie der angedeuteten wissenschaftsgeschichtlichen und -politischen Reformen als einen Roman über das Bilanzieren und das Neuanfangen angelegt hat. Seine Rückgriffe auf eine „Figurenkonstellation und Konfliktgestaltung der fünfziger Jahre“ erscheinen mir jedoch weniger Symptom eines für die 1970er Jahre archaischen Literaturverständnisses zu sein als vielmehr ein bewusster Rückgriff auf Form- und Strukturmerkmale der Aufbauliteratur sowie – und daraus erklärt sich die Zentrierung des Begriffs ‚Anfang‘ im Titel dieses Beitrags – auf den für viele frühe Werke der Aufbauliteratur obligatorischen Topos des ‚schweren Anfangs‘. Die damit verbundenen literarhistorischen Muster und Motive werden von Noll in einer auf die Gegenwart der späten 1960er Jahre verweisenden Aufbauerzählung reaktualisiert, nicht ohne den der historischen Aufbauliteratur inhärenten Anspruch auf Darstellung des gesellschaftlich Neuen gleichermaßen auch zu problematisieren. Anlass für diese Deutung geben die zahlreichen Verweise auf die Nachkriegs- und Trümmerzeit, in der der Protagonist, selbst Arbeiterkind, den Anfang für seinen beruflichen Werdegang zum Spitzenforscher verortet, ebenso wie Anleihen an typische Darstellungsmuster der literarhistorischen Vorlage ‚Aufbauliteratur’.

Der hochschulpolitische und wissenschaftsgeschichtliche Umbruch und Neuanfang 1967 wird – so meine These – in *Kippenberg* mit gängigen Erzählmustern der Aufbauliteratur inszeniert und zugleich in seiner gesellschaftlichen Funktionalisierung kritisch hinterfragt, denn die als Leerstelle inszenierte Rah-

---

5 Christel Berger: Kippenberg. Roman von Dieter Noll. In: Sonntag (08.04.1979), zitiert nach: Labroisse: Überlegungen zu Dieter Nolls *Kippenberg*, S. 477.

6 Kändler, Ulrich Dietzel, Horst Haase, Gotthard Lerchner, Cornelia Molle, Winfried Schröder: Persönlichkeit – Kollektiv. Rundtischgespräch zu Dieter Nolls „Kippenberg“. In: Weimarer Beiträge. Zeitschrift für Literaturwissenschaft, Ästhetik und Kulturtheorie 25 (1979), H. 12, S. 37.

7 Labroisse: Überlegungen zu Dieter Nolls *Kippenberg*, S. 541.

menhandlung sowie die Erzählperspektive im Roman unterlaufen das, was man vordergründig für die Darstellungsabsicht des Romans halten könnte: den sich problemfrei vollziehenden Wandel zu einem besseren und international konkurrenzfähigem Hochschul- und Wissenschaftssystem in der DDR. Der vermeintliche blinde Fleck innerhalb der Diegese lässt – sofern man ihn nicht als Kompetenzschwäche des Autors Dieter Noll auslegt – zwei alternative Deutungsoptionen zu. Eher unwahrscheinlich ist die folgende: Der Kippenberg des Jahres 1977 hat bereits den Idealzustand eines sozialistischen Wissenschaftlers erreicht und schlicht keine beruflichen oder persönlichen Probleme mehr, über die es noch zu reflektieren gelte. Oder aber: Die ausschließlich auf die Vergangenheit, aber nicht auf die Gegenwart des Erzählers gerichtete kritische Selbstreflexion erzeugt eine produktive Leerstelle im Text. Deren Funktion gilt es anhand einer Rekonstruktion verschiedener Inszenierungen des Neuanfangs um 1967, wie der Roman sie anbietet, nachzuspüren. Zu diesem Zweck werden, erstens, der *hochschulpolitische* Neuanfang im Zuge der 4. Hochschulkonferenz und zweitens, der *wissenschaftsgeschichtliche* Neuanfang, den der Großrechnereinsatz in der naturwissenschaftlichen Grundlagenforschung und die Etablierung der Systemverfahrenstechnik als Querschnittdisziplin mit sich brachten, in den Blick genommen. Diese Prozesse werden in den folgenden beiden Kapiteln sowohl in ihrem historischen Ablauf als auch in ihrer literarischen Inszenierung vergleichend untersucht. Die in *Kippenberg* literarisch vorgenommene Bewertung dieser Neuanfänge ist jedoch nur zu erfassen, wenn, drittens, auch ihre Kontextualisierung durch narrative und strukturelle Muster im Stil eines Aufbauromans in den Blick genommen wird. Durch diese Kontextualisierung stellt sich *Kippenberg*, ein Roman über einen wissenschaftspolitischen Umbruch- und Reformprozess in den späten 1960er Jahren, in die Tradition des zu diesem Zeitpunkt bereits historischen Genres der Aufbauliteratur, das sich poetologisch über die Inszenierung eines gesamtgesellschaftlichen Neuanfangs definiert.

2 Neuanfang hochschulpolitisch: Die Reformierung des DDR-Hochschulwesens im Zuge der 4. Hochschulkonferenz 1967

Eine systematische und historisch breite Aufarbeitung der gesamten hochschulbzw. wissenschaftspolitischen Entwicklung der DDR stehe bisher aus, stellt Andreas Malycha fest,[8] der für die Jahre 1945–1961 eine kommentierte Ausgabe bedeutsamer wissenschaftspolitischer Dokumente aus der DDR verantwortet hat.[9] Auch deswegen muss die folgende Betrachtung der hochschulgeschichtlichen Entwicklungen, vor deren Hintergrund das Romangeschehen von *Kippenberg* angesiedelt ist, lückenhaft bleiben. Ihr Fokus liegt auf dem wichtigsten wissenschaftsgeschichtlichen Referenzpunkt im Roman, der 4. Hochschulkonferenz in Berlin vom 2. und 3. Februar 1967; die Romanhandlung selbst setzt nur wenige Stunden vorher, am Nachmittag des 1. Februar, ein und nimmt die anstehende Konferenz zum Anlass, die Konfliktlinien in Kippenbergs Arbeitsumfeld offenzulegen, die „nicht nur die Konfrontation zweier Forschungsstile [...], sondern auch die zweier grundverschiedener Auffassungen von Sinn und Zweck der Wissenschaft" (KB, S. 232) abbilden. Die in diesem Sinne semantisch aufgeladene Unterteilung des Instituts in Alt- und Neubau wird auch auf figuraler Ebene durch die Leiter beider Gebäude, Kippenberg sowie seinen Schwiegervater und Vorgesetzten, Professor Rudolf Lankwitz, seines Zeichens renommierter Mediziner, wiederaufgenommen. Während das Arbeiten unter Kippenberg von flachen Hierarchien und Teamorientierung gekennzeichnet ist, beklagen insbesondere junge KollegInnen die streng hierarchisch organisierte und entfremdete Forschungsarbeit im Altbau:

> Kein Mensch kümmert sich um meine Arbeit. Ich arbeite völlig isoliert!" Oder: „Ich kann keinen Sinn in meiner Arbeit finden, man braucht doch kein Hochschulstudium, wenn man nachher nicht wissen darf, wozu die eigene Arbeit gut ist, und wer fragt, wird angeblafft. Es heißt, in Ihrer Abteilung soll das anders sein, Herr Doktor Kippenberg." Stimmt. In Kippenbergs Abteilung war das anders. Dennoch trank dieser Kippenberg geruhsam seinen Kaffee und plauderte mit Lankwitz über die abnorme Wetterentwicklung des Winters, anstatt die Rede auf irgendeins der Probleme zu bringen, die damals aktuell waren, beispielsweise die möglichen Konsequenzen, die sich aus der *Hochschulkonferenz für Forschung und Lehre* und wohl auch für unser Institut ergaben.[10] (KB, S. 13, Hervorhebung M.A.)[11]

---

8 Vgl. Andreas Malycha: „Produktivkraft Wissenschaft". Eine dokumentierte Geschichte des Verhältnisses von Wissenschaft und Politik in der SBZ/DDR 1945–1990. In: Auf dem Weg zur „Produktivkraft Wissenschaft". Hg. von Clemens Burrichter. Leipzig 2002, S. 41.

9 Siehe dazu: Andreas Malycha (Hg.): Geplante Wissenschaft. Eine Quellenedition zur DDR-Wissenschaftsgeschichte 1945–1961. Leipzig 2003.

10 Stellenweise wird der autodiegetisch angelegte Erinnerungsbericht Kippenbergs wie hier von heterodiegetisch anmutenden Passagen unterbrochen, in denen die innere Distanz des älteren, erzählenden Kippenbergs zu seinem ihm fremd gewordenen jüngeren Ich auch formal zum Ausdruck kommt.

11 Tatsächlich ist durch die aus Kippenbergs Perspektive vorgenommene Charakterisierung Lankwitz' über weite Strecken des Romanverlaufs nicht einmal klar erkennbar, ob dieser von der in nächster Nähe stattfindenden Hochschulkonferenz überhaupt weiß. Ebensowenig spielt der

Diese Konferenz war Teil eines langjährigen Reformprozesses, der darauf abzielte, „Wissenschaft ‚zur Wirkung zu bringen'"[12], indem sie neben Arbeit und Kapital als dritte „unmittelbare[] Produktivkraft"[13] zum ‚Aufbau des Sozialismus' beitragen sollte. Das erklärte Ziel der Konferenz war es, die infolge der *Prinzipien zur weiteren Entwicklung der Lehre und Forschung an den Hochschulen der Deutschen Demokratischen Republik* entstandenen Initiativen und Projekte mit Blick auf den anstehenden VII. Parteitag zu bilanzieren.[14] Diese *Prinzipien* waren 1966 vom Staatssekretariat für Hoch- und Fachschulwesen sämtlichen universitären Einrichtungen in der DDR „zur Diskussion"[15] vorgelegt worden, um einen Plan für die hochschulpolitischen Entwicklungen bis etwa 1980 zu entwickeln. Ihr Anliegen war es, „daß ein wissenschaftlicher Verlauf für die Volkswirtschaft geschaffen wird [und daß] produktiv zu nutzende Forschungsergebnisse schnell zur Verfügung stehen"[16]. Zusammenschlüsse zwischen forschenden und wirtschaftlichen Einrichtungen mit dem Zweck, vermeintlich sinn- und zweckfreie (Grundlagen-) Forschung sukzessive durch Auftragsarbeiten zu ersetzen, galten als effizientes Instrument zur Umsetzung dieses Ziels.[17]

Die kurz nach der Hochschulkonferenz einsetzende dritte Hochschulreform sollte die DDR wirtschaftlich leistungsfähiger machen. Erreichen wollte man das durch die Beseitigung überkommener Strukturen in Hochschulen sowie durch die

---

tatsächliche Verlauf der Konferenz, der sich parallel zum Romangeschehen ereignet, eine Rolle. Die Debatten der realen historischen Konferenz wurden von Noll offenbar dennoch recht genau recherchiert, denn mitunter finden sich direkte intertextuelle Verweise, die darauf deuten, dass die auf der realen Konferenz vorgebrachten Argumente in fiktive Debatten im Institut übertragen wurden: So kritisiert Kippenberg die „Toleranz gegenüber der öden Mittelmäßigkeit" (KB, S. 25), die sein Chef zur Schau stellt, mit fast demselben Wortlaut wie Ernst-Joachim Gießmann, ein Teilnehmer der Konferenz. Dieser kritisiert das mangelnde Auftreten einiger Kollegen gegenüber dem „Mittelmaß", wobei diese Zurückhaltung für ihn Zeichen einer „unakademischen Toleranz und Gleichmütigkeit" ist (Staatssekretariat für das Hochschul- und Fachschulwesen: Die Aufgaben der Universitäten und Hochschulen im einheitlichen Bildungssystem der sozialistischen Gesellschaft. Berlin 1967, S. 42).

12 Peter Christian Ludz, Johannes Kuppe: DDR Handbuch. Köln 1975, S. 323.

13 Vgl. Staatssekretariat für das Hochschul- und Fachschulwesen: Die Aufgaben der Universitäten, S. 11.

14 Vgl. Staatssekretariat für das Hochschul- und Fachschulwesen: Die Aufgaben der Universitäten, S. 19.

15 o.V.: Prinzipien zur weiteren Entwicklung der Lehre und Forschung an den Hochschulen der Deutschen Demokratischen Republik. In: Das Hochschulwesen 14 (1966), S. 226.

16 o.V.: Prinzipien zur weiteren Entwicklung der Lehre und Forschung, S. 226.

17 Vgl. Hubert Laitko: Das Reformpaket der sechziger Jahre – wissenschaftspolitisches Finale der Ulbricht-Ära. In: Naturwissenschaft und Technik in der DDR. Hg. von Dieter Hoffmann, Kristie Macrakis. Berlin 1997, S. 53.

Einführung des ‚Neuen Ökonomischen System der Planung und Leitung', also die Ausrichtung der bisher wenig rationalisierten Wissenschaften an zentralen Planvorgaben. Ernst-Joachim Gießmann, der das Hauptreferat auf der Konferenz hielt und in seiner Rolle als Minister für Hoch- und Fachschulwesen der DDR die dritte Hochschulreform durchführte, hob hervor, dass in einer Planwirtschaft die Fähigkeit, tragfähige Prognosen zu erstellen, auch im Hochschul- und Wissenschaftsbetrieb von Bedeutung sei. Dies gelte, so Gießmann, nicht nur für die Planung von Finanzen und Absolventenzahlen, sondern auch zur Ermittlung von künftigem Bedarf an wissenschaftlichen Forschungen, denn „es geht darum, neue wissenschaftliche Erkenntnisse schneller zu verbreiten und dadurch schneller in die Praxis zu überführen."[18] Dabei verteidigte er auch direkte politische Eingriffe in Forschungsvorhaben: Zwar dürfe man nicht „den schöpferischen Prozeß unterbrechen, wir werden aber in einigen Fällen die Frage stellen müssen, ob die so wertvolle geistige Arbeit eines Wissenschaftlers auch in seinem eigenen Interesse nicht auf wichtigere gesellschaftliche Aufgaben orientiert werden sollte."[19]

Adressiert gewesen sein könnte dieser Appell an solche WissenschaftlerInnen, denen Kippenbergs Vorgesetzter und Schwiegervater Rudolf Lankwitz nachempfunden ist. Für diesen in „der Tradition und zugleich einem individualistisch-elitären Denken so unlösbar verhaftet[en]" (KB, S. 294) Mediziner steht die Instrumentalisierung der Wissenschaft als Dienstleistung für die Gesellschaft grundsätzlich im Widerspruch zur Freiheit der Forschung. Die wissenschaftspolitischen Reformbemühungen seiner Zeit rufen in ihm eine Abwehrhaltung hervor, die im Roman in psychologisierenden Ausführungen aus seinen Erfahrungen in der Forschungsabteilung eines Chemiekonzerns in der NS-Zeit heraus begründet werden.[20] Die Beziehung zwischen Wissenschaft und Gesellschaft ist für ihn unidirektional und ausschließlich als Dienst der Wissenschaft an der Gesellschaft, nicht aber als Anspruch der Gesellschaft oder des Staates an die

18 Staatssekretariat für das Hochschul- und Fachschulwesen: Die Aufgaben der Universitäten, S. 35.

19 Staatssekretariat für das Hochschul- und Fachschulwesen: Die Aufgaben der Universitäten, S. 39 – 40.

20 Diese Form der (aus der Figurenperspektive) vorgenommenen Parallelisierung von NS- und DDR-Wissenschaftsbetrieb birgt einige Brisanz, denn immerhin gehört es zum Selbstverständnis der DDR, als antifaschistischer Staat frei von jedem Verdacht zu sein, Weltbild oder Methoden der deutschen Faschisten übernommen zu haben. Beides übereinander zu blenden, ist überhaupt nur aus Lankwitz' Perspektive möglich, denn genau dieser Figur weist der Erzähler ihr individuell nachvollziehbares, aber antiquiertes Welt- und Gesellschaftsbild nach. Ebenso lässt sich die Darstellung dieser Parallelisierung als zu überwindende Zwischenstufe eines Lernprozesses bei Lankwitz rechtfertigen, denn er gelangt zum Ende der Erzählung doch noch zu der Einsicht, dass die zu vollziehenden Hochschulreformen sinnvoll und zukunftsorientiert sind (vgl. KB, S. 626).

Wissenschaft denkbar. Die – in Kippenbergs Worten – „überkommene[n] Grenzen [s]eines Fachs“ (KB, S. 294) sind für ihn nicht nur als Wissenschaftler, sondern vielmehr noch als Mensch, der vom gesellschaftlichen Wandel um sich herum zutiefst irritiert ist, ein Schutzraum, sein Labor ein von der Außenwelt weitestgehend abgeschirmter Ort. Lankwitz‘ Ansichten bzw. Vorbehalte, soviel sei im Rahmen eines knappen rechtsgeschichtlichen Exkurses angemerkt, stehen durchaus im Einklang mit der zum Zeitpunkt der Romanhandlung (noch) gültigen Verfassung der DDR von 1949: Diese garantiert nämlich, ganz ähnlich wie das Grundgesetz der BRD, zumindest auf dem Papier die Freiheit von Kunst, Wissenschaft und Lehre, die vom Staat zu pflegen und gegen Missbrauch zu schützen ist.[21] Bereits im April 1968 verabschiedete die DDR jedoch eine neue Verfassung, in der das Verhältnis zwischen Wissenschaft und Staat von einer deutlicheren Abhängigkeit und Einflussnahme geprägt war. So heißt es dort in §17:

> (1) Wissenschaft und Forschung sowie die Anwendung ihrer Erkenntnisse sind *wesentliche Grundlage der sozialistischen Gesellschaft* und werden durch den Staat allseitig gefördert. [...]
> (3) Die Deutsche Demokratische Republik *fördert Wissenschaft und Bildung mit dem Ziel, die Gesellschaft und das Leben der Bürger zu schützen und bereichern, die wissenschaftlich-technischen Revolution zu meistern sowie den ständigen Fortschritt der sozialistischen Gesellschaft zu gewährleisten.* [Hervorhebungen M.A.][22]

Wissenschaft und Forschung sind hier eindeutig Funktionsträger zur Umsetzung der sozialistischen Utopie und werden genau in diesem Sinne staatlich „gefördert“. Das Attribut „frei“ taucht im Text der Verfassung nicht einmal mehr auf. Vor dem Hintergrund der mit der Hochschulreform angestrebten Umstrukturierung und Effizienzsteigerung des Wissenschaftsbetriebes ist eine derartige Ausbuchstabierung des Verhältnisses von Wissenschaft und Staat zwar nicht weniger problematisch, aber wohl als folgerichtig zu bewerten. Diese verfassungsrechtliche Grundlage ist auch die geltende, während Noll an seinem Roman schreibt, und ohne deren Kenntnis wäre wohl kaum verständlich, warum es ausgerechnet Lankwitz‘ Beharren auf freier, unabhängiger Forschung ist, das aus Perspektive des Romans als durchaus verständlich, aber auch nicht mehr zeitgemäß dargestellt wird.

Lankwitz‘ isolierte Arbeitsweise ist in diesem Zusammenhang als negativ konnotierte Semantisierung ‚freier Forschung‘ zu deuten. Sie bildet im Roman

---

21 Vgl. §34 Abs. 1 & 2, Verfassung der Deutschen Demokratischen Republik vom 7. Oktober 1949. http://www.documentarchiv.de/ddr.html (30.09.2019).

22 §17 Abs. 1 & 3, Verfassung der Deutschen Demokratischen Republik vom 6. April 1968. http://www.documentarchiv.de/ddr/verfddr1968.html (30.09.2019).

außerdem einen starken Kontrast zum kollaborativen Arbeitsstil Kippenbergs. Kippenberg selbst wurde nach seinem Medizinstudium durch Lankwitz ein weiteres Studium mit anschließender Promotion in Chemie ermöglicht. Nach seiner Habilitation wurde er von seinem Förderer zum Abteilungsleiter des Neubaus ernannt. In seine neue Arbeitsgruppe holte er seitdem und zum Erstaunen der etablierten KollegInnen mehrere MitarbeiterInnen, die als VertreterInnen gesellschaftlicher Randgruppierungen beschrieben werden können, die aber auch das enorm breite fachliche Spektrum der Arbeitsgruppe ermöglichen. Diesen Rekrutierungsprozess bilanziert Kippenberg in den Anfängen seines „Berichtes" über die Ereignisse im Februar 1967 in Form einer Bestandsaufnahme dessen, was man ihm „auf der Haben-Seite buchen" (KB, S. 106) müsste. So befindet sich in der neuen Forschergruppe der wegen seiner Homosexualität und Exzentrik lange Zeit verkannte und doppelt promovierte Mathematiker, Strahlenphysiker und Philosoph Harra. Ein zusätzliches Studium der Chemie verleiht ihm beinahe Züge eines Universalgenies (vgl. KB, S. 64). Gleichermaßen ‚entdeckt' hat Kippenberg den jungen Mathematiker und Informatiker Lehmann, dem er, mehr zur Wissensvermittlung als mit ernsthafter Qualifikationsabsicht, „eine Aspirantur für einen Chemiker [zugeschanzt]" (KB, S. 87) hat sowie Lewerenz, einen autistische Züge aufweisenden, am Leben gescheiterten und vorbestraften Mittfünfziger mit diagnostizierten „Wahn- und Zwangsvorstellungen und einem pathologischen Ehrgeiz" [KB, S. 109). Er ist im Institut als Bote angestellt, Kippenberg und Harra jedoch entdecken seine mathematische Inselbegabung und bilden ihn zum „technischen Rechner" (KB, S. 111) aus. Absoluten Seltenheitswert in der Arbeitsgruppe hat jedoch der als Choleriker charakterisierte mathematische Ökonom und Netzplantechniker Wilde, dessen „Einsatz in einem wissenschaftlichen Institut [...] seinerzeit sogar einzigartig gewesen sein [dürfte]." (KB, S. 69). Kippenberg sieht in seiner Arbeit Potential für die Ökonomisierung und Planung der am Institut angesiedelten Projekte zur Erforschung pharmazeutischer Stoffe. Die Zusammensetzung dieser Arbeitsgruppe verweist zum einen auf ihren interdisziplinären und weit über die Grenzen tradierter pharmakologischer Forschung hinausgehenden Charakter, eröffnet zum anderen aber auch weitere Bedeutungsdimensionen des als Leitmotiv zu verstehenden Romantitels, der zweifelsohne als sprechender Name, als Metapher für die gesammelten Bekenntnisse des Protagonisten, zu verstehen ist. Gleichermaßen ist aber die soziale Struktur der Arbeitsgruppe eine Art ‚Kippenberg', ein Ort für Randgruppen, anhand dessen der Roman die Bedeutung des Einzelnen für das sozialistische Kollektiv veranschaulichen will und so auch – im beschränkten Rahmen einer gesellschaftlich nützlichen Arbeitsleistung – als Plädoyer für Diversität und Toleranz gelesen werden kann. Nicht zuletzt deutet auch die Semantik des Leitmotives den noch zu erläuternden Konnex zur Tradition der Aufbauliteratur an, denn der Erzähler und

Protagonist selbst ist es, der seinen Ursprung in den ‚Kippenbergen', in den Trümmern der Nachkriegszeit verortet.

Neben dieser bildlichen Bedeutungsdimension ist die im Jahr 1967 angesiedelte literarische Fiktion des interdisziplinären Forscherkollektivs vor allem als Modell für die realen wissenschaftspolitischen Neuerungen der Folgejahre angelegt: Interdisziplinäres Arbeiten und Forschen, wie Kippenberg es etabliert hat und fördert, ist ebenfalls ein Kernelement der neuen, sozialistischen Hochschule. Der dritten Hochschulreform zufolge ist es Aufgabe der Hochschule, eine „organische Einheit von wissenschaftlicher Ausbildung und produktiver Praxis her[zu]stell[en]"[23]. Aus diesem Grund sollten im Zuge der dritten Hochschulreform das Prinzip der universitären Selbstverwaltung abgeschafft und Organisationsstrukturen zentralisiert werden, indem man die meisten Institute in interdisziplinäre Sektionen zu überführen gedachte. Innerhalb dieser Sektionen war der gesamte Lehr- und Forschungsbetrieb zu organisieren.[24] Sie sollten „die Einheit von Lehre, Erziehung und Forschung sicher[n]" und waren in diesem Sinne als „komplexe Zusammenfassung von Grundlagenforschung, angewandter Forschung und technisch-ökonomischer Anwendung der Forschungsergebnisse"[25] konzipiert. Dies brachte den ReformerInnen den Vorwurf ein, ihre Maßnahmen besonders auf die – wirtschaftlich relevanten – Bedürfnisse der Naturwissenschaften zugeschnitten zu haben.[26] Tatsächlich arbeitet auch Noll seine literarische Vorstellung eines idealtypischen interdisziplinären Forschungsteams im Feld der naturwissenschaftlichen Grundlagenforschung aus, mehr noch, er legt es als Vision Kippenbergs und seines Kollegen Bosskows, dem Parteisekretär im Institut, an. Beide hatten schon nach Kippenbergs Beförderung zum Abteilungsleiter des Neubaus, also bereits einige Jahre vor dem Einsetzen der Romanhandlung, umfassende Strukturänderungen des Instituts im Sinn, um nicht nur interdisziplinäre Forschung zu ermöglichen, sondern um das gesamte Institut zu einer Schnittstelle „zwischen der pharmakologischen Forschung und der schwer ringenden pharmazeutischen Industrie" (KB, S. 125) aufzubauen. Dieser Ansatz wäre Bosskows Einschätzung zufolge den Innovationsideen der Hochschulkonferenz bereits um Jahre vorausgegangen. Die fiktive Parteiführung im Roman hatte Bosskow bereits ihre Unterstützung für diese Pläne zugesagt, „einzige Bedingung war, daß Lankwitz einwilligt." (KB, S. 123). Kippenberg aber

---

23 Staatssekretariat für das Hochschul- und Fachschulwesen: Die Aufgaben der Universitäten, S. 16.

24 Vgl. Laitko: Das Reformpaket der sechziger Jahre, S. 50 – 52.

25 Hier und davor: o.V.: Prinzipien zur weiteren Entwicklung der Lehre und Forschung, S. 229.

26 Vgl. Staatssekretariat für das Hochschul- und Fachschulwesen: Die Aufgaben der Universitäten, S. 24.

hatte diese entscheidende Auseinandersetzung mit seinem Schwiegervater immer wieder gescheut und seine Innovationsbemühungen auf den Neubau beschränkt. Bosskow bewertet sein langes Zögern deshalb als verpasste Chance für das ganze Institut, denn dieses hätte ihm zufolge Modell werden können für das Innovationsprogramm, das nun auf der 4. Hochschulkonferenz beschlossen wurde: „[W]ir haben richtig gelegen, goldrichtig. Und warten Sie erstmal den Parteitag und dann die weitere Entwicklung ab, da werden Sie erst sehen, wie richtig wir gelegen haben.“ (KB, S. 122) Bosskow prognostiziert das im Jahr 1967, also vor Beginn der auf der 4. Hochschulkonferenz angestoßenen Reformen. Diese innerliterarisch verortete Prognose erfährt für den Leser des Jahres 1979 jedoch Bestätigung durch wissenschaftshistorische Prozesse, die bereits abgeschlossen sind. Oder anders gesagt: Noll kann seine Figur mit der Selbstsicherheit desjenigen ausstatten, der die künftigen Entwicklungen im Wissenschaftsbetrieb nicht nur absehen, sondern bereits überblicken kann. Bosskow, der offensichtlichste Vertreter parteilicher Interessen im Roman, wird so zum Orakel einer sich selbst erfüllenden Prophezeiung.

3 Neuanfang wissenschaftsgeschichtlich: Verfahrenstechnik und Großrechnereinsatz in der naturwissenschaftlichen Forschung um 1970

Die DDR verfügte über wenig Bodenschätze oder natürliche Ressourcen. Sie war daher darauf angewiesen, die für ihre industrielle Produktion notwendigen Stoffe und Materialien aus dem Ausland zu kaufen oder zu ersetzen. Für die Suche nach und die Produktion von geeigneten, also kostengünstigeren Substituten spielte die inländische chemische Industrie und Forschung eine bedeutsame Rolle.[27] An diesem Problem setzt das die Romanhandlung vorantreibende Forschungsprojekt in Kippenbergs interdisziplinär zusammengesetzter Arbeitsgruppe an. Dr. Papst, der Leiter eines pharmakologischen Produktionsbetriebs, mit dem das Institut hin und wieder kooperiert, fragt bei Kippenberg die Prüfung einiger Projektierungsunterlagen am Großrechner des Instituts an. Eher zufällig erfährt Kippenberg dabei, dass es um den Bau einer millionenteuren und in Japan entwickelten Anlage für die Produktion eines nicht näher benannten Arzneimittels gehe. Dieses

27 Vgl. Raymond G. Stokes: Chemie und chemische Industrie im Sozialismus. In: Naturwissenschaft und Technik in der DDR. Hg. von Dieter Hoffmann, Kristie Macrakis. Berlin 1997, S. 283.

lasse sich zwar auf pflanzlicher Basis herstellen, allerdings habe sich der Rohstoff in den letzten Jahren deutlich verknappt und damit auch verteuert. Die japanische Anlage hingegen arbeite mit einem neuartigen Syntheseverfahren, dem der Chemiker Papst „wirkliches Weltniveau" (KB, S. 141) bescheinigt. Kippenberg hat dazu eine andere Meinung, hält sich zunächst aber bedeckt: In seinem Aktenschrank liegt eine Problemstudie seines talentiertesten Arbeitsgruppenmitglieds, Dr. Harra, die das von den Japanern vermeintlich so fundamental gelöste Syntheseproblem auf wirklich innovative Weise und unter Einsatz eines Bruchteils der Energie und Kosten, die das japanische Verfahren benötigt, angeht.

Die den weiteren Romanverlauf bestimmende Überführung von Harras Problemstudie über das neuartige Syntheseverfahren hin zu einer funktionierenden Produktionsanlage innerhalb weniger Monate ist eine enorme wissenschaftliche, organisatorische und technische Herausforderung für die Arbeitsgruppe. Kippenberg unterbreitet Papst ein Konkurrenzangebot zur Entwicklung einer deutlich effizienteren Produktionsanlage und verhandelt mit ihm über die Bedingungen, unter denen sich Papsts Unternehmen auch finanziell an der Entwicklung der Anlage beteiligen würde:

> Was brauchen Sie, um den Japanern abzusagen? Aber bitte keine Maximalforderung."
>
> Papst schaute mich lange an. [...] „Eine V 5/0", sagte er schließlich bedächtig. „Bestätigt und verteidigt und freigegeben."
>
> Ich [...] sagte: „Jetzt habe ich Sie! Sie wollen den Zuschauer spielen! Aber wir machen das nur so lange allein, bis wir objektive Instanzen von der unumstößlichen Aussicht überzeugt haben. Von da an werden Sie das Verfahren finanzieren!"
>
> Papst frage: „Sie denken an einen vergrößerten Laborversuch, eine V 3?"
>
> „Genau!" sage ich. „Bis zum Bau einer kleintechnischen Apparatur – oder meinetwegen nennen Sie's Pilotanlage – werden wir wohl oder übel das Risiko allein tragen [...]. (KB, S. 218–219)

Typisch für den Stil des Romans ist, dass Noll seine WissenschaftlerInnen-Figuren wiederholt authentische und ausführliche wissenschaftliche Fachdispute führen lässt, so auch im Verhandlungsgespräch zwischen Kippenberg und Papst. Das hier verwendete Vokabular in Form von Abkürzungen für verschiedene Entwicklungsstufen von Industrieanlagen („V3" bis „V5") verweist auf einen Forschungszweig, der auch durch eines der Mitglieder der interdisziplinären Arbeitsgruppe Kippenberg vertreten wird (vgl. KB, S. 196) und zum Zeitpunkt der Handlung – für die damalige Zeit enorm innovativ – in der DDR erstmals als Studiengang eingerichtet wurde. Die Rede ist vom Verfahrensingenieurwesen bzw. der Systemverfahrenstechnik, wie sie 1967 an den Hochschulen der DDR institutionell begründet wurde. Zentrales Anliegen dieses Faches war „das systemische, ganzheitliche Denken und Handeln in der verfahrenstechnischen Ausbildung und Forschung“[28] – ein Anliegen, das auch dem Vorhaben Kippenbergs, das Institut auf die Überführung wissenschaftlicher in industrielle Verfahren zu spezialisieren, zugrunde liegt. Darüber hinaus zählte die Verfahrenstechnik „in der DDR zu jenen Wissenschaften, denen bei der Realisierung der ökonomischen Strategie der SED bzw. der Meisterung der wissenschaftlich-technischen Revolution eine zentrale Stellung beigemessen wurde.“[29] Die Entstehungsbedingungen und anfänglichen Entwicklungen dieses Forschungszweiges, der als Studiengang erst in den 1970er Jahren, also in einer Zeit, in der Noll am Roman arbeitete, populär wurde,[30] scheinen für die Gestaltung des wissenschaftlich-technischen Handlungsstrangs im Roman in mindestens dreierlei Hinsicht als Inspirationsquelle gedient zu haben: Zunächst hängt die Entstehung des Faches eng mit den Reformen infolge der 4. Hochschulkonferenz zusammen, denn erst durch diese entstanden die institutionellen Rahmenbedingungen, die eine interdisziplinäre Wissenschaft wie die Systemverfahrenstechnik ermöglichten.[31] Deutlicher wird die Verschränkung von Fachgeschichte und Romanhandlung allerdings an einem konkreten Industrieprojekt, welches der Ingenieur und Verfahrenstechniker Klaus Hartmann als Beispiel für die Notwendigkeit der Etablierung seines Faches anführt: Ende der 1960er Jahre befand sich die „Rohstoffbasis der Stoffwirtschaft, speziell der chemischen Industrie der DDR [...] in einer Phase der tiefgreifenden strukturellen Erneuerung.“[32] Konkret bedeutete dies etwa für das Petrolchemische Kombinat in Schwedt (PCK Schwedt), dass es aufgrund massiv steigender Rohölpreise in den 1970er Jahren auf ein effizienteres Produktionsverfahren umstellen musste. Dafür wurde 1977 mit dem Bau einer aus Japan importierten Anlage begonnen, mit der das Rohöl wesentlich ertragreicher in Sekundärprodukte aufgespalten werden konnte, die dann auch gewinnträchtig exportiert wurden.[33] Für die Planung und Umsetzung dieses insgesamt neun Jahre dauernden Projektes war verfahrenstechnisches Spezialwissen essenziell. Ganz

---

28 Klaus Hartmann: Die Bedeutung der Systemverfahrenstechnik in der DDR und für die heutige Entwicklung. In: Verfahrenstechnik und Wiedervereinigung. Hg. von Wolfgang Fratzscher, Klaus-Peter Meinicke. Berlin 1997, S. 172.

29 Wolfgang Fratzscher, Klaus-Peter Meinicke: Verfahrenstechnik. In: Wissenschaft und Wiedervereinigung. Disziplinen im Umbruch. Hg. von Jürgen Kocka, Renate Mayntz. Berlin 1998, S. 314.

30 Vgl. Hartmann: Die Bedeutung der Systemverfahrenstechnik in der DDR, S. 177.

31 Siehe dazu auch: Rainer Karlsch: Energie- und Rohstoffpolitik. In: Die zentrale Wirtschaftsverwaltung in der SBZ/DDR. Akteure, Strukturen, Verwaltungspraxis. Hg. von Dierk Hoffmann. Göttingen 2016, S. 330.

32 Hartmann: Die Bedeutung der Systemverfahrenstechnik in der DDR, S. 172.

33 Vgl. Karlsch: Energie- und Rohstoffpolitik, S. 330.

ähnlich wie für das PCK Schwedt ist die Notwendigkeit gelagert, mit der Papst gegenüber Kippenberg den Einkauf der japanischen Anlage begründet: Sein Betrieb produziert einen im Roman nicht näher benannten Stoff, der üblicherweise aus Pflanzenextrakten gewonnen werden kann. Die Synthese dieses Stoffes sei, sagt der sich zunächst ahnungslos gebende Kippenberg, „[s]oviel ich weiß, [...] zwar seit langem möglich, aber unwirtschaftlich und viel teurer als der Import des Pflanzenrohstoffs.“ (KB, S. 141) Papst erklärt ihm darauf, dass

> [d]ie Preise für das Rohprodukt [...] auf dem Weltmarkt in kurzer Zeit um ein vielfaches gestiegen [sind]. [...] Jedenfalls ist die Synthese seit ein paar Jahren in aller Welt aktuell. Die Japaner [...] haben das Katalyseproblem neu angefaßt und arbeiten mit extrem hohem Druck, wofür sie besondere Stahllegierungen entwickeln mußten. Wie sie das gelöst haben, das ist schon sehr bemerkenswert, eben wirkliches Weltniveau.“ [...] Die Kapazität“, fuhr Papst fort, „ist auf etwa den anderthalbfachen Inlandbedarf ausgelegt, daß wir auch exportieren können. (KB, S. 141)

Wie es scheint, bildet die Anlage im PCK Schwedt bis in einzelne Details eine Vorlage für das verfahrenstechnische Glanzstück, das sich Kippenberg zum Ziel gemacht hat. Die Art der literarischen Bezugnahme auf die außerliterarische Wirklichkeit der Industrie- und Arbeitswelt der DDR scheint hier ähnlich strukturiert wie in populären Romanen des Bitterfelder Wegs, etwa Erik Neutschs *Spur der Steine*. Zwar sind Figuren und Orte zumeist eindeutig fiktiv, zugleich aber auf leicht zu entschlüsselnde Weise dergestalt codiert, dass sie doch auf die „reale[] Wirklichkeit“[34] der DDR verweisen. Diese Form von Referenz scheint mindestens auf folgende zwei Effekte zu zielen: Sie kann als Signal von Authentizität und Glaubhaftigkeit dienen, als Beleg einer realweltlichen Vorlage für die literarische Darstellung von Arbeitsabläufen. Weiterhin bindet sie die dem sozialistischen Realismus eigene Tendenz zur Typisierung zurück an die außerliterarische Wirklichkeit. Der leicht zu decodierende reale Arbeitsort erfährt als Referent des literarisch typisierten Ortes eine Aufwertung, denn er gewinnt gleichermaßen Züge des Typischen, in dem die tieferen Zusammenhänge der Wirklichkeit, die „Lebenswahrheit“[35] des Sozialismus bereits erkennbar sind.

Eine dritte Parallele zwischen Roman und Systemverfahrenstechnik liegt im für die Arbeitsgruppe Kippenberg so zentralen Einsatz des institutseigenen Großrechners, ohne den ein ernstzunehmendes verfahrenstechnisch organisiertes Großprojekt nicht zu bewerkstelligen wäre. Es handelt sich um den ab 1968 in der

---

34 Hans Koch: Stichworte zum sozialistischen Realismus. In: Dokumente zur Kunst-, Literatur- und Kulturpolitik der SED 1946–70. Hg. von Elimar Schubbe. Stuttgart 1972, S. 1601.
35 Koch: Stichworte zum sozialistischen Realismus, S. 1610.

DDR produzierten „Robotron 300" (KB, S. 32).[36] Auch hier liest sich der Roman wie eine literarische Umsetzung der Forderungen der 4. Hochschulkonferenz. Kurt Hager, der das Schlusswort auf der Konferenz sprach, verteidigte die Einführung des ‚Neuen Ökonomischen Systems der Planung und Leitung' in Hochschulen damit, dass das Wissen über „Rechentechnik und [...] Datenverarbeitung, ohne die heute und in Zukunft wissenschaftliche Arbeit und Leitung nicht mehr denkbar sind", den Studierenden in einer Art und Weise vermittelt werden müsse, dass „sie über das Jahr 2000 hinaus in die Lage versetzt [sind], mit der Entwicklung von Wissenschaft und Technik Schritt zu halten"[37]. Auch die technischen Details des Rechners, etwa seine Arbeitsgeschwindigkeit oder der Aufbau des Bedientisches, ebenso wie seine Einsatzbedingungen, etwa die für den Rechnereinsatz notwendigen klimatischen Voraussetzungen, wurden von Noll recht genau recherchiert und in ausführliche Beschreibungen der wissenschaftlichen Arbeit am Großrechner eingespeist (siehe etwa KB, S. 35–38, S. 86–88, S. 138). Selbst die Notwendigkeit, den Kauf des Rechners auch durch Fremdaufträge und Drei-Schichten-Betrieb zu amortisieren,[38] baut er in eine Grundsatzdebatte zwischen Kippenberg und Lankwitz über die Funktion der Wissenschaft als Dienstleister der Wirtschaft ein. Lankwitz lehnt Auftragsarbeiten des Instituts grundsätzlich ab, denn er fürchtet, das Staatsministerium könne den ‚Robotron' wegen vermeintlich zu geringer Auslastung als eine Fehlinvestition bewerten. Zudem stehen freie Forschung und wissenschaftliche Dienstleistungen für ihn in einem grundsätzlichen Widerspruch zueinander. Kippenberg jedoch hatte eigentlich von Anfang an gewinnbringende Fremdaufträge in die Amortisierung des Rechners eingeplant, kann diese gegen Lankwitz' Widerstand jedoch kaum einholen (vgl. KB, S. 31–32). Überhaupt wurde das millionenteure Gerät vor allem auf sein Betreiben angeschafft, um dem Institut ein modernes und den Bedürfnissen „der Republik" angepasstes Profil zu geben:

> Grundlagenforschung hinsichtlich des Einsatzes elektronischer Rechner auf allen Gebieten der Arzneimittelforschung, einschließlich der selbstständigen Erarbeitung spezieller Programme; Erkundung der Möglichkeiten, Arzneimittel prognostisch-deduktiv zu entwickeln; Grundsatzfragen der Verfahrenschemie und -technik kleinen und mittleren Maßstabs für die

---

36 Vgl. Großrechner R300. http://www.robotrontechnik.de (28.08.2018). Sofern man Noll den ernsthaften Versuch, die wissenschaftsgeschichtliche Entwicklung der späten 1960er Jahre korrekt abzubilden, unterstellt, liegt in dieser Hinsicht ein Anachronismus im Roman vor, denn zum Zeitpunkt der Handlung – Februar 1967 – befindet sich der Robotron 300 bereits einige Jahre im Besitz des Instituts.

37 Staatssekretariat für das Hochschul- und Fachschulwesen: Die Aufgaben der Universitäten, S. 374.

38 Vgl. Großrechner R300. http://www.robotrontechnik.de (28.08.2018).

> Arzneimittelindustrie; und das Schwergewicht der Arbeit, in fester Kooperation mit einigen Betrieben, auf der Überführungsproblematik, auch hier bei Einsatz des Rechners, um zu einer Verminderung des zeitraubenden experimentellen Aufwands zu gelangen – hier war Neuland, und hier konnte ein teurer Rechner schon zeigen, was er hergab, sofern ein paar Besessene nur fest genug entschlossen waren, ihm auch das Letzte abzuzwingen. (KB, S. 16–17)

Eben jenes „Schwergewicht der Arbeit", die deutliche Verkürzung der für Experimente anfallenden Zeit bei der Überführung des von Harra entwickelten Verfahrens ist letztlich das entscheidende Argument, mit dem Kippenberg den immer noch skeptischen Papst dazu bewegen kann, den Kauf der japanischen Produktionsanlage um einige Wochen zu verzögern, um so der Arbeitsgruppe die Chance auf den Bau der vereinbarten kleintechnischen Apparatur einzuräumen (vgl. KB, S. 222).

4 Neuanfang poetologisch: *Kippenberg* als Aufbauroman?

Wie die vergangenen Ausführungen zu den im Roman literarisch inszenierten hochschulpolitischen und wissenschaftsgeschichtlichen Neuanfängen gezeigt haben, ist das tragende Thema das Romans der Paradigmenwechsel in der naturwissenschaftlichen Grundlagenforschung der DDR, weg vom isoliert und zweckungebunden forschenden Einzelspezialisten hin zum interdisziplinär arbeitendem Forschungskollektiv, das ökonomisch verwertbare Forschungsfelder systematisch erschließt und so auch international konkurrenzfähig ist. In ebendieser Thematik ist eine vierte Bedeutungsdimension des bereits als Leitmotiv identifizierten ‚Kippenbergs' zu erkennen. Ein Hinweis auf diese Dimension findet sich bereits in der kurzen literarischen Skizze *Kippenbergs*, die Noll 1969 in der *Zeitschrift Neue deutsche Literatur* veröffentlichte. Dort heißt es über Kippenbergs Fähigkeit, stets die wirtschaftlichen und industriellen Anwendungsmöglichkeiten seiner Grundlagenforschung im Blick zu haben:

> Dadurch hat unser Institut in den letzten Jahren, sozusagen als Abfall der Grundlagenforschung, vielerorts verblüffend anregend wirken können, beispielsweise auf bestimmte Industriezweige, Kunststoffe, Pharmazeutika, ja, anregend sogar auf die Landwirtschaft.[39]

39 Dieter Noll: Kippenbergs. In: NDL. Neue Deutsche Literatur. Monatsschrift für schöne Literatur und Kritik 17 (1969), H. 8, S. 6.

Diese vierte Bedeutungsdimension greift die bereits erwähnte Semantik des ‚Kippenbergs' als pars pro toto für die Trümmer- und Aufbauzeit, in der Kippenberg den Ursprung seiner persönlichen wie beruflichen Entwicklung verortet, auf und adaptiert sie für den im Roman eröffneten Kontext einer akademischen Institution der späten 1960er Jahre. Ebenso wie in historischen Aufbauerzählungen die ‚Trümmer' der Nachkriegsjahre produktiv nutzbar gemacht und zu einer neuen Ordnung zusammengeführt werden, ist es Kippenbergs Anliegen, den „Abfall der Grundlagenforschung", also bisher ungenutzte Forschungsergebnisse für die ‚Produktivkraft Wissenschaft' nutzbar zu machen.

Dass diese bildliche Ähnlichkeit keinesfalls überinterpretiert ist, lässt sich – und das ist das Anliegen dieses dritten Teils – über die narrative Gestaltung des Romans nachweisen. Dieser Nachweis ist sogar unerlässlich, um die Komplexität des Romans zu erfassen, der sich bei weitem nicht auf eine fachlich informierte Darstellung hochschulpolitischer und wissenschaftsgeschichtlicher Prozesse beschränkt. Obwohl der Roman auf referentieller Ebene eindeutig in den späten 1960er Jahren verankert ist, greift er formal und strukturell auf tradierte Elemente der Aufbauliteratur zurück und inszeniert die hochschulpolitischen und wissenschaftsgeschichtlichen Reformprozesse seiner Zeit im Muster des historischen Topos des ‚schweren Anfangs' in der Trümmerzeit der ersten Nachkriegsjahre. Er verhandelt darüber hinaus die Rezeptionswirkung von Literatur, respektive Aufbauliteratur, weist also auch eine immanente Poetik auf. Dies deute ich als Versuch Nolls, im Jahr des dreißigjährigen Bestehens der DDR, in dem *Kippenberg* schließlich publiziert wurde, auch einen *poetologischen* Neuanfang anzulegen. Der Begriff des ‚schweren Anfangs', der Modell stand für den in diesem Beitrag zentrierten Begriff des ‚Neuanfangs', geht zurück auf eine 1950 erschienene Erzählung des Schriftstellers Eduard Claudius, *Vom schweren Anfang*, die in kulturpolitischen Debatten der frühen 1950er Jahre häufig „als positives Beispiel der neu entstehenden sozialistischen Literatur herausgestellt"[40] wurde.

Im Roman selbst wird die Trümmer- und Aufbauzeit als biographisches Element wiederholt in Erinnerung gerufen, denn die ‚Kippenberge' der frühen DDR bilden den historischen Rahmen für den Werdegang des Joachim Kippenberg. In dieser Zeit legt er den Grundstein für eben jene steile Karriere, deren Entwicklung in dem im Roman dargestellten beruflichen wie persönlichem Umschlagmoment im Februar 1967 kulminiert. Dabei werden zwei voneinander zu unterscheidende Rückprojektionen übereinander geblendet: Zum einen erinnert sich der ältere *Erzähler* Kippenberg an die Erlebnisse seines jüngeren Ichs im Jahr 1967 – ich

---

40 Carola Hähnel-Mesnard: Claudius, Eduard. In: Metzler-Lexikon DDR-Literatur. Autoren – Institutionen – Debatten. Hg. von Michael Opitz, Michael Hofmann. Stuttgart, Weimar 2009, S. 64.

bezeichne dies zur besseren Identifizierung an späteren Stellen fortan als extradiegetische Rückprojektion. Zum anderen erinnert sich, wie eben deutlich gemacht, der *Protagonist* Kippenberg immer wieder an sein jüngeres Ich in den 1950er Jahren – ich bezeichne dies im Folgenden als intradiegetische Rückprojektion. Beide Rückprojektionen stellen jeweils Verweisstrukturen zwischen Ereignissen, die etwa eine Dekade auseinanderliegen, her. Dass sie im Roman übereinander geblendet sind, ist ein weiterer deutlicher Anhaltspunkt dafür, *Kippenberg* als Aktualisierung der historischen Aufbauliteratur zu lesen. Nolls Darstellung von wissenschaftsgeschichtlichen und -politischen Reformprozessen in den späten 1960er Jahren ist, wenn man sie vor der historischen Folie liest, also selbst eine Aufbauerzählung.

Anders als in tradierten Aufbauerzählungen bricht die Erzählung Kippenbergs jedoch im Moment des Umschlags ab: Wie die hochschulpolitischen Reformen ihre Wirkung entfalten oder auch wie Kippenberg nach einem kathartischen Gespräch mit Bosskow, Lankwitz, dessen Stellvertreter Kortner und seiner Ehefrau Charlotte (vgl. KB, S. 617–627) konkret den Bau der Versuchsanlage für Dr. Papst und die geplante Neustrukturierung des Instituts umsetzt, bleibt konsequenterweise unerzählt. Denn ebenso, wie der Text sich an die historische Strömung der Aufbauliteratur anlehnt, unterläuft er die Darstellung der im literarhistorischen Muster inszenierten wissenschaftsgeschichtlichen und -politischen Neuanfänge subversiv durch ebenjene narrativen Strategien, die ihm in den eingangs zitierten zeitgenössischen Rezensionen als Schwäche ausgelegt wurden. Er stellt nämlich diese Neuanfänge nicht eindeutig als Ergebnis eines menschlichen und gesellschaftlichen Fortschrittes aus. Vielmehr wird unter Berücksichtigung der architextuellen Verweise des Textes auf seine gattungsgeschichtlichen Vorgänger der 1950er sein (auf Ebene der Rezeption anzusiedelndes) Potential als kritische Bewertungsinstanz für die eigene Gegenwart deutlich. Wie genau dies dem Text gelingt, wird im Folgenden zu zeigen sein. Dabei sollen, erstens, anhand ausgewählter formaler und struktureller Merkmale die architextuellen Verweise auf die Aufbauliteratur identifiziert werden und, zweitens, die Funktion dieser Verweise im Publikationskontext des Romans erläutert werden.

Eine wichtige Rolle spielen in diesem Zusammenhang Kippenbergs Gespräche mit Eva, einer jungen Studentin, die er scheinbar zufällig kennenlernt. Der Erzählstrang rund um Eva bildet eine Parallelhandlung zu den Vorgängen im Institut. Während die Ereignisse dort von den geschilderten wissenschaftspolitischen und -geschichtlichen Reformen gesteuert sind, dienen die Passagen mit Eva dazu, Kippenberg eine distanzierte Beobachtung und kritische Bewertung der eigenen Rolle als Wissenschaftler, Abteilungsleiter, Kollege, aber auch Schwiegersohn und Ehemann zu ermöglichen. Allein Evas Zukunftspläne rufen im karriereorientierten Kippenberg, dem der akademische Werdegang nicht in die Wiege gelegt wurde, starken Widerspruch hervor: Sie will sich dem vermeintlich vorgezeichneten Weg einer Tochter aus intellektuellem Haus versperren und statt zu studieren lieber in einen ländlichen Betrieb arbeiten. Der ‚Aufbau der sozialistischen Gesellschaft' ist für sie ein Ideal, das es zu verteidigen gilt, denn

> [n]och weiß ich, in welchem Staat ich lebe, und ehe ich's vergesse, suche ich mir was, draußen in der Republik. Ich hab mir erzählen lassen, wie das gewesen ist, beim Talsperrenbau in Sosa, in der Wische oder damals, als man für das EKO die Wälder gerodet hat. Das war doch Ihre Generation! Sie müssen mich doch verstehen. (KB, S. 100)

Was sich Eva wünscht, ist – im Jahr 1967 – Erfahrungen aus der von ihr glorifizierten Aufbauzeit nachempfinden zu können. Sie erhofft sich daraus nachhaltigen Einfluss auf ihre Persönlichkeitsentwicklung: „‚Ein Bauplatz, wo alles umgekrempelt wird [...]", denn „[w]o von Grund auf alles umgekrempelt wird, dort muß man doch selber auch umgekrempelt werden." (KB, S. 101) Der Plan, den Eva für ihr Leben entwirft, verweist unmittelbar auf die Programmatik der Aufbauliteratur, die ihren LeserInnen aufzeigen sollte „wie Schwierigkeiten bei der Verwirklichung unseres großen Aufbauplans überwunden werden können."[41] Vom Glauben an ein unmittelbares Ursache-Wirkungs-Verhältnis zwischen der literarischen Darstellung des sogenannten Neuen Menschen und dem erzieherischen Wirkungsgrad sozialistischer Literatur hat sich die literatur- und kulturpolitische Programmatik der SED in den 1970er Jahren natürlich längst verabschiedet. So begegnet auch der Pragmatiker Kippenberg Evas Glauben an die persönlichkeitsbildende oder gar -reinigende Funktion harter und uneigennütziger Arbeit mit kaum verhohlener Skepsis. Er wirft ihr vor, die Aufbaujahre unangemessen zu verklären (vgl. KB, S. 100).

Die Figur der Eva eröffnet über die hier beschriebenen Gespräche hinaus noch eine unmittelbarere Verbindungslinie zu Kippenbergs Vergangenheit, sie dient geradezu als Inkubator der intradiegetischen Rückprojektion: Eva arbeitet in demselben Betrieb, in dem auch Kippenberg in den ersten Aufbaujahren seine Ausbildung absolviert hatte. Diese Verbindung, die dem Protagonisten erst spät bewusst wird, führt in einem hier nicht näher erläuterten Strang der Nebenhandlung dazu, dass der Kippenberg des Jahres 1967 „unversehens der eigenen Vergangenheit wiederbegegnet" (KB, S. 545) und dass sein Projekt einer Pilotanlage für Dr. Papst beinahe an den Folgen vergangener Fehler scheitert. Über Eva erfolgt also eine unmittelbare Verknüpfung der Gegenwart und der Vergangenheit

41 o.V.: Der Kampf gegen den Formalismus in Kunst und Literatur, für eine fortschrittliche deutsche Kultur. In: Dokumente zur Kunst-, Literatur- und Kulturpolitik der SED 1946 – 70. Hg. von Elimar Schubbe. Stuttgart 1972, S. 184.

des Protagonisten Kippenberg. Zugleich erwachsen aus den Gesprächen mit ihr viele seiner selbstkritischen Einsichten über die eigene Rolle im Rahmen der gegenwärtigen Umbruch- und Reformprozesse.

Die motivischen und inhaltlichen Parallelen zur Aufbauliteratur werden auch durch die formale Gestaltungsweise und die Handlungslinien im Roman unterstützt. Letztere lassen sich mit dem narrativen Konzept des Systems ‚Aufbau' nach Matthias Aumüller beschreiben und unterteilen sich in vier sogenannte Subsysteme: ein individuelles Subsystem, etwa eine Liebeshandlung, ein existentielles Subsystem, beispielsweise eine Sabotagehandlung, ein ideologisches Subsystem, etwa eine Agitationshandlung und ein organisatorisch-technisches Subsystem, das die eigentliche Aufbauhandlung enthält und sich etwa durch detaillierte Beschreibungen von Arbeitsprozessen auszeichnet. Letzteres Subsystem sei, so Aumüller, konstitutiv für das Genre.[42] Sein Vorhandensein ist auch im Roman Nolls unstrittig.[43] Zentrale Triebfeder für alle Handlungslinien ist die Planung und der Bau einer technischen Produktionsanlage. Durch die augenfällige und ausführliche Darstellung von Arbeitsabläufen und -gesprächen im Institut, wie sie in den beiden vorangegangenen Teilkapiteln bereits ausführlich beschrieben wurden, gewinnt der Text trotz des dafür untypischen Personals Züge eines Betriebsromans, in dem der tatsächliche Arbeitsalltag in der als ‚Produktivkraft' verstandenen Wissenschaft dargestellt wird, etwa das kollegiale Mit- und auch Gegeneinander oder Beziehungen zu Vorgesetzten. Auch Kippenbergs weitläufige Einlassungen zur Entstehung und Zusammensetzung seiner Arbeitsgruppe lassen sich hier erneut als Argument anbringen.

Stilistisch knüpft der Roman ebenfalls an einige tradierte Darstellungsweisen der Industrie- und Betriebsromane der 1950er und 1960er Jahre, denn Noll hat sich tief in den Arbeitsalltag und die Fachsprache seiner Figuren eingearbeitet und greift auch auf das für Aufbauromane typische Verfahren der Montage zurück, dass, so Aumüller, eine intensive Darstellung von Arbeitsprozessen ermögliche, zugleich aber nur wenig Raum für „persönliche Befindlichkeiten"[44]

---

42 Vgl. Matthias Aumüller: Aufbauroman und literarische Moderne. In: Tendenzen und Perspektiven der gegenwärtigen DDR-Literatur-Forschung. Hg. von Katrin Max. Würzburg 2016, S. 40.
43 Allerdings kann in *Kippenberg* nicht davon die Rede sein, dass die Aufbauhandlung den anderen Handlungslinien übergeordnet ist. Vielmehr ähnelt die Konzeption des Romans in dieser Hinsicht der einiger Ankunftsromane, denn auch in *Kippenberg* ist „der Aufbau bzw. die Arbeit im Betrieb [...] für die Selbstfindung oder -verwirklichung da." (Matthias Aumüller: Minimalistische Poetik. Zur Ausdifferenzierung des Aufbausystems in der Romanliteratur der frühen DDR. Münster 2015, S. 278). Diese Parallele überrascht nicht weiter, denn Noll hat die Grundstruktur des Textes bereits in den 1960er Jahren angelegt (vgl. Noll: Kippenbergs).
44 Aumüller: Aufbauroman und literarische Moderne, S. 52f.

lasse. In *Kippenberg* wird dieser Kontrast zwischen individueller ‚Befindlichkeit' und entpersonalisierter, kollektivierter Forschungsarbeit am Konflikt zwischen den beiden Forschertypen Kippenberg und Lankwitz bei einem sogenannten „Palaver", einer Besprechung der Arbeitsgruppe „über die allgemeine Perspektive unserer pharmakologischen Arbeitsvorhaben" (KB, S. 295) besonders deutlich. Das eigentliche Fachgespräch (vgl. KB, S. 295–302) ist weitestgehend in wörtlicher Rede abgebildet und erhält dadurch Züge eines Schauspiels, das sich vor den Augen Lankwitz' entfaltet:

> Harra führt das Wort. „Wir wollen im Ansatz durchdenken, nicht wahr..." Er schreibt an die Tafel: „Ha operiert auf Psi gleich E mal Psi. Alte Geschichten, nicht wahr, die Schrödinger-Gleichung. [...] H sei also der Hamilton-Operator, welcher Terme für die potentielle und kinetische Energie enthält..."
>
> [...] Lankwitz flüstert Kippenberg etwas zu: „Du sagtest Perspektiven pharmakologischer Forschung..."
>
> Kippenberg winkt ab. „Später bitte."
>
> Harra setzt analog der Pullmannschen Theorie für die cancerogene Wirkung aromatischer Kohlenwasserstoffe.... Und so weiter. Mittendrin ruft wer: „Einwand" – „Bitte", heißt es dann, „Einwand Kollege Schneider."
>
> „Wenn der Index von Beta für die K-Region kleiner als drei-Komma-drei-eins sein muß, dann versteh ich nicht, wieso drei-vier-Benzphenanthren bei einem Beta-Wert von drei-Komma-vier-eins trotzdem aktiv ist. [...]" (KB, S. 295)[45]

Ausufernde wörtlichen Passagen des Fachgesprächs unterbrechen regelrecht den Fluss der Prosa. Wer genau was sagt, wird allerdings nicht durchgängig durch entsprechende verba dicendi oder direkte Ansprachen kenntlich gemacht, sondern ist mitunter lediglich über Kontext, Redestil oder verwendetes Fachvokabular herleitbar. Diese entpersonalisierte Darstellung von Arbeitsprozessen korrespondiert mit dem räumlichen Rückzug Lankwitz' als einziger Figur, die auf einer individualisierten Arbeitsweise besteht. Seine auf die zitierten Passagen folgende Innensicht ist in Form von erlebter Rede und inneren Monologen dargestellt und kontrastiert damit das als Montage erscheinende Fachgespräch. Dabei kommt Lankwitz' Unverständnis für die Forschungsfragen der Arbeitsgruppe Kippenberg zum Ausdruck. Der anti-intuitive, technisch-mathematisch-rationalisierte Arbeitsstil Kippenbergs verstößt gegen „die gewohnte Ordnung seiner Fachwelt" (KB, S. 301). Zwischen seinem Fachgebiet, der Pharmakologie, und Harras Ausführungen zu Quantenmechanik (darauf verweisen die Stichworte

---

45 Der Text operiert an dieser Stelle mit vergleichsweise vielen Auslassungen, vermutlich, um dem ohnehin schon schwer verständlichen Fachgespräch nicht noch weiteren Raum zu geben.

Schrödinger-Gleichung und Hamilton-Operator) sieht er keinerlei Zusammenhänge. Er findet jedoch keinen Raum, seiner Skepsis Stimme zu verleihen und bleibt über weite Teile deshalb stumm. Schließlich versucht er, die empfundene Irritation durch eine strikte Grenzziehung der Arbeitsgebiete zwischen Alt- und Neubau, zwischen dem von ihm betreuten „medizinischen Gebiet" (hier und im Weiteren: KB, S. 302) und dem „eigentümlich[en]" Forschungsprogramm der Arbeitsgruppe aufzuheben, und verlässt anschließend den Raum, mit der festen Absicht, „sich nicht die Daseinsberechtigung absprechen [zu lassen] von eben jenem jungen Mann, der ihm das Dasein erleichtern soll." Als Metapher gelesen, bildet der Verlauf dieses Gesprächs auch die von der Hochschulreform avisierte Schwächung der Stellung von ProfessorInnen ab: Diese bildeten in den interdisziplinären Forschungsgruppen der neu zu gründenden Sektionen zahlenmäßig nur noch eine kleine Gruppe, was auch gänzlich neue Arbeitsstile erforderlich machte.[46]

Dass der Roman Muster der Aufbauliteratur auf grundlegende Weise für die eigene Erzähldynamik in Anschlag bringt, zeigt sich auch in der Aufnahme der anderen drei von Aumüller benannten Subsysteme: Eine Liebeshandlung ist etwa deutlich in zahlreichen Analepsen erkennbar, in denen Kippenberg die Entwicklung der Beziehung zu seiner Ehefrau Charlotte darstellt. Darüber hinaus spielt die erst auf den letzten Romanseiten eindeutig als Affäre ausgewiesene Beziehung zu Eva eine wichtige Rolle bei seinem „Erkundungsgang ins Leben" (KB, S. 619).[47]

Eine eigentliche Sabotagehandlung ist im Roman nicht vorhanden, vielmehr eine der Zeit und dem Arbeitsumfeld angepasste Variante. Kippenbergs Antagonist Dr. Kortner, „offiziell bestätigt als Stellvertreter des Chefs" (KB, S. 22), ist ein untalentierter und intriganter Kollege. Die Funktion dieser als klassenfeindlich und ansatzweise faschistisch[48] charakterisierten Figur ist es primär, ein Gegenbild

46 Vgl. Laitko: Das Reformpaket der sechziger Jahre, S. 50 – 52.

47 Für das kathartische Finale des Romans, das Geständnis Kippenbergs über das eigene Fehlverhalten gegenüber den für ihn bedeutendsten Menschen – seiner Frau Charlotte, seinem Schwiegervater und Mentor Lankwitz sowie seinem Freund Bosskow – hat diese Affäre eine wichtige Funktion, denn erst durch sie ist Kippenberg gezwungen, seine Persönlichkeit im Ganzen und nicht nur sein Fehlverhalten als Wissenschaftler zu hinterfragen.

48 Dies wird besonders durch eine Namensähnlichkeit deutlich, die Kortner in die Nähe des vermeintlich faschistischen Westberliner Chemiekonzern-Vertreters Dr. Kürtner stellt (vgl. KB, S. 240). Um Kortner endgültig als Klassenfeind zu deklarierten, gibt Noll sogar die Logik der von ihm gewählten Fokalisierung auf: Der sich erinnernde Erzähler Kippenberg greift auch auf Darstellungen von befreundeten KollegInnen zurück, um das, „was sich damals meiner Kenntnis und meinem Einblick entzog" (KB, S. 17), in seinen „Bericht" (KB, S. 18) einzubinden. Dieses Vorgehen begründet auch die zwischen verschiedenen Innensichten wechselnde Darstellung eines ei-

zum idealtypischen Forscher im Sozialismus zu zeichnen. Neben Lankwitz, dessen Verhalten zwar nicht im Sinne der rahmengebenden wissenschaftspolitischen Reformen ist, das aber im Roman durchaus als nachvollziehbar beschrieben wird, ist es vor allem Kortner, der Kippenbergs Pläne für die Modernisierung des Instituts behindert.

Das ideologische Subsystem wird im Roman durch Kippenbergs engen Freund Bosskow, den Parteisekretär des Instituts, vertreten. Es spielt insgesamt aber eine untergeordnete Rolle. Ein politisches Bekenntnis ist am ehesten in der Verständigung der beiden über gemeinsame Werte und Ziele zu sehen. Bosskows Appelle an Kippenberg fördern – neben Evas Einfluss – maßgeblich dessen Persönlichkeitsentwicklung, sodass er schließlich offen das eigene Fehlverhalten vor Freunden und Kollegen eingestehen kann. Hier wird deutlich, was sich schon im Klappentext des Romans andeutet: *Kippenberg* ist ebenfalls ein Entwicklungsroman und schreibt auch in dieser Hinsicht Traditionen der Aufbauliteratur fort, sofern man Winfried Taschner folgt, der die Anfänge des DDR-Bildungsromans just in der frühen Aufbauliteratur, etwa bei Claudius' *Menschen an unserer Seite*, verortet.[49] Er schreibt dieser Form des Bildungsromans eine „soziale Funktionsmöglichkeit" zu, da sie bei gleichzeitiger „Bejahung des Aufbaus"[50] eine „harmonische[] Systemintegration der literarischen Praxis" nicht voraussetzen, sondern sich vielmehr „gegen die kulturpolitisch unterstellte Zuversicht, daß in der DDR bereits kulturrevolutionäre Rezeptionsvoraussetzungen und -gewohnheiten bestehen"[51], wenden können. Sie präsentieren, anders gesagt, nicht bereits vollständig entwickelte, idealtypische sozialistische Persönlichkeiten, sondern illustrieren durchaus auch die Schwierigkeiten einer Entwicklung hin zum Idealtypus des ‚Neuen Menschen'. *Kippenberg* stellt die schwierige Entwicklung des Protagonisten jedoch nicht in Form einer die Entwicklung begleitenden Erzählung dar, sondern aus dem Blickwinkel der Retrospektive. Dieses Erzählverfahren habe ich eingangs als extradiegetische Projektion umschrieben.

Dass Noll diese Darstellungsweise gewählt hat, lässt sich auch durch den Veröffentlichungszeitpunkt erklären. In der bereits 1969 in der NDL veröffent-

gentlich autodiegetischen Erzählers. Gerade Kortners Innensicht passt keinesfalls in dieses Schema, wird allerdings präsentiert, um ihn zu entlarven. Kippenberg bei einem Telefonat mit Lankwitz beobachtend, sinniert er darüber, wie er seinen Konkurrenten ausbremsen kann: „Der legt sich ganz schön ins Zeug, der Kippenberg! Ob der wirklich glaubt, er kann das bis zum Ende durchziehn? Kortner schmunzelt. Heute rot, morgen tot." (KB, S. 355)

49 Vgl. Winfried Taschner: Tradition und Experiment. Erzählstrukturen und -funktionen des Bildungsromans in der DDR-Aufbauliteratur. Stuttgart 1981, S. 58.

50 Hier und davor: Taschner: Tradition und Experiment, S. 59.

51 Hier und davor: Taschner: Tradition und Experiment, S. 61.

lichten literarischen Skizze *Kippenbergs* existiert die zweite Zeitebene, in der der ältere Kippenberg als Erzähler verortet ist, noch nicht. Der Roman erscheint jedoch im Jahr des dreißigjährigen Bestehens der DDR. Die Gegenwartsliteratur dieser Zeit zeichne sich, so der Kulturwissenschaftler und SED-Kulturfunktionär Hans Koch in einem Interview mit dem *Sonntag* vom 13. Mai 1979, durch einen Hang zu Stoffen aus, die die eigene historische Entwicklung betreffen.[52] Seiner Zeit attestiert Koch eine „Suche nach Gestalten und Haltungen, an denen man heute lernen kann"[53] und begründet daraus den Hang zur Traditionsanbindung der gegenwärtigen Literatur. Zugleich ermögliche die historische Distanz auf die „Helden von damals" durchaus eine kritische Bewertung, denn man begegne ihnen „auf einer neuen Altersstufe und auf einer neuen Stufe ihrer historischen Entwicklung"[54]. Dadurch erfolge, so Koch sinngemäß und mit direktem Bezug auf Nolls Roman, ein Abgleich von historischem Anspruch und gegenwärtigem Zustand, denn eine Entwicklung könne nie widerspruchsfrei verlaufen. Im Versuch eines poetologischen Neuanfangs ist genau diese dialektisch anmutende Vermittlung zwischen Traditionsanbindung und kritischer Distanznahme erkennbar.

Werner Neubert führt im selben Interview diesen Gedanken fort: *Kippenberg* sei seiner Ansicht nach Ausdruck einer Kritik Nolls an „unser[em] Zeitgefühl für die gesellschaftlichen Prozesse"[55], denn der Roman mache deutlich, dass sich das System des Sozialismus-Kommunismus längst noch (nicht) so weit entwickelt habe, wie man es in den Anfangsjahren der DDR angenommen habe. So gesehen wäre der Roman, bei aller Ideologietreue des Autors, vor dem Hintergrund der dargestellten Wandlungsprozesse im technischen, wissenschaftlichen und Bildungsbereich als Versuch einer vielleicht gar nicht in diesem Ausmaß intendierten Warnung deutbar. Innerhalb der Erzählung bilanziert eine Wissenschaftler-Figur ihren eigenen Werdegang, zugleich jedoch greift Noll formal und über das Verfahren der intra- und extradiegetischen Rückprojektion Verbindungslinien zur historischen Nationalliteratur der DDR auf, variiert diese aber und bilanziert so deren nur selten gelungene Funktionalisierung als soziale Multiplikatoren einer Gesellschaftslehre. Die Offenheit der als Leerstelle fungierenden Rahmenhandlung kann – bei unzweifelhaft eindeutiger Wirkungsabsicht, die der Text wohl haben sollte – so auf subversive Weise wirken und zu der Frage führen, ob eine Gegenwart, in der keinerlei Probleme mit den im Roman dargestellten

52 Vgl. o.V.: Die individuelle Verschiedenheit der Gleichen. Ein SONNTAG-Gespräch zu einigen Literaturfragen. In: Dokumente zur Kunst-, Literatur- und Kulturpolitik der SED 1975–1980. Hg. von Peter Lübbe. Stuttgart 1984, S. 689.

53 o.V.: Die individuelle Verschiedenheit der Gleichen, S. 692.

54 o.V.: Die individuelle Verschiedenheit der Gleichen, S. 691.

55 o.V.: Die individuelle Verschiedenheit der Gleichen, S. 692.

Reformprozessen mehr zur Sprache gebracht werden, wirklich auch keine Probleme aufzuweisen hat. So wie im Rahmen der intradiegetischen Rückprojektion deutlich wird, dass keinesfalls alle Konflikte aus der Anfangszeit der DDR bereits gelöst sind, eröffnet der Roman über die darüber geblendete extradiegetische Rückprojektionsebene eine zwar positiv eingestellte, aber nichtsdestoweniger problematisierende Perspektive auf die nun nicht mehr durch den (Wieder-)Aufbau von Städten und Industrieanlagen, sondern durch moderne Forschung und Bildung auf Weltniveau geprägte bzw. zu prägende Gegenwart der DDR.

5 Fazit oder: Zur (rezeptionsorientierten) Wirksamkeit literarisch aktiver Stoffe

Joachim Kippenberg arbeitet im Roman nicht zufällig im Berliner *Institut für biologisch aktive Stoffe*. In der frühen literarischen Skizze *Kippenbergs* hieß dieser Arbeitsplatz noch *Institut für Eiweißstoffe*.[56] Es ist natürlich denkbar, dass diese Namensänderung schlicht die Authentizität des von Noll kreierten wissenschaftlichen Arbeitsumfelds steigern soll. Der Institutsname könnte jedoch auch auf eine möglicherweise intendierte rezeptionsorientierte Funktion des Romans verweisen: ‚Biologische Aktivität' ist in der Pharmakologie eine alternative Bezeichnung für die Wirkung eines biologischen Stoffes auf einen Organismus. Gälte es, die intendierte Wirkung sozialistischer Literatur auf ihre LeserInnen mit einer Metapher zu umschreiben, erscheint die des natürlichen Arzneimittels nicht ganz unpassend. Auf jeden Fall wollte Noll selbst seinen Roman als produktiv wirksame Gesellschaftskritik verstanden wissen, denn er sollte die Notwendigkeit eines permanenten Erneuerungs- und Revisionsprozesses veranschaulichen.[57] Unter diesen Vorzeichen ist die Leerstelle der nahezu unerzählten Rahmenhandlung zu deuten.

Fast mehr noch als Kippenberg figuriert Eva als offensichtlichste Anhängerin des historischen Aufbau-Mythos der frühen DDR-Jahre das Prinzip des im Organismus wirksamen Pharmazeutikums. Dies wird an den strukturellen Besonderheiten der Passagen mit ihr deutlich: Evas Lebensentwurf,[58] ihre Bereitschaft,

56 Vgl. Noll: Kippenbergs, S. 3.

57 Vgl. Kändler et al.: Persönlichkeit – Kollektiv, S. 56.

58 Wenngleich Eva noch keine Studentin ist, müsste ihre Figur auch im Kontext eines weiteren hochschulgeschichtlich bedeutsamen Umbruchs gesehen werden, was hier aber nur kurz angedeutet werden kann: Die westdeutsche Studentenbewegung um 1968 dient im Roman als Begründung dafür, dass der durch die Hochschulkonferenz verschreckte Lankwitz die Entwick-

tradierte Strukturen zu hinterfragen und zu erneuern, bei gleichzeitigem Idealismus und absoluter Überzeugung für die sozialistische Idee, sind nicht unmittelbar Teil von Kippenbergs Bericht über den eigenen Wertewandel. Vielmehr werden sie durch zwei Erzählstrategien von der übrigen Darstellung abgegrenzt. Zum einen sind diese Passagen meist nicht im üblichen Modus des autodiegetischen Erzählers dargestellt. Vielmehr scheint sich hier ein heterodiegetisch anmutender Erzähler Kippenberg vom eigenen, jüngeren Ich zu distanzieren. Die Treffen zwischen Eva und Kippenberg sind zudem als Ellipsen innerhalb der Abfolge des Erzählten, das eigentlich „chronologisch dar[ge]stell[t]" (KB, S. 29) werden soll, herausgestellt. Sie werden in Form von Analepsen meist erst in den Momenten vom Erzähler preisgegeben, in denen die sich persönlichkeitsbildende Funktion der geführten Gespräche unmittelbar auf das Handeln Kippenbergs in seinem Arbeitsumfeld auswirkt (siehe etwa: KB, S. 74–81, S. 90–101, S. 112–116 u. a.).

So wie Eva intradiegetisch – und für Kippenbergs Umfeld zunächst nicht erkennbar – als „Katalysator"[59] für dessen Persönlichkeitsentwicklung fungieren soll, entfalten die Eva-Passagen im Hinblick auf die Darstellung der hochschul- und wissenschaftsgeschichtlichen Reformprozesse eine besondere Rezeptionswirkung im Sinne der hier fruchtbar gemachten Metapher des ‚biologisch aktiven Stoffes', denn sie stören die vermeintliche Kohärenz des Kippenberg'schen Lebensberichtes. Dadurch ermöglichen sie erst, die Leerstelle der Erzählergegenwart in der hier gezeigten Weise produktiv zu machen und das im Roman Erzählte nicht nur auf das Jahr 1967, sondern auch auf die Gegenwart des Erzählers, die zugleich die des zeitgenössischen Lesers ist, zu beziehen. Dergestalt gelesen wird aus *Kippenberg* als Roman über einen persönlichen, beruflichen, wissenschafts- und hochschulgeschichtlichen Neuanfang im Jahr 1967 auch eine ‚Diagnose' – um im Bildbereich der Medizin zu bleiben – der Gegenwart des Jahres 1979, aus einem

lungen in der BRD noch viel bedrohlicher empfindet als die in der DDR. Sie finden jedoch nur stark verkürzt Eingang in den Roman und zwar in Form der berühmten Formel, „unter den Talaren den Muff von tausend Jahren" (KB, S. 192) zu beseitigen. Zwar lässt sich 1968 in der DDR nicht als „sozialgeschichtlich wichtiges Wendejahr" (Michael Hofmann: „Solidarität mit Prag". Arbeiterproteste 1968 in der DDR. In: 1968 und die Arbeiter. Studien zum „proletarischen Mai" in Europa. Hg. von Bernd Gehrke, Gerd-Rainer Horn. Hamburg 2007, S. 92) lesen, wie das für die Bundesrepublik der Fall ist; dennoch fanden die Forderungen der StudentInnen Eingang in die Berichterstattung der ostdeutschen Presse, besonders da, wo sie sich gut mit einer positiven Selbstdarstellung, etwa in Bezug auf die Hochschulreform, verknüpfen ließen. (Vgl. Mareike Witkowski: Die SED und die APO. Rezeption der Studentenbewegung in der Presse der DDR. Oldenburg 2008, S. 128).

59 So Dieter Noll in einem Gespräch mit Volker Müller im „Sonntag" v. 25.02.1979, zitiert nach: Labroisse: Überlegungen zu Dieter Nolls *Kippenberg*, S. 480.

Roman über das Bilanzziehen auch einer über die kritische Revision des Bestehenden. In dieser Art der Bezugnahme auf seine außerliterarische Gegenwart geht der Roman – bei mutmaßlich gleichbleibender literarischer Wirkungsabsicht – über die meisten seiner literarhistorischen Vorläufer der frühen Aufbauliteratur hinaus.

Sonja E. Klocke

„Die beste Prophylaxe ist der Sozialismus"

Krankheit und medizinisches System in Schriften von Brigitte Reimann, Maxie Wander und Christa Wolf

Darstellungen von Krankheit und von Patient*innen in medizinischen Institutionen finden sich auffällig häufig in der DDR-Literatur, was von der Literaturwissenschaft bisher nicht ausreichend untersucht worden ist. Dieses Versäumnis mag mit fehlenden Kenntnissen im medizinhistorischen Bereich, insbesondere im in den letzten Jahren intensiv aufgearbeiteten Segment der DDR-spezifischen Medizinethik,[1] sowie im Feld der Jurisprudenz in Verbindung stehen. Namentlich mangelndes Wissen bezüglich der Einflussnahme der marxistisch-leninistisch geprägten Rechtsordnung auf die Medizin kann einen in die Tiefe gehenden Blick auf die Literatur versperren, denn dieses Rechtssystem hat bewirkt, dass sich das Gesundheitssystem der DDR und insbesondere die Alltagsrealität in DDR-Krankenhäusern elementar von medizinischen Systemen anderer deutschsprachiger Länder unterschied.[2] Sowohl das marxistische als auch das antifaschistische Fundament des sozialistischen Staates haben bereits vor der Staatsgründung spürbare Auswirkungen auf die medizinische Versorgung der Bürger*innen sowie auf die Ausbildung angehender Ärzt*innen gehabt. So begann die sowjetische Verwaltung in der sowjetisch besetzten Zone (SBZ) 1946 mit dem Aufbau eines staatlichen Gesundheitssystems, das allen Bürger*innen freien Zugang zu medizinischer Versorgung garantieren sollte. Zu diesem Zweck wurden, anders als in den westlichen besetzten Zonen und später der Bundesrepublik, signifikante Veränderungen im Curriculum des Medizinstudiums vorgenommen. Nicht zuletzt motiviert durch das Bestreben sicherzustellen, dass sich Verbrechen wie die im

1 Siehe zu diesem Aspekt insbesondere Hartmut Bettin, Mariacarla Gadebusch Bondio (Hg.): Medizinische Ethik in der DDR. Erfahrungswert oder Altlast? Lengerich 2010. Hartmut Bettin hebt den Einfluss der sowjetischen Deontologie, der für die sozialistische Medizin relevanten spezifischen ethischen Kultur, auf die Ethik der Medizin in der DDR hervor. Demnach betont die sowjetische Deontologie – im Gegensatz zur Medizinethik westlicher Länder, welche als zu individualistisch und von den Ärzt*innen aus denkend angesehen wird – nachdrücklich sozialistische Werte wie Solidarität. Siehe dazu Hartmut Bettin: „Deontologija" – eine besondere Seite der Ethik oder die Ethik der anderen Seite? In: Zeitschrift für medizinische Ethik 58 (2012), S. 37–50.

2 Grundlegend für das Verständnis des engen Zusammenhangs von Rechtssystem und Medizin ist das DDR-spezifische Arzt-Patienten-Verhältnis, mit welchem sich die Juristin Ulrike Seifert ausgiebig beschäftigt hat. Ulrike Seifert: Gesundheit staatlich verordnet. Das Arzt-Patienten-Verhältnis im Spiegel sozialistischen Zivilrechtsdenkens in der DDR. Berlin 2009.

 https://doi.org/10.1515/9783110771008-008

medizinischen Bereich während der Nazi-Jahre begangenen nicht wiederholen können, mussten Studierende der Medizin bereits 1951 auch Fächer wie Marxismus-Leninismus, politische Ökonomie, dialektischer und historischer Materialismus, Russisch und Sport verpflichtend belegen. Um die angehenden Mediziner*innen für die gesellschaftlich relevanten Faktoren des von ihnen angestrebten Berufes und ihre Rolle bei der Bekämpfung von Krankheiten zu sensibilisieren, wurde 1952 auch das Fach Sozialhygiene eingeführt. Seit den 1960er Jahren spielte die Arztethik, später umbenannt in Ethik der Medizin, eine zunehmende Rolle, und mit einer Reform von 1976 wurde die politisch-ideologische Erziehung von angehenden Ärzt*innen während der ersten vier Jahre ihres Studiums ausgeweitet.[3]

Vor diesem Hintergrund wird deutlich, dass die Spezifika des medizinischen Systems der DDR nicht ignoriert werden dürfen, wenn man sich mit Texten aus diesem Land beschäftigt, in denen Krankheit und Medizin relevant sind. Anderenfalls läuft man Gefahr, dass sich wesentliche Aspekte dieser Schriften nicht erschließen.[4] Dieser Beitrag stellt daher nicht die ästhetischen Aspekte der un-

---

3 Das neue Curriculum für Medizinstudiengänge wurde bereits 1946 in der ersten nach dem Zweiten Weltkrieg erschienenen Ausgabe der Fachzeitschrift *Das deutsche Gesundheitswesen* veröffentlicht. Siehe dazu und zu den weiteren Reformen von 1951, 1952 und 1976 Sabine Schleiermacher, Udo Schagen: Rekonstruktion und Innovation (1949–1961). In: Die Charité. Geschichte(n) eines Krankenhauses. Hg. von Johanna Bleker, Volker Hess. Berlin 2010, S. 204–242, besonders S. 231–232; Ernst Luther: Abriss zur Geschichte der medizinischen Ethik in der DDR. In: Medizinische Ethik in der DDR. Erfahrungswert oder Altlast? Hg. von Hartmut Bettin, Mariacarla Gadebusch Bondio. Lengerich 2010, S. 20–39, besonders S. 24–33; Eberhard Markgraf, Wieland Otto: Unfallchirurgie an den Hochschuleinrichtungen der DDR. In: Deutsche Gesellschaft für Unfallchirurgie e.V. Mitteilungen und Nachrichten. Ergänzungsband Beiträge zur Geschichte der Unfallchirurgie in der DDR 30 (2008), S. 15–23, besonders S. 20–21. Zu Unterschieden zwischen der Bundesrepublik und der DDR im Umgang mit den Verbrechen zu Zeiten des Nationalsozialismus siehe Otto-Andreas Festge: Ethische Positionen bei der medizinischen Versorgung behinderter und kranker Kinder in der DDR. In: Medizinische Ethik in der DDR. Erfahrungswert oder Altlast? Hg. von Hartmut Bettin, Mariacarla Gadebusch Bondio. Lengerich 2010, S. 94–101, hier S. 94.

4 Selbst im 21. Jahrhundert erschienene Publikationen, die sich gezielt der Verbindung von kranken Körpern als Objekt politischen Interesses, Medizin und (post-)sozialistischer Literatur widmen, ignorieren die Besonderheiten des medizinischen Systems der DDR. Siehe beispielsweise Torsten Erdbrügger, Stephan Krause (Hg.): Leibesvisitationen: Der Körper als mediales Politikum in den (post)sozialistischen Kulturen und Literaturen. Heidelberg 2014. Dieser Band ist bemerkenswert, da die dort versammelten Analysen den in §43 des Bundespolizeigesetzes der *Bundesrepublik Deutschland*, der den „gesetzlich begründeten Zugriff auf den Körper eines Individuums durch staatliche Organe" (S. 13) regelt, auf eine Vielzahl *(post)sozialistischer* Kulturen anwenden. Dabei wird nicht nur auf der überholten Idee eines homogenen „Ostblocks" aufge-

tersuchten Literatur in den Vordergrund. Vielmehr geht er der Frage nach, inwiefern die untersuchten fiktionalen und nichtfiktionalen Texte von DDR-Schriftstellerinnen aus verschiedenen Dekaden die Situation in medizinischen Institutionen des sozialistischen deutschen Staates erhellen können. Die Auswahl der Schriften erfolgte mit dem Ziel, das Ausmaß der Auswirkungen von DDR-Gesetzgebung und Reformversuchen auf den Alltag von Kranken in der DDR zu verdeutlichen, der zu verschiedenen Zeiten und in diversen Genres mit differierenden Fiktionalisierungsgraden reflektiert wird.[5] Anders als medizinhistorische Texte können sowohl (auto)fiktionale Schriften als auch autobiographische, also in noch stärkerem Maße subjektive Aufzeichnungen wie Tagebücher und Briefe Erkenntnisse darüber zu Tage fördern, wie Individuen das System *empfunden* haben.

Um diesem Aspekt nachzugehen sollen – im Dialog mit der medizinhistorischen Forschung – Texte in den Fokus genommen werden, die zu unterschiedlichen Zeiten Krankheit und Patientinnen in Krankenhäusern sowie im Kontakt mit (überwiegend männlichen) Ärzten darstellen. So beleuchtet Christa Wolfs autofiktional angelegtes Buch *Nachdenken über Christa T.* (1968) die Situation in den 1950er und 1960er Jahren,[6] Maxie Wanders Tagebuch mit dem Titel *Leben wär' eine prima Alternative* (1979) die 1970er Jahre und der 2016 von Angela Drescher mit einem Vorwort von Gerhard Wolf herausgegebene Briefwechsel zwischen Brigitte Reimann und Christa Wolf aus den Jahren 1963 bis 1973, veröffentlicht unter dem Titel *Sei gegrüßt und lebe* (ursprüngliche Ausgabe 1993), die späten 1960er und die 1970er Jahre – also den Zeitraum *vor* der Rahmen-Krankenhausordnung (RKO) von 1979. Christa Wolfs autobiografisch gefärbtes Buch *Leibhaftig* (2002) hingegen thematisiert rückblickend die späten 1980er Jahre und porträtiert damit, ebenso wie ihre Einträge in *Ein Tag im Jahr. 1960–2002* (2003), die Si-

baut, sondern es kommt in einzelnen Beiträgen zu Trugschlüssen bezüglich der politischen Signifikanz von in der Literatur dargestellter Krankheit.

5 In allen diesen Schriften artikuliert sich – wie durch alle Zeiten und in Literatur verschiedener Gattungen – ein autorschaftliches Ich. Solche Texte verbinden einen autobiographischen und einen Fiktionspakt mit den Leser*innen und unterscheiden sich primär im Grad der Gewichtung der autobiographischen bzw. fiktionalen Seite. Siehe dazu Frank Zipfel: Autofiktion. In: Handbuch der literarischen Gattungen. Hg. von Dieter Lamping. Stuttgart 2009, S. 31–36, hier S. 33.

6 Sowohl *Nachdenken über Christa T.* als auch *Leibhaftig* vermeiden bezeichnenderweise Gattungsbezeichnungen und haben stark autofiktionale Züge. Alexander Stephan verweist bereits auf die ausgeprägte Verknüpfung von Autorin, Erzählerin und Titelfigur in *Nachdenken über Christa T.* Siehe Alexander Stephan: Christa Wolf. München 1991, S. 78. Auch für *Leibhaftig* lässt sich eine enge Beziehung zwischen Erzählerin und Autorin konstatieren. Siehe dazu insbesondere Dennis Tate: Shifting Perspectives. East German Autobiographical Narratives before and after the End of the GDR. Rochester (New York) 2007, S. 224.

tuation, nachdem die Rahmen-Krankenhausordnung mit dem Anspruch in Kraft getreten war, Patient*innen besser über ihren Gesundheitszustand sowie das Ziel und die möglichen Konsequenzen von bestimmten Therapien zu informieren.[7] Am Beispiel dieser Texte soll der Frage nachgegangen werden, inwiefern Literatur Wissen über das Alltagsleben in der DDR generieren und dazu beitragen kann, eine neue DDR-(Literatur-)Geschichte zu schreiben, die dominante Narrative herausfordert.

Mit anderen Worten, hier geht es weniger um medizinisches Wissen im engeren Sinne der wissenschaftlichen Disziplin, sondern um die Frage, inwiefern und auf welche Weise das für die DDR typische medizinische Gesundheitssystem das Leben von DDR-Bürger*innen konkret im Alltag beeinflusst hat. Beleuchtet werden insbesondere die Bedeutung des DDR-spezifischen Arzt-Patientenverhältnisses, die Signifikanz von Ärzt*innen als Heiler*innen und als ‚Volkserzieher*innen' im Sinne des Sozialismus, die Relevanz von Vorsorgekampagnen und die Tragweite der DDR-spezifischen ‚schonenden Lüge'.[8] Was die vorgestellten Tagebücher, Briefe und (auto)fiktionalen Schriften im Gegensatz zu medizinischen oder medizinhistorischen Texten eröffnen, ist die Perspektive der Patientinnen in den real-existierenden sozialistischen Institutionen. Der ausgewählten

---

7 Mit der Rahmen-Krankenhausordnung (RKO), die sinngemäß nicht nur in Krankenhäusern, sondern auch in allen ambulanten Gesundheitseinrichtungen der DDR Anwendung fand, wurde „[d]em Bürger [...] nun ein individueller Anspruch auf diagnostische und therapeutische Aufklärung zugebilligt, nämlich ‚über seinen Gesundheitszustand, Anlaß und Ziel vorgesehener medizinischer Maßnahmen in angemessener Weise informiert zu werden' (A. 7. RKO), bzw. war der Patient ‚über die Notwendigkeit und möglichen Folgen medizinischer Eingriffe bzw. der Anwendung von Arzneimitteln in angemessener Weise aufzuklären (B. II. 2. RKO)". Ulrich Lohmann: Zur Staats- und Rechtsordnung der DDR. Juristische und Sozialwissenschaftliche Beiträge 1977–1996. Wiesbaden 2015, S. 221.

8 Wie die hier genannten Aspekte bereits andeuten, sind durch meine Fragestellung nach dem konkreten Einfluss des sozialistischen Gesundheitssystems auf den Alltag von DDR-Bürger*innen sämtliche Bereiche der Medizin und des medizinischen Wissens betroffen. Carsteln Zelle hebt hervor, dass Vorstellungen von Medizin und medizinischem Wissen in sämtlichen Bereichen eines Gesundheitssystems in Abhängigkeit von jeweils als valide erachteten Paradigmen Veränderungen unterworfen sind: „Medizin (lat. *medicina*, Heilkunde) beinhaltet Theorie und Praxis der Vorsorge (Prophylaxe), Erkennung (Diagnose) und Behandlung (Therapie) von ‚Krankheiten' sowie damit verbundene Personen, Institutionen und Diskurse. [...] Dazu ist Wissen erforderlich, sei es als Verständigkeit, die sich im Handeln selbst vollzieht (gr. *phronesis*, lat. *prudentia*, Klugheit), sei es als Technik, die festgehalten, gelehrt und gelernt werden kann (gr. *techne*, lat. *ars*, Kunst), sei es auch als Wissenschaft (gr. *episteme*, let. *scientia*), deren Forschung sich im Rahmen des je gültigen Paradigmas bewegt. Extension, Intension und Status des Medizinbegriffs sind historisch variabel." Carsten Zelle: Medizin. In: Handbuch Literatur und Wissen. Ein interdisziplinäres Handbuch. Hg. von Roland von Borgards et al. Stuttgart 2013, S. 85–95, hier S. 85.

Literatur ist gemein, dass sie sehr subjektiv ist und somit einen Einblick in die emotionale Verfasstheit der Protagonistinnen erlaubt. In den analysierten Texten manifestieren sich somit die Spuren, welche das idiosynkratische Gesundheitssystem der DDR nicht nur auf den Körpern, sondern auch in der Gefühlswelt derer hinterlassen hat, die mit diesem System gelebt haben.

1 Entmündigte Patient*innen: Das Betreuungsverhältnis

Die bereits erwähnte DDR-spezifische Beziehung zwischen Patient*innen und allen in medizinischen Institutionen der DDR Beschäftigten wurde mit dem Terminus Betreuungsverhältnis beschrieben. Nach Einschätzung des Medizinethikers Ernst Günther einzigartig in der Geschichte, stattete das Betreuungsverhältnis das medizinische Personal in den zentral organisierten staatlichen Einrichtungen mit geradezu uneingeschränkter Macht aus. Diese fußte auf der Abwesenheit eines Vertrages zwischen Patient*innen und Ärzt*innen, was konkret bedeutete, dass letztere nach eigenem Ermessen zwischen den Belangen der Behandelten und den übergeordneten Interessen der sozialistischen Gesellschaft nach Volksgesundheit abwogen.[9] Susanne Hahn, bereits in der DDR als Ärztin tätig, erklärt die wesentlichen Unterschiede zwischen dem Betreuungsverhältnis der DDR und der juristischen Regelung in der Bundesrepublik folgendermaßen: „Während in der BRD der ärztliche Eingriff im Strafrecht [...] als Körperverletzung galt und bis heute gilt, die nur durch die Einwilligung des Patienten exkulpiert werden kann, war der indizierte und lege artis durchgeführte ärztliche Eingriff in der DDR prinzipiell eine Heilbehandlung".[10] Dementsprechend betrachtet der Bundesgerichtshof jede medizinische Intervention als Körperverletzung nach §223 StGB (Strafgesetzbuch), auch wenn die Behandlung erfolgreich und lege artis durchgeführt wurde. Von der Zustimmung von Patient*innen zu einer Behandlung

9 Ernst Günther: Das Arztrecht in der DDR und seine Beziehung zur ärztlichen Ethik. Erfahrungen aus dem Umgang mit ärztlichen Fehlleistungen. In: Medizinische Ethik in der DDR. Erfahrungswert oder Altlast? Hg. von Hartmut Bettin, Mariacarla Gadebusch Bondio. Lengerich 2010, S. 86–93, hier S. 87. Siehe auch Hartmut Bettin, Mariacarla Gadebusch Bondio: An Stelle einer Einleitung. DDR-Medizin – Eine eigene Ethik? In: Medizinische Ethik in der DDR. Erfahrungswert oder Altlast? Hg. von Hartmut Bettin, Mariacarla Gadebusch Bondio. Lengerich 2010, S. 7–19, hier S. 7.

10 Susanne Hahn: Ethische Fragen und Problemlösungen des Schwesternberufes im DDR-Gesundheitswesen. In: Medizinische Ethik in der DDR. Erfahrungswert oder Altlast? Hg. von Hartmut Bettin, Mariacarla Gadebusch Bondio. Lengerich 2010, S. 73–85, hier S. 75.

ist daher nur dann abzusehen, wenn es sich um Notoperationen handelt, die an bewusstlosen Patient*innen ausgeführt werden müssen, von denen keine Zustimmung eingeholt werden kann.[11]

In der DDR hingegen hatten Patient*innen de facto keine Möglichkeit, sich einer Behandlung, auf die sie keinen Einfluss ausüben konnten, zu entziehen, weil diese per definitionem eine Heilbehandlung war.[12] Diesen Zustand belegen nicht nur die Tagebuchaufzeichnungen von Maxie Wander und die Briefe Brigitte Reimanns, sondern auch die Situation der Titelperson in Christa Wolfs *Nachdenken über Christa T.* sowie die als qualvoll erfahrene Therapie der namenlosen Protagonistin in Wolfs *Leibhaftig.* Maxie Wander fragt sich beispielsweise, warum sie bestimmte Medikamente einnehmen muss, noch dazu in sehr viel höheren Dosen als andere Frauen – und erhält keinerlei Aufklärung, geschweige dass sie ein Mitspracherecht eingeräumt bekäme.[13] Brigitte Reimann wird nicht erklärt, warum sie – obwohl angeblich keine bösartigen Veränderungen festgestellt wurden – zu einer erneuten Strahlenbehandlung in Berlin-Buch erscheinen soll.[14] Anstatt eine echte Behandlung gemeinsam mit der an einer Depression erkrankten Christa T. zu besprechen, verfügt der Arzt darüber, dass sie in der Therapie bei ihm lernen werde, „sich an[zu]passen" – ein eindeutiger Hinweis darauf, dass es hier weniger um das Interesse der Erkrankten geht als um das Korrigieren ihres gesellschaftlichen Bewusstseins.[15] Indem alle vier Texte Patientinnen in den Vordergrund stellen, die sich den angeblich alternativlosen Behandlungsmethoden der medizinischen Institutionen unterwerfen müssen, kritisieren sie durchweg die den medizinischen und juristischen Diskursen innewohnenden Machtverhältnisse. Denn selbst wenn das medizinische Personal in einem DDR-

11 Siehe BGH Urteil BGHSt 11.

12 Siehe auch Ernst Günther: Patientenschutz und Arzthaftung in der DDR. In: Das Gesundheitswesen der DDR. Aufbruch oder Einbruch. Denkanstöße für eine Neuordnung des Gesundheitswesens in einem deutschen Staat. Hg. von Wilhelm Thiele. Sankt Augustin 1990, S. 161–167, hier S. 161; Seifert: Gesundheit staatlich verordnet, S. 168 und S. 304; Linde Wagner: Polikliniken – ein gesundheitspolitisches Modell. In: Die DDR war anders. Eine kritische Würdigung ihrer sozialkulturellen Einrichtungen. Hg. von Stefan Bollinger, Fritz Vilmar. Berlin 2002. S. 226–245, hier S. 234.

13 Maxie Wander: Leben wär' eine prima Alternative. Tagebücher und Briefe. Hg. von Fred Wander (1979). Nachdruck. München 1994, S. 21, S. 24–25, S. 45. Im Folgenden im fortlaufenden Text mit dem Namen ‚Wander' gekennzeichnet.

14 Brigitte Reimann, Christa Wolf: Sei gegrüßt und lebe. Eine Freundschaft in Briefen und Tagebüchern 1963–1973. Erweiterte Neuausgabe. Mit einem Vorwort von Gerhard Wolf. Hg. von Angela Drescher. Berlin 2016, S. 211. Im Folgenden im fortlaufenden Text mit den Namen ‚Reimann und Wolf' gekennzeichnet.

15 Christa Wolf: Nachdenken über Christa T. (1968). Nachdruck. München 1993, S. 74. Im Folgenden im fortlaufenden Text mit der Sigle NCT gekennzeichnet.

Krankenhaus versuchte, die Erkrankten von einer verpflichtenden Untersuchung und, falls nötig, von einer Behandlung zu überzeugen, war den Behandelten doch bewusst, dass sie den Anordnungen der Ärzt*innen ohnehin Folge zu leisten hatten. Maxie Wander hebt dies hervor, als sie als Österreicherin – 25 Jahre in einem anderen medizinischen System sozialisiert – erkennt, dass die Ärzt*innen in der DDR auf „eine Patientin, die Bescheid wissen will, die alles beobachtet und registriert und Fragen stellt, [...] sehr wenig vorbereitet [sind]" (Wander, S. 60). Sie bekommt sogar gegen ihren Willen und Protest eine Spritze verabreicht – ein Vorgang, der selbst nach der Rahmenkrankenhausordnung von 1979 noch rechtens gewesen wäre (Wander, S. 69).

2 Die sozialistische Arztpersönlichkeit im Betreuungsverhältnis

Wie sind solche, aus heutiger bzw. nicht DDR-spezifischer Perspektive willkürlich anmutende, nicht indizierte und für die jeweiligen Patientinnen nicht nachvollziehbare Therapieansätze zu verstehen? In der DDR wurden die individuelle Gesundheit und die Gesundheit der sozialistischen Gemeinschaft – quasi in Analogie zu persönlichen und gesellschaftlichen Interessen – als Einheit betrachtet. Diese Verflechtung interpretiert der auf Gesundheit und Soziales spezialisierte Jurist Ulrich Lohmann als „Negierung des Selbstbestimmungsrechts". Sie war, so führt er im Rekurs auf das *Rechtshandbuch für den Bürger* [der DDR] von 1985 aus, „das Resultat der Prämisse, daß ‚gesunde Lebensführung nicht Privatangelegenheit jedes einzelnen Bürgers (ist)', sondern ‚der sozialistische Staat die Aufgabe, Gesundheit, Leistungskraft und Lebensfreude seiner Bürger zu erhalten und zu fördern, als ein gesamtgesellschaftliches Anliegen (an)sieht'".[16] Mit anderen Worten, Gesundheit war in der DDR keine Privatangelegenheit, sondern Teil der übergeordneten Sache, des Sozialismus. In der Praxis hieß dies, dass Ärzt*innen die Aufgabe hatten, die Therapie auszuwählen, die für die Gesellschaft als solche von Vorteil war. Gleichzeitig mussten sie ihre Patient*innen so über ihren Krankheitszustand informieren, dass dabei auch das soziale und sozialistische Bewusstsein korrigiert werden konnte. Wie die Juristin Ulrike Seifert hervorhebt, war

16 Lohmann: Staats- und Rechtsordnung der DDR, S. 222–223. Siehe auch Seifert: Gesundheit staatlich verordnet, S. 353; Günther: Das Arztrecht in der DDR, S. 89.

> auch in der Arzt-Patienten-Beziehung [...] die Rechtserziehung das Mittel zur Erziehung des Bürgers, ‚in gesellschaftlichen Aspekten denken zu lernen, d. h. Verantwortung für das Ganze zu tragen', ohne hierin einen Einschnitt in seine persönliche Sphäre zu sehen. Dabei beschränkt sich das sozialistische Recht nicht darauf, der Rechtsausübung des Patienten Grenzen zu setzen und ihm diese auf der Ebene sozialistischer Bewusstseinsbildung zu vermitteln, sondern sie lässt den Arzt in eine Doppelrolle treten, in welcher er nicht nur Normenadressat, sondern auch Erzieher des Bürgers ist.[17]

Dieser Ansatz zeigt sich beispielsweise in Wolfs *Nachdenken über Christa T.*, als die Protagonistin in eine Depression verfällt, weil sie die Diskrepanz zwischen ihren sozialistischen Idealen und den Ansprüchen der real-existierenden sozialistischen Gesellschaft nicht mehr verschmerzen kann. Wie ihre Vorbilder aus der Romantik, insbesondere Bettina von Arnim und Karoline von Günderode (NCT, S. 64), leidet sie an der Inkongruenz zwischen utopisch anmutenden Idealen und den Herausforderungen des Alltags. Um den Anforderungen an die ‚sozialistische Persönlichkeit' gerecht zu werden, die sich gerade durch Optimismus und Gesundheit auszeichnet[18] und um einen Platz in der sozialistischen Gesellschaft zu finden, muss Christa T. die tatsächlichen gesellschaftlichen Gegebenheiten und ihre Persönlichkeit in Einklang bringen – und ihre Sorge davor, „sich [im System] aufzulösen, Schräubchen [zu] sein" (NCT, S. 58) überwinden.[19] Auf diesem Weg zur ‚Heilung' wird ihr ein Arzt zur Seite gestellt, der diagnostiziert: „Todeswunsch als Krankheit. Neurose als mangelnde Anpassungsfähigkeit an gegebene Umstände" (NCT, S. 74). Die daraufhin von ihm verordnete Therapie – „Sie werden begreifen müssen, worauf es ankommt. Bei Ihrer Intelligenz. ... Sie werden sich

---

17 Seifert: Gesundheit staatlich verordnet, S. 354.

18 Wie Grashoff hervorhebt, galt in der DDR der 1950er Jahre der Sozialismus wegen seines historischen Optimismus als beste Prophylaxe gegen Selbsttötungen, während Pessimismus als dem Sozialismus wesensfremd eingestuft wurde. Udo Grashoff: „In einem Anfall von Depression...". Selbsttötungen in der DDR. Berlin 2006, S. 281–282. In der DDR war die Thematisierung des Freitods sowie von psychischen Krankheiten lange tabu. Dies änderte sich erst in den 1970er und 1980er Jahren, insbesondere nachdem Sibylle Muthesius (alias Boden-Gerstner) in *Flucht in die Wolken* (1981) die DDR-Psychiatrie angriff, da ihre Tochter Sonja aufgrund mangelhafter Therapie verstorben war. Trotz der prominenten gesellschaftlichen Stellung der Autorin als Modejournalistin und ihres ebenfalls bekannten Mannes, des Fernsehjournalisten Karl-Heinz Gerstner – beide waren zudem eng mit der SED verbunden –, konnte das Gesundheitsministerium der DDR die Veröffentlichung des 1977 fertiggestellten Buchs verzögern; doch als es 1981 erschien, erreichte es schnell Bestsellerstatus. Siehe dazu auch Grashoff: Selbsttötungen in der DDR, S. 464–465.

19 Eine detaillierte Analyse der verschiedenen Stadien von Christa T.s Depression, ausgelöst durch Liebeskummer, Leistungsdruck und die Ereignisse des 17. Juni 1953, findet sich in Sonja E. Klocke: Inscription and Rebellion. Illness and the Symptomatic Body in East German Literature. Rochester (New York) 2015, S. 55–58, S. 60–63.

anpassen lernen“ (NCT, S. 74) – offenbart ihn als ‚sozialistische Arztpersönlichkeit‘, als Heiler und zugleich ideologischer ‚Volkserzieher‘ im Sinne der SED. Aufgabe des medizinischen Personals auf allen Ebenen war es schließlich, das Volk physisch und psychisch gesund zu erhalten und gleichzeitig dafür zu sorgen, dass die vom Staat festgelegten Normen für gesellschaftlich erwünschtes Verhalten in die Realität umgesetzt wurden. Ärzt*innen und Krankenschwestern, gleichzeitig ideologische Erzieher*innen und Leistungserbringer*innen im Gesundheitswesen der DDR, waren damit im Macht-Netzwerk der staatlichen Institutionen involviert. Aus heutiger Sicht mag es schwer nachvollziehbar sein, dass die erzieherische Rolle von Ärzt*innen sogar Vorrang gegenüber der Medizin gehabt haben soll, wie Ulrike Seifert geltend macht.[20] Doch die Vehemenz, mit der die Bevölkerung Leipzigs Dieter Lohmann, den medizinischen Direktor des örtlichen Krankenhauses, unterstützte, als dieser bei einer öffentlichen Anhörung im Herbst 1989 verlangte, in Zukunft der optimalen medizinischen Versorgung von Patient*innen Priorität gegenüber irgendwelcher Ideologie einzuräumen, unterstützt die Aussage der Juristin Seifert.[21] In Übereinstimmung mit dem politischen System und ausgestattet mit der Macht, Kontrolle über Patient*innen auszuüben, konnte und sollte das medizinische Personal ideologische Ziele auch im und durch das speziell für das sozialistische Land konzipierte medizinische System implementieren.[22]

3 Patient*innen im Betreuungsverhältnis

Neben ‚sozialistischen Arztpersönlichkeiten‘ bedarf es für den Erfolg eines solchen Systems allerdings auch passiver Patient*innen, die sich dem Willen der Mediziner*innen unterwerfen. Von Christa Wolfs autofiktionalen Protagonistinnen bis zu Brigitte Reimann und – nachdem sie aufgrund ihrer Krebserkrankung mit den Gepflogenheiten im DDR-Krankenhaus vertraut ist – auch Maxie Wander sehen wir Frauen, die eine Behandlung über sich ergehen lassen *müssen*. Diese

---

20 Seifert: Gesundheit staatlich verordnet, S. 38–40. Siehe dazu auch W. Kirchgäßner: Philosophische Aspekte des Arzt-Patienten-Verhältnisses und die Wirksamkeit der Sprache bei der Festigung dieses Verhältnisses. In: Ethik und Medizin im Sozialismus. Wissenschaftliches Kolloquium des Bereichs Medizin der Ernst-Moritz-Arndt-Universität am 2.10.1974 zu Ehren des 25. Jahrestages der DDR. Hg. von Hansgeorg Hüller. Greifswald 1976, S. 21–39, hier S. 25.

21 Siehe Thomas Ahbe, Michael Hofmann, Volker Stiehler (Hg.): Redefreiheit. Öffentliche Debatten in Leipzig im Herbst 1989. Bonn 2014, S. 526.

22 Siehe Schleiermacher, Schagen: Rekonstruktion und Innovation, S. 216–217; Seifert: Gesundheit staatlich verordnet, S. 42–43.

erzwungene Passivität erwuchs aus dem marxistisch-leninistischen Rechtssystem, das Patient*innen im Betreuungsverhältnis bewusst bevormundete und ihnen geradezu Objektstatus zuwies. So hebt beispielsweise der DDR-Jurist Karl-Heinz Christoph im Jahr 1980 als für das System in der DDR spezifisch hervor:

> Die Gesundheitseinrichtungen realisieren ihre Aufgabe grundsätzlich im Rahmen eines spezifischen Rechtsverhältnisses zu den von ihnen betreuten Bürgern. Eine entscheidende Besonderheit der Gesundheitseinrichtungen besteht darin, dass sie ihre Aufgaben nicht nur gegenüber dem Bürger erfüllen, sondern dass *am Bürger selbst* Maßnahmen der *medizinischen und sozialen Betreuung* durchgeführt werden.[23]

Christoph streicht hier heraus, was zentral für das Verständnis des Verhältnisses zwischen paternalistischem Staat und Bürger*innen generell war und was dann folgerichtig auf das medizinische System übertragen wurde: die Bürger*innen wurden juristisch zur Passivität gezwungen, damit man staatlicherseits sowohl am Körper selbst als auch im gesellschaftlich-ideologischen Bereich aktiv eingreifen konnte. In diesem unausgeglichenen Machtverhältnis waren die ‚sozialistischen Arztpersönlichkeiten' nicht nur in ihrer Rolle als Mediziner*innen, sondern auch als Erzieher*innen überlegen. Aufgrund dieses Ungleichgewichts zwischen Mediziner*innen und Patient*innen konnten letztere nicht nur zur Mitwirkung bei einer Therapie verpflichtet werden, sondern sie mussten Maßnahmen selbst dann dulden, wenn sie diese als kontraindiziert oder kontraproduktiv empfanden.

Wohl wissend, welche Mechanismen ihren Gehorsam und ihre Passivität erzwingen, bemerkt beispielsweise die in Christa Wolfs *Leibhaftig* porträtierte Patientin in den späten 1980er Jahren, dass das im Krankenhaus etablierte System geradezu einen „Rückfall in die Kindheit" hervorruft, was einer Entmündigung der Patientin gleichkommt.[24] Sie ist sich bewusst über ihre „Verpflichtung" sich „kooperativ [zu] verhalte[n]" (L, S. 38), was auch von der Stationsschwester eingefordert wird. Wolfs Text bezieht sich hier eindeutig auf die vom DDR-Recht geforderte Verpflichtung der Patient*innen „zur Mitwirkung an der Heilbehandlung", die sogenannte Mitwirkungspflicht, die „als Offenbarungs- und Befolgungspflicht [besteht ... und] die aktive Teilnahme des Patienten an der Thera-

---

23 Karl-Heinz Christoph: Rechtsfragen der Stellung, Aufgaben und Organisation der staatlichen Gesundheitseinrichtungen. In: Rechtsprinzipien im Gesundheitswesen. Hg. von Reinhard Gürtler, Joachim Mandel, Joachim Rothe. Berlin (DDR) 1980, S. 42–58, hier S. 42–43 (Hervorhebung SK).

24 Christa Wolf: Leibhaftig. München 2002, S. 37; S. 37. Im Folgenden im fortlaufenden Text mit der Sigle L gekennzeichnet.

piedurchführung [meint]".[25] Als der Chefarzt ihr für ihre „gute Mitarbeit" (L, S. 117) dankt, fragt Wolfs Patientin sich zwar zunächst, ob sie hier wohl „in einem Betrieb" sei (L, S. 117), antwortet jedoch später „pflichtschuldigst" mit „Ja", als der Arzt „Lob hören [will] für seine gute Arbeit" (L, S. 156). Was Wolfs autofiktionaler Text hier zur Schau stellt, ist das Ineinandergreifen von Recht und – allein schon durch das Wort „pflichtschuldigst" – Moral in der DDR. Wie der DDR-Jurist Konrad Franke erläutert, ist es „eine moralische Pflicht gegenüber der Gesellschaft, daß die Patienten auch über die Rechtspflichten hinaus an ihrer Gesundung mitarbeiten".[26] Franke verdeutlicht damit die Bedeutung von letztendlich willkürlichen Standards von Moral, um ein spezifisches Patient*innenverhalten einzufordern, das die juristisch ohnehin geforderte Mitwirkungspflicht noch übersteigen soll.

Die Juristin Ulrike Seifert sieht in dieser „Einheit von Recht und Moral" das Bestreben der DDR-Jurisprudenz verdeutlicht, Vorstellungen von Moral als „Ersatzrecht" und damit als dem Recht gleichwertig zu etablieren.[27] Dies erklärt auch, warum die Mitwirkungspflicht sich als eine die Privatsphäre der Patient*innen hochgradig einschränkende Forderung darstellt, nämlich die Verpflichtung, alle Aspekte des Lebens offenzulegen, die die Therapie beeinflussen könnten. Diese sogenannte Offenbarungspflicht, später Informationspflicht genannt, wurde mit „mangelnde[n] medizinische[n] Kenntnisse[n]" der Patient*innen begründet.[28] Aufgrund dieser fehlenden Kompetenz aufseiten der Patient*innen lag die Entscheidung, was und wie viel dem medizinischen Personal offenbart werden soll, ausdrücklich nicht im Ermessen der zu Behandelnden. Aus dem gleichen Grund waren Patient*innen auch grundsätzlich „rechtlich verpflichtet, ärztliche Maßnahmen zu dulden und ärztlichen Anordnungen nachzukommen".[29] Diese sogenannte Duldungs- und Befolgungspflicht bedeutet nichts anderes, als dass eine von den Mediziner*innen beschlossene Therapie auch dann zu ertragen war, wenn die Patientin – wie Wolfs Protagonistin in *Leibhaftig* – die Eingriffe überwiegend als gewaltsame Verletzungen von Körper und Psyche erlebt und lange nicht an einen möglichen Erfolg glaubt.[30] Allein die

---

25 Seifert: Gesundheit staatlich verordnet, S. 271–272. Seifert betont weiterhin, dass auch „in der DDR [...] der Begriff der Compliance gebräuchlich" war (S. 272).

26 Konrad Franke: Das Recht im Alltag des Haus- und Betriebsarztes. Berlin (DDR) 1980, S. 356.

27 Seifert: Gesundheit staatlich verordnet, S. 356. Siehe auch Günther: Das Arztrecht in der DDR, S. 89.

28 Seifert: Gesundheit staatlich verordnet, S. 272.

29 Seifert: Gesundheit staatlich verordnet, S. 272.

30 Eine ausführliche Abhandlung der Mitwirkungs-, Offenbarungs- und Informations- sowie Duldungs- und Befolgungspflicht findet sich bei Seifert: Gesundheit staatlich verordnet, S. 271–

zum Einsatz kommenden „verfluchten Maschine[n]“ (L, S. 49), von Röntgengerät und Elektrokardiogramm bis zu Computertomograph und Magnetresonanztomographie, werden von der Patientin als bedrohlich empfunden (L, S. 37, S. 48–49, S. 118). Die Apparate werden wahlweise als „Übermonster“ (L, S. 40), „Strahlenkäfig“ (L, S. 48) oder „Minotaurus im Labyrinth“, der „im Innern dieses Hauses lauert“ (L, S. 50), beschrieben. Ihrer Duldungs- und Befolgungspflicht nachkommend, erträgt Wolfs Protagonistin alle Maschinen, die ausnahmslos dazu dienen, ihren Körper zu durchleuchten – ähnlich der Observationen durch die Staatssicherheit, an die die Patientin sich in einigen ihrer Fieberträume erinnert und die sich im Text oftmals über das Geschehen im Krankenhaus schieben und so die medizinische Institution mit der Stasi verflechten (L, S. 108). Alle genannten Apparate potenzieren gleichzeitig die Macht, die durch die Ärzt*innen im medizinischen System ausgeübt wird. Dieses wird – nicht zuletzt durch Hinweise auf die „zwei fest verschlossenen Stahltüren“ (L, S. 50), die sicherstellen, dass die Patientin dem Untersuchungsraum nicht entkommen kann – mit Institutionen der Strafverfolgung in Verbindung gebracht. An anderen Stellen erinnert die Beschreibung des angeblich heilenden Systems gar an eine Kriegsmaschinerie: wie in Tarnkleidung erscheint die OP-Besetzung „dunkelgrün verkleidet“ (L, S. 63). Nachdem die verschleppte Blinddarmentzündung der Patientin zu einer das gesamte Immunsystem bedrohenden Sepsis mutiert ist, sind die Ärzte entschlossen, „zum Großangriff gegen diese verdammten Keime vor[zugeh]en“ (L, S. 125). Sie wollen die Bakterien zunächst mit dem „schwersten Geschütz beschießen“ (L, S. 117), bevor sie im Operationsraum einem „ausgeklügelte[n] Ritual“ folgend „ein Gemetzel“ (L, S. 137–138) verrichten. Doch die Patientin leistet, im Bewusstsein über ihre Verpflichtung, den ärztlichen Anordnungen Folge zu leisten, selbst wenn man sie als kontraindiziert erachtet, keinen Widerstand.

Die in den hier untersuchten Texten evidente Kooperationsbereitschaft der Patient*innen mag erstaunlich erscheinen, sie wird jedoch begreiflicher, wenn man sich verdeutlicht, dass die Verweigerung der Mitwirkung, Offenbarung und Duldung ernsthafte Konsequenzen haben konnte, die auch jenseits der medizinischen Versorgung lagen. Wenngleich die Schriften von Christa Wolf, Brigitte Reimann und Maxie Wander auf diese Aspekte nicht direkt eingehen, soll hier die Dimension der Zwangsmaßnahmen bei Nichtbefolgung der diversen Pflichten erläutert werden, da diese im Alltagsleben aller DDR-Bürger*innen und somit aller Leser*innen in der DDR präsent waren. Das Spektrum der Zwangsmaß-

274. Eine detaillierte Analyse der Darstellung von Krankheit und medizinischem System in *Nachdenken über Christa T.* und in *Leibhaftig* findet sich in Klocke: Inscription and Rebellion, S. 34–113.

nahmen reichte von „sozialversicherungsrechtliche[n] und arbeitsrechtliche[n] Sanktionen bis zu erzieherischen Maßnahmen des Arztes und zur Zurückforderung von Leistungen durch die Sozialversicherung bei groben und wiederholten Verstößen".[31] Seit den 1970er Jahren konnte ein der Gesellschaft gegenüber als unsolidarisch empfundenes Verhalten Auswirkungen auf den Arbeitsalltag haben, so dass die Brigade bzw. das Studienkollektiv aktiv werden konnte.[32] Christa Wolf deutet das Entstehen dieses Mechanismus bereits für die 1950er Jahre an. In *Nachdenken über Christa T.* versuchen die Kommiliton*innen der Protagonistin die Erkrankte davon zu überzeugen, dass die geforderte gesellschaftliche Anpassung – der Hauptauslöser für die Depression – im Austausch für das vom Staat finanzierte Studium gerechtfertigt sei. Christa T. widersetzt sich dem Studienkollektiv allerdings, da sie nicht willens ist, „in fremder Währung" zu bezahlen und zieht sich aufs Land zurück (NCT, S. 87).

Ein solcher Rückzug ins Private wurde mit den Jahren zunehmend schwieriger, und die in diesem Prozess des von Ärzt*innen eingeforderten Informierens und Einbeziehens des „Betrieb[s] des berufstätigen Patienten und [der] Organe der Sozialversicherung [...] als gesellschaftliche Verbündete der behandelnden Einrichtung [im] Prozeß der Erziehung des Patienten" bedeutete immer auch eine Verletzung der ärztlichen Schweigepflicht, die nicht problematisiert wurde.[33] In anderen Fällen konnten Sozialleistungen gestrichen werden, beispielsweise wenn werdende Mütter sich Vorsorgeuntersuchungen entziehen wollten. Da individuelle Gesundheit – also auch Schwangerschaften – immer im gesamtgesellschaftlichen Kontext betrachtet wurden, waren Schwangere schon aufgrund ihrer Verantwortung für die soziale Gemeinschaft dazu verpflichtet, sich um die Gesundheit ihres ungeborenen Kindes in der Art und Weise zu kümmern, wie der

31 Seifert: Gesundheit staatlich verordnet, S. 301.

32 Zur Bedeutung der Brigade und deren Aufgabe, sich auch um die Gesundheit und die persönlichen Probleme ihrer Mitglieder zu kümmern, siehe Mary Fulbrook: The People's State. East German Society from Hitler to Honecker. New Haven (Connecticut) 2005, S. 223–339, insbesondere S. 225–226. Auch Seifert betont, dass diese Form der sozialen Kontrolle, welche juristische Maßnahmen begleiten sollte in den Fällen, in denen Patient*innen ihren Pflichten bezüglich einer Therapie nicht ausreichend erfüllten, als besonders effektiv galt (Seifert: Gesundheit staatlich verordnet, S. 354).

33 Seifert: Gesundheit staatlich verordnet, S. 304 mit Verweis auf Georgi Hans-Ulrich/Niehoff, Kurt: Zu einigen Grundfragen zivilrechtlicher Beziehungen zwischen dem Bürger und Einrichtungen des staatlichen Gesundheitswesens bei der Inanspruchnahme medizinischer Leistungen in Form der ambulanten Krankenbehandlung. Wissenschaftliche Zeitschrift der Humboldt-Universität zu Berlin, Gesellschafts- und sprachwissenschaftliche Reihe 20 (1971), H. 2, S. 215 – 226.

Staat dies für richtig erachtete.[34] Dieses Gebot zum Schutz Ungeborener war so weitreichend, dass Ärzt*innen, deren Therapievorschläge abgelehnt wurden, sogar sicherstellen konnten, dass ideologische Erziehungsmaßnahmen eingeleitet wurden – ein Verfahren, dass beispielsweise Kathrin Schmidt in ihrem Debutroman *Die Gunnar-Lennefsen-Expedition* (1998) ausführlich geschildert hat.

Diese Situation änderte sich auch nach Inkrafttreten der bereits erwähnten Rahmenkrankenhausordnung von 1979 nicht. Wenngleich das Recht der Patient*innen auf Information und Mitsprache augenscheinlich verbessert wurde, konnten ärztliche Verletzungen sowohl der Aufklärungspflicht als auch der Pflicht, die Einwilligung der Patient*innen zu Therapien einzuholen, umgangen werden, ohne dass die Mediziner*innen juristische Konsequenzen hätten fürchten müssen, wie die angeführten Beispiele aus Christa Wolfs *Leibhaftig* zeigen.[35] Wann immer Patient*innen sich den Anweisungen des medizinischen Personals – sei es aus medizinischen oder ideologischen Gründen – widersetzten, hatten die Ärzt*innen und Schwestern das Recht auf ihrer Seite. Wie Ulrich Lohmann – den juristisch-medizinischen Arbeitskreis der Vereinigung der Juristen der DDR zitierend – hervorhebt, durften Ärzt*innen sich auch nach 1979 „‚zu medizinischen Hilfsmaßnahmen gegen den Willen des Patienten entscheiden‘ [...]“, „[i]nsbesondere, ‚wenn der Arzt erkennt, daß der Notfallpatient in der gegebenen Situation zu einer sachgerechten Entscheidung nicht mehr in der Lage ist‘“.[36] Lohmann folgert, dass „die Ärzte nach dieser Regelung immer nach ihrem Programm tätig werden [konnten], entweder mit gegebener Zustimmung oder auf Grund von deren Entbehrlichkeit.“[37] Oder anders formuliert: Das im Westen so wichtige Vertrauensverhältnis zwischen Mediziner*innen und den ihnen zur Behandlung Anvertrauten trat in der DDR in den Hintergrund, und Ärzt*innen hatten freie

---

34 Siehe Kirchgäßner: Philosophische Aspekte des Arzt-Patienten-Verhältnisses, S. 21; Rolf Löther: Ethische Aspekte der Beherrschung der Lebensprozesse. In: Ethik und Medizin im Sozialismus. Wissenschaftliches Kolloquium des Bereichs Medizin der Ernst-Moritz-Arndt-Universität am 2.10.1974 zu Ehren des 25. Jahrestages der DDR. Hg. von Hansgeorg Hüller. Greifswald 1976, S. 7–20, hier S. 18; Seifert: Gesundheit staatlich verordnet, S. 61.

35 Siehe H.-G. Berndt, Hansgeorg Hüller: Zur Gesellschaftsabhängigkeit des ärztlichen Eides. In: Ethik und Medizin im Sozialismus. Wissenschaftliches Kolloquium des Bereichs Medizin der Ernst-Moritz-Arndt-Universität am 2.10.1974 zu Ehren des 25. Jahrestages der DDR. Hg. von Hansgeorg Hüller. Greifswald 1976, S. 40–46, hier S. 45; Seifert: Gesundheit staatlich verordnet, S. 162; Günther: Patientenschutz, S. 167.

36 Lohmann: Staats- und Rechtsordnung der DDR, S. 222.

37 Lohmann: Staats- und Rechtsordnung der DDR, S. 222. Ähnlich formuliert dies auch Seifert, die betont, dass die Verpflichtung von Patient*innen in der DDR, medizinische Betreuungsmaßnahmen in Anspruch zu nehmen, sich auch auf Operationen und ähnliche diagnostische und therapeutische Maßnahmen bezieht (Seifert: Gesundheit staatlich verordnet, S. 303).

Bahn, wenn sie die Interessen individueller Patient*innen den Gesundheitsinteressen der Gesamtbevölkerung und/oder den ideologischen Interessen des Staates unterordneten.

Aus dem gleichen Grund war die gesamte Bevölkerung auch in der Pflicht, an allen Präventivmaßnahmen teilzunehmen, die darauf abzielten die Volksgesundheit zu befördern – beispielsweise Vorsorgeuntersuchungen, Impfkampagnen und Reihenuntersuchungen zur Bekämpfung von Tuberkulose. Bereits seit den 1950er Jahren wurde unter dem Slogan „Die beste Prophylaxe ist der Sozialismus" auf die Bedeutung von Vorbeugemaßnahmen und die Verflechtung von medizinischer und politisch-gesellschaftlicher Ebene verwiesen.[38] So erinnert sich Christa Wolfs Protagonistin in *Leibhaftig* an obligatorische, sie wiederholt Röntgenstrahlen aussetzende Reihenuntersuchungen in den frühen Jahren der DDR (L, S. 86). Wenngleich diese Untersuchungen nicht näher spezifiziert werden als dass sie „die Brust" „gegen [die] kalte[n] Platten [der Apparate] pressen mußte" (L, S. 86), wird hier offenbar auf die routinemäßig durchgeführten Vorsorgeuntersuchungen hingewiesen, mit denen die DDR seit 1961 die Tuberkulose erfolgreich eindämmte. Damals wurden alle Bürger*innen verpflichtet, sich regelmäßig röntgen zu lassen.[39] Auch wenn sich in der Bevölkerung der DDR offenbar nicht viele Verfechter*innen dieser Reihenuntersuchungen fanden,[40] bekämpfte die DDR mit diesen Maßnahmen, zusammen mit verpflichtenden Impfungen, erfolgreich die Tuberkulose.[41] Was Christa Wolfs in *Leibhaftig* vor-

---

38 Malte Thießen: Vorsorge als Ordnung des Sozialen. Impfen in der Bundesrepublik und der DDR. Zeithistorische Forschungen/Studies in Contemporary History 10.3 (2013): S. 409 – 32, hier S. 415.

39 Seifert: Gesundheit staatlich verordnet, S. 35, S. 275, S. 279.

40 Dies lässt sich aus dem Applaus ableiten, den der medizinische Direktor des Stadtkrankenhauses Leipzig, Dieter Lohmann, erhielt, als er im Herbst 1989 die Abschaffung von Routineuntersuchungen in Zeiten knapper Geldmittel forderte. Siehe Ahbe, Hofmann, Stiehler: Redefreiheit, S. 527.

41 Diese Erfolge in der DDR-Medizin blieben auch in der Bundesrepublik nicht unbeachtet. So berichtet das Nachrichtenmagazin *Der Spiegel* im Jahr 1972, dass die Anzahl der Neuinfektionen mit Tuberkulose in der Bundesrepublik fünfmal so hoch sei wie in der DDR, was zweifelsohne auf die dortigen verpflichtenden Vorsorgeuntersuchungen und Behandlungsmethoden zurückzuführen sei. Siehe „Das Geschäft mit der Krankheit". Der Spiegel. 6. März 1972, S. 55. Neben der Tuberkulosebekämpfung stand die Krebsprävention im Fokus, und auch hier war der von der DDR verfolgte zentralistische Ansatz sehr erfolgreich – erfolgreicher als, das beweisen gleich mehrere internationale Studien, die die Zahlen bezüglich der Krebsbekämpfung für die Jahre 1978 – 1982 untersucht haben, die meisten westeuropäischen Länder inklusive der Bundesrepublik. So baute der sozialistische Staat ein von der Weltgesundheitsorganisation zertifiziertes Krebszentrum auf, durch das er sich als international führend in der Krebsvorsorge etablierte. Siehe Günter Baust: Ethische Problemsituationen in der Intensivmedizin der DDR und heute. In: Medizinische Ethik in

gebrachte, oben erwähnte Erinnerung an die ersten Jahre in der DDR anspricht, ist das in der DDR-Medizin verankerte zweiseitige Schwert: auf der einen Seite hatten die Bürger*innen keine Möglichkeit, aus den Präventivprogrammen auszusteigen, schon weil der individuelle Körper als Teil des sozialistischen Staatskörpers angesehen wurde und eine Verweigerung der Maßnahmen einem Angriff auf den Staat gleichgekommen wäre; auf der anderen Seite zogen sie aufgrund des insgesamt hohen Gesundheitsniveaus außerordentlichen Nutzen aus den Vorsorgekampagnen.[42] Der fürsorgliche Staat zeigt sich somit von Anfang an auch als bevormundender. In der Gewissheit, am besten beurteilen zu können, was vorteilhaft für das sozialistische Allgemeinwesen und die eigenen Bürger*innen ist, treffen staatliche Institutionen Entscheidungen, auf welche die Einzelnen keinen Einfluss ausüben können.

4 Krebsbekämpfung und schonende Lüge

Dieses Phänomen spiegelt sich auch in einem weiteren Charakteristikum der DDR-Medizin, welches sowohl bei Christa Wolf als auch bei Brigitte Reimann und Maxie Wander eine entscheidende Rolle spielt: die sogenannte schonende Lüge. Zu dieser Praxis des Verschweigens ungünstiger Prognosen mithilfe vager Umschreibungen und unvollständiger, sogar fehlerhafter Schilderungen des Krankheitszustands kam es, weil das marxistisch-leninistische Rechtssystem Ärzt*innen dazu verpflichtete, Patient*innen unter allen Umständen hoffnungsvoll zu stimmen, was ihre Heilungschancen anging – selbst im Falle unheilbarer Krankheiten.[43] Christa Wolf beschäftigte dieses Thema ihr Leben lang und sie diskutierte es in ihrem Werk beginnend mit *Nachdenken über Christa T.* In ihrem

---

der DDR: Erfahrungswert oder Altlast? Hg. von Hartmut Bettin, Mariacarla Gadebusch Bondio. Lengerich 2010, S. 116–126, hier S. 117; Stephan Tanneberger: Ethik in der medizinischen Forschung der DDR. In: Medizinische Ethik in der DDR: Erfahrungswert oder Altlast? Hg. von Hartmut Bettin, Mariacarla Gadebusch Bondio. Lengerich 2010, S. 40–62, hier S. 52–55.

42 Anna-Sabine Ernst: 'Die beste Prophylaxe ist der Sozialismus'. Ärzte und medizinische Hochschullehrer in der SBZ/DDR 1945–1961. Münster 1997; Günther: Das Arztrecht in der DDR, S. 86; Schleiermacher, Schagen: Rekonstruktion und Innovation, S. 213; Seifert: Gesundheit staatlich verordnet, S. 348; Francesca Weil, Zielgruppe Ärzteschaft. Ärzte als inoffizielle Mitarbeiter des Ministeriums für Staatssicherheit. Göttingen 2007, S. 11–12; Wagner: Polikliniken, S. 236. In diesem Zusammenhang ist festzuhalten, dass alle Bürger*innen der DDR, unabhängig von ihrer sozialen Stellung, von den Erfolgen der DDR-Medizin profitierten. Dies verweist auf das Ansinnen der DDR, Disparitäten bezüglich der Gesundheit ihrer Bürger*innen von Klassenunterschieden zu entkoppeln.

43 Seifert: Gesundheit staatlich verordnet, S. 168.

letzten Lebensjahr wird Christa T. wiederholt ins Krankenhaus eingeliefert, und vom ersten Tag an wird sie dort über ihren Gesundheitszustand belogen, obwohl das medizinische Personal sich der Krankheit und der mangelnden Heilungschancen bewusst ist (NCT, S. 173). Hinter dieser Weigerung, die Kranke mit der Wahrheit über ihren Gesundheitszustand zu konfrontieren, verbirgt sich der Anspruch an die als sozialistische Persönlichkeiten zum Glauben an Fortschritt verpflichteten Ärzt*innen und das Pflegepersonal, unter allen Umständen Optimismus zu verbreiten. In Folge dieser Erwartungshaltung wurde selbst in wissenschaftlichen Publikationen die Existenz unheilbarer Krankheiten negiert. Sogar in Fällen wie der todkranken Brigitte Reimann oder der fiktionalisierten Figur Christa T. durfte allenfalls von „zur Zeit nicht heilbar[en]" oder „auf der Grundlage der derzeit erreichten Erkenntnisse unheilbar[en]" Krankheiten gesprochen werden.[44]

Die geltende Praxis, lediglich mit Familienangehörigen und sogar engen Freund*innen, nicht aber den Patient*innen über die Prognose zu sprechen, zeigt Wolf ebenfalls bereits in *Nachdenken über Christa T.*, denn nur der Ehemann wird über den Zustand der Betroffenen aufgeklärt und gleichzeitig zu Stillschweigen ihr gegenüber verpflichtet, was er befolgt: als Christa T. in ein anderes Krankenhaus überführt wird, belügt auch er seine Frau bewusst, während sie ins Sterbezimmer gerollt wird – vom Wunsch motiviert, so ihre Hoffnung und damit ihre Heilungschancen zu erhöhen (NCT, S. 173). Den Höhepunkt erreicht die Praxis der schonenden Lüge jedoch in dem Moment, als Christa T. zufällig ein Team von Ärzt*innen belauscht, das ihre Krankheit diskutiert:

> So fällt im Eifer des Streites das Wort, das sie nicht hören dürfte: Leukämie. Ist es das, Frau Doktor, sagen Sie mir bitte die Wahrheit, ich will die Wahrheit wissen. Aber woher denn, wo denken Sie denn hin! (NCT, S. 174).

Christa T. insistiert darauf, mit der Wahrheit konfrontiert zu werden, doch sie hört weiterhin nur Lügen.

Christa Wolf thematisiert hier bereits in den späten 1960er Jahren die Problematik der schonenden Lüge und trägt damit zu einer Diskussion bei, die offiziell erst ab den 1970er Jahren geführt wurde – und auch dann nur in kleinen

---

44 Bettin, Gadebusch Bondio: An Stelle einer Einleitung, S. 10 – 11. Siehe auch R. Reding: Ärztliche und ethische Probleme bei ‚unheilbaren' Erkrankungen. In: Ethik und Medizin im Sozialismus. Wissenschaftliches Kolloquium des Bereichs Medizin der Ernst-Moritz-Arndt-Universität am 2.10.1974 zu Ehren des 25. Jahrestages der DDR. Hg. von Hansgeorg Hüller. Greifswald 1976, S. 89 – 94, hier S. 90; U. Jahr: Ethik und Medizin im Sozialismus. Wissenschaftliches Kolloquium des Bereichs Medizin der Ernst-Moritz-Arndt-Universität am 2.10.1974 zu Ehren des 25. Jahrestages der DDR. Hg. von Hansgeorg Hüller. Greifswald 1976, S. 84 – 89.

Zirkeln, bestehend aus Jurist*innen, Theolog*innen und Philosoph*innen, die die Praxis hinterfragten. 1974 befürchtete der Medizinethiker Berndt beispielsweise, dass Patient*innen in den kommenden Jahren so gut, in seinen Augen zu gut informiert sein könnten, weswegen man ihnen dann die Wahrheit nicht mehr vorenthalten könne.[45] Auf Jahre hinaus wurden Patient*innen jedoch schlicht für inkompetent erklärt, mit der Wahrheit über den Zustand ihres eigenen Körpers umgehen zu können. Die herrschende Meinung unter Mediziner*innen wie Jurist*innen unterstützte die Praxis, was Medizinethiker Müller unterstreicht:

> Auch wenn der Kranke immer wieder [...] fragt und die volle Wahrheit, auch wenn sie den Tod bedeuten sollte, hören möchte, so will er sie im Grunde doch nicht wissen und erhofft von seinem Arzt eine optimistische und tröstliche Antwort.[46]

Hier offenbart sich nicht nur der Glaube an sozialistischen Optimismus, sondern auch daran, dass Patient*innen wie Kinder zu behandeln sind, weil sie es angeblich nicht vermögen, sich mit den Realitäten von Leben und Tod auseinanderzusetzen. Dahinter tritt auch im medizinischen Bereich ein autoritärer, paternalistischer Staates in Erscheinung, der – wie bereits kurz nach dem Mauerfall verschiedentlich thematisiert – seine Bürger*innen im Zustand unwissender und zu beschützender Mündel gehalten hat.[47]

In einem Brief an Christa Wolf aus dem Jahr 1969, veröffentlicht in dem Bändchen *Sei gegrüßt und lebe*, thematisiert Brigitte Reimann ihre abgrundtiefe Verblüffung als sie herausfindet, dass ein renommierter Arzt der Charité sie über ihren Gesundheitszustand belogen hat:

> Ich hab ja gewußt, daß ich krank bin. Unbegreiflich, daß kein Arzt sich zu mehr als einem beschwichtigenden Lächeln aufgerafft hat. Heute bekam ich von einer Charité-Kapazität die Rechnung für ‚ärztliche Bemühungen'. Makaber. Im Juli bin ich bei dem Berühmten gewesen; ich erinnere mich noch an den Tag, [...] und ganz scharf an den Augenblick, als ich in das Caféchen stürzte, in dem Hans wartete, und nach einer Flasche Sekt brüllte. Gesund! ER

---

45 H.-G. Berndt: Gedanken zum Inhalt der Vorträge des Kolloquiums 'Ethik und Medizin im Sozialismus'. In: Ethik und Medizin im Sozialismus. Wissenschaftliches Kolloquium des Bereichs Medizin der Ernst-Moritz-Arndt-Universität am 2.10.1974 zu Ehren des 25. Jahrestages der DDR. Hg. von Hansgeorg Hüller. Greifswald 1976, S. 1–6, hier S. 4.

46 F. Müller: Das Problem der Wahrhaftigkeit zwischen Arzt und Krankem bei unheilbaren Leiden. In: Ethik und Medizin im Sozialismus. Wissenschaftliches Kolloquium des Bereichs Medizin der Ernst-Moritz-Arndt-Universität am 2.10.1974 zu Ehren des 25. Jahrestages der DDR. Hg. von Hansgeorg Hüller. Greifswald 1976, S. 95–104, hier S. 100.

47 Siehe beispielsweise Rolf Henrich: Der vormundschaftliche Staat. Vom Versagen des real existierenden Sozialismus. Reinbek bei Hamburg 1989; Hans-Joachim Maaz: Der Gefühlsstau. Ein Psychogramm der DDR. Berlin 1990.

> hat's gesagt. Dieser Augenblick erschien mir – später – *ärger als die Wahrheit*, als die ganze Affäre, die Klinik, Operation und so. Da hatte ich auch keine Angst mehr [...]. *Die Angst ist nachher wiedergekommen, und jetzt ist sie mörderisch, jetzt hat sie sich eingenistet in einem Bereich, für den ein Chirurg oder sonst ein Arzt nicht mehr zuständig ist.* (Reimann und Wolf, S. 48 – 49; Hervorhebung SK)

Was Reimann hier artikuliert, ist das komplette Versagen der schonenden Lüge. Die Schriftstellerin wusste zwar bereits seit dem September 1968, dass sie an Krebs erkrankt war, ging jedoch davon aus, dass keine Lebensgefahr bestünde, da sich die Geschwulst angeblich noch nicht weit genug ausgebreitet habe. Im Oktober 1968 versicherte ihr ein leitender Arzt der Klinik Berlin-Buch, Professor Gummel, dass sie gesund sei – obwohl es sich in Wahrheit um eine weitere Verschlimmerung der Krankheit handelte, die ihr auch an der Charité vorenthalten wurde, wie der weitere, in Reimanns Briefen und Tagebüchern offenbarte Krankheitsverlauf zeigt.[48] Was das obenstehende Zitat belegt, ist unübersehbar: Anstatt den Menschen ein „Gefühl der Geborgenheit" und „Würde" zu geben – zwei der Ziele, die auch noch in der Rahmenkrankenhausverordnung von 1979 als Ziel formuliert werden – fühlt die Patientin sich belogen, verlassen und – das dürfte am Stärksten wiegen – von mehr Angst besessen als je zuvor.[49]

Wie die weiteren Briefe Reimanns verdeutlichen, haben die fortgesetzten Lügen von medizinischem Personal, Freund*innen und Familienmitgliedern zu verstärkter Beunruhigung und zunehmenden Angstattacken während der folgenden Jahre geführt, in denen die Schriftstellerin fürchterlich gelitten hat. Im Mai 1970 lässt sie die sehr hohe Strahlendosis der „Kobald-Kanone" vermuten, dass sie „in Wirklichkeit Krebs [...] oder so eine ähnliche Scheußlichkeit" habe, was durch die Beteuerungen des medizinischen Personals, ihr nichts über ihren Gesundheitszustand sagen zu dürfen, erhärtet wird (Reimann und Wolf, S. 121; Reimann, S. 295). Den Höhepunkt der durch wiederholte Lügen hervorgerufenen Verzweiflung erreicht Reimann im Dezember des gleichen Jahres, als sie zufällig hört, wie Ärzt*innen ihren Fall diskutieren. Statt eines Bandscheibenschadens, der ihr lange als Diagnose dargeboten wurde und der angeblich auch mit „irgendwelchen Spritzen, die die Abwehrkräfte im Körper mobilisieren sollen" (Reimann, S. 297), behandelt werden sollte, hat sie tatsächlich einen inoperablen Krebs im Rückenwirbel (Reimann und Wolf, S. 184). Verschlimmert wird diese Erkenntnis noch dadurch, dass Reimann erfährt, dass auch ihr Mann, der Arzt

48 Brigitte Reimann: Brigitte Reimann in ihren Briefen und Tagebüchern. Hg. von Elisabeth Elten-Krause, Walter Lewerenz. Berlin (DDR) 1985, S. 255, S. 259. Im Folgenden im fortlaufenden Text mit dem Namen Reimann gekennzeichnet.

49 Lohmann: Staats- und Rechtsordnung der DDR, S. 221.

Rudolf Burgartz, seit Monaten von ihrem unheilbaren Krebs wusste (Reimann und Wolf, S. 185–186).

Doch ihr Mann war nicht der einzige, auch Christa Wolf wusste den in *Sei gegrüßt und lebe* veröffentlichten Tagebucheinträgen von 1971 zufolge vom Ausmaß der Erkrankung ihrer Freundin. Demnach informierte mindestens eine der Brigitte Reimann behandelnden Ärztinnen Wolf über deren Gesundheitszustand, nicht jedoch die Todkranke selbst. Am 16. Februar 1971 zitiert Christa Wolf Dr. Mathes, die in einem Telefongespräch geäußert habe:

> Ja, es sei schlimm. Sehr schlimm. Sie sei ja auch ein bißchen erschrocken gewesen [über den Befund]. Allerdings sei Brigitte sich über die Tragweite der Sache nicht klar, [...] das sei gut so und man solle sie unbedingt in diesem Glauben stärken (Reimann und Wolf, S. 153).

Die Ärztin verteidigt also auch Wolf gegenüber die Praxis der schonenden Lüge und verlangt von der Schriftstellerin, ihre Freundin weiterhin im Unklaren über ihre Heilungschancen zu lassen. Hier offenbart sich die vom DDR-Recht unterstützte Überzeugung, dass es für die Patient*in von Vorteil sei, wenn man ihr die hoffnungslose Prognose vorenthält,[50] was sicherlich auch Wolfs Entscheidung erklärt, ihrer Freundin die Wahrheit vorzuenthalten. Man erfährt ferner, dass Wolf offenbar regelmäßig mit Dr. Mathes Kontakt hatte. Ihr Tagebucheintrag vom 22. Februar enthält sogar eine ausführliche Diagnose und die vorgesehene Therapie, welche die Ärztin der Schriftstellerin erläutert – und über die Brigitte Reimann nicht aufgeklärt wird (Reimann und Wolf, S. 154). Am 3. März notierte Christa Wolf, dass Dr. Mathes sie nochmals angerufen hat um sie über die neusten Erkenntnisse – „der Verdacht [...], Brigitte R. haben [sic] nun auch schon Metastasen in der Lunge“ – zu informieren. Ferner gab die Ärztin preis, dass Reimanns Mann sich darüber empört habe, dass er nicht früher in Kenntnis gesetzt worden sei, womit deutlich wird, dass Familienmitglieder im Normalfall aufgeklärt wurden, nicht jedoch die Patient*innen (Reimann und Wolf, S. 155).

Unglaublich erscheint dann die Offenlegung einer Fehlmedikation durch Dr. Gummel, von der Dr. Mathes Christa Wolf am 15. Februar 1972 berichtet:

> Als sie [Dr. Mathes] am 1. September zurückkam und Brigitte in diesem Zustand sah, schöpfte sie Verdacht, daß man ihr das Prednison entzogen habe. Man behauptete das Gegenteil. Sie verschaffte sich Einblick in die Kurve und fand den Verdacht bestätigt. Sie ging zum Leiter der Station, Dr. Max, der Chirurg ist. Ja, Gummel habe das Prednison abgesetzt (ohne das Br. wegen der fehlenden Nebennieren auf keinen Fall leben kann). Er wolle sie ‚in Ruhe' sterben lassen. Dazu auch die hohen Morphium-Dosen, die einen Gewöhnungseffekt hervorrufen

50 Seifert: Gesundheit staatlich verordnet, S. 173–178.

> mußten und zusammen mit dem Prednison-Entzug eine Angst-Psychose erzeugten, die gräßlich war: Von ‚Ruhe' konnte keine Rede sein (Reimann und Wolf, S. 221–222).

Hier zeigt sich nicht nur das Fehlverhalten Dr. Gummels, der ausschließlich nach eigenem Gutdünken über den Tod der Patientin entscheidet und diese unweigerlich ihrem Ende überantwortet, sondern auch die Tatsache, dass die Patientin selbst offenbar nicht einmal über die Medikation informiert ist, geschweige dass man diese mit ihr gemeinsam beratschlagt hätte. Reimann hat die Folgen der eigenmächtigen Arztentscheidung, von Angst-Psychosen bis zum sicheren Tod, zu tragen, wobei sie über keinerlei Hinweise verfügt, wodurch diese Zustände zu erklären sind.

Ganz ähnlich waren die Erfahrungen Maxie Wanders in der Charité und in der Klinik in Berlin-Buch in den 1970er Jahren. Im posthum von Fred Wander herausgegebenen, Tagebücher und Briefe versammelnden Band *Leben wär' eine prima Alternative* erfahren die Leser*innen, dass auch Maxie Wander ununterbrochen über ihren wahren Gesundheitszustand belogen wurde, eine für die Österreicherin ungewohnte Situation. 25 Jahre ihres Lebens an ein anderes medizinisches System gewöhnt, nimmt sie zu Beginn ihres Aufenthalts in der Charité noch an, dass ihr die Wahrheit über ihren Gesundheitszustand offenbart wird. Auf die Nachricht, die „Lymphdrüsen sind frei, die Blutwerte gut. Auch wenn wir Ihnen die Brust abnehmen müssen, [...] so bedeutet das nicht, daß sie Krebs haben, sie sind dann als gesund zu betrachten" reagiert sie mit Erleichterung (Wander, S. 15). Doch schon bald zeigt sich, dass man ihr nicht die Wahrheit offenbart, und insbesondere ihre Verzweiflung darüber, dass sie im Unklaren gehalten wird und sich die Diagnose aus den „wortkargen Sätzen, die [sie] ihnen nach und nach eintreiß[t]", zusammenreimen muss, tritt in den Vordergrund (Wander, S. 22). Die Schriftstellerin weigert sich, sich von Lügen wie „[d]as war kein Krebs, sondern Unruheherde, die sehr verstreut waren und zur Vermehrung neigen" betäuben zu lassen und fordert ein, dass „den Patienten mehr Intelligenz [zu]zubilligen" sei".[51]

Die durch die schonende Lüge hervorgerufenen Ängste werden, so Wander, durch mangelnde Kooperation unter dem medizinischen Personal noch verstärkt:

> Vielleicht müssen sie die Kranken belügen, nicht jeder erträgt die Wahrheit. Aber dann sollten sie sich zusammensetzen und sich darüber einigen, *was* sie sagen. So erfährt der

51 Wander, S. 25. Ähnlich äußert sie sich, eine Konversation mit einem Arzt erinnernd: „Der Arzt stellt eine Entzündung fest. Und den histologischen Befund hat er in der Tasche. Er ist günstig, die andere Brust ist frei, auch nichts im Drüsengewebe. ‚Ist das wahr?' ‚Seh ich so aus, als ob ich lüge?' ‚Nein, aber ich weiß doch, wie die Klinik so etwas handhabt!'" (Wander, S. 28–29).

> Patient, der beobachtet und nachdenkt und Fragen stellt, bohrende Fragen, erfährt er nur ein Mischmasch von Andeutungen, halben Lügen und Widersprüchen, aus denen die Hilflosigkeit und oft auch die menschliche Unreife der Ärzte spricht. Und dann ist der Kranke verunsichert und versinkt in Angst. Angst, habe ich einmal gelesen, kommt aus Nichtwissen. Gewiß, Angst kann auch aus Wissen kommen. Aber wann und was ein Kranker wissen soll, das müßten die Ärzte sorgfältig bestimmen und verantworten können (Wander, S. 29–30).

Wander äußert hier interessanterweise sogar Verständnis für die Praxis, Patient*innen im Ungewissen über ihren Gesundheitszustand zu lassen und unterstellt eine wohlgemeinte Intention, nämlich jene zu schonen, welche die Wahrheit nicht ertragen können. Wenngleich Wander diese die Patient*innen de facto entmündigende Praxis nach einigen Erfahrungen in der DDR-Medizin offenbar fast als Normalität akzeptiert, leidet sie ohne Frage an der mangelhaften Umsetzung des Schwindels, die auf fehlende Zusammenarbeit unter den Ärzt*innen zurückzuführen ist. Dies erstaunt, denn bereits vor Gründung der „Gesellschaft für Krankenpflege der DDR" im Jahr 1985, als das gesamte medizinische Personal unabhängig von der Ausbildung gemeinsam organisiert wurde, hatte die DDR diverse Maßnahmen unternommen, um hierarchische Organisationsformen an Krankenhäusern zu eliminieren und die Kollaboration unter den Kolleg*innen zu stärken.[52] Trotz dieser Bemühungen hatte Maxie Wander jedoch an tradierten Strukturen zu leiden, wie ihre Äußerung verdeutlicht. Interessanterweise spiegeln sich in ihren Überlegungen fast die Worte des juristisch-medizinischen Arbeitskreis der Vereinigung der Juristen der DDR. Dem zufolge sei auch nach der RKO von 1979 die „Bestimmung des Inhaltes, des Umfangs und der Art und Weise der Aufklärung in das pflichtgemäße ärztliche Ermessen gelegt", wobei diese Aufklärung „dort ihre Grenze [finde], wo sie mit Sinn und Ziel der medizinischen Betreuungsaufgabe nicht in Einklang zu bringen" sei.[53] Dies offenbart, dass die an

---

52 Zu den hier angesprochenen Maßnahmen zählten die Reduktion von Privilegien und Gehaltsunterschieden zwischen Ärzt*innen und Krankenpflegepersonal und die Einführung neuer Formen von Zusammenarbeit. Während die Veränderungen nicht so gravierend waren wie von der Regierung beabsichtigt, lassen Augenzeug*innenberichte jedoch den Rückschluss zu, dass die verschiedenen Akteur*innen im medizinischen Bereich sich zunehmend als Partern*innen sahen und in sozialistischen Kategorien dachten. Siehe dazu Hahn: Ethische Fragen, S. 74, S. 80–82, S. 84; Festge: Ethische Positionen, S. 97; Schleiermacher, Schagen: Rekonstruktion und Innovation, S. 230; Seifert: Gesundheit staatlich verordnet, S. 60–61. Wie in Ahbe, Hofmann und Stiehler zitiert, forderten mehrere Ärzt*innen im Herbst 1989 mehr Respekt, Sozialprestige, eine Interessensvertretung ausschließlich für Ärzt*innen sowie eine bessere Bezahlung (Redefreiheit, S. 508–511, S. 522).

53 Juristisch-medizinischer Arbeitskreis der Vereinigung der Juristen der DDR: Rechtsfragen der ärztlichen Aufklärung. Thesen. In: Neue Justiz 1989, S. 139–140. Siehe auch Lohmann: Staats- und Rechtsordnung der DDR, S. 221.

der Gesetzgebung beteiligten Personen sich ganz offensichtlich über die Komplexität des DDR-spezifischen Arzt-Patientenverhältnisses im Klaren waren, doch das Betreuungsverhältnis und die Praxis der sogenannten schonenden Lüge bleiben nach wie vor die Norm, der sich alle Patient*innen zu unterwerfen haben.

Auffällig an diesem Bericht über die Zustände selbst in einem privilegierten Krankenhaus wie Berlin-Buch ist die Tatsache, dass Wander die einzige Patientin zu sein scheint, die sich vom medizinischen Personal keine heile Welt vorgaukeln lassen will. Insbesondere Beteuerungen wie ihr Befund sei „prächtig“ – eine Aussage, die allen Frauen gegenüber gemacht wird – bewirkt bei ihr die Schlussfolgerung: „also hab ich Grund zum Zweifeln“ (Wander, S. 32). Sie bringt den Kontrast zu sich – der in einem westlichen Land und in einem westlichen medizinischen System Sozialisierten – und den anderen Frauen auf den Punkt: „Was wirklich mit einem los ist, sagt dir kein Arzt, auf dem Gebiet wird alles mit Schweigen bedeckt. Aber man kann die Schwestern ausfratscheln, ich war ziemlich hartnäckig“ (Wander, S. 33). Wander tut sich demnach schwer damit, ihrer Mitwirkungs- und Duldungspflicht nachzukommen und gewöhnt sich nur langsam an die Gepflogenheiten in DDR-Krankenhäusern.

Maxie Wanders Strategie, die Krankenschwestern „auszufratscheln“, war nicht ganz außergewöhnlich, wie ein Blick in Christa Wolfs *Stadt der Engel oder The Overcoat of Dr. Freud* belegt. Hier berichtet sie über ihre Freundin Emma, die Ende der 1970er Jahre an Schilddrüsenkrebs erkrankt ist und sich auf ihren Tod nur vorbereiten kann, weil sie einer Schwester durch „eine List [...] ihre Diagnose abgeluchst [hat]“.[54] Ohne das Recht auf Informationen über den eigenen Körper bleibt Emma genau wie Maxie Wander nur die Möglichkeit, das Pflegepersonal zu überlisten. Dazu ist Christa Wolfs namenlose und mit dem Tod ringende Patientin in *Leibhaftig* schon nicht mehr in der Lage. Sie wird gegen Ende der 1980er Jahre mit der schonenden Lüge konfrontiert, wobei sie zu Beginn ihrer Erkrankung wenig erstaunt über die Absprachen zwischen den Ärzt*innen und ihrem Mann erscheint (L, S. 16). Doch als sie erkennt, dass ihr Gatte bereits vor ihr von einer bevorstehenden Operation wusste, wird ihr nicht nur die eigene Ohnmacht bewusst – sie wird nicht informiert, geschweige denn gefragt –, sondern sie sorgt sich in höchstem Maße um den eigenen, ihr unbekannten Zustand (L, S. 50). Auch im weiteren Verlauf ihres Krankenhausaufenthalts kommt der Protagonistin wiederholt zu Ohren, dass ihr Mann klandestine Gespräche mit dem Chefarzt führt, was keinesfalls zu ihrer Beruhigung beiträgt, sondern eher zu einer gewissen Resignation:

54 Christa Wolf: Stadt der Engel oder The Overcoat of Dr. Freud. Berlin 2010, S. 244.

> Du bist natürlich auch schon wieder da, du hast natürlich, wie jeden Mittag, mit dem Chefarzt gesprochen, auch der scheint sich wortkarg zu halten. Das Fieber sollte sinken, das leuchtet mir ein, aber die Spritze will ich nicht mehr, mir wird übel danach.[55]

Als die Patientin schon genesen ist und ihr Gatte zufällig mit dem Arzt zusammen bei ihr eintrifft, vermutet sie – bereits an die „Geheimkonferenzen" (L, S. 184) gewöhnt, aber weiterhin durch sie beunruhigt –, dass diese fortgesetzt werden. Hier zeigt sich der durch die schonende Lüge verursachte Vertrauensverlust der Protagonistin sowohl gegenüber den behandelnden Ärzten als auch ihrem Mann. Statt die Heilung zu befördern, hat die Praxis des Verschweigens dazu geführt, dass die Patientin sich selbst nach der Genesung um ihren Zustand sorgt.

Auch Wolfs *Ein Tag im Jahr. 1960–2000* – eine Zusammenstellung ihrer persönlichen Reflexionen auf die wichtigsten Ereignisse eines Jahres, aufgezeichnet immer am 27. März – dokumentiert, wie sehr die Autorin die Praxis der schonenden Lüge insbesondere nach ihrem eigenen Krankenhausaufenthalt beschäftigt hat. In ihrem Eintrag zum Jahr 1988 hält sie es für geboten, über eine Radiosendung zu berichten, in der „es um Krebserkrankungen [geht]." Weiter heißt es, dass „eine sympathische Arztstimme [davon redet], daß man den Krebskranken nicht belügen dürfe".[56] Diese Äußerung, ebenso wie eine Tagung, die im gleichen Jahr unter der Themensetzung „Information – Wahrheit – Geborgenheit" Medizinethiker*innen zusammenbrachte,[57] belegt unzweifelhaft, dass die schonende Lüge auch 1988 noch gängige Praxis war, nun aber offenbar öffentlich hinterfragt wurde. Nichtdestotrotz manifestiert sich hinter der schonenden Lüge ein Staat, der bis zu seinem Ende seine angeblich inkompetenten Patient*innen Kindern gleich vor unangenehmen Nachrichten schützen wollte – und statt Fürsorge und Sicherheit Angst und Verunsicherung erzeugte.

---

55 L, S. 103. Vergleiche auch L, S. 77, S. 119.

56 Christa Wolf: Ein Tag im Jahr. 1960–2000. München 2003, S. 424.

57 Ernst Günther und Ernst Luther: Was schafft Geborgenheit? Zu einigen Resultaten des Ethik-Symposiums zum Thema Information – Wahrheit – Geborgenheit. In: Humanitas 29.4. (1989), S. 9, zitiert in Lohmann: Staats- und Rechtsordnung der DDR, S. 221. Laut Bettin, Gadebusch Bondio war die schonende Lüge zumindest im Jahr 1976 noch empfohlene Praxis (Bettin, Gadebusch Bondio: An Stelle einer Einleitung, S. 10–11). Während Hahn behauptet, dass die schonende Lüge in den 1970er Jahren nach und nach abgeschafft wurde (Hahn: Ethische Fragen, S. 78) beharrt Günther darauf, dass die schonende Lüge bis zum Ende der DDR praktiziert wurde, insbesondere bei unheilbaren Krankheiten (Günther: Das Arztrecht in der DDR, S. 89). Siehe auch Berndt: Gedanken, S. 4 sowie Müller: Das Problem der Wahrhaftigkeit.

5 Conclusio: Literatur als Reservoir von Wissen über das Alltagsleben in der DDR?

Welches Wissen über die DDR können wir der Literatur des 1990 in die Bundesrepublik aufgegangenen Staates entnehmen? Wie sich hier erwiesen hat, eine nicht unerhebliche Menge an Detailwissen. Wie diese Diskussion von Texten verschiedener Gattungen gezeigt hat, welche die Situation von Patientinnen in DDR-Krankenhäusern in vier Jahrzehnten beleuchten, verweisen diese Exemplare der DDR-Literatur sehr akkurat auf die spezifischen Idiosynkrasien des dortigen Gesundheitssystems. Sie greifen dabei nicht nur die damaligen medizinischen und medizinethischen Wissensstände auf, sondern initiieren teilweise Diskurse bzw. treiben diese voran – oftmals bevor dies in der medizinischen Fachwelt der Fall war. *Nachdenken über Christa T.* war beispielsweise auch deswegen so wegweisend, weil hier bisher tabuisierte Themen wie Depression – in diesem Fall auch noch ausgelöst durch die Diskrepanz zwischen sozialistischem Ideal und den Realitäten in der DDR – oder schonende Lüge thematisiert wurden – fast zehn Jahre bevor dies bei einem Fachkongress von Medizinethiker*innen aufgegriffen wurde. Für viele Bürger*innen hat diese Literatur daher als Informationsquelle gedient, sie war vielleicht sogar Wegbereiter für das Entstehen öffentlicher Diskurse.

Gleichzeitig können wir diese Beobachtung auch dahingehend zuspitzen, dass Literatur – insbesondere der Gattungen Briefe, Tagebuchaufzeichnungen und autofiktionale Texte, welche sich durch einen hohen Grad an Subjektivität auszeichnen – mehr zu Tage förderte und fördert als alle medizinisch-historische Forschung. Es sind gerade diese Texte, welche – jenseits ihrer ästhetischen Qualitäten, die hier nicht im Zentrum der Betrachtung standen – aufzeigen, wie Individuen sich in diesem System tatsächlich *gefühlt* haben. So wird deutlich, wie beispielsweise die – durchaus erfolgreiche – Praxis der Reihenuntersuchungen oder die zum Schutz von Patient*innen gedachte schonende Lüge Menschen verängstigen und sogar ihr Leben bedrohen konnte. Texte wie die hier analysierten sind somit mitnichten als staatstragende Literatur zu bezeichnen, wie der Abgleich mit medizinhistorischer Forschung zeigt.[58] Vielmehr dient diese Litera-

58 Vergleiche zum beispielsweise von Marcel Reich-Ranicki wiederholt vorgebrachten Vorwurf, alle in der DDR verbliebenen Autor*innen seien als staatstragend einzuschätzen, auch Angela Borgwardt, die kritisiert: „Pauschale Einschätzungen, die politische und ästhetische Urteile unmittelbar miteinander identifizieren, übernehmen letztlich die Wertmaßstäbe der DDR-Kulturpolitik, die zwischen staatstragender und staatsgefährdender Literatur unterschied und die literarische Qualität eines Textes und die politische Haltung eines Autors im Wesentlichen davon

tur als Reservoir für Wissen über das von Wissenschaft und Forschung bestimmte Alltagsleben in der DDR. Sie offenbart eine Dimension, die wissenschaftlichen und wissenschaftshistorischen Texten im allgemeinen vorenthalten bleibt – die persönliche Erfahrungs- und Gefühlswelt derer, die im mittlerweile versunkenen Land gelebt und gearbeitet haben.[59]

abhängig machte, ob für oder gegen die Partei und das realsozialistische System Stellung bezogen wurde". Angela Borgwardt: Im Umgang mit der Macht. Herrschaft und Selbstbehauptung in einem autoritären politischen System. Wiesbaden 2002, S. 72.

59 Simone Barck hat bereits darauf verwiesen, dass die DDR-Literatur stärker zum Wissen über das versunkene Land beitragen kann als die Publikationen von Historikern. Siehe Simone Barck: Fragmentarisches zur Literatur. In: Die DDR im Rückblick. Politik, Wirtschaft, Gesellschaft, Kultur. Hg. von Helga Schultz, Hans-Jürgen Wagener. Berlin 2007, S. 303–322, hier S. 315.

Katrin Max

Krankheit als Prüfstein der Systeme

Medizinisches Wissen in der Literatur der DDR

Arbeiten zu Fragen von Literatur und Wissen haben seit geraumer Zeit Konjunktur. Einer der untersuchten Teilbereiche ist dabei jener, der sich mit den Bezügen medizinischen Wissens in literarischen Texten beschäftigt bzw. Überlegungen zum Verhältnis von medizinischem und literarischem Wissen anstellt. Nicht allein in konkreten Textanalysen werden die verschiedenen Perspektivierungen des Themenkomplexes abgehandelt, sondern es findet sich auch eine Reihe von Arbeiten, die den theoretisch-konzeptionellen Rahmen abstecken, indem sie erörtern, worin zum einen die Besonderheiten der Zusammenhänge von Literatur und Medizin liegen und wie sich dies zum anderen in den jeweiligen Texten im Hinblick auf deren literaturgeschichtliche Verortung zeigt.[1] Die Forschung kann dabei auf frühere Arbeiten zurückgreifen, zeichnet sich doch gerade das Themenfeld Literatur und Medizin dadurch aus, nicht nur von verschiedenen Disziplinen (u. a. Literatur- und Kulturwissenschaft, Medizingeschichte, Medical Humanities) erforscht zu werden, sondern dabei auch unterschiedliche Akzentuierungen zu erfahren.[2]

Im Hinblick auf das ‚medizinische Wissen' in literarischen Texten sind bestimmte Punkte besonders zu beachten. Hierzu zählt die Frage nach den Charakteristika des Medizinischen: Wird ‚medizinisch' als direkter Verweis auf die Medizin als Disziplin verstanden und wenn ja, wie ist diese Disziplin zu bestimmen? Definiert sie sich aus ihrem heutigen Selbstverständnis heraus, oder ist der jeweilige historische Kontext zu berücksichtigen?[3] Des Weiteren ist zu überlegen, welche Punkte als ‚Wissen' zu beschreiben sind, das auf das Fachmedizinische zurückzuführen ist, und welche Aspekte dies weniger bedienen, da sie im allge-

1 Vgl. Tom Kindt, Tilmann Köppe: Literatur und Medizin. Systematische und historische Überlegungen anhand programmatischer Texte des europäischen Naturalismus. In: Medizinische Schreibweisen. Ausdifferenzierung und Transfer zwischen Medizin und Literatur (1600–1900). Hg. von Nicolas Pethes, Sandra Richter. Tübingen 2008, S. 265–283; Carsten Zelle: Medizin. In: Literatur und Wissen. Ein interdisziplinäres Handbuch. Hg. von Roland Borgards u. a. Stuttgart, Weimar 2013, S. 85–95.

2 Vgl. exemplarisch zu den verschiedenen Akzentuierungen des Forschungsgebietes ‚Literatur und Medizin' Walter Erhart: Editorial: Einleitung. In: Der Deutschunterricht. Beiträge zu seiner Praxis und wissenschaftlichen Grundlegung 55 (2003), H. 5, S. 2–6; Dietrich von Engelhardt: Geleitwort. In: Literatur und Medizin. Ein Lexikon. Hg. von Bettina von Jagow, Florian Steger. Göttingen 2005, Sp. 1–6.

3 Vgl. Zelle: Medizin, S. 85 f.

https://doi.org/10.1515/9783110771008-009

meineren Sinne auf die literarische Tradition abzielen und Krankheit, Sterben und Tod als literarische Motive mit den entsprechenden Deutungstraditionen und -optionen behandeln.[4] Die Grenzen sind hier freilich nicht scharf zu ziehen; das wäre auch nicht im Sinne der zu analysierenden Texte. Dennoch kann es bezogen auf die Besonderheiten und die Spezifik bestimmter literarischer Phänomene hilfreich sein, sich diese Möglichkeiten der Strukturierung bewusst zu machen.

Dies gilt ebenso für den vorliegenden Beitrag, der spezifische Aspekte medizinischen Wissens in ausgewählten Texten der DDR-Literatur thematisiert. Das medizinische Wissen ist dabei im engen Bezug zum historischen Kontext DDR zu sehen, da sich daraus einige Besonderheiten ergeben, die für die Interpretation von Belang sind. Gezeigt werden soll, dass anhand der Art und Weise, wie das Medizinische thematisiert wird, bestimmte Tendenzen hinsichtlich der historischen Binnendifferenzierung der DDR-Literatur möglich sind. Darüber hinaus – so meine These – lässt gerade die Art und Weise, wie das Medizinische in den Texten behandelt wird, Rückschlüsse darauf zu, welche Themen zur Entstehungszeit des jeweiligen Textes von Belang waren und inwiefern das theoretisch-ideologisch Vorgezeichnete in der praktischen Umsetzung zu Problemen führte, die Fragen hinsichtlich der Gültigkeit der staatseigenen Ideologie aufkommen ließen. Insofern erweist sich das medizinische Wissen der Texte in verschiedener Hinsicht als ‚Prüfstein der Systeme': Es hinterfragt sowohl die theoretischen Konzepte von Medizin in der DDR als auch deren praktische Umsetzung. Zudem wird explizit oder implizit auf die Bundesrepublik als auf den kapitalistischen Westen verwiesen und so ein Vergleich beider politischer Systeme vorgenommen.

Inwiefern medizinisches Wissen kontextspezifisch (sowohl hinsichtlich des zeitgenössischen medizinischen Forschungsstandes im Allgemeinen als auch bezogen auf die Bedingungen im Staat DDR im Besonderen) in die jeweiligen Texte einging, ist ebenso Gegenstand der folgenden Abhandlung, wie Überlegungen dazu, welche Probleme und offenen Fragen dabei zur Sprache kamen.[5] Diese hingen mit den konkreten historischen Bedingungen in der DDR der jeweiligen Zeit zusammen. Gezeigt werden soll, dass medizinisches Wissen und gesellschaftliche Entwicklung zueinander in Beziehung gesetzt wurden. Die sich daraus ergebenden Fragen werden in den Texten entweder offen thematisiert oder implizit gestellt. Sie greifen auf das Selbstverständnis des Staates DDR zurück, die

---

4 Vgl. Horst S. Daemmrich, Ingrid D. Daemmrich: Themen und Motive in der Literatur. Tübingen [2]1995, S. 223 f.

5 Im Sinne der Deutung literarischer Texte als Möglichkeit, bestimmte Probleme ihres historischen Kontexts anzusprechen und zu verhandeln, vgl. Dirk Werle: Modelle einer literaturwissenschaftlichen Problemgeschichte. In: Jahrbuch der deutschen Schillergesellschaft 50 (2006), S. 478 – 498.

bessere Gesellschaftsform zu sein und dies auch im Rahmen eines entsprechend konturierten Gesundheitswesens zu zeigen. Dieser theoretische Anspruch zeigt sich indes nicht nur in der praktischen Umsetzung als problematisch, sondern er wirft bereits innerhalb der konzeptionellen Verankerung Fragen auf.

Wie dies literarisch konkret umgesetzt ist, soll anhand von drei Beispielen gezeigt werden: Hildegard Maria Rauchfuß' *Besiegte Schatten* (1954), Christa Wolfs *Nachdenken über Christa T.* (1968) und Christoph Heins *Der fremde Freund/Drachenblut* (1982).[6] Die drei Texte stehen nicht nur für verschiedene Phasen der DDR-Literaturgeschichte, sie sind auch höchst unterschiedlich hinsichtlich ihrer vorgenommenen Wertungen der sozialistischen Utopie.[7] Darüber hinaus unterscheiden sie sich in der Rezeption. Während der Roman von Rauchfuß zwar in der DDR unmittelbar nach seinem Erscheinen viel gelesen wurde, in späterer Zeit und literaturwissenschaftlich aber so gut wie keine Beachtung fand, gilt Wolfs Text als exemplarisch und kanonisch für die DDR-Literatur. Christoph Heins *Der fremde Freund* war in Ost und West erfolgreich, wurde dabei aber als wenig typisch für die DDR-Literatur gelesen. Inwiefern präsentieren nun alle drei Texte Aspekte medizinischen Wissens, das für die DDR spezifisch ist? Welche zu verallgemeinernden Fragen und Probleme werden dadurch jeweils aufgeworfen? Dies soll im Folgenden thematisiert werden. Zuvor jedoch seien einige allgemeine Hinweise zu den Besonderheiten der Medizin gegeben, wie sie sich durch den Kontext DDR konstituiert.

---

6 In Entsprechung zum Charakter jenes Workshops, der dem vorliegenden Beitrag vorausging, sind die hier angestellten Überlegungen im Kontext meiner aktuellen Forschungsarbeiten entstanden und wurden die hier vorgestellten Texte bereits in anderen thematischen Zusammenhängen analysiert, vgl. Katrin Max: Liegekur und Bakterienrausch. Literarische Deutungen der Tuberkulose im *Zauberberg* und anderswo. Würzburg 2013, S. 269–280; Katrin Max: Bürgerlichkeit und bürgerliche Kultur in der Literatur der DDR. Paderborn 2018, S. 305–309; Katrin Max: Im Zweifel schwinden. Nachdenken über Christa T.s Krankheit. In: Verbindungen. Frauen – DDR – Literatur. Hg. von Torsten Erdbrügger, Inga Probst. Berlin 2018, S. 163–179. Der im vorliegenden Beitrag hergestellte Zusammenhang und die Perspektivierung im Hinblick auf das medizinische Wissen ist dabei neu und soll in künftigen Forschungen von mir auf weitere Texte ausgedehnt und im Hinblick auf die DDR-Spezifik medizinischen Wissens untersucht werden.

7 Laut jener Definition von DDR-Literatur, gemäß der als gemeinsamer Nenner der Bezug zur sozialistischen Utopie anzunehmen ist, vgl. Katrin Max: Zur Standortbestimmung der gegenwärtigen DDR-Literatur-Forschung. In: Tendenzen und Perspektiven der gegenwärtigen DDR-Literatur-Forschung. Hg. von Katrin Max. Würzburg 2016, S. 11–33, hier S. 16 f.

1 Medizin und Gesundheitswesen in der DDR

Als wissenschaftliche Disziplin war die Medizin in der DDR dem Bereich Gesundheitswesen zugeordnet, das der staatlichen Lenkung und Leitung unterstand. Hierbei ging es nicht nur darum, in der Praxis durch Gesetze und Verordnungen regulierend einzugreifen und die praktische Ausführung zu steuern; vielmehr erfolgte auch eine ideell-ideologische Verankerung der Medizin. Für die Frage nach dem medizinischen Wissen der DDR sind gerade die damit verbundenen Konzepte aufschlussreich, nicht zuletzt, weil dabei Muster zutage treten, die Analogien zu anderen Teilbereichen der DDR-Gesellschaft aufweisen.[8]

Als erste Auffälligkeit ist zu nennen, dass die Medizin zwar als naturwissenschaftliche Disziplin verstanden wurde, diese aber eine gesellschaftstheoretische Rahmung erfuhr, indem ihr bestimmte Zweckorientierungen zugeschrieben wurden. Das sozialistische Gesellschaftsideal war dabei maßgeblich. So ist zu lesen, dass der „Erkenntnisstand der medizinischen Wissenschaft in Theorie und Praxis" in enger Verzahnung mit der „gesellschaftliche[n] Zielsetzung" zu sehen ist, die „vom Wesen und vom Klassencharakter der jeweiligen Gesellschaftsordnung bestimmt" wird.[9] „[D]ie Entwicklung der medizinischen Wissenschaft fußt auf der marxistisch-leninistischen Theorie und Praxis, geht aus von den gesellschaftlichen Bedürfnissen der DDR [...] und verwertet die Erkenntnisse und Methoden der Natur- und Gesellschaftswissenschaft."[10] Die gesellschaftliche Zweckbestimmung der medizinischen Wissenschaft spricht auch Luitpold Steidle, der erste Minister für Gesundheitswesen der DDR, an, wenn er erklärt, dass es „[m]it Hilfe neuer wissenschaftlicher Erkenntnisse und Methoden" gelte, die Schäden des Zweiten Weltkriegs „planmäßig zu überwinden" und zu einer Steigerung des Wohlbefindens der Bevölkerung beizutragen.[11] Die gesellschaftliche Verankerung wird bis zum Ende des politischen Staates DDR aufrechterhalten. Mit einer Perspektivierung „bis an die Schwelle des Jahres

---

8 Dieser Aspekt bietet darüber hinaus Ansatzpunkte im Sinne der in den letzten Jahren geäußerten Überlegungen, „wie die Untersuchung der Relation Literatur und Wissenschaften mit sozialgeschichtlichen Perspektiven verbunden werden könne"; Olav Krämer: Intention, Korrelation, Zirkulation. Zu verschiedenen Konzeptionen der Beziehung zwischen Literatur, Wissenschaft und Wissen. In: Literatur und Wissen: theoretisch-methodische Zugänge. Hg. von Tilmann Köppe. Berlin, Boston 2011, S. 77–115, S. 97; vgl. Walter Erhart: Medizin – Sozialgeschichte – Literatur. In: Internationales Archiv für Sozialgeschichte der deutschen Literatur 29 (2004), S. 118–128.

9 Waltraud Böhme u. a. (Hg.): Kleines politisches Wörterbuch. Berlin [2]1973, S. 303.

10 Böhme u. a.: Kleines politisches Wörterbuch, S. 305.

11 Luitpold Steidle: Zum Geleit. In: Schlag nach: Gesundheit. Hg. von Irene Uhlmann, Irene Klemm, Günther Liebing. Leipzig [2]1957, S. IVf., hier S. V.

2000" proklamiert Karl Seidel 1985 als Leiter der Abteilung Gesundheitspolitik des ZK der SED, „vor allem jene wissenschaftlichen Entwicklungen" zu fördern, „die am meisten unseren sozialistischen Bedingungen und gesundheitspolitischen Erfordernissen entsprechen."[12] In diesem Sinne bildeten „wissenschaftliche Spitzenleistungen und hoher Praxisnutzen" keinen „Widerspruch", sondern seien „bereits von der Zielstellung her" im Zusammenhang zu sehen.[13]

Die in den Zitaten mitschwingenden Vergleichsmomente (ökonomisch: „planmäßig", politisch: „Widerspruch") sprechen einen weiteren für die DDR charakteristischen Aspekt an, indem auf den postulierten Wettlauf der politischen Systeme Bezug genommen wird. Dieser erstreckte sich laut DDR-Ideologie auch auf die Medizin, wobei ebenfalls die Zweckbestimmung maßgeblich war. Für das eigene sozialistische Lager nahm man die Orientierung am humanistischen Menschheitsideal als gegeben an und sah die Medizin demgemäß als Wissenschaft im Dienste am Menschen stehend. Die Entwicklung im Westen kritisierte man hingegen: „Während sich das G[esundheitswesen] im Kapitalismus im wesentlichen auf die Reproduktion der Ware Arbeitskraft beschränkt, dient das G. im Sozialismus der Befriedigung der Bedürfnisse [...] aller Bürger [...]. Nur im Sozialismus, in einer von Ausbeutung und Unterdrückung befreiten Gesellschaft, kann die Medizin ihrer humanistischen Zielsetzung uneingeschränkt dienen".[14]

Neben der ökonomischen Komponente[15] (unentgeltlicher Zugang zur bestmöglichen Versorgung im eigenen Land vs. angenommene finanziell orientierte Forschung und medizinische Praxis im Kapitalismus) ist vor allem die ideelle Konzeption hervorhebenswert. Medizin wird als Wissenschaft verstanden, die von jeher am Menschen orientiert war (entsprechend ihrem Gegenstand) und der dabei eine humanistische Grundorientierung inhärent ist. Das sozialistische Humanismusideal ist damit eng auf die Medizin bezogen.[16] Daraus sind eine Reihe von Schlussfolgerungen zu ziehen. Indem Medizin in der DDR nicht ausschließlich oder vorrangig als Naturwissenschaft aufgefasst wird, ist auch das medizinische Wissen anders konturiert. Erkenntnisse der medizinischen Grund-

---

12 Karl Seidel: Forschung für ein sozialistisches Gesundheitswesen. In: Humanitas. Zeitung für Medizin und Gesellschaft 25 (1985), H. 1, S. 12f.

13 Seidel: Forschung, S. 12f.

14 Böhme u. a.: Kleines politisches Wörterbuch, S. 304.

15 Dazu, dass gerade ökonomische Aspekte für das Gesundheitswesen der DDR von Belang waren, vgl. Rainer Erices, Antje Gumz: Die Versorgungslage war überaus kritisch. In: Deutsches Ärzteblatt 111 (2014), S. A348–A350.

16 Vgl. Helmut Kraatz: Ethos meines Berufs. In: Helmut Kraatz: Arzt im Sozialismus. Aus Reden und Aufsätzen. Berlin 1978, S. 46–53, hier S. 53; Seidel: Forschung, S. 12.

lagenforschung werden im Hinblick auf deren gesellschaftliche Relevanz und im Bezug zum Humanismusideal bewertet.[17]

Zudem erfährt der Arztberuf bestimmte ideell-idealisierte Zuschreibungen. So heißt es bei Seidel, dass die ärztliche Betreuung „in besonders sinnfälliger Weise konkreter Ausdruck der Werte, des humanistischen Wesens und der prinzipiellen Überlegenheit unseres Gesellschaftssystems“ sei „und [...] gleichzeitig als wichtige Triebkraft der weiteren Entwicklung“ wirke.[18] Die „Pflege wahrer humanitärer ärztlicher Gesinnung“ dürfe „in dem Höhenflug moderner, wissenschaftlicher Entwicklung [...] nicht zu kurz kommen“, erklärt Kraatz.[19]

Überdies ist hervorhebenswert, dass auch die Medizin als Disziplin im Kontext ihrer Geschichte gesehen wurde. Ähnlich wie bei der Theorie des literarischen Erbes nahm man bei der Medizin bestimmte Traditionslinien an, als deren Erbe man sich verstand (im Sinne der Erfüllung eines Vermächtnisses durch die sozialistische Gesellschaft). Das Humanismusideal ist hier ebenfalls maßgeblich. Die Aneignung des kulturellen Erbes umschloss demgemäß bekannte Mediziner der Vergangenheit, die als Wegbereiter eines im Dienste des Menschen stehenden Gesundheitswesens aufgefasst wurden. Ohne dies hier weiter auszuführen, sei exemplarisch auf die Fernsehserie *Berühmte Ärzte der Charité* (1981–83) verwiesen, die eine entsprechende Deutung im Sinne des Erbes vornimmt. Die Charité ist hier analog zum Kulturmodell Weimar zu sehen.[20]

Die Besonderheiten der konzeptionell-ideologischen Verortung von Medizin in der DDR gilt es folglich bei einer Analyse des medizinischen Wissens in literarischen Texten zu berücksichtigen. Inwiefern dies konkret von Belang ist und welche Schlussfolgerungen daraus zu ziehen sind, soll nun anhand dreier Beispiele gezeigt werden.

---

17 Vgl. Böhme u. a.: Kleines politisches Wörterbuch, S. 304 f.

18 Seidel: Forschung, S. 12.

19 Kraatz: Ethos, S. 53.

20 Vgl. Fred Düren u. a.: Berühmte Ärzte der Charité. Sechsteiliger Zyklus des Fernsehens der DDR 1981–1983. Hamburg 2011 [4 DVD]; Max: Bürgerlichkeit, S. 14.

2 Medizinischer Fortschritt und das sozialistisch-humanistische Gesellschaftsideal: Hildegard Maria Rauchfuß' *Besiegte Schatten* (1954)

Hildegard Maria Rauchfuß ist eine heute kaum noch bekannte Autorin, die in der DDR jedoch beachtet war und viel gelesen wurde. Vor allem in ihren Texten aus der Frühphase der DDR zeigte sie sich als system- und linientreue Schriftstellerin, die die Prämissen des sozialistischen Realismus umsetzte. Hiervon zeugen vor allem ihre Aufbauromane.[21] Bemerkenswert ist dabei, dass sich die jeweiligen Handlungsorte vornehmlich auf solche Teilbereiche der Gesellschaft beziehen, die nicht die industriellen Produktionsstätten und sonstigen gängigen Wirkungsorte der Arbeiter- und Bauernmacht darstellen. So spielt *Besiegte Schatten* (1954) im medizinischen Milieu und erzählt von den Verhältnissen in einem Tuberkulosekrankenhaus. Die Bezüge zur neuen Zeit und zum Aufbau der sozialistischen Gesellschaftsordnung werden explizit wie implizit hergestellt. Zudem trägt der Roman stattgehabten medizinischen Entwicklungen Rechnung und deutet diese im Hinblick auf die historische Realität im neuen Staat DDR.

Die Handlung setzt ein mit dem Eintreffen eines neuen Arztes, Mathias Wille, der im März 1953 in das Krankenhaus kommt. Wille ist – ganz in Übereinstimmung mit seinem Namen – von dem starken Willen geprägt, das Ideal eines sozialistischen Krankenhauses umzusetzen. Das wird als typischer gesellschaftlicher und sich gesetzmäßig vollziehender Entwicklungsprozess verstanden, bei dem auch Konflikte auftreten. Diese werden mit Bezug zur Krankheit thematisiert. Die Figuren des Romans lassen sich dabei recht eindeutig zuordnen. Sie gehören entweder der zukunftsorientierten, fortschrittlichen und an den Sozialismus glaubenden Seite an, oder sie sind als ‚reaktionär' und der neuen Gesellschaftsform skeptisch oder gar feindselig gegenüberstehend gekennzeichnet. Eine solche für den sozialistischen Aufbauroman typische Figurenkonstellation ist auch in *Besiegte Schatten* erkennbar. Vertreter des Neuen sind hier der tatsächlich neu eingetroffene Arzt Mathias Wille sowie die Fürsorgerin Henriette Munk, die ebenfalls neu in ihrem Amt ist und darüber hinaus mit ihrer Tätigkeit als sozialistische Fürsorgerin ein neuartiges Funktions- und Tätigkeitsfeld besetzt. Einzelne Vertreter des Pflegepersonals sowie bestimmte Patienten (z. B. Fräulein Birke und der Patient Baudach) erweisen sich insbesondere durch ihr Verhalten als an einer

21 Neben *Besiegte Schatten* (1954) ist das vor allem *Wem die Steine Antwort geben* (1953).

sozialistischen Zukunft orientiert. Auf der anderen Seite stehen die als reaktionär gezeichneten und antagonistisch agierenden Vertreter des Alten im Sinne des Sympathisierens mit nicht zukunftsorientierten Gesellschaftsordnungen. Diachron handelt es sich um Bezüge zum Nationalsozialismus, synchron um Verweise auf die kapitalistischen Staaten, vor allem die Bundesrepublik und die USA. Konkret sind es der Chefarzt Köttnitz, Oberschwester Charlotte und ebenfalls einzelne Vertreter des Pflegepersonals sowie der Patientenschaft (hier ist der Patient Siefke als Gegenspieler zum Patienten Baudach zu nennen).

Bei einem derart nach dem Zwei-Parteien-Prinzip ausgerichteten Text im Sinne von alt/vergangen/gesetzmäßig aussterbend vs. neu/zukunftsorientiert/gesetzmäßig überlebend ist eine Parallelität von gesellschaftlichen Prozessen und medizinischer Thematik zu erwarten. Angesichts der zu jener Zeit stattgehabten medizinischen Entwicklungen wäre eine solche Korrelation zudem äußerst sinnträchtig. Mit der Entdeckung des Streptomycins im Jahre 1943 in den USA begann eine neue Ära in der Tuberkulosebehandlung.[22] Durch die in der Folgezeit entwickelten und zumindest in jener Zeit hochwirksamen Tuberkulostatika (Antibiotika-Kombinationspräparate) war es nun möglich, eine gezielte kausale Behandlung der Tuberkulose vorzunehmen, da der bakterielle Erreger jetzt direkt bekämpft werden konnte. Die dadurch erzielten medizinischen Erfolge waren umso beeindruckender, als die Zahl der Tuberkuloseerkrankungen in den Jahren nach dem Zweiten Weltkrieg aufgrund der herrschenden Lebensbedingungen zunächst wieder erheblich angestiegen war. Durch die Neuorganisation der Tuberkulosemedizin auf der Grundlage der Streptomycintherapie konnte die Krankheit im Laufe der 1950er und 1960er Jahre jedoch so weit eingedämmt werden, dass sie schon bald als ‚besiegt' galt.

Entsprechend würde man bei einem Aufbauroman wie *Besiegte Schatten* aus dem Jahre 1954 erwarten dürfen, dass der Neuanfang nach dem Krieg in der Weise erzählt wird, dass im Medizinischen ein ähnlich gravierender Umbruch festzustellen ist wie im Gesellschaftlichen und dass beides miteinander korreliert wird. Dies ist jedoch nicht der Fall. Der erzählte gesellschaftliche Umbruch hin zum Sozialismus wird im Roman nicht durch die damals sich vollziehende medizinische Wende aufgegriffen. Nicht das zu jener Zeit neue Streptomycin ist bei der Behandlung der tuberkulösen Patienten das Mittel der ersten Wahl. Dabei würde es durchaus der staatlicherseits propagierten wissenschaftlich-technischen Revolution[23] und dem Selbstverständnis, dass das eigene System das fortschrittli-

22 Vgl. Albert Schatz, Elizabeth Bugie, Selman A. Waksman: Streptomycin, a substance exhibiting antibiotic activity against gram-positive and gram-negative bacteria. In: Proceedings of the Society for Experimental Biology and Medicine 55 (1944), S. 66–69.

23 Vgl. Böhme u. a.: Kleines politisches Wörterbuch, S. 976 f.

chere ist, entsprechen, eine solche Deutung des parallel sich vollziehenden gesellschaftlichen wie medizinischen Fortschritts vorzunehmen.

Die Bezüge zwischen medizinischen Aspekten einer aus vergangenen Zeiten stammenden Krankheit[24] und der Durchsetzung einer neuen Gesellschaftsordnung werden indes auf andere Weise hergestellt. Favorisiert wird dabei der Therapieansatz des neuen Arztes Mathias Wille, den dieser gemeinsam mit der Fürsorgerin Henriette Munk durchzusetzen bemüht ist und der sich keineswegs als derart neu erweist, wie er im Roman als zur Ideologie der neuen Zeit passend beschrieben ist. Vielmehr etabliert *Besiegte Schatten* den Wertehorizont der Vorkriegsmedizin im sozialistischen Tuberkulosekrankenhaus der frühen DDR, indem er sich für einen ganzheitlichen Therapieansatz unter Einbezug der psychischen Aspekte ausspricht.[25]

Dass die Tuberkulose durch Streptomycin therapierbar ist, wird in *Besiegte Schatten* zwar wiederholt thematisiert. Der Roman macht jedoch deutlich, dass eine solche Tuberkulostatika-Behandlung nicht den humanistischen Ansprüchen der medizinischen Wissenschaft im Sozialismus genügen kann. Streptomycin wird im Roman von jenen Kräften favorisiert, die als reaktionär geschildert sind.[26] In Entsprechung dazu, dass das Mittel zuerst in den USA isoliert werden konnte und die ersten Präparate auch dort auf den Markt kamen, ist es dem westlichen Ausland zugeordnet. Innerhalb der antagonistischen Struktur des Aufbauromans ist das neue medizinische Wissen folglich der als historisch überholt angesehenen Gesellschaftsordnung des Kapitalismus zugeordnet. Auf diese Weise ist es möglich, bestimmte Probleme des historischen Kontexts aufzugreifen und zu thematisieren. So kann mit Hilfe der Krankheitsthematik auf die besseren Lebensumstände im Westen zu jener Zeit rekurriert werden. Die Überlegenheit des Kapitalismus erweist sich laut Logik des Buches jedoch als nur scheinbare. Der Fortschritt des Sozialismus werde zu einem späteren Zeitpunkt offenbar, während die kapitalistische Gesellschaftsform durch ihre Profitorientierung nur auf kurzfristige ökonomische Gewinnmaximierung aus ist und nicht das Wohl der Menschen im Blick hat. Das Streptomycin als Therapeutikum der Tuberkulose, welches sich zu Beginn der 1950er Jahre in seiner Anwendung noch in der Anfangsphase befand, ist insofern Bestandteil des medizinischen Wissens im Roman, als es im Zusammenhang mit den Prämissen und theoretischen Zu-

24 Zur Deutung der Schwindsucht als Krankheit des 19. Jahrhunderts vgl. Susan Sontag: Krankheit als Metapher. Frankfurt a. M. 1981. Auch Rauchfuß' Roman macht deutlich, dass sie die Schwindsucht einer früheren Epoche als der sozialistischen Gesellschaft zuordnet, vgl. Hildegard Maria Rauchfuß: Besiegte Schatten. Roman. Halle/Saale 1954, S. 133.

25 Vgl. Rauchfuß: Besiegte Schatten, S. 61, 113, 198.

26 Vgl. Rauchfuß: Besiegte Schatten, S. 114, 115.

schreibungen eines sozialistischen Gesundheitswesens gedeutet wird. Aufgrund des damals noch ungewissen Langzeiterfolges ist es entsprechend möglich, das Medikament aus dem Westen als bloße chemische Ware zugunsten einer humanistisch orientierten Therapie abzulehnen. Dass in der Realität des historischen Kontexts die ökonomischen Bedingungen in der DDR einer breiten Anwendung des Streptomycins entgegen standen, steht hierzu nicht im Widerspruch. So ist die Favorisierung anderer Therapieansätze, die ihre Ursachen in wirtschaftlich-politischen Zwängen hat, ideologisch legitimiert.

Ferner ist von Interesse, dass der Roman sich darin versucht, das medizinische Wissen der frühen 1950er Jahre, gemäß dem die Tuberkulose grundsätzlich mit Streptomycin heilbar sei, literarisch zu hinterfragen. Der Text geht nicht so weit, medizinische Forschungsergebnisse abzulehnen. Er bezweifelt jedoch zum einen deren Bedeutsamkeit und weist zum anderen auf das Defizitäre einer rein chemisch orientierten Therapie hin. So erfolgt eine gewisse Marginalisierung des Streptomycins, indem der Wirkmechanismus wiederholt lediglich derart beschrieben wird, dass es „den Krankheitsherd nicht reizt, sondern beruhigt".[27] Dieser Befund wird wie folgt bekräftigt: „Es gibt aber nun mal keine Zaubermittel gegen Tbc, das wissen wir alle!"[28] Diese Aussage erscheint in Anbetracht der zu jener Zeit einsetzenden Behandlungserfolge einigermaßen erstaunlich. Sie ist jedoch erklärlich vor dem Hintergrund der sozialistischen Ideologie, die überdies eng an die ökonomischen Gegebenheiten geknüpft war.

Konkret wird die Politisierung der Therapie im Text am Beispiel des Patienten Siefke vorgeführt. Der schwer tuberkulöse Siefke besorgt sich das Streptomycin mittels schwarzmarktähnlicher Tauschgeschäfte. Im Gespräch mit der Oberschwester, die wie er den reaktionären Kräften des Romans zugeordnet ist, erklärt er Folgendes: „Ich muß die Tabletten wieder haben, ganz gleich, wie! Ich gebe Ihnen viel Geld dafür [...] Sie wollten doch nach Berlin fahren, es ist eine Kleinigkeit für Sie. Ohne das Zeug werde ich nicht gesund. Sie, Sie selber haben mir gesagt, daß die Westpräparate Wundermittel sind [...]. Was wir hier zu schlucken bekommen, ist Mist dagegen. Ich muß sie haben, hören Sie?"[29] Die eigenmächtige Therapie, die Siefke unter Mithilfe der Oberschwester durchführt, wird im Roman als konterrevolutionärer Akt der Sabotage gewertet.[30] Dass die Medikation mit aus

27 Rauchfuß: Besiegte Schatten, S. 289, vgl. S. 166 f.

28 Rauchfuß: Besiegte Schatten, S. 289.

29 Rauchfuß: Besiegte Schatten, S. 165.

30 Vgl. Matthias Aumüller: Aufbauroman und literarische Moderne. Das Aufbausystem in der sozialistisch-realistischen Erzählliteratur am Beispiel von J. C. Schwarz' *Irrwege*. In: Tendenzen und Perspektiven der gegenwärtigen DDR-Literatur-Forschung. Hg. von Katrin Max. Würzburg 2016, S. 37–54, hier S. 46.

dem Westen stammenden Präparaten dem sozialistischen Aufbau zuwiderläuft, wird durch den Misserfolg des Unterfangens deutlich herausgestrichen. Siefke erhält zwar das Streptomycin aus der Bundesrepublik und behandelt damit seine Tuberkulose;[31] der therapeutische Erfolg bleibt jedoch aus. Er ist der einzige näher und namentlich beschriebene Patient, der im Verlauf der Handlung an seiner Tuberkulose stirbt.[32] Der Text macht dabei deutlich, dass nicht die Schwere seiner Erkrankung ausschlaggebend war, sondern die eigenmächtige Streptomycintherapie und die damit einhergehende Ablehnung der neuen sozialistischen Behandlungsmethoden. Damit wird eine Parallele zum historisch-politischen Kontext gezogen und die Überzeugung formuliert, dass letztlich das sozialistische System das erfolgreichere sein wird, auch wenn zum Zeitpunkt des Geschehens die westliche Gesellschaft als die bessere erscheint.

Grundlage für diese Überzeugung ist das Credo, mit dem Sozialismus das bessere System aufzubauen und dadurch auch die Medizin in den Dienst der Menschen zu stellen. Entsprechend verfolgen die therapeutischen Verfahren im Roman einen ganzheitlichen Ansatz, gehen auf individuelle Bedürfnisse ein und berücksichtigen psychisch-psychologische Aspekte.[33] Dieses Vorgehen wird im Text als humanistische und damit bedürfnisgerechte Medizin charakterisiert. Im zum eigenen Staat DDR antagonistisch gezeichneten Westen hingegen ist mit der Favorisierung einer kostenintensiven und lediglich auf den bakteriellen Erreger abzielenden Tuberkulostatika-Therapie Gesundheit zur bloßen Ware geworden. Die Krankheit Tuberkulose erweist sich damit als Prüfstein der Systeme, da der vordergründige medizinische Erfolg des Westens laut Roman nicht zu Verunsicherungen bezüglich des eigenen politischen Standpunkts führen darf. Widersprüche und Konflikte sind vorhanden und werden als Probleme des historischen Kontexts jener Jahre der frühen DDR am Beispiel der Krankheit erzählt. Dies sagt jedoch nichts über den Ausgang aus.

In Entsprechung dazu ist der Schluss des Romans offen gehalten, aber deutlich optimistisch gezeichnet: „‚Freust du dich?‘ [...] ‚Ja, auf morgen‘“,[34] bildet den Schlussdialog zwischen dem Arzt Wille und der Fürsorgerin Munk. Die Erwartungen an die neue Gesellschaftsordnung sind groß. Dass die durch den Roman formulierten Vorstellungen in der realhistorischen weiteren Entwicklung sowohl in politischer als auch in medizinischer Hinsicht keine Entsprechungen

---

31 Vgl. Rauchfuß: Besiegte Schatten, S. 288 f.

32 Vgl. Rauchfuß: Besiegte Schatten, S. 392.

33 Das wird in seiner Steigerung bis hin zum radikalen Ausleben der sexuellen Wünsche geschildert, vgl. Rauchfuß: Besiegte Schatten, S. 364–371. Zur kulturhistorisch geprägten Vorstellung der gesteigerten Libido bei Tuberkulösen vgl. Max: Liegekur, S. 202–206.

34 Rauchfuß: Besiegte Schatten, S. 423.

haben werden, ist zu jener Zeit noch nicht absehbar. Das medizinische Wissen erweist sich so in der Tat als Prüfstein, da sich zeigt, dass der therapeutische Erfolg einer medikamentösen Tuberkulostatika-Therapie den sozialistischen Alternativen, wie sie der Roman vorstellt, letztlich deutlich überlegen ist.

3 Medizinische Vagheit und die literarische Tradition: Christa Wolfs *Nachdenken über Christa T.* (1968)

Das zweite Beispiel führt einen Text vor, der ungleich bekannter ist als Rauchfuß' *Besiegte Schatten.* Christa Wolfs *Nachdenken über Christa T.* (1968) ist unstrittig ein bedeutsames, kanonisches Werk der DDR-Literaturgeschichte. An diesem Text kann nicht nur ein gewisser Wandel des Schaffens von Christa Wolf festgemacht werden, er steht auch exemplarisch für Veränderungen, die sich in der DDR-Literatur am Ausgang der 1960er Jahre vollzogen.[35] Die Formulierungen ‚subjektive Authentizität' sowie ‚neue Innerlichkeit' bzw. ‚Subjektivität'[36] verweisen auf die gegenüber früheren Texten geänderten inhaltlich-thematischen Schwerpunkte und im Zusammenhang damit auch auf andere formale Schreibweisen. Besonders hervorzuheben ist die Thematik der Individualität, die im Text in engem Bezug zu den Bedingungen des historischen Kontexts DDR zur Sprache kommt. Auch die medizinischen Aspekte stehen im Zeichen dieser neuen, subjektiven Sichtweise, die auf das Individuum zielt und entsprechende Deutungen vornimmt. Christa T.s finale Krankheit wird dadurch nach Maßgabe ihrer individuellen Lebensbedingungen auf verschiedene Weise perspektiviert, die Gültigkeit und Zuverlässigkeit medizinischen Wissens damit hinterfragt. Die unterschiedlichen Sichtweisen bedingen, dass ebenso alle Zuschreibungen hinsichtlich der politisch-gesellschaftlichen Kontexte als relativ und subjektivierbar erscheinen. Die Vagheit der medizinischen Diagnose führt dies vor.

35 Vgl. Bernhard Greiner: „Sentimentaler Stoff und fantastische Form": Zur Erneuerung frühromantischer Tradition im Roman der DDR (Christa Wolf, Fritz Rudolf Fries, Johannes Bobrowski). In: DDR-Roman und Literaturgesellschaft. Hg. von Jos Hoogeveen, Gerd Labroisse. Amsterdam 1981, S. 249–328, hier S. 259; Meinhard Prill: Christa Wolf. Nachdenken über Christa T. In: Hauptwerke der deutschen Literatur. Einzeldarstellungen und Interpretationen. Bd. 2. Hg. von Rudolf Radler. München 1994, S. 762 f., hier S. 763.

36 Vgl. Christa Wolf: Subjektive Authentizität. Gespräch mit Hans Kaufmann. In: Christa Wolf. Werke. Bd. 4. Hg. von Sonja Hilzinger. München 1999, S. 401–437; Fritz J. Raddatz: Traditionen und Tendenzen. Materialien zur Literatur der DDR. Frankfurt a. M. 1972, S. 167.

In *Nachdenken über Christa T.* ist der Titel gewissermaßen Programm: Die Erzählerin nimmt ein Nach-Denken über Christa T. vor, wobei das Verhältnis beider zueinander zwar nicht genau benannt wird,[37] das von der Erzählerin Mitgeteilte aber ebenso wie die verwendeten Materialien und Dokumente den Rückschluss auf eine enge Beziehung und Vertrautheit zwischen ihnen zulassen. Anlass für das Erinnern ist der frühe Tod Christa T.s infolge einer Blut- bzw. Knochenmarkserkrankung. Durch den Text hindurch wird deutlich gemacht, dass Christa T. sich in ihrem Lebensweg vom Konventionalisierten und allgemein Üblichen abhebt. Ihr Werdegang ist im Bezug zur lebensweltlichen Realität der DDR als atypisch zu bezeichnen. Trotz Studium und zunächst ausgeübter Berufstätigkeit als Lehrerin lebt sie schließlich als Hausfrau, Mutter und Tierarztgattin im Mecklenburgischen, im eigenen Haus am See. Christa T. demonstriert so ihre Abgrenzung von schematisierten Lebensentwürfen. Das drückt sich u. a. durch ihren umfänglichen Rückzug ins Private aus. Schon im „Frühsommer dreiundfünfzig" deutete sich ihr Werdegang an.[38] Der Arzt attestierte ihr damals eine „Neurose als mangelnde Anpassungsfähigkeit an gegebene Umstände".[39] Indem erste Krankheitssymptome bei Christa T. im Bezug zu den historischen Ereignissen des 17. Juni 1953 beschrieben sind, legt der Text einen Zusammenhang von politischen Verhältnissen und medizinischer Diagnose nahe. Dass die erste Mitteilung einer Erkrankung Christa T.s während ihres Germanistikstudiums erfolgte, ist zudem als Angebot einer Deutung im literarhistorischen Kontext lesbar.

Die Bezüge zwischen Krankheit und politischen Umständen sind bereits des Öfteren vorgenommen worden. Sehr früh äußerte sich Marcel Reich-Ranicki: „Christa T. stirbt an der Leukämie, aber sie leidet an der DDR."[40] Diese Diagnose scheint mittlerweile Common Sense innerhalb der Christa-Wolf-Forschung zu sein. Tatsächlich lässt sich der Text aber nicht derart eindeutig auf Leukämie als Erklärung der finalen Erkrankung Christa T.s festlegen. Mit der Nennung des Wortes „Panmyeolophise"[41] offeriert das Buch noch eine andere medizinische Diagnose. Bemerkenswert ist dabei, dass die medizinische Ebene des Textes keine eindeutige Antwort auf die Frage liefert, um welche Krankheit es sich bei Chris-

---

37 Vgl. Greiner: Sentimentaler Stoff, S. 267–274; Dieter Sevin: Christa Wolf: Der geteilte Himmel. Nachdenken über Christa T. München [4]2000, S. 59–67; Alexander Stephan: Christa Wolf. München [4]1991, S. 77–82.

38 Christa Wolf: Nachdenken über Christa T. In: Christa Wolf: Werke. Hg. v. Sonja Hilzinger. Bd. 2. München 1999, S. 83.

39 Wolf: Nachdenken, S. 85.

40 Marcel Reich-Ranicki: Christa Wolfs unruhige Elegie. In: Die Zeit. Nr. 21 (1969). URL: http://www.zeit.de/1969/21/christa-wolfs-unruhige-elegie (Zugriff am 27.04.2019).

41 Wolf: Nachdenken, S. 201.

ta T. handelt. Das medizinische Wissen wird hier als lediglich gegebene Information „lateinische[r] Ausdrücke"[42] charakterisiert. Es geht um das Stellen von Diagnosen auf der Basis naturwissenschaftlicher Erkenntnisse.[43] Die genannten Krankheiten sind entsprechend Abstraktionen tatsächlicher Krankheitsverläufe, ohne auf die individuellen Ausprägungen einzugehen. Insofern ist das medizinische Wissen im Text zumindest implizit als defizitär ausgewiesen, da es keine Antwort auf die Frage nach dem ‚Warum?' des zu frühen Todes Christa T.s geben kann. Um ein Verständnis von Krankheit zu erhalten, das über die bloßen somatischen Vorgänge hinausgeht, müssen ergänzend andere Wissensbestände zu Hilfe genommen werden. Im Fall Christa T.s ist dies vor allem das Wissen der literarischen Tradition.

Wie wird nun die finale Krankheit Christa T.s beschrieben, und welche Überlegungen können im Anschluss daran hinsichtlich des medizinischen Wissens in der DDR-Literatur gestellt werden? Wie erwähnt hält der Text zwei Diagnosen bereit. Einerseits ist von „Leukämie" die Rede, andererseits von „Panmyelophise" (korrekt: Panmyelophthise).[44] Beide Krankheiten betreffen als Ort der Hämatogenese das Blut bzw. das rote Knochenmark, sind aber unterschiedlich semantisiert. Bei der Leukämie handelt es sich um eine maligne Systemerkrankung mit Vermehrung der weißen Blutzellen im peripheren Blut. Die Erkrankung entsteht durch „maligne Transformation hämatopoetischer oder lymphatischer Zellen" und geht mit „Proliferation u. Akkumulation neoplastischer Zellen" einher.[45] Die Panmyelophthise hingegen bezeichnet den „Knochenmarkschwund mit völligem Fehlen der Blutbildung" bzw. als Panmyelopathie die „fortschreitende, alle Zellsysteme betreffende Aplasie des Knochenmarks".[46] Christa T. werden folglich zwei völlig unterschiedliche Diagnosen zugeschrieben: der Leukämie als ‚Blutkrebs' (mit überwuchernden Neubildungen maligner Zellen) steht die Panmyeolophthise als ‚Schwindsucht' (mit dem Rückgang bis hin zum völligen Ausbleiben der Neubildung von Blutzellen) gegenüber.

Bezogen auf die inhaltliche wie formale Ausrichtung des Romans erscheint es nur konsequent, dass die Frage nach dem Ende Christa T.s keine eindeutige Antwort erfährt. So wird der den Text dominierende Vorgang des Erinnerns auch aus der Perspektive der Krankheit als ein Verfahren geschildert, das eine Annä-

---

42 Wolf: Nachdenken, S. 197.

43 Vgl. Wolf: Nachdenken, S. 197 f.

44 Wolf: Nachdenken, S. 198, 201.

45 Roche Lexikon Medizin. Hg. von der Hoffmann-La Roche AG und Urban & Fischer. München/Jena ^{5}2003, S. 1096; vgl. Heinz David: Medizinisches Taschenlexikon. Berlin ^{3}1990, S. 214.

46 David: Medizinisches Taschenlexikon, S. 264; vgl. Roche Lexikon Medizin, S. 1402.

herung an die Wirklichkeit erlaubt, ohne hier tatsächlich endgültige Wahrheiten artikulieren zu können. Das korreliert mit formalen Aspekten. Der Text kann als modern gelesen werden, da die Eindeutigkeit des Erzählten zugunsten einer Hinterfragung und Relativierung des Geschehens aufgegeben ist. In der konkreten Umsetzung der zwei Diagnosen gestaltet sich dies so, dass die Erzählerin die Tendenz hat, Christa T.s Krankheit als Leukämie zu beschreiben, während Christa T. selbst sich als Phthisikerin sieht. Möglich werden die unterschiedlichen Deutungen der Krankheit dadurch, dass die Medizin keine eindeutige Diagnose bereitstellt. Auch die Frage nach der Sinngebung von Krankheit und Tod erhält durch die Medizin keine Antwort – auch nicht durch eine solche Medizin, die dem sozialistischen Humanismusideal verpflichtet ist. Antwortoptionen liefern stattdessen andere Wissensbestände.

Die Erzählerin, die die Krankheit als Leukämie auffasst, favorisiert eine politische Deutung. Hiervon zeugen ihre Erzählerkommentare, mittels derer sie von Anbeginn Christa T.s Werdegang erläutert. Sie sagt beispielsweise: „Nicht nur nichts Fremdes in uns aufnehmen [...], auch im eigenen Innern nichts Fremdes aufkommen lassen“,[47] was auf die Überwucherung durch ‚fremde‘ (d. h. maligne) Zellen bei Leukämie hindeutet. Damit greift sie populäre Metaphorisierungen auf, gemäß denen Krebs als Folge von Verdrängung und Unterdrückung (von Gefühlen usw.) ausgelöst werde.[48] Dementsprechend sagt sie auch zu Beginn, „daß es böse endet, wenn man alle Schreie frühzeitig in sich erstickt“.[49] Als politischer Subtext bot sich diese Deutung offenkundig für die Rezeption als ‚Leiden an der DDR an‘.[50]

Die Erzählerin geht so weit, ihre Überlegungen zur Leukämie als Gedankenrede Christa T.s mitzuteilen – wobei der Kontext deutlich macht, dass sie keinen Zugriff auf das Innenleben ihrer Figur haben kann und die Frage der Zuverlässigkeit des von ihr Erzählten im Raum steht. Sie erklärt, dass Christa T. angesichts der Blutübertragungen „denkt, es gibt keine Macht der Welt, die ihr Knochenmark hindern könnte, ihr eigenes rotes Blut mit den zerstörerischen weißen Zellen zu überschwemmen“.[51] Die Überwucherung des Gesunden durch maligne, nicht proliferierte Zellen entspricht allerdings nicht dem Lebensmodell, das Christa T. verfolgt. Ihre Strategie ist der Rückzug ins Private, die Besinnung auf das Vergangene und die dabei erfolgende Weigerung zur Anpassung. Insofern ist nicht nur zweifelhaft, ob ihre Gedanken im angeführten Zitat korrekt wiedergegeben

47 Wolf: Nachdenken, S. 62.
48 Vgl. Sontag: Krankheit als Metapher, S. 27 f.
49 Wolf: Nachdenken, S. 20.
50 Vgl. Reich-Ranicki: Christa Wolfs unruhige Elegie [ohne Seitenzählung].
51 Wolf: Nachdenken, S. 203.

werden, sondern auch die von der Erzählerin gegebene Diagnose Leukämie steht zur Debatte.

Im Text gibt es fortlaufend deutliche Hinweise darauf, dass Christa T. selbst ihre Krankheit im Sinne der zweiten Diagnose deutet: als Panmyelophthise bzw. Knochenmarkschwund – eine Krankheit, die bis ins frühe 20. Jahrhundert hinein noch als Schwindsucht des Knochenmarks diagnostiziert wurde. „Sie [Christa T., K.M.] hat in Büchern nachgeblättert, den neuen Namen gesucht, den sie ihrer Krankheit gegeben hatten, fand ihn auch, schrieb ihn mir, gegen ihre Gewohnheit: Panmyelophise, schrieb sie.“[52] Schon dass sie den Namen „gegen ihre Gewohnheit“ mitteilt, deutet auf die Bedeutsamkeit dieser Diagnose für Christa T. hin. Für sie, die als „[s]innsüchtig“ und „deutungssüchtig“ beschrieben wird,[53] bietet die Phthise das für ihr Leben bessere, weil passendere Erklärungsmodell. Sie deklariert sich so als moderne Schwindsüchtige und zitiert damit das kulturell-historische Wissen um jene Krankheit. Die Schwindsucht als romantische Künstlerkrankheit des 19. Jahrhunderts, die laut populären Vorstellungen mit einer Sensibilisierung der Betroffenen einher geht, zur Individuation des Kranken beiträgt und diesen besonders machen soll – all dies kann nach 1945 schwerlich durch die Lungenschwindsucht umgesetzt werden. Dadurch, dass Christa T. ihre unheilbare Bluterkrankung als Knochenmarkschwund auffasst, ist jedoch eine Fortführung jener im Laufe des 19. Jahrhunderts herausgebildeten Schwindsuchtsmetaphorik möglich.[54] Dass sie selbst darin für sich eine zumindest in Ansätzen sinnstiftende Diagnose sieht, ergibt sich aus den literarischen Traditionslinien, die sie zu sich als Person zieht und die im Kontext populär-romantischer Schwindsuchtsmetaphorik des 19. Jahrhunderts zu verstehen sind. Ausgehend von der Literatur der Romantik führt Christa T. diese Metaphorik fort, indem sie sich selbst im Bezug zur Literatur des poetischen Realismus deutet und weiterhin Parallelen zu Thomas Manns *Der Zauberberg* zieht.[55]

Die Diagnose der Panmyelophthise (als Phthise im Sinne einer modernen Schwindsucht) ist zudem politisch im Kontext der DDR aufzufassen. Sie korreliert mit der im Frühsommer 1953 gegebenen ärztlichen Einschätzung „mangelnde Anpassungsfähigkeit an gegebene Umstände“.[56] Christa T. ist in ihrer Individualität eine Unzeitgemäße auch dadurch, dass sie in ihrem Sterben eine Krankheit

---

52 Wolf: Nachdenken, S. 201. Zur Deutung, dass es sich um einen Übertragungsfehler der schriftlichen Übermittlung handelt, wenn Christa T. statt Panmyeolophthise „Panmyelophise [...] schrieb“ (Wolf: Nachdenken), vgl. Max: Im Zweifel schwinden, S. 175, 177.

53 Wolf: Nachdenken, S. 159.

54 Vgl. Sontag: Krankheit als Metapher, S. 7–44; Max: Liegekur, S. 23–42.

55 Vgl. Max: Im Zweifel schwinden, S. 168–170.

56 Wolf: Nachdenken, S. 85.

des vergangenen bürgerlichen Zeitalters zitiert. Mit ihrem medizinischen Werdegang wirft sie Fragen auf, mit denen sich das Gesundheitswesen jener Zeit auseinanderzusetzen hat. Trotz aller proklamierten Humanität schafft es die zeitgenössische Medizin offensichtlich nicht, Sinnstiftungsangebote zu liefern. Die Problematik der Medizin, als Disziplin das Wesen des Menschen nur in Ausschnitten zu erfassen, wird an anderer Stelle im Text deutlich: Gemeint ist jene Episode, bei der Christa T. auf ihrer letzten großen Reise vor dem Tod zufällig einen ihrer ehemaligen Schüler trifft. Dieser ist jetzt Medizinstudent im letzten Semester. In ihrem Gespräch werden moralisch-ethische Fragen angeschnitten. Es geht darum, welches Menschenbild das rechte sei. Christa T. hatte einst in Anlehnung an Gorki von der „halb reale[n], halb phantastische[n] Existenz des Menschen“[57] gesprochen. Ihr ehemaliger Schüler bezieht sich darauf und erklärt schließlich, dass „die reale Existenz des Menschen“ ihm „als Arzt zu genügen“ habe, da „[d]er Kern der Gesundheit [...] Anpassung“ sei.[58] Medizin und medizinisches Wissen werden auf diese Weise als auf wenige Aspekte beschränkt beschrieben. Durch den Vergleich zur literarischen Tradition (Gorki) und aufgrund des Umstandes, dass das Gespräch im Rilakloster stattfindet, werden mit der Kunst (d. h. der Literatur) und der Religion zwei weitere Bereiche der Gesellschaft angeführt, die unter Umständen die besseren Erklärungsmodelle bereithalten.

Die Medizin wird in ihrer Anwendung medizinischen Wissens so in ihrer Beschränkung vorgeführt. Mit dem Arzt, der im Frühsommer 1953 die Diagnose mangelnder Anpassung stellt, und dem Medizinstudenten, der in den 1960er Jahren den Gegenstand der Medizin als lediglich auf die reale Existenz des Menschen fokussiert beschreibt, wird zudem eine Entwicklung innerhalb der DDR-Gesellschaft beschrieben. Beide Mediziner stehen für unterschiedliche Ärzte-Generationen. Während der ältere Arzt noch die immateriellen, psychischen Aspekte für die Krankheitsentstehung zumindest benennt (allerdings durchaus stigmatisierend, wenn er von einer „Neurose“[59] spricht), erklärt der Medizinstudent seinen Willen, über die real-körperlichen Symptome hinausgehende Fragen bei seiner künftigen Tätigkeit auszublenden. Zumindest implizit weist der Text damit auf die Problematik in der DDR-Gesellschaft hin, das theoretisch konzipierte Humanismusideal nicht in der Praxis berücksichtigen zu können bzw. möglicherweise sogar eine Reduktion des sozialistischen Humanismus-Konzeptes in Anpassung an die Gegebenheiten in Kauf zu nehmen. Auch der dritte der hier vorgestellten Texte ist in diesem Zusammenhang lesbar. In *Der fremde Freund*

57 Wolf: Nachdenken, S. 125 f.
58 Wolf: Nachdenken, S. 126.
59 Wolf: Nachdenken, S. 85.

werden ebenfalls zwei Ärzte-Generationen vorgeführt, wobei die Entwicklung eine Entfernung vom einstigen Ideal bedeutet, was im Zuge einer umfänglichen Entfremdung erzählt ist.

4 Ideal und sozialistische Wirklichkeit: Christoph Heins *Der fremde Freund/Drachenblut* (1982)

Christoph Hein gilt als bedeutsamer Autor sowohl der DDR- als auch der Gegenwartsliteratur. Seine Novelle *Der fremde Freund/Drachenblut* (1982) war international ein Erfolg, wobei der Text zumeist so rezipiert wurde, dass darin die Entfremdung des Individuums in modernen Gesellschaften dargestellt sei.[60] Die DDR-Spezifik wurde dabei zugunsten einer allgemeineren Zivilisationskritik oftmals weitestgehend ausgeblendet, der Text in der Folge als Beispiel für konvergente Entwicklungen der Literatur in Ost und West ab den späten 1970er Jahren herangezogen.[61] Diese Lesart stellt allerdings nur *eine* mögliche Deutung des Textes dar. Die Berücksichtigung des historischen Kontexts erweist, dass sich die geschilderte Situation der Ich-Erzählerin gerade durch ihre DDR-Spezifik erschließt, und dass dabei eine Engführung ihrer privaten Erfahrungen mit den politischen Ereignissen der Zeit erfolgt.[62]

Für das vorliegende Thema ist die Situierung und Beschreibung der Ich-Erzählerin Claudia als Ärztin von Interesse. In ihrer Art der Lebensführung und der

---

60 Vgl. Wolfgang Emmerich: Kleine Literaturgeschichte der DDR. Erweiterte Neuausgabe. Berlin [4]2009, S. 306–308.

61 Vgl. Emmerich: Kleine Literaturgeschichte der DDR, S. 306–308. Hinzu kommen eine Reihe anderer Deutungsperspektiven, von denen einige exemplarisch genannt seien: Masanetz liest den Text als Psychogramm der Ich-Erzählerin, Lücke sieht einen engen Bezug zum DDR-Kontext und den dortigen Rahmenbedingen als gegeben an, Krauss nimmt eine wechselseitige Deutung von individueller und kollektiver politischer Entwicklungsgeschichte vor. Vgl. Michael Masanetz: „Tod als Heimkehr". Christoph Heins *Der fremde Freund:* eine Variation über das Utopie-Thema. In: Dichter in den Brüchen der Zeit. Hg. von Antonia Opitz, Roland Opitz. Leipzig 2005, S. 365–395; Michael Masanetz: Kommentar. In: Christoph Hein, Der fremde Freund. Drachenblut. Text und Kommentar. Frankfurt a. M. 2005, S. 179–236, hier S. 207–217; Bärbel Lücke: Christoph Hein. Der fremde Freund. Drachenblut. München [2]2002, S. 17; Hannes Krauss: Schreibend das Sprechen üben oder: ‚Worüber man nicht reden kann, davon kann die Kunst ein Lied singen' oder: ‚Als Kind habe ich Stalin gesehen' – Zur Prosa Christoph Heins. In: Geist und Macht. Writers and the State in the GDR. Hg. von Axel Goodbody. Amsterdam 1992, S. 204–214.

62 Vgl. Katrin Max: Über das Verschwinden der Utopie und den Missbrauch in der Geschichte. Individuelle Erfahrung und politisches Schicksal in Volker Brauns *Unvollendete Geschichte* und Christoph Heins *Der fremde Freund.* In: KulturPoetik 14 (2014), S. 70–93, hier S. 83–93.

Ausübung ihres Berufes nimmt der Text eine kritische Auseinandersetzung mit den Prämissen des sozialistischen Gesundheitswesens vor. Er erteilt der Vorstellung einer am Menschen orientierten sozialistischen Medizin eine Absage und setzt kritische Akzente, was das konzipierte Arztideal betrifft. So wird gezeigt, dass die hohen Ansprüche einer medizinischen Ethik im Sozialismus nicht eingelöst werden können. Anders als bei Rauchfuß' frühem Text, der als Aufbauroman optimistische Ausblicke in die Zukunft geben konnte, ist es bei Christoph Hein ein Rückblick, der in Andeutungen die Entwicklung der Individuen weg vom sozialistischen Ideal nachzeichnet. Ohne den Vergleich zum Westen ziehen zu müssen, wird die Entfremdung innerhalb der eigenen Gesellschaft erzählt. Eine ‚Anschlussfähigkeit' für Leser außerhalb der DDR ist dabei gegeben, wenngleich der Bezugspunkt die sozialistische Utopie bleibt, die im konkreten Fall der Handlung jedoch in weite Ferne gerückt ist.

Mit der Ich-Erzählerin Claudia wird „eine erwachsene Frau aus der DDR als ‚fertiges' Subjekt im Zustand einer (beinahe) perfekten Panzerung"[63] vorgeführt. Während es in früheren Werken der DDR-Literatur um Entwicklungs- und Reifungsprozesse der Figuren in Korrelation zu den als Fortschritt verstandenen Änderungen innerhalb der Gesellschaft geht, überwiegt hier die Statik: Eine ‚gewordene' vierzigjährige Frau erzählt vom festen Gefüge ihrer äußeren wie inneren Lebensumstände. Die Novelle selbst dreht sich zwar darum, dass sie dieses feste Gefüge aufzubrechen bemüht ist, dennoch überwiegt das Fertige und Gemachte. Als Ärztin zählt die Ich-Erzählerin innerhalb der DDR-Gesellschaft zu jener sozialen Formation, die wie gezeigt im Hinblick auf ihre humanistische Grundhaltung bestimmte theoretische Idealisierungen erfuhr. Indes entspricht Claudias Lebensart nicht dem damit verknüpften Rollenverständnis. Sie erweist sich durch die Form ihrer Lebensführung sowie durch ihre Haltung und ihre Ansichten zur Umgebung als weder durch humanistische Werte noch durch Intellektualität geprägt. Ihr Leben ist im Gegenteil als Anti-Modell zu den vorgegebenen Konzepten, wie das Leben einer Ärztin für gewöhnlich auszusehen hätte, zu verstehen.

Nahezu alle Bereiche ihres Lebens können als Gegenentwürfe zum sozialistischen Arztideal gelesen werden. Ihre berufliche Tätigkeit in der Ambulanz eines Krankenhauses übt sie ohne Ambitionen aus. Interesse für ihre Patienten kann sie ebenso wenig aufbringen, wie sie um berufliche Fortbildung bemüht ist.[64] Weder für fachmedizinische Themen zeigt sie sich aufgeschlossen, noch ist sie gewillt oder bemüht, dem Humanismusideal des Mediziners zu entsprechen. So zeigt sie

63 Emmerich: Kleine Literaturgeschichte, S. 307.

64 Vgl. Christoph Hein: Der fremde Freund. Novelle. Berlin, Weimar 1982, S. 49, 96, 112–115, 120 f.

keinerlei Bestrebungen hinsichtlich persönlicher oder beruflicher Bildung – verdeutlicht etwa in ihren Aussagen zu ihren Lektüre-Präferenzen – und ist generell in ihrer Freizeitgestaltung explizit einseitig orientiert (Fotografie).[65] ‚Das interessierte mich nicht' wird im Laufe des Textes zur stereotypen Floskel, mit der sie auf verschiedene, an sie herangetragene Aspekte des Lebens reagiert.[66] Dieses Desinteresse erstreckt sich auf den öffentlichen wie auf den privaten Bereich. Es umfasst berufliche Fragestellungen und tagesaktuelle politische Ereignisse ebenso wie Aspekte der familiären Kontakte, der Freundschaft zu anderen sowie der Mann-Frau-Beziehungen. Wenngleich der Text selbst die Haltung seiner Erzählerin permanent hinterfragt, stellt diese zur Schau, dass sie die Dinge nichts anzugehen haben und sie auch nichts angehen wollen.

Dass ihr Lebensweg anders verlief, als sie es sich als Heranwachsende vorgestellt hatte, greift die Thematik der Analogien von individuellem Werdegang und politischem Lauf der Ereignisse auf. In beiden Fällen zeitigt das Ergebnis nicht das ursprünglich Erhoffte. Exemplarisch sei Claudias Wohnsituation angeführt. Sie lebt in einer kleinen 1-Zimmer-Wohnung innerhalb eines Hochhauses (einem DDR-typischen Plattenbau), was nicht nur als Ausdruck ihrer Entfremdung beschrieben werden kann,[67] sondern auch die Abweichung vom einst Erwarteten exemplifiziert: „Als Kind [...] hatte ich mir unter Appartement etwas anderes vorgestellt. [...] Das waren Zimmer mit kostbaren Gardinen und goldenen Leuchtern, einer Dame im Abendkleid und einem Herrn im Frack oder korrekten Anzug. [...] Unsere Appartements sind anders. [...] Im Sommer stinkt es nach dem Müllschlucker und manchmal nach Klo."[68]

Claudias Lebensform wird im Vergleich mit anderen Figuren der Novelle herausgearbeitet. Bezogen auf die medizinische Ebene ist es ihr Chef, der als Kontrast fungiert. Bei Claudia und ihrem deutlich älteren Chef handelt es sich um Vertreter verschiedener Arzt-Generationen, so dass durch deren private und berufliche Situierung eine Entwicklung innerhalb der DDR-Gesellschaft beschrieben wird. Ihr Chef gehört im Vergleich zu Claudia einer früheren Ärztegeneration an, die auch ein entsprechendes Selbstverständnis präsentiert. Es werden im Text zwei Besuche erzählt, bei denen die Gegensätze der Lebensführung und ideellen Haltung zwischen den beiden Medizinern besonders deutlich herausgearbeitet werden:

65 Vgl. Hein: Der fremde Freund, S. 32, 166 f., 101 f., 210.
66 Vgl. Hein: Der fremde Freund, S. 37, 39, 70, 75, 114 f., 196, 198.
67 Vgl. Lücke: Christoph Hein, S. 19 – 26.
68 Hein: Der fremde Freund, S. 24.

Als Claudia ihren Chef zu Hause besucht, registriert sie die Wohnform in einer Doppelhaushälfte „am südlichen Stadtrand“, wo trotz der geringen Entfernung durch den Vorgarten „[a]n der Gartenpforte [...] eine Sprechanlage installiert [war], was mir seltsam erschien“.[69] Der Eindruck, bei ihrem Vorgesetzten zu Hause restbürgerliche Lebenskultur vorzufinden, setzt sich für sie im Laufe des Abends fort. Angefangen von der „Andeutung eines Handkusses“ zur Begrüßung über das servierte Abendessen („Schweinefilet und Spargel, dazu einen weißen Bordeaux und als Nachtisch Kuchen“) hin zu den Konversationsthemen bei Tisch geriert er sich gänzlich gemäß seinem Rollenverständnis.[70] Das führt so weit, dass in Ermangelung tatsächlichen Hauspersonals seine Ehefrau, die als „verschüchterte[] Person in einem Hauskittel“ auftritt, von Claudia „für das Dienstmädchen gehalten“ wird.[71] Dies ist durchaus als Hinweis zu verstehen, dass hierbei soziale Rollen bewusst eingenommen werden, da diese gerade in der DDR-Gesellschaft nicht notwendig vorgeprägt sind.

Beim Gegenbesuch, den der Chef aufgrund von Claudias Krankschreibung etwas später bei ihr macht, äußert er sich deutlich zur Unangemessenheit von Claudias Lebensumständen: „Mein Zimmer fand er entsetzlich und sagte, er wolle dafür sorgen, daß ich eine richtige Wohnung bekäme.“[72] Sie jedoch lehnt sein Angebot ab. Ebenso befremdet ist der Chef von Claudias demonstrierter Haltung, die so gar nicht mit dem Arztideal zu vereinbaren ist. „Ob ich denn gar keine Fachliteratur läse, wollte er wissen. Ich schüttelte den Kopf.“[73] Claudia reflektiert diese Frage und verweist dabei auch auf das humanistische Bildungsideal. Diesem jedoch verschließt sie sich. Gegenüber ihrem Chef erklärt sie, „[m]anchmal komme in mir eine Art moralisches Interesse hoch, mich mit neuen Publikationen zu beschäftigen. Aber das sei lediglich ein überkommener Impuls, eine Erinnerung an frühere Haltungen und bald vorbei.“[74] Sie spricht sich explizit gegen „die eingeimpften humanistischen Vorbilder aus längst vergangenen Jahrhunderten“ aus und artikuliert die Meinung, dass das, was sie „an der Uni gelernt“ habe, für ihre „Arbeit in der Klinik [...] vollständig aus[reiche]“.[75] Die im Laufe des Buches fortwährend berichteten Sequenzen aus ihrem ärztlichen Berufsalltag bestätigen, dass sie tatsächlich keinerlei Ambitionen hat.

---

69 Hein: Der fremde Freund, S. 97.
70 Hein: Der fremde Freund, S. 97.
71 Hein: Der fremde Freund, S. 97.
72 Hein: Der fremde Freund, S. 166.
73 Hein: Der fremde Freund, S. 166.
74 Hein: Der fremde Freund, S. 166.
75 Hein: Der fremde Freund, S. 167.

Beim genannten Besuch ihres Vorgesetzten entspinnt sich zudem eine Diskussion, in deren Rahmen er ihr das Fehlen jener Werte vorwirft, die seines Erachtens für die Ausübung des Arztberufes unabdingbar sind.[76] Bemerkenswert ist, dass Claudia seinen Argumenten sehr wohl folgen kann und auch eingesteht, in ihrer Einstellung zu ihrem Beruf wie zu ihrem Leben allgemein eine Verarmung aufzuweisen.[77] Bald darauf folgt zwar wieder ihr Standardsatz der Abwehr – „Außerdem interessierte es mich nicht weiter"[78] – aber der Text erweist, dass Claudia ihre Entfremdung zum Problem geworden ist. Sie unternimmt den Versuch, durch die Reise an den Ort ihrer Kindheit G. die Ursachen zu ergründen, ist jedoch nicht erfolgreich. Im Schlusskapitel erklärt sie zwar wiederholt, es gehe ihr gut und fehle ihr an nichts. Die Aussagen der Erzählerin stehen dabei jedoch im Widerspruch zur erzählten Handlung. Diese macht offenbar, dass sie an den Defiziten in ihrem Leben leidet.

Dass ihre ärztliche Tätigkeit weder den tradierten kulturellen Vorstellungen ärztlicher Tätigkeit noch den Maßgaben einer sozialistischen Ethik entspricht, thematisiert die Ich-Erzählerin auch selbst, wenn sie erklärt: „Ich bin kein Beichtpriester, ich verabreiche nicht Trost. Irgend jemandem irgendwelchen Mut zuzusprechen, halte ich für tollkühn und unaufrichtig."[79] Den Arztberuf reduziert sie damit deutlich: „Ich kann Tabletten verschreiben und Spritzen geben. Der Rest ist nicht Sache der Medizin."[80] Indem sie im Zuge dieser Überlegungen auf Aspekte der Psychoanalyse zu sprechen kommt, thematisiert sie zugleich ihren Unmut und ihre Unzufriedenheit mit ihrem Zustand – auch im Hinblick auf ihre berufliche Situation. Die Verdrängung als notwendige Voraussetzung der Aufrechterhaltung einer jeden Zivilisation ist dabei ihr Thema. Zugleich führt sie auf der Handlungsebene vor, zu welchen Problemen es führt, wenn psychische und psychologische Aspekte ignoriert werden. Diese Form der reduzierten ärztlichen Tätigkeit hat dabei nicht nur ihre Entsprechung in der historischen Situation der DDR der 1980er Jahre (die als Verdrängung des Offensichtlichen zu charakterisieren ist), es finden sich auch Analogien zur Erzählsituation des Textes selbst. So kann das, was die Erzählerin verdrängt und somit dem Leser nicht explizit mitteilen kann, als Erklärung für ihren eigenen Zustand herangezogen werden. Freuds Psychoanalyse ist hierbei eine Deutungshilfe,[81] wobei die Interpretation des Textes unter Berücksichtigung psychoanalytischer Aspekte wiederum auf die

76 Vgl. Hein: Der fremde Freund, S. 167 f.
77 Vgl. Hein: Der fremde Freund, S. 167.
78 Hein: Der fremde Freund, S. 168.
79 Hein: Der fremde Freund, S. 115.
80 Hein: Der fremde Freund, S. 114 f.
81 Vgl. Masanetz: Kommentar, S. 207–217; Max: Über das Verschwinden, S. 83–93.

Inhalte zurückverweist – und damit auch auf die Darstellung der defizitären Medizin in der DDR jener Jahre. Die Entfremdung erstreckt sich somit auch auf das Gesundheitswesen, wodurch der Text thematisiert, dass die Ideale des sozialistischen Gesundheitswesens an ihrer Umsetzung scheiterten.

5 Fazit

So unterschiedlich die drei hier vorgestellten Texte sind, lässt sich doch als Gemeinsames festhalten, dass sie medizinische Aspekte zur Sprache bringen, die auf besondere Weise die Umstände des historischen Kontexts DDR aufgreifen. Dabei wird thematisiert, dass das medizinische Wissen der DDR bestimmte Spezifika aufweist. Zu nennen ist hier der gesellschaftliche Aspekt der sozialistisch-humanistischen Medizin, der bezogen auf die sozialistische Utopie eine entsprechende ideologische Ausrichtung erfuhr. Der damit verbundene Anspruch, als das bessere Gesellschaftssystem auch über das bessere Gesundheitswesen zu verfügen, greift dabei in den verschiedenen Binnenepochen der DDR unterschiedliche Probleme auf, wovon die literarischen Texte zeugen. Krankheit wird damit in allen drei Texten zum Prüfstein der Systeme.

Hildegard Maria Rauchfuß' *Besiegte Schatten* spielt in der Anfangszeit der 1950er Jahre. Die Aufbaueuphorie ist hier unverkennbar und wird auch auf medizinische Aspekte bezogen. Die Analogisierung von gesellschaftlicher Entwicklung und medizinischem Wissen führt dazu, dass all das, was dem kapitalistischen westlichen Ausland zugeordnet ist, sich als nur scheinbar besser gegenüber dem eigenen Land verhält. Der Wettlauf der Systeme ist zu diesem Zeitpunkt noch nicht entschieden, und so kann auch die aus den USA stammende Tuberkulosetherapie mittels Antibiotika hinsichtlich ihres künftigen Erfolges angezweifelt werden. Die Favorisierung eines ganzheitlichen medizinischen Ansatzes, der den Maßgaben des Humanismus verpflichtet ist, wird als sozialistisches Gegenmodell vorgestellt. Das Buch lässt keinen Zweifel daran, dass sich dieses letztlich als siegreich erweisen wird. Damit beschäftigt sich der Text mit jener Thematik seiner Zeit, dass aufgrund der (vor allem ökonomischen) Überlegenheit Zweifel daran aufkommen konnten, ob der Sozialismus sich als das zukunftsträchtigere Modell erweisen würde. Mithilfe der medizinischen Ebene exemplifiziert der Text dieses Problem und stellt zugleich die Lösung im Sinne des Sozialismus in Aussicht.

Christa Wolfs *Nachdenken über Christa T.* wirft als Text, der Ende der 1960er Jahre erschienen ist, Fragen auf, die die konsolidierte DDR-Gesellschaft betrafen. Zu benennen ist das Bedürfnis nach Sinngebung, das das Buch artikuliert, sowie die Abkehr von schematisierten, entindividualisierten Lebensentwürfen, wofür Christa T.s Werdegang exemplarisch steht. Das bezieht sich auch auf ihre letzte

Krankheit. Medizinisches Wissen ging insofern in den Text ein, als zwei medizinisch plausible Diagnosen für Christa T. gestellt werden: Leukämie und Panmyelophthise. Aufgrund des subjektivistischen Zugriffs der Erzählerin ist es nicht möglich, aus dem Text darauf zurückzuschließen, welche dieser Diagnosen sich für Christa T. als zutreffend erwies. Vielmehr verfolgen Erzählerin und Figur ihre jeweilige Strategie, um die Krankheit begreiflich zu machen, indem sie sich jeweils für eine Diagnose entscheiden. Vor allem die literarische Tradition wird zur Erklärung herangezogen, sodass die Deutungshoheit der medizinischen Wissenschaft angezweifelt ist. Dass auch die sozialistische Medizin trotz ihres Humanismus-Anspruches defizitär ist, da sie den Menschen nicht in seiner Gesamtheit erfasst und keine Sinnstiftungsangebote liefern kann, wird anlässlich ergänzender Episoden wie jener im Rilakloster thematisiert.

Christoph Heins *Der fremde Freund* lässt sich als Bestandsaufnahme der fortgeschrittenen, entwickelten DDR-Gesellschaft lesen. Anhand der Ärztin Claudia wird das Auseinanderdriften von Ideal bzw. Utopie im Sozialismus und den dort tatsächlich existierenden Verhältnissen exemplifiziert. Das Leben der Ich-Erzählerin stellt sich als Gegenmodell zu den theoretischen Konzepten vom ‚Arzt im Sozialismus‘[82] dar. Claudias Entfremdung basiert u. a. auf der konsequenten Verdrängung all jener Aspekte, die eine Infragestellung ihrer Lebensumstände zur Folge haben würden. Parallelen hierzu sind im politischen Geschehen zu finden. Ihr Versuch, die Verdrängung aufzuheben, scheitert, was nicht zuletzt jenem Umstand geschuldet ist, dass er zu spät unternommen wurde. Dies lässt Rückschlüsse auf die Gesellschaft der DDR in den 1980er Jahren zu, da diese ebenfalls als fortgeschritten ihren Idealen entfremdet beschrieben ist.

Abschließend lässt sich festhalten, dass das medizinische Wissen in Bezug zu den Deutungen anderer Bereiche gesetzt ist. Der Frage nach der Gültigkeit der sozialistischen Utopie wird besondere Aufmerksamkeit zuteil. Je nach Ausrichtung erfährt diese eine entsprechende Antwort, wodurch Binnendifferenzierungen der DDR-Literatur möglich sind. Der humanistische Anspruch der sozialistischen Medizin wird in allen drei Texten thematisiert. Auffällig ist überdies, dass im Zusammenhang damit Fragen nach den psychischen Aspekten von Krankheit aufgeworfen werden bzw. dass – im Fall von *Der fremde Freund* – die Psychoanalyse als Erklärungsmodell für gesellschaftliche wie für medizinische Prozesse herangezogen wird. Es ist zu überlegen, ob somit durch die literarischen Texte nicht ein Bedürfnis der DDR-Gesellschaft artikuliert wird, auch psychisch-psychologischen Aspekten von Krankheit jenseits aller Ideologie mehr Aufmerksamkeit zu schenken. Bereits der Text von Rauchfuß wies in der Anwendung in

---

82 So der Titel des Sammelbandes bei Kraatz: Ethos.

einer idealisierten Situation darauf hin. Ferner fallen religiöse Aspekte auf, wobei der sozialistische Humanismus hierzu vergleichend herangezogen wird: sei es, dass Christa T. im Rilakloster mit einem Mediziner über die „Existenz des Menschen“[83] spricht; sei es, dass Claudia in *Der fremde Freund* erklärt, als Ärztin schließlich „kein Beichtpriester“[84] zu sein und insofern keine vollumfängliche Therapie vornehmen zu können. Die hier analysierten Texte stellen freilich nur eine begrenzte Auswahl dar. Es bleibt zu zeigen, dass es sich bei den genannten Punkten nicht nur um zufällige Ergebnisse handelt, sondern dass darin tatsächlich Tendenzen abgebildet sind, die das Charakteristische der Bezüge von Literatur und Medizin in der DDR ausmachen.

83 Wolf: Nachdenken, S. 125 f.
84 Hein: Der fremde Freund, S. 115.

IV Literarische Wissenschafts- und Erkenntniskritik

Stefan Descher

Die instrumentelle Funktion der Wissenschaften

Zu Fritz Rudolf Fries' dystopischem Roman *Verlegung eines mittleren Reiches*

Fritz Rudolf Fries' Roman *Verlegung eines mittleren Reiches*[1] spielt in einer zukünftigen Zeit nach einem großen Krieg, der den Bewohnern eines Dorfes eine neue, diktatorisch regierende Herrschaft des „Reich[s] der Mitte" (VR 9) bringt. Die 1984 erschienene, wenngleich schon 1967 begonnene Dystopie schildert in den Tagebuchaufzeichnungen eines anonymen Ich-Erzählers die Bemühungen der Bewohner, sich mit den neuen politischen Verhältnissen und den radikal veränderten klimatischen Bedingungen – aller Wahrscheinlichkeit nach handelt es sich um die Folgen eines atomaren Krieges – zu arrangieren. Der Roman lässt sich in verschiedenen Hinsichten als Artikulation zeitgenössischen Wissens[2] und gesellschaftlichen Bewusstseins lesen: Zum einen nimmt er prominente Themen seiner Entstehungszeit auf, etwa die atomare Bedrohung, die Möglichkeit der Selbstvernichtung der Menschheit im Zuge technologischen Fortschritts, die Erfahrung der Besatzung durch eine fremde Großmacht (im Roman durch das Volk der „Kwan-yins" [VR 9] bzw. das „Reich der Mitte", das durch zahlreiche Anspielungen an das maoistische China erinnert) oder das ökologische Krisenbewusstsein. Zum anderen ist er Ausdruck einer allgemeinen Ernüchterung in Bezug auf den Verlauf der Geschichte (auch, aber nicht nur, der DDR) und damit einer spezifischen gesellschaftlichen Erfahrung seiner Entstehungszeit: Er lässt sich als

1 Fritz Rudolf Fries: Verlegung eines mittleren Reiches. Aufgefundene Papiere, herausgegeben von einem Nachfahr in späterer Zeit. Berlin, Weimar 1984. Im Folgenden zitiert mit der Sigle ‚VR'.
2 Im Rahmen dieses Aufsatzes verwende ich den Begriff ‚Wissen' im Sinne von Michael Titzmanns Begriff des ‚kulturellen Wissens'. Er bezeichnet daher Überzeugungen, die zu einer bestimmten Zeit von einer bestimmten Gemeinschaft (‚Kultur') in Bezug auf bestimmte Gegenstände oder Sachverhalte weitgehend geteilt werden. Die möglichen Gegenstände des (kulturellen) Wissens sind dabei prinzipiell nicht beschränkt, so dass der Begriff Überzeugungen über historische, soziale, philosophische, ethische, anthropologische, aber auch wissenschaftliche und andere Sachverhalte umfassen kann. Auch szientifisches Wissen kann daher als Teilbereich kulturellen Wissens verstanden werden. Vgl. dazu Michael Titzmann: Strukturale Textanalyse. Theorie und Praxis der Interpretation. München 1977, S. 48 und Kap. 3.2. Für eine ausführlichere Diskussion vgl.: Michael Titzmann: Kulturelles Wissen – Diskurs – Denksystem. Zu einigen Grundbegriffen der Literaturgeschichtsschreibung. In: Zeitschrift für französische Sprache und Literatur 99 (1989), S. 47–61.

 https://doi.org/10.1515/9783110771008-010

pessimistischer Kommentar, wenn nicht gar als Absage an den Fortschrittsglauben sowohl im politischen als auch im sozialen Bereich lesen. Die verschiedenen Zeitstufen, von denen der Roman handelt, präsentieren Geschichte illusionslos als eine Folge diktatorischer Regime, unter denen nicht-opportunistisches Verhalten allenfalls in Ansätzen erhalten bleibt.

Dass der Roman Wissensbestände und Erfahrungsmuster der Zeit aufgreift und literarisch verarbeitet, wurde sowohl von der Literaturkritik (in der DDR und in der BRD) als auch der literaturwissenschaftlichen Forschung von Beginn an registriert.[3] Die Wissenschaften werden in *Verlegung eines mittleren Reiches* jedoch auch selbst thematisch. Im Fokus steht dabei nicht spezifisches szientifisches Wissen als solches, d. h. konkrete wissenschaftliche Erkenntnisse, die Gehalte bestimmter Theorien oder Fragen der wissenschaftlichen Methodik. Der Roman reflektiert vielmehr die gesellschaftliche Rolle und Funktion von Wissenschaftlern und Wissenschaften, und zwar sowohl der Natur- als auch der Geistes- bzw. Gesellschaftswissenschaften, die in der *Verlegung* ausschließlich in instrumenteller Funktion vorgeführt werden: Der Erzähler des Romans ist ein Historiker, dem die Aufgabe übertragen wird, eine „Chronik der neuen Verhältnisse" (VR 105) zu schreiben, und auch weitere Protagonisten sind Naturwissenschaftler, Chemiker oder Ärzte, die sich in unterschiedlichem Grade den neuen Machthabern andienen und sich in den Dienst der herrschenden Ideologie stellen. Der Roman, so die im Folgenden zu plausibilisierende These, artikuliert eine fundamentale Kritik an der Instrumentalisierbarkeit der Wissenschaften sowie einer opportunistischen Grundhaltung ihrer Vertreterinnen und Vertreter.

Der Aufsatz gliedert sich wie folgt: Um eine historisch adäquate Kontextualisierung des Romans zu ermöglichen, wird zunächst dessen Entstehungs- und Publikationsgeschichte rekonstruiert (Abschnitt 1). Daran schließt sich ein kurzer Überblick über Erstrezeptionszeugnisse und die bisherige Forschungsliteratur an, die mit Blick auf die leitende Frage nach Wissen und Wissenschaften ausgewertet werden (Abschnitt 2). Nach einer Darstellung der Handlung und Erzählstruktur (Abschnitt 3) wird zunächst erläutert, inwiefern zeitgenössische Wissensbestände generell eine Rolle für den Roman spielen (Abschnitt 4), um anschließend anhand zentraler Figuren zu untersuchen, in welcher Weise die Wissenschaften selbst thematisch werden (Abschnitt 5).

3 Vgl. dazu die Ausführungen unten, Abschnitt 2.

1 Entstehungs- und Publikationsgeschichte

Handelt es sich bei *Verlegung eines mittleren Reiches* um einen Roman der 1960er Jahre oder sollte dessen Entstehungsphase eher in den Jahren um 1980 lokalisiert werden? Auf diese Frage, die für die Deutung der zeit- und wissensgeschichtlichen Bezüge offenkundig relevant ist, geben vorliegende Arbeiten zum Roman keine klare Antwort. In der Tat ist die Datenlage dürftig und den Selbstzeugnissen des Autors aus den 1980er und 2000er Jahren nur bedingt zu trauen, da sie jeweils von strategischen Überlegungen geleitet sein dürften, zum Teil auch nachweislich falsch bzw. bewusst irreführend sind. Dennoch sei im Folgenden zumindest der Versuch unternommen, die für die Entstehung des Romans relevanten Daten zusammenzutragen.

Die erste öffentliche Stellungnahme des Autors zu seinem Roman stammt aus einem Interview aus dem Jahr 1984, das parallel zur Erstveröffentlichung der *Verlegung* gezielt durch die Zensurbehörde, die Hauptverwaltung Verlage und Buchhandel (HV), lanciert und von Jürgen Engler geführt wurde, der auch als Gutachter des Romans im Rahmen des Druckgenehmigungsverfahrens fungiert hatte.[4] Das Interview hat daher offensichtlich eine rezeptionssteuernde Funktion und sollte mit der gebotenen Vorsicht betrachtet werden. Fries' Angaben zufolge wurde der Roman am 5. Februar 1967 begonnen, die Arbeit daran jedoch im Jahr 1968 abgebrochen.[5] Gründe für diesen Abbruch werden im Interview nicht genannt, maßgeblich dürfte jedoch vor allem die prekäre Lage im Literatursystem der DDR gewesen sein, in der sich Fries zu dieser Zeit befand und die eine Veröffentlichung des Romans unwahrscheinlich machte. 1966 war sein pikaresker Roman *Der Weg nach Oobliadooh* im Suhrkamp Verlag erschienen, während ihm in der DDR die Druckgenehmigung verweigert wurde und Fries noch einige Jahre ein weitgehend unbekannter Autor blieb, der sich lange erfolglos um literarische Veröffentlichungen und nicht zuletzt um die publikationsstrategisch wichtige Aufnahme in den Schriftstellerverband DSV bemühte.[6]

---

4 Fritz Rudolf Fries: Fantasie und Geschichte [Gespräch mit Jürgen Engler]. In: Fritz Rudolf Fries: Bemerkungen anhand eines Fundes oder das Mädchen aus der Flasche. Berlin, Weimar 1985, S. 285–291. Das Interview stammt zwar aus dem Jahr der Erstveröffentlichung, wurde aber erst 1985 im genannten Essayband veröffentlicht. Zur Genese des Interviews vgl.: Ernst Wichner, Herbert Wiesner (Hg.): Zensur in der DDR. Geschichte, Praxis und ‚Ästhetik' der Behinderung von Literatur. Berlin 1991, S. 95.

5 Fries: Fantasie und Geschichte, S. 285.

6 Vgl. dazu Simone Barck, Martina Langermann, Siegfried Lokatis: „Jedes Buch ein Abenteuer". Zensur-System und literarische Öffentlichkeit in der DDR bis Ende der sechziger Jahre.

In seiner 2002 erschienenen Autobiographie *Diogenes auf der Parkbank* erklärte Fries den Abbruch des Romanprojekts jedoch nicht allein mit den zu erwartenden Schwierigkeiten, die sich im Hinblick auf die Publikation ergeben konnten, sondern auch mit politischen und gesellschaftlichen Entwicklungen der 1960er Jahre, die das in *Verlegung eines mittleren Reiches* entwickelte Geschichts- und Menschenbild als nicht mehr zeitgemäß erscheinen ließen. Ereignisse wie der Prager Frühling machten deutlich, dass sowohl das Bedürfnis als auch das Potenzial zur Veränderung der politisch-sozialen Verhältnisse in den sozialistischen Staaten *de facto* gegeben war und Fries mit Blick auf deren Bevölkerung nicht mehr von einer grundsätzlichen passiv-opportunistischen Grundhaltung ausgehen konnte, wie er sie in der *Verlegung* zunächst entworfen hatte:

> Der Roman blieb liegen. Ein überzeugender Schluß fiel mir nicht ein. Hatte ich nicht eine Parabel schreiben wollen über die Anpassung einer Bevölkerung an radikal fremde Verhältnisse? Und entstand so nicht auch eine Karikatur auf die Verhältnisse in der DDR? Der Aufstand der Prager Bevölkerung 1968 gegen die Zumutungen der verbrüderten Armeen und nicht zuletzt der Volkskrieg in Vietnam gegen die amerikanische Aggression – das waren andere Modelle, die mein Konzept korrigierten. Und welcher Verlag der DDR hätte einen Roman veröffentlicht, darin die Volksrepublik China, wenn auch in ferner Zeit, das Territorium der (ehemaligen) DDR besetzte?[7]

Im Interview mit Engler hatte Fries behauptet, dass die Arbeit erst 1982 wieder aufgegriffen wurde:

> Als ich es [das 1968 abgebrochene Manuskript zum Roman; S.D.] vor zwei Jahren [1982; S.D.] wieder las, war ich erstaunt, wie viel darin meine eigene Chronik ist, so als hätte ich Tagebuch geführt; zum anderen war ich erschrocken, soviel aktuelle Bedrohung zu entdecken. So habe ich es noch einmal abgeschrieben und ein Schlußkapitel hinzugefügt.[8]

Berlin 1997, S. 265–274. – *Der Weg nach Oobliadooh* erschien in der DDR erst im Jahr 1989, nachdem ein erneuter Publikationsversuch in den 1970er Jahren gescheitert war.

7 Fritz Rudolf Fries: Diogenes auf der Parkbank. Berlin 2002, S. 197 f. – Auch diese Ausführungen sollten mit der gebotenen Skepsis betrachtet werden. Zu den von Fries angegebenen Gründen für den Abbruch des Romanprojekts (die zu erwartenden Publikationsprobleme und historische Entwicklungen, die den Gehalt des Romans ‚widerlegten') dürften auch persönlich-strategische Gründe hinzugekommen sein, die in der Autobiographie keine Erwähnung finden: Nach den Erfahrungen mit *Der Weg nach Oobliadooh* bemühte sich Fries verstärkt darum, seine Stellung im Literatursystem der DDR zu verbessern und weitere Friktionen zu vermeiden. Seine Zusammenarbeit mit der Staatssicherheit (siehe unten, Anm. 44) und die Bemühungen um Aufnahme in den DSV geben darauf deutliche Hinweise.

8 Fries: Fantasie und Geschichte, S. 285.

Diesen Angaben zufolge handelt es sich bei der *Verlegung* also um einen Roman, dessen wesentliche Gestalt bereits 1968 vorlag und der zu Beginn der 1980er Jahre lediglich durch die Ergänzung des letzten Kapitels fertiggestellt wurde, ansonsten aber unverändert blieb. Dass diese Selbstauskunft der Wahrheit nicht in jeder Hinsicht gerecht werden dürfte, geht jedoch aus folgenden Sachverhalten hervor: Bereits im Jahr 1978 erschien ein Fragment des Romans, das weitgehend identisch mit den ersten beiden Tagebucheinträgen des Erzählers ist, aber deutlichere Anspielungen auf China und auch den Berliner Raum als Handlungsort enthält, unter dem Titel *Verlegung des Reichs der Mitte* in der BRD, in einer von Stefan Heym herausgegebenen Anthologie zur DDR-Literatur.[9] Ganz offenkundig hat Fries das Manuskript also nicht erst im Jahr 1982, sondern bereits in den 1970er Jahren erneut gesichtet, möglicherweise auch bearbeitet. Dies wird auch durch die Erinnerungen des Autors in *Diogenes auf der Parkbank* gestützt. Fries berichtet darin, dass er das Manuskript vor der Veröffentlichung seinem Freund, dem Maler Otto Zestermann, vorgelegt hatte, dem der Roman gewidmet ist und der auch das reale Vorbild für die Figur Remann-Zi darstellte.[10] Da Zestermann am 22. August 1979 starb, muss auch aus diesem Grund angenommen werden, dass Fries sich bereits im Laufe der 1970er Jahre erneut mit dem Manuskript befasst hatte.

Der Roman erschien 1984 sowohl im Aufbau- als auch im Suhrkamp-Verlag, mit dem Fries vorab einen Lizenzvertrag geschlossen hatte. 1986 folgte eine zweite Auflage beim Aufbau-Verlag, zugleich nahm die populäre „Roman-Zeitung" des Volk und Welt Verlags den Roman als Heft Nr. 440 in ihr Programm auf. Dass von Seiten der Zensurbehörde direkt auf die Gestalt des Romans eingewirkt wurde, wie Emmerich beiläufig erwähnt[11], trifft in der Tat zu. Im Rahmen des Druckgenehmigungsverfahrens sprach sich ein Gutachten von Joachim Scholz eindeutig „gegen eine Edition zum gegenwärtigen Zeitpunkt" aus, weil der Roman zu „Mißverständnissen, z. B. was die Leistungen der Sowjetarmee beim Wiederaufbau und der Entfaschisierung des deutschen Volkes betrifft", und zu Störungen der „Beziehungen zur VR China" führen könnte.[12] Aus Rücksicht auf lizenzrechtliche Probleme mit dem Suhrkamp-Verlag und die Bekanntheit des Autors entschied man sich zwar letztlich für eine Veröffentlichung, setzte aber zumindest

9 Fritz Rudolf Fries: Verlegung des Reichs der Mitte. In: Auskunft 2. Neueste Prosa aus der DDR. Hg. von Stefan Heym. München 1978, S. 327–334.

10 Vgl. dazu Fries: Diogenes, S. 198.

11 Wolfgang Emmerich: Kleine Literaturgeschichte der DDR. Erweiterte Neuausgabe. Berlin 2000, S. 57.

12 Wichner, Wiesner (Hg.): Zensur, S. 93. Vgl. dazu auch Michael Töteberg: Fries, Fritz Rudolf. In: Kritisches Lexikon zur deutschsprachigen Gegenwartsliteratur (KLG), 2015, URL: www.nachschlage.net/search/klg/Fritz+Rudolf+Fries/154.html (Letzter Abruf: 30.3.2019).

die Abschwächung allzu eindeutiger Anspielungen durch. Die Abmilderung des China-Bezugs im geänderten Titel ging etwa direkt auf eine „Anregung“[13] der HV zurück. Auch die Abschwächung des territorialen DDR-Bezugs im Vergleich zum 1978 veröffentlichten Fragment und Fries’ oben zitierte (allerdings über 30 Jahre zurückblickende) pessimistische Einschätzung der Publikationschancen weisen darauf hin, dass der Autor den Text bewusst in einer Weise gestaltete, die allzu eindeutige Parallelen zur DDR-Gegenwart vermied und eine Veröffentlichung grundsätzlich möglich erscheinen ließ. Der publizierte Romantext ist in Tat durch den vom Autor explizit intendierten, auf Allgemeingültigkeit und Modellhaftigkeit abzielenden Parabelcharakter gekennzeichnet, der eine Bezugnahme auf konkrete historische und gesellschaftliche Gegebenheiten zwar weiterhin ermöglicht und mitunter sogar nahelegt, auf explizite Verweise aber weitgehend verzichtet.

Die vorliegenden Daten ergeben zwar kein zufriedenstellendes Bild der Entstehungsgeschichte, lassen aber zumindest Folgendes deutlich werden: Erstens trifft Fries’ Suggestion im Gespräch mit Jürgen Engler, der Roman sei im Wesentlichen ein Produkt der Jahre 1967/68, das Manuskript sei für die Veröffentlichung lediglich „abgeschrieben“ und um das Schlusskapitel ergänzt worden, nachweislich nicht zu. Der Autor hatte sich spätestens zum Ende der 1970er Jahre erneut mit dem Manuskript befasst und Umarbeitungen vorgenommen. Es dürfte daher plausibel sein, den Roman zumindest nicht *allein* als ‚Schubladentext‘ der 1960er Jahre zu verstehen, sondern auch die Jahre um 1980 als entstehungsgeschichtlichen Kontext und damit als interpretationsrelevanten Bezugszeitraum anzuerkennen. In der Tat weisen einige Aspekte des Romans stärkere Bezüge zu den 1970er und 1980er Jahren auf, insbesondere die Thematisierung einer nicht nur militärischen, sondern auch ökologischen Bedrohung durch atomare Technik.[14] Zweitens ist die Entstehungsgeschichte des Romans auch insofern auf-

---

13 Vgl. Töteberg: Fries.

14 Die atomare Bedrohung wurde in den 1960er Jahren noch vornehmlich als militärische Bedrohung wahrgenommen, Stichworte wären etwa die Protestbewegungen gegen die atomare Aufrüstung der Bundeswehr im Zuge des NATO-Beitritts der BRD, die sich u. a. in der „Göttinger Erklärung“, der Kampagne „Kampf dem Atomtod“ oder Ostermärschen manifestierten, sowie insbesondere die Kubakrise im Oktober 1962. Ökologische Aspekte standen dabei nicht im Vordergrund. Die entscheidende Formierungsphase der Anti-Atomkraft-Bewegung wird für die BRD typischerweise erst in den 1970er Jahren angesetzt, für die DDR, in der es vergleichbare Bewegungen mit einer entsprechenden Öffentlichkeit lange Zeit nicht gab, erst in den 1980er Jahren. Vgl. dazu: Forschungsstelle für Zeitgeschichte in Hamburg (Hg.): „Kampf dem Atomtod!“. Die Protestbewegung 1957/58 in zeithistorischer und gegenwärtiger Perspektive. München, Hamburg 2009. Dieter Rucht: Anti-Atomkraftbewegung. In: Die sozialen Bewegungen in Deutschland seit 1945. Ein Handbuch. Hg. von Roland Roth, Dieter Rucht. Frankfurt am Main, New York 2007, S. 245 – 266. Einen kurzen Überblick gibt Jens Ivo Engels: Natur- und Umweltschutzbewegung in

schlussreich, als dass die Gründe, die Fries für den Abbruch des Romanprojekts angab (die von Fries positiv gewerteten Widerstandsbewegungen in der Tschechoslowakei und Vietnam, die das in der *Verlegung* gezeichnete Menschenbild konterkarierten), offensichtlich *keine* entscheidenden Gründe mehr gegen eine Veröffentlichung im Jahr 1984 waren. Dies deutet darauf hin, dass der Autor zumindest in mentalitätsgeschichtlicher und politischer Hinsicht Kontinuitäten zwischen der Zeit vor dem Prager Frühling und der Zeit der Überarbeitung und Veröffentlichung seiner „Parabel [...] über die Anpassung einer Bevölkerung an radikal fremde Verhältnisse" sah. Wie unten noch deutlich werden wird, schlägt sich diese Wahrnehmung von historischer Kontinuität auch im Roman selbst und der darin präsentierten Geschichtskonzeption nieder.

2 Erstrezeption und Interpretationsgeschichte

Die bisherige Rezeptionsgeschichte des Romans zeigt zwar einerseits, dass dessen Gegenwarts-kritisches Potenzial, seine Bezüge zu zeitgenössischen Wissensbeständen und zur aktuellen politisch-sozialen Situation, durchaus wahrgenommen, andererseits aber nur in eher vagen Umrissen konturiert wurden. Die zentrale Rolle, die Wissenschaftlerfiguren im Roman einnehmen, wurde dabei lediglich in Ansätzen bemerkt.

In der DDR erschienen wenige, aber durchaus wohlwollende Rezensionen. Zwar blieb das Buch im Rezensionsteil des *Neuen Deutschland* unberücksichtigt, im *Sonntag* jedoch lobte Waldtraut Lewin den Roman als „ein großes und kunstvolles Buch" und wies auf die „Nähe" zu eigenen Erfahrungen hin:

> Die beklemmende Faszination, die sich durch Fries' Vision des Endes herstellt, hat ihren Ursprung für mich vor allem in der Nähe. Eine mir noch höchst bekannte Nachkriegshaltung, gekoppelt mit der Vertrautheit der Topografie, schafft den Sog des Unheimlichen, den wir aus Hitchcock-Filmen kennen – mit dem Unterschied, daß hier nie ‚nach dem Rezept abgefahren' wird, sondern jeder Akkord unaufgelöst bleibt.[15]

Während Lewin eher historische Erfahrungen akzentuierte, die der Roman in Szene setze („Nachkriegshaltung"), lenkte Werner Liersch den Blick auf dessen Aktualität. In der *ndl* las er den Roman als Warnung vor Gefahren, vor denen heutige Intellektuelle angesichts der atomaren Bedrohungssituation stünden:

Deutschland. In: Ecocriticism. Eine Einführung. Hg. von Gabriele Dürbeck, Urte Stobbe. Köln u. a. 2015, S. 136–147, insb. S. 140–142.

15 Waltraut Lewin: [Rezension, zuerst erschienen in: Sonntag (1985), H. 9]. In: Kritik 85. Rezensionen zur DDR-Literatur. Hg. von Eberhard Günther. Halle, Leipzig 1986, S. 73–75, hier S. 75.

> Das Menetekel des Romans ist doppelt. Von der atomaren und der intellektuellen Bedrohtheit unserer Kultur und dem Zusammenhang beider Gefahren wird in einem Tauschgeschäft der Zeiten gehandelt.[16]

Dass diese „intellektuelle[] Bedrohtheit“ im Roman maßgeblich anhand von Wissenschaftlerfiguren dargestellt wird, erwähnte Liesch allerdings nicht. In der *Neuen Zeit*, dem ‚Zentralorgan‘ der CDU-Ost, schrieb Helmut Ullrich, dass der Roman zwar „Katastrophe und Untergang einer der unseren fatal ähnlichen Zivilisation“ schildere, und wies am Rande auch auf den möglichen Ortsbezug auf die DDR hin, der auf topographische Parallelen zwischen dem fiktiven Handlungsort und dem Berliner Raum gestützt wurde. Im Grunde herrschte bei Ullrich aber eine Deutungsperspektive vor, die im Roman wenig konkreten Bezug und vielmehr eine Darstellung allgemeiner Problemlagen sieht: „Daß jene Katastrophe [...] nicht geschieht, dazu will der Roman einen Beitrag leisten, als eine eigenwillige Variation des großen Gegenwarts- und Gegenwartsliteraturthemas Krieg oder Frieden“.[17]

Eine ausführliche Besprechung Jürgen Grambows in den *Weimarer Beiträgen* ordnete den Roman in Fries' bisheriges Werk ein (unter Erwähnung von *Der Weg nach Oobliadooh*, das den meisten DDR-Leserinnen und -Lesern nach wie vor unbekannt sein musste) und setzte ihn in Beziehung zur dystopischen Literatur der 1980er Jahre, die in der DDR durch Texte wie Eberhard Panitz' *Eiszeit* (1983), Heinz Zanders *Das sanfte Labyrinth* (1984), Rainer Kirschs *Sauna oder die fernher wirkende Trübung* (1985) und auch Franz Fühmanns *Saiäns-fiktschen* (1981), in der BRD u. a. durch Günter Grass' *Die Rättin* (1986) geprägt waren.[18] Grambow, der die Entstehungszeit des Romans „im zweiten Drittel der siebziger Jahre“[19] lokalisierte, sah im Roman „Intentionen der Warnutopie“[20] gegeben, insbesondere im Hinblick auf das opportunistische Verhalten der Figuren. Denn während andere Interpretationen häufig zumindest den Erzähler und die Figur des Remann-Zi als im Ansatz positive Charaktere verstanden, in denen gewissermaßen ein ‚widerstän-

---

16 Werner Liersch: Zeittausch [zuerst erschienen in: ndl (1985), H. 3]. In: Kritik 85. Rezensionen zur DDR-Literatur. Hg. von Eberhard Günther. Halle, Leipzig 1986, S. 76–80, hier S. 80.

17 Helmut Ullrich: Tagebuchaufzeichnungen eines Überlebenden. „Verlegung eines mittleren Reiches“ – ein Roman von Fritz Rudolf Fries aus dem Aufbau-Verlag. In: Neue Zeit vom 17. Dezember 1984, S. 4.

18 Vgl. Jürgen Grambow: Fritz Rudolf Fries: Verlegung eines mittleren Reiches. In: Weimarer Beiträge 32 (1986), Nr. 8, S. 1385–1392.

19 Grambow: Verlegung, S. 1385.

20 Grambow: Verlegung, S. 1389. – Vgl. auch Jürgen Grambow: Fritz Rudolf Fries. In: Literatur der Deutschen Demokratischen Republik. Einzeldarstellungen. Bd. 3. Hg. von einem Autorenkollektiv unter Leitung von Hans Jürgen Geerdts u. a. Berlin 1987, S. 39–59, hier S. 56.

diger Rest' angetroffen werden kann, sah Grambow keine der Romanfiguren in irgendeiner Weise vorbildhaft herausgehoben: „Es lohnt nicht, das knappe Dutzend Figuren zu analysieren, unter dem Anschein beherrschter Vernünftigkeit verkörpert jede nur eine andere Form der Anpassung."[21] Konsequenterweise erhalten die Figuren als Repräsentanten verschiedener Wissenschaften von Grambow keine weitere Aufmerksamkeit.

Auch in den bundesdeutschen und Schweizer Feuilletons wurde der Roman tendenziell positiv aufgenommen, wobei jedoch andere thematische Schwerpunkte gesetzt wurden. Einen „philosophischen Roman über menschliches Verhalten am *day after*" registrierte Wolfram Schütte in der *Frankfurter Rundschau.*[22] Die im Roman geschilderte Grundsituation verstand er, die Anspielungen des Romans kurzerhand vereindeutigend, als eine „Okkupation der DDR durch die Chinesen", konstatierte ansonsten aber in eher unkonkreter Weise, dass Fries „von seiner und unserer Gegenwart, von deutscher Nach- und Vorkriegszeit, von DDR und BRD" u.a. spreche. Die Bedeutung zeitgenössischen Wissens (des „Material[s] unserer Kenntnisse") wird zwar erwähnt, aber bleibt insgesamt unspezifiziert:

> Man ginge fehl, wenn man in dem Roman eine Allegorie vermutete. Freilich spielt er auf und mit dem Material unserer Kenntnisse. [...] Fries hat, was er an den Fermenten der von ihm und uns erlebten, erfahrenen Wirklichkeit in die Ironie seiner Phantasiearbeit übernommen hat, derart miteinander verspiegelt, daß man sich in dem Buch als Leser bewegt wie in einem labyrinthischen Spiegelkabinett, das uns aus allen Blickwinkeln die Bedrängungen der Gegenwart entgegenwirft.

Diese Einschätzung ist durchaus repräsentativ für die gesamte feuilletonistische Rezeption der *Verlegung*, insofern Schütte zwar einerseits hervorhebt, *dass* der Roman zeittypische Überzeugungen bzw. „Kenntnisse" aufgreife, andererseits aber den *Gehalt* dieser Überzeugungen unbestimmt lässt. In vergleichbarer Weise

---

21 Grambow: Verlegung, S. 1389. – Ich kann im Rahmen dieses Aufsatzes nicht ausführlich auf diesen Aspekt der Figurenzeichnung eingehen, halte Grambows Einschätzung aber für im Grundsatz richtig. Dass Remann-Zi sich beispielsweise als eher schlecht verkleideter Botschafter aus dem „Reich der Mitte" für ein staatlich inszeniertes Schauspiel einspannen lässt, muss nicht auf dessen ironisch-spielerische Widerständigkeit hinweisen, sondern kann auch schlicht als Ausdruck seiner Bereitwilligkeit (und Widerstandslosigkeit) verstanden werden, sich für eine politische Farce instrumentalisieren zu lassen. Diese Deutung passt im Übrigen auch zu Fries' oben zitierter Bemerkung, er habe eine „Parabel [...] über die Anpassung einer Bevölkerung an radikal fremde Verhältnisse" schreiben wollen, die im Widerspruch zu tatsächlichen Widerstandsbemühungen gestanden habe.

22 Alle Zitate nach: Wolfram Schütte: Vorzeitige Flaschenpost. Fritz Rudolf Fries schreibt von der Endzeit: „Verlegung eines mittleren Reiches". In: FR vom 20. Oktober 1984.

wies auch Anton Krättli in der *Neuen Zürcher Zeitung* auf die „Kritik an der politischen und kulturellen Wirklichkeit" hin, deren Konturen er jedoch wie Schütte nur vage konkretisierte: „Stimmungslagen und Verhaltensweisen unserer eigenen Zeit sind deutlich kenntlich gemacht."[23] In der *Frankfurter Allgemeinen Zeitung* konstatierte Uwe Wittstock „Seitenhiebe gegen den politischen Alltag in seinem [Fries'; S.D.] Heimatland"[24], beließ es ansonsten aber bei einer vergleichsweise ausführlichen Darstellung der Handlung und einer (weitgehend positiven) Beurteilung des Romans aus ästhetischer Perspektive. Die bemerkenswerteste Rezension erschien im März 1985 – und damit vergleichsweise spät – in der *Süddeutschen Zeitung*. Helmut Heißenbüttel ging es darin kaum um den konkreten Inhalt des Romans, dessen *plot* er im Unterschied zu anderen Rezensentinnen und Rezensenten so gut wie nicht thematisierte. Heißenbüttel hob stattdessen das Irritationspotenzial hervor, das der Roman auf seine bundesdeutschen Kritiker in Heißenbüttels Wahrnehmung gehabt habe:

> Eine der Irritationen [...] scheint in dieser Frage des Bezugs zu stecken. Ist das eine Reaktion auf die DDR-Wirklichkeit, eine Parodie darauf, ist das eine freie Erfindung (Science-fiction) auf der Basis von DDR-Wirklichkeit, oder ist das eine Parabel, die sich von ihrem Realbezug freigemacht hat? [...]
> Steckt in der Anspielung auf Maschinen ein Bezug zur Friedensbewegung? Ist die Rede von der Übereinstimmung von Denken und Handeln ironisch gemeint?[25]

Betrachtet man die Erstrezeption in beiden deutschen Staaten im Vergleich, so ist bemerkenswert, dass Rezensionen aus der DDR die politische und gegenwartskritische Dimension durchaus stärker hervorhoben als Rezensionen aus nichtsozialistischen Ländern, die den Roman vorrangig unter ästhetischen Gesichtspunkten beurteilten. Gemeinsam ist ihnen allerdings, dass *Verlegung eines mittleren Reiches* grundsätzlich als gegenwartsbezogener Roman gelesen wurde, der Themen, Wissensbestände und Erfahrungsmuster der Zeit aufgreife – auch wenn (wie die Rezension Heißenbüttels zeigt) die konkrete Beschaffenheit dieses Bezuges für Irritationen sorgen konnte und es in der Regel bei eher allgemeinen Charakterisierungen blieb.

Im literaturwissenschaftlichen Kontext wurde *Verlegung eines mittleren Reiches* bisher nur selten untersucht – ein Befund, der auch für das Gesamtwerk Fritz

---

23 Anton Krättli: Durchsichtige Verkleidungen. „Verlegung eines mittleren Reiches" von Fritz Rudolf Fries. In: NZZ vom 21. Dezember 1984.

24 Uwe Wittstock: Idyll nach dem Atomkrieg. Fritz Rudolf Fries' satirischer Tagebuchroman. In: FAZ vom 12. Januar 1985.

25 Helmut Heißenbüttel: Die wohl wenig geübte Scham. Fragen und Anmerkungen zu Fritz Rudolf Fries' jüngstem Buch. In: SZ vom 28. März 1985.

Rudolf Fries' gilt.[26] Die erste ausführlichere Analyse des Romans stammt von Bernhard Greiner, der vor allem die Kontinuitäten zwischen *Der Weg nach Oobliadooh* und *Verlegung eines mittleren Reiches* ins Zentrum stellte.[27]

Diese Perspektive findet sich auch bei Thomas Senft, der intertextuelle Relationen zu *Der Weg nach Oobliadooh* hervorhob.[28] Da Senft das Fries'sche Werk jedoch vor allem auf seine Spanienbezüge untersuchte, fielen die Bemerkungen zum in dieser Hinsicht wenig einschlägigen Roman nur sehr knapp aus. Ähnliches gilt für Stefan Bruns Monographie über *Das Pikareske in den Romanen von Fritz Rudolf Fries*. Bruns zufolge ist der Roman als „Allegorie auf eine Zeit nach einem Krieg“[29] zu lesen und stellt vor allem die Frage

> nach dem Verhältnis von Individuum und Gesellschaft, nach Integration oder Rückzug [...]. Rückzug aus der Gesellschaft ist, und darin ist Fries vom klassischen Schelmenroman weit entfernt, kein *acte gratuit* mehr. [...] Dieses Bewußtsein (bzw. sein Fehlen bzw. seine „Verlegung“) ist Thema des Romans.[30]

Roman Luckscheiter schließlich stellte, wie vor ihm bereits Grambow und Greiner, Bezüge zum „apokalyptische[n] Diskurs“[31] in der Literatur der 1980er wie etwa Christa Wolfs *Störfall* (1987) her und akzentuierte ferner die politische und mentalitätsgeschichtliche Dimension des Romans. Insbesondere hob Luckscheiter Anspielungen auf die chinesische Kulturrevolution hervor.

Insgesamt lässt sich konstatieren, dass in der vorliegenden Forschung typischerweise intertextuelle oder literaturhistorische Fragen im Mittelpunkt standen. Politische, historische und gesellschaftsbezogene Dimensionen des Romans bzw. ganz allgemein die Verarbeitung zeitgenössischen Wissens wurden zwar (wie bei Luckscheiter) ebenfalls in den Blick genommen, dies jedoch eher am Rande.

---

26 Die erste umfängliche Untersuchung des Werks ist eine 1985 erschienene Dissertation Helmut Böttigers, in der die *Verlegung* noch keine Berücksichtigung findet: Helmut Böttiger: Fritz Rudolf Fries und der Rausch im Niemandsland. Eine Möglichkeit der DDR-Literatur. Hamburg 1985.

27 Vgl. Bernhard Greiner: „Paradies am Ende der Welt“. Geschichten zu Fritz Rudolf Fries' Roman *Verlegung eines mittleren Reiches*. In: Apokalypse. Weltuntergangsvisionen in der Literatur des 20. Jahrhunderts. Hg. von Gunter E. Grimm u. a. Frankfurt/Main 1986, S. 369–383.

28 Thomas Senft: Spanien am Herzen. Funktionen und Spiegelungen des Hispanischen im Werk von Fritz Rudolf Fries. Rheinbach-Merzbach 1988.

29 Stefan Bruns: Das Pikareske in den Romanen von Fritz Rudolf Fries. Mit Werkbibliographie. Frankfurt/Main u. a. 1992, S. 95.

30 Bruns: Das Pikareske, S. 97.

31 Roman Luckscheiter: Erinnerungen an die Zukunft. Fritz Rudolf Fries' Roman *Verlegung eines mittleren Reiches*. In: Rhetorik der Erinnerung – Literatur und Gedächtnis in den geschlossenen Gesellschaftern des Real-Sozialismus. Hg. von Carsten Gansel. Göttingen 2009, S. 141–149, hier S. 142.

Sowohl für die feuilletonistische Erstrezeption wie auch die literaturwissenschaftlichen Arbeiten gilt, dass die Darstellung der Wissenschaften bisher kaum untersucht wurde. Ich möchte dagegen im Folgenden eine Lesart des Romans vorschlagen, der zufolge *Verlegung eines mittleren Reiches* eine fundamentale Kritik an einer opportunistischen Grundhaltung formuliert, die nicht zufällig am Beispiel von Wissenschaftlerfiguren entfaltet wird. Der Roman nimmt nicht nur zeitgenössische Wissensbestände auf, sondern handelt zugleich von der besonderen Rolle und moralischen Verantwortung von Wissenschaftlern in einer diktatorisch regierten Welt. Diesen Aspekten möchte ich mich nach einem Überblick über Handlung und Erzählstruktur des Romans zuwenden.

3 Handlung und Erzählstruktur

Verlegung eines mittleren Reiches spielt in einer zeitlich unbestimmten Zukunft nach einem großen, wohl nuklearen Krieg. Handlungsort ist ein Dorf nahe der im Krieg zerstörten Hauptstadt, das nach dem Krieg von Truppen aus dem „Reich der Mitte" besetzt wird. Anspielungen auf China, die chinesische Kultur und auch die Kulturrevolution gibt es immer wieder, ohne dass man deswegen sagen könnte, der Roman spiele in China – zumal die Hauptstadt und das Dorf auch an Berlin und das Berliner Umland erinnern können, in dem Fries den Roman schrieb. Letztlich jedoch wird der Handlungsort wie auch die Handlungszeit bewusst offen gehalten[32], so wie für viele Aspekte des auch als „hermetisch[]"[33] bezeichneten Romans gilt, dass Handlungsstränge und Sachverhalte der fiktiven Welt nur selten klar und ausführlich konturiert werden. Vagheit und eine intendierte Undeutlichkeit sind generelle Kennzeichen des Romans, die bis hinein in die Figurenzeichnung zu beobachten sind.

Die Erzählsituation ist im Wesentlichen die eines Tagebuchromans: In Tagebuchaufzeichnungen eines anonymen Ich-Erzählers – eines Historikers, der gemeinsam mit Frau, Kindern und seinem Freund, dem Physiker Falk, in einem idyllischen Haus mit Garten am See wohnt – werden die Anpassungsbemühungen der Dorfbewohner an die neuen Verhältnisse geschildert. Darunter sind zum einen die veränderten klimatischen Bedingungen infolge der Strahlenverseuchung zu verstehen, zum anderen die neue politische und militärische Herrschaft der Kwan-yins, d.h. der neuen Machthaber aus dem „Reich der Mitte". Diese An-

32 Vgl. Luckscheiter: Erinnerungen, S. 143f.

33 Töteberg: Fries.

passungsversuche des Dorfes und seiner Bewohner stellen das zentrale Thema der Dystopie dar.

Eingerahmt wird diese Handlungsebene mithilfe einer Herausgeberfiktion: Die Tagebücher des Historikers wurden nämlich von einer Figur namens „Alpha 19 – 05 – 35“[34], einem Nachfahren des Erzählers[35], bei der „jüngste[n] Aktion ‚Entrümpelt Eure Wohnungen und Köpfe!‘“ aufgefunden, bearbeitet und „[m]it oberster Druckgenehmigung / Sonnenstadt im Jahre des Heils 07“ (VR 7 f.) herausgegeben.[36] In einer voranstehenden „Anmerkung des Herausgebers“ heißt es dazu:

> Der Herausgeber zögerte, die Seiten ungelesen zum Reißwolf zu tragen. Er las, ordnete die Texte ihrer Chronologie nach [...], und er gab den Abschnitten Überschriften, die ihm passend schienen. (VR 7)

Zudem liefert er eine Interpretation bzw. Erklärung der folgenden Tagebucheinträge, welche die Aufmerksamkeit der Leserinnen und Leser gezielt steuert und auf den „Egoismus“ der im Tagebuch beschriebenen Menschen lenkt:

> Sicher wurde der Urheber dieser Arbeit von schriftstellerischen Ambitionen verunsichert, die ihm ins Handwerk eines Chronisten pfuschten. Denn was er überliefert, findet sich in keinem unserer Geschichtsbücher. Auf eines nur will der Herausgeber kritisch aufmerksam machen: Es ist der, wenn auch schwächliche, Egoismus der hier beschriebenen Menschen eines beinah dörflichen Ortes. Sie leben dahin wie im Traum, keine der großen Ideen, welche die Zeit ihnen doch anbot, weckt sie zur Tat, und so gehen sie unter wie aus eigenem Antrieb. Die Bedürfnisse ihres Bauches mobilisieren sie, nicht die Vorstellungen einer wie immer zu bewertenden Menschengemeinschaft ihres Lehrers Remann-Zi; und blind vorbei gehen sie an der Chance, welche die Geschichte immer wieder geboten hat, durch einen Vergleich mit einer fremden Kultur die eigene zu überprüfen, im Widerspruch zu stärken oder gewinn-

---

34 Die Zahlen im Namen des fiktiven Herausgebers entsprechen dem Geburtsdatum von Fritz Rudolf Fries und stellen auf diese Weise zugleich einen autobiographischen Bezug her, der sich auch für andere Textmerkmale nachweisen ließe. Bruns behauptet, das Datum sei zugleich das Geburtsdatum Hồ Chí Minhs, was allerdings nur für die Tag- und Monatsangabe zutrifft und die Zahl „35“ unerklärt lässt (vgl. Bruns: Das Pikareske, S. 96).

35 Wenn ich hier von ‚Erzähler‘ spreche, ist damit stets der Historiker (als Verfasser des Tagebuchs) gemeint. Man könnte zwar in gewissem Sinne auch den fiktiven Herausgeber als zentrale Erzählinstanz auffassen, zumal er zu verstehen gibt, dass er in gewissem Maße in die Textgestalt eingegriffen hat. Schon rein quantitativ liegt es aber nahe, den in der Ich-Form berichtenden Historiker als dominierende Erzählerfigur zu betrachten.

36 Die Erzählsituation wird noch komplizierter, wenn man den Peritext hinzuzieht. Denn der Klappentext des Romans enthält ein fingiertes Interview mit dem Autor Fritz Rudolf Fries, in dem dieser die Möglichkeit erwägt, dass der fiktive Herausgeber die Tagebücher selbst erfunden haben könnte und er, Fries, dessen Aufzeichnungen lediglich auf dem Dachboden wiederentdeckt habe.

> bringend auszugeben. Nichts dergleichen geschieht hier nach dem Einmarsch einer fremden Armee. Die Angst vor den selbstverschuldeten Ungeheuern treibt sie alle in den Untergang. (VR 7 f.)

Rezeptionslenkend ist hier insbesondere der Hinweis auf die (aus Sicht des fiktiven Herausgebers zweifelhafte) Verlässlichkeit des Historikers, dem „schriftstellerische[] Ambitionen [...] ins Handwerk eines Chronisten pfuschten" und dessen Aufzeichnungen nicht mit der offiziellen Geschichtsschreibung übereinstimmen: „Denn was er überliefert, findet sich in keinem unserer Geschichtsbücher." Der Herausgeber geht zwar über diese vagen Andeutungen nicht hinaus, doch werden gerade *durch* die Problematisierung der Verlässlichkeit des Erzählers unweigerlich auch Fragen nach der persönlichen Haltung des Historiographen und der Beeinflussbarkeit der Geschichtsschreibung aufgeworfen. Darüber hinaus wird auch eine mögliche Funktion der Darstellung von Geschichte (und damit auch der Geschichtswissenschaft) angedeutet, wenn der Herausgeber ausdrücklich auf die „Chance" hinweist, „welche die Geschichte immer wieder geboten hat, durch einen Vergleich mit einer fremden Kultur die eigene zu überprüfen". Der Hinweis auf eine (selbst)kritische Prüffunktion historischer Betrachtungen dürfte sich zwar vor allem an diejenigen ‚Kulturen' richten, welche den vom Herausgeber vertretenen ideologischen Standpunkt nicht teilen – den verbindlichen Maßstab des Herausgebers stellen nun einmal „*unsere*[] Geschichtsbücher" dar (Hervorh. S.D.). Dennoch liegt auch hier schon in der bloßen *Erwähnung* einer wichtigen und, wenn man so will: aufklärerischen Funktion von Geschichtsschreibung eine rezeptionssteuernde Geste, mit der zugleich die Frage nach dem kritischen Potenzial der Wissenschaften und deren Erkenntniszielen aufgeworfen wird.

Dieser thematische Fokus auf die Darstellung von Zeit bzw. Zeitgeschichte wird auch in narratologischer Hinsicht durch die komplexe temporale Ordnung des Romans hervorgehoben. Zu den erwähnten zwei Zeitebenen – der Erzählgegenwart des Historikers/Tagebuchschreibers aus der Zeit des „Reichs der Mitte" und der Herausgebergegenwart der Zeit der „Jahre des Heils" – wird noch eine dritte Ebene hinzugefügt: Der Tagebuchschreiber berichtet von einer zurückliegenden Zeit der „futurologischen Jahre" (VR 39). Auf diese Weise ergeben sich also drei Zeitebenen:

Zeitebene 1: Zeit der futurologischen Jahre (Vergangenheit)
Zeitebene 2: Zeit des Reichs der Mitte (Erzählergegenwart)
Zeitebene 3: Zeit der Jahre des Heils (Herausgebergegenwart)

Obwohl die Zeitebenen 1 und 3 nur mit wenigen Andeutungen charakterisiert werden, lassen die fiktiven Herausgeber- und Erzählerkommentare darauf schließen, dass alle durch ähnliche politische Verhältnisse geprägt waren bzw. sind, die deutlich an Strukturen sozialistisch organisierter Staaten im Allgemeinen und insbesondere der DDR erinnern. Alle wichtigen Lebens- und Öffentlichkeitssphären werden in ihnen durch staatliche Organe kontrolliert, Publikationen bedürfen einer Genehmigung, es gibt eine ‚offizielle' Geschichtsschreibung, staatlich initiierte ‚Aktionen', inszenierte politische und kulturelle Veranstaltungen, Losungen und Parolen, zudem kennt jedes Reich sein utopisches Heilsversprechen, mit dem auf eine glückliche Zukunft aller Menschen verwiesen wird.

4 Zeitbezug und Artikulation zeitgenössischen Wissens

Fries selbst hatte in den oben zitierten Stellungnahmen zu seinem Roman auf dessen Gegenwartsbezug hingewiesen. In der Tat greift *Verlegung eines mittleren Reiches* in mehreren Hinsichten Wissensbestände seiner Entstehungszeit auf. Dies zeigt sich zunächst am Setting des Romans, der das Alltagsleben unter einer diktatorischen Herrschaft schildert, und an Bezugnahmen auf reale politische Gegebenheiten wie die soeben erwähnten Strukturmerkmale diktatorisch regierter Gesellschaften. Vor allem aber zeigt es sich an einer spezifischen Konzeption von Geschichte, den damit verknüpften anthropologischen Überzeugungen und einer kritischen Sicht auf die Gefahren des technologischen Fortschritts.

Zunächst wird schon durch die Anlage der Zeitstufen ein Geschichtsbild präsentiert, das eine sowohl für die 1960er als auch die frühen 1980er Jahre typische Auffassung vom Verlauf der Geschichte reflektiert, die durch allgemeine Ernüchterung und eine „pessimistische Grundstimmung" (Ulrich Herbert) geprägt war.[37] In *Verlegung eines mittleren Reiches* erscheint Geschichte als bloße Abfolge totalitär organisierter ‚Reiche', die sich in den wesentlichen Zügen ähneln und gewissermaßen austauschbar sind: Das „Reich der Mitte" liegt auch zeitlich

37 In Bezug auf die 1960er Jahre vgl. Luckscheiter: Erinnerungen, S. 146. In Bezug auf die frühen 1980er Jahre vgl. Ulrich Herbert: Geschichte Deutschlands im 20. Jahrhundert. München 2014, S. 996–1009. Das Zitat findet sich auf S. 996, wo es explizit zum Jahr der Veröffentlichung des Romans heißt: „Im Jahre 1984 war es fast unmöglich, den anspielungsreichen Bezügen auf George Orwells Roman mit eben diesem Titel auszuweichen. Zu sehr entsprach das Zeitgefühl der frühen achtziger Jahre den düsteren Vorhersagen dieses Buches, das den totalen Überwachungsstaat prognostizierte. Die Stationierung der amerikanischen Mittelstreckenraketen in der Bundesrepublik, die Auswirkungen der Weltwirtschaftskrise und die ökologischen Katastrophen dieser Jahre ließen eine pessimistische Grundstimmung entstehen, die in der Parole der Punkbewegung – ‚no future' – ihren Ausdruck fand."

in der Mitte zwischen den „futurologischen Jahren“ und der Zeit des Herausgebers („Jahr[] des Heils 07“), stellt also nur ein Übergangsstadium dar, dem offenkundig keine grundsätzlich bessere oder anders strukturierte Zukunft folgen wird.

Diese Geschichtskonzeption ist mit anthropologischen Überzeugungen bzw. einem nicht minder pessimistischen Menschenbild verknüpft, das vorrangig im Verhalten der Figuren zum Ausdruck kommt. Dieses Verhalten lässt sich allgemein mit den Begriffen ‚Entpolitisierung‘ und ‚Hinwendung in die private Idylle‘ charakterisieren. Widerstandsbemühungen gibt es kaum oder nur in eher bizarren und vor allem wirkungslosen Formen: Der Erzähler und Falk etwa setzen ihre Hoffnungen zeitweilig auf den „Mann im Ch'an-na Turm“ (VR 83 u.ö.), einen vermeintlichen Gefangenen der Kwan-yins. Es bleibt jedoch unklar, ob es diesen Mann überhaupt gibt oder ob er nur in der Phantasie des Erzählers und Falks existiert, die ihm viele unterschiedliche Identitäten zuschreiben, unter anderem die eines „verfemte[n] Dichter[s]“ (VR 48). Auch der vom Philosophen Gernold organisierte Widerstand, auf den ich unten noch zu sprechen kommen werde, versandet und endet mit der Flucht Gernolds, der durch den Erzähler denunziert wird.

Das in der *Verlegung* entfaltete Menschenbild zeigt sich jedoch nicht nur an den dargestellten Handlungen selbst, sondern auch an der *Motivierung* des Figurenverhaltens, das im Wesentlichen durch Egoismus bzw. den Blick auf den eigenen Vorteil bestimmt ist – Motive, die auch zur bereitwilligen Kollaboration mit den neuen Machthabern führen: „Man wird mich hier brauchen, ich fühle es. Ich bin optimistisch“ (VR 11), notiert der Erzähler direkt nach dem Einmarsch der Kwan-yins in seinem Tagebuch. Und: „Wer Eier versteckt, wird standrechtlich erschossen. / Bieten wir nicht dennoch das Bild idyllischer Ruhe?“ (VR 10) In direktem Nebeneinander, nur durch einen Absatz getrennt, findet sich dergestalt eine Beschreibung der brutalen und kompromisslosen Militärherrschaft der Kwan-yins und die Konstatierung eines idyllischen Zustands – wenn auch in Form einer (allerdings rhetorischen) Frage und leicht abgeschwächt durch das relativierende „Bild“. In der Tat richten sich die Protagonisten in einer Art Idylle ein, kultivieren den eigenen Garten (nicht im aufklärerischen Sinne von Voltaires *Candide*, sondern eines Ortes des privaten Eskapismus), machen Hausmusik, trinken „Thee“ (VR 10 u.ö.) und warten ab. Mit diesen Merkmalen – Absage an den Fortschrittsglauben sowohl im politischen als auch im moralisch-sozialen Bereich, Geschichtspessimismus, Opportunismus und Entpolitisierung, allgemein das ‚sich Einrichten in den gegebenen Verhältnissen‘ – sind im Roman deutliche Parallelen zur DDR-Gegenwart der 1960er Jahre gegeben, die Ihme-Tuchel unter anderem durch „Lähmung und Demobilisierung des politischen und gesellschaftlichen Systems der DDR“ und den „Rückzug ins Private“ gekennzeichnet sieht.[38]

Ferner setzt *Verlegung eines mittleren Reiches* ein zeittypisches Technologieverständnis und ökologisches Krisenbewusstsein[39] in Szene, insofern der technologische Fortschritt nicht als Erfolgsgeschichte, sondern als problematische Entwicklung geschildert wird, die bedrohliche Folgen für Mensch und Umwelt zeitigen kann. Die Welt, in der der Roman spielt, ist nicht nur durch eine ökologische Krise unmittelbar betroffen – die (wohl atomare) Strahlung verändert die Lebensbedingungen nach und nach auf radikale Weise. Angedeutet wird auch die mögliche Selbstvernichtung der Menschheit im Zuge technologischen Fortschritts, die in beiden Entstehungsphasen des Romans – in den Jahren 1967/68 gleichermaßen wie den Jahren um 1980 – das öffentliche Bewusstsein in Ost und West prägte[40]: Das Tagebuch und damit auch der Roman enden abrupt mit einer großen Explosion, die durch die zunehmende Strahlung verursacht wird.

Darüber hinaus gibt es weitere Bezugnahmen auf Sachverhalte und Probleme, die das Bewusstsein der 1960er und späterer Jahre prägten; so etwa die Besetzungserfahrung der unmittelbaren Kriegs- und Nachkriegszeit, auf die auch Lewin in der oben zitierten Rezension im *Sonntag* hinwies, die immer wieder im Roman thematisierten Versorgungsengpässe im Alltagsleben oder die oben bereits erwähnten Anspielungen auf die chinesische Kulturrevolution[41]. Kaum misszuverstehen ist auch die Anspielung auf die West-Orientierung in Gestalt des Ortes „Zinsendorf“, den die Bewohner des Dorfes sehnsüchtig als Ort des Wohl-

38 Beate Ihme-Tuchel: Die DDR. 3. Auflage. Darmstadt 2010, S. 90.

39 Vgl. die oben in Anm. 14 erwähnten Ereignisse und Protestbewegungen. Darüber hinaus sei in Bezug auf die spätere Entstehungsphase des Romans auf den NATO-Doppelbeschluss von 1979 und die sich zu Beginn der 1980er Jahre formierende Friedensbewegung in der BRD und der DDR hingewiesen. Vgl. dazu Helge Heidemeyer: NATO-Doppelbeschluss, westdeutsche Friedensbewegung und der Einfluss der DDR. In: Zweiter Kalter Krieg und Friedensbewegung. Der NATO-Doppelbeschluss in deutsch-deutscher und internationaler Perspektive. Hg. von Philipp Gassert u. a. München 2011, S. 247–268. Detlef Pollack: Zwischen Ost und West, zwischen Staat und Kirche: Die Friedensgruppen in der DDR. In: Gassert u. a. (Hg.): Zweiter Kalter Krieg, S. 269–282.

40 Zur Thematisierung dieses Krisenbewusstseins in der Literatur der BRD und der DDR vgl. Keith Bullivant: Endzeitszenarien. Die nukleare Apokalypse und die deutsche Literatur der 80er Jahre. In: Literatur für Leser 25:2 (2002), S. 101–112. Michael Schenkel: Fortschritts- und Modernitätskritik in der DDR-Literatur. Prosatexte der achtziger Jahre. Tübingen 1995. Axel Goodbody: Nature, Technology and Cultural Change in Twentieth-Century German Literature. The Challenge of Ecocriticism. Basingstoke 2007 (hier insb. Kap. 3). Dennis Churchill Tomlinson: Nature and Technology in GDR Literature. Bath 1993 [Diss. masch.].

41 Vgl. Luckscheiter: Erinnerungen.

stands imaginieren[42], während die Besatzer vor der „Reaktion in Zinsendorf" warnen, „die dort frech ihr Haupt erhebe" (VR 149). Gerade die Sprache des Romans legt gleich mehrfach Bezüge zur DDR-Gegenwart nahe. Zum Beispiel nehmen einige ‚sprechende' Kapitelüberschriften wie „Abbau der Verhältnisse" (Kapitel 1) oder „Die Mauer" (Kapitel 2) – die allerdings auf den fiktiven Herausgeber, nicht den Erzähler zurückgehen (vgl. VR 7) – Signalwörter oder Ausdrücke der DDR-Sprache auf. Und zur Bezeichnung der Kwan-yins wird einmal die nicht nur für DDR-Leserinnen und -Leser unmissverständliche Metapher vom ‚Großen Bruder' herangezogen, die eine Identifikation der fiktiven Besatzungsmacht mit der Sowjetunion nahelegt:

> Der kleinere Bruder des großen Bruders aus dem Reich der Mitte, das seine Himmelssöhne im Zeichen Kwan-yins in diese ferne, unbedeutende Provinz aussandte, bietet untertänig seine Dienste an. (VR 32)

Wie oben gezeigt, wurden derartige Anspielungen im Rahmen der Erstrezeption durchaus wahrgenommen, auch wenn sie, den Konventionen der Textsorte ‚Rezension' entsprechend, eher allgemein konstatiert und im Detail nicht ausführlich erläutert wurden. Dass der Roman jedoch nicht nur in dieser allgemeinen Form Referenzen auf den zeithistorischen Kontext aufweist, „Stimmungslagen und Verhaltensweisen unserer eigenen Zeit" (A. Krättli) und das „Material unserer Kenntnisse" (W. Schütte) aufgreift, sondern auch die *Wissenschaften als solche* thematisiert, sei im Folgenden dargelegt.

5 Figuren als Repräsentanten der Natur- und Geisteswissenschaften

Wie werden nun die Wissenschaften im Roman porträtiert? Spezifische Gehalte bzw. Erkenntnisse der Natur- und Geisteswissenschaften, d. h. ihre Theorien, Verfahren, Entdeckungen etc. spielen dabei so gut wie keine Rolle. Im Gegenteil, Fries schien um wissenschaftliche Genauigkeit wenig bekümmert zu sein: Die tropischen Temperaturen, die in der fiktiven Welt des Romans herrschen, werden beispielsweise auf die Strahlung zurückgeführt. Ein Feuerwerk führt in Verbindung mit ‚strahlenkontaminierter' Luft zu einer riesigen, vernichtenden Explosi-

42 Der Erzähler berichtet zum Beispiel von „Frau B.", die anderen Dorfbewohnern „Wunderdinge über die neue Politik in Zinsendorf erzählt [hat]. Auch äße man dort zum obligatorischen Reis wieder Eier und Butter. Und Fleisch vom Schwein und Rind. Die Vorstellung von einer Umsiedlung [nach Zinsendorf; S.D.] hätte alle so belebt, daß sie am Ende wild durcheinandersangen." (VR 66)

on. Aus physikalischer Sicht sind solche Ursache-Wirkungs-Relationen nicht haltbar. Doch auch wenn konkrete wissenschaftliche Erkenntnisse im Roman nicht aufgegriffen werden, geht es doch um die *Rolle* bzw. *Funktion* der Wissenschaften.[43] Die Wissenschaften werden dabei vor allem in ihrer *instrumentellen* Dimension vorgeführt. Einzelne Figuren – als Vertreter bestimmter Wissenschaften – dienen sich den neuen Herrschern in unterschiedlichem Ausmaß an. An den zentralen Figuren des Romans sei dies im Folgenden demonstriert.

Der Erzähler ist, wie oben erwähnt, ein Geschichtswissenschaftler, der sich als „Opfer des alten Systems" (VR 28) bezeichnet, weil er in der Zeit der futurologischen Jahre (Zeitebene 1) aus der Akademie entlassen wurde. Er behauptet, sich nicht an die Gründe für jene Entlassung erinnern zu können (vgl. VR 65) und lebt seitdem als „Privathistoriker" (VR 30) mit künstlerischen Neigungen. Nach dem Einmarsch der Kwan-yins legt er seine opportunistische Grundorientierung bereits mit dem ersten Tagebucheintrag offen. Nüchtern registriert er darin, wie er und seine Familie ihre Sprache und Gewohnheiten den Vorstellungen „der neuen Herrn" anpassen:

> Die Kinder bleiben nun zu Hause, von mir unterwiesen in der Sprache der neuen Herrn. [...] In der Küche kocht meine Frau nach ausgefallenen Rezepten, die in den Dekreten der neuen Herrn genannt werden. (VR 10)

Die Gründe dafür, warum der Erzähler seine Erfahrungen mit den neuen Verhältnissen in Form eines Tagebuchs – einer privaten „Chronik der Ereignisse" (VR 18) – niederlegt, werden von ihm selbst reflektiert, und es werden gleich mehrere mögliche Motive angegeben:

> Es schneit. Ich gehe müßig genug, dieses Tagebuch schreiben zu können. Zuviel Muße könnte der Anfang von Literatur sein. Doch was hier romanhaft beginnt, wird sein Ende in der Zeit finden. In Wahrheit mag es nur der Hang des Historikers sein (der freilich vor Jahren aus seinem Amt verjagt wurde), mit einer Chronik der Ereignisse künftigen Historiographen die Erkenntnis unserer Lage zu ermöglichen. Zu welchem Zweck? Ich weiß es nicht. Doch wie es Leben gibt, solange die biologische Kette nicht abreißt, gibt es das Muster einer geistigen Ordnung, solange eine Schrift entziffert werden kann. Ein Tagebuch jedenfalls ist eine bequeme Handhabe, sich über die Geschehnisse um uns zu erheben, ohne diesen einen Sinn geben zu müssen. (VR 18)

Zwar gesteht der Erzähler ein, nicht zu wissen, welchem Zweck das Tagebuch letztlich diene. Das Ziel, die geschichtlichen Verläufe für spätere Geschichts-

43 Wie oben erwähnt, lenkt bereits die Vorbemerkung des fiktiven Herausgebers den Blick auf potenzielle Funktionen bzw. Ziele einer Wissenschaft, namentlich der Geschichtsschreibung.

schreiber zu dokumentieren, und das Bedürfnis nach Orientierung (nach dem „Muster einer geistigen Ordnung“) werden aber als potenzielle Motive erwogen. Bezeichnenderweise wird die Plausibilität dieser Motive jedoch im selben Atemzug in Frage gestellt. Denn nicht wissenschaftliches Ethos, sondern wissenschaftliche *Gewohnheit* („der Hang des Historikers“) sei dafür ausschlaggebend. Auch das Bedürfnis nach Orientierung und Sinnstiftung als maßgebliches Motiv wird in einer für den Roman typischen Weise unmittelbar dementiert. Denn wie der letzte der zitierten Sätze zeigt, liegt eine für den Erzähler offenkundige Funktion des Tagebuchs darin, gerade *nicht* der Orientierung und Sinnstiftung zu dienen, sondern Mittel der individuellen ‚Erhebung‘ über die realen Verhältnisse zu sein, ein Mittel also der persönlichen Distanzierung und des Eskapismus. Eine kritische Funktion der „Chronik der Ereignisse“, wie sie der fiktive Herausgeber im Vorwort für die Historiographie in Anschlag brachte, wird vom Historiker nicht einmal hypothetisch erwogen. Schließlich wird die „Chronik“ sogar ausdrücklich als „romanhaft“ charakterisiert, d. h. als Text, dessen Darstellungsweise sich zumindest nicht nur an historiographischen, sondern auch, und möglicherweise vorrangig, an literarisch-künstlerischen Maßstäben orientiert.

Schon zu Beginn des Romans wird auf diese Weise deutlich, dass egoistische und auch künstlerische Interessen für den Erzähler eine wichtige Rolle spielen, ja möglicherweise das wissenschaftliche Ethos des Historikers, das nach Dokumentation, Tradierung und sinnstiftender Deutung der gegenwärtigen Erfahrungen verlangt, durch diese Interessen überlagert wird. Sein Handeln wird, wie er selbst zu verstehen gibt, primär von einer „Moral [...] des Existierens“ (VR 98) bestimmt, die das eigene Überleben in den Mittelpunkt stellt: „Klug war am Ende nur, wer überlebte. Ich bekannte mich rückhaltlos zur neuen Ära der Kwan-yins.“ (VR 39)

In privaten Unterhaltungen mit Reman-Zi und Falk erwägt der Erzähler die Möglichkeit, sich für die neuen Machthaber nützlich zu machen und seine Kompetenzen als Historiker einzubringen:

> Ich könnte ja eine Chronik der neuen Zeit abfassen [...], mein Beruf ist die Geschichtsschreibung. Oder soll ich die alte Zeit ins neue Licht setzen? Damit die Kinder wissen, was sie von ihren Eltern halten sollen? (VR 54)

Nachdem er Gernold, einen ehemaligen Kollegen, denunziert und sich damit in den Augen der neuen Machthaber als verlässlich erwiesen hat, wird der Erzähler tatsächlich von einem Beamten des „Reichs der Mitte“ als Historiograph angeworben. Zur privat geführten „Chronik der Ereignisse“ in Form eines Tagebuchs kommt der Auftrag zu einer offiziellen (letztlich jedoch nicht realisierten) Chronik hinzu:

> „Schreiben Sie uns eine Chronik der neuen Verhältnisse. Sparen Sie nicht an Details über Ihre Freunde, auch Herr Remann interessiert uns. Und nicht zuletzt Ihr Gast, Herr Dr. Falk."
> [...]
> Sage ich zu, würde nicht auffallen, daß ich oft bis in die Nacht in meinem Gartenpavillon sitze und an diesen Papieren [dem Tagebuch; S.D.] arbeite. (VR 105 f.)

Der Erzähler akzeptiert diesen Auftrag mit Blick auf den eigenen Vorteil, zumal es auch materielle Anreize gibt.[44] Weitere Aufträge für ein Opernlibretto und die Redaktion einer neuen Zeitung folgen. Zwar kommt die „Chronik der neuen Verhältnisse", d. h. eine offizielle Darstellung der historischen Ereignisse aus der Perspektive der siegreichen Kwan-yins, die jedoch offenkundig auch „Details über Ihre Freunde" enthalten soll, tatsächlich nie zustande. Doch zeigt der Erzähler keinerlei wissenschaftliche oder gar moralische Bedenken gegen diese Kooperation und ist sogar in „Hochstimmung wie nach einer Gehaltsaufbesserung" (VR 106), als er den Auftrag erhält.

Zu Gast im Haus des Erzählers ist Dr. Falk, ein Physiker. Falk opponiert nur dann gegen die Herrschaft, wenn sie seine „Gewohnheiten" (VR 133) stört bzw. seinen Interessen (wozu auch die Wissenschaft gehört) zuwiderläuft. Er erhofft sich schon seit längerer Zeit eine Reise ins „Reich der Mitte", um dort seinen Forschungen nachgehen zu können. Falk ergreift die Gelegenheit, als er für die Besatzer Aufgaben übernehmen kann, die ihm eine solche Reise ermöglichen:

> [Wir] erfahren, daß Falk [...] eingewilligt hatte, über die Sperrzone gebracht zu werden und von da weiter ins Reich der Mitte, wo er mit praktischen Aufgaben betraut werden sollte. (VR 161)

So wie der Erzähler seine Kompetenzen als Historiker einbringt, bringt Falk seine (im Roman nicht näher bestimmten) Kenntnisse als Physiker ein. Für den eigenen Vorteil lassen sich beide ohne Weiteres in den Dienst der Kwan-yins spannen.

---

44 Dieses Handlungselement ist nicht nur deswegen pikant, weil Fries selbst einmal eine autobiographische Lesart des Romans andeutete, der zufolge der Erzähler ihn selbst verkörpere (vgl. Fries: Diogenes, S. 197). Wie man seit Joachim Walthers verdienstvoller Arbeit *Sicherungsbereich Literatur* weiß, war Fries seit Beginn der 1970er Jahre als Inoffizieller Mitarbeiter der Staatssicherheit („IM Pedro Hagen") aktiv. Nach anfänglicher Zurückhaltung kooperierte er im Laufe der Jahre immer enger mit dem Ministerium für Staatssicherheit und erhielt dafür entsprechende Gegenleistungen, etwa Hilfe bei der Wohnungssuche, erleichterte Reisebedingungen oder Unterstützung bei der Knüpfung vorteilhafter Kontakte. Vgl. dazu Joachim Walther: Sicherungsbereich Literatur. Schriftsteller und Staatssicherheit in der Deutschen Demokratischen Republik. Berlin 1999 [zuerst erschienen: 1996], insb. S. 605–608 und 641–654.

Im Zusammenhang mit Falks Reise wirft der Erzähler einmal die Frage auf, ob sie nicht so zu deuten sei, dass hier „die Neugierde des Wissenschaftlers [...] über die träge Beschaulichkeit" (VR 161) gesiegt habe. Diese Frage ist bemerkenswert, insofern es sich um die einzige Stelle des Romans handelt, an der ein ‚widerständiges' Potenzial der Wissenschaften zumindest angedeutet wird: Denn gerade die „träge Beschaulichkeit", die Passivität und Apathie der Figuren, ist einer der entscheidenden Faktoren dafür, warum im Roman, salopp gesagt, ‚nichts passiert' und das Dorf mitsamt seinen Besatzern letztlich in einer großen Katastrophe untergeht. In der Frage des Erzählers kann man die Frage danach sehen, ob nicht die Wissenschaft *selbst* in ihrem Kern ein kritisches, zur verändernden Tat treibendes Potenzial besitze, ob also der Drang nach neuen Erkenntnissen nicht eine politische und potenziell subversive Dimension habe.

Allerdings zeigt ein genauerer Blick auf den Kotext der zitierten Passage, dass es sich dabei allenfalls um eine vage Andeutung handelt, die wenig Gründe für eine positivere Bewertung der Wissenschaften bietet. Denn erstens wird im Roman nicht deutlich, ob Dr. Falks „Neugierde" tatsächlich über die Lethargie gesiegt habe: Der Erzähler besitzt keine genaueren Informationen über Falks Reise und mutmaßt lediglich über dessen Motive. Zweitens wäre es auch in diesem Fall die lediglich *von egoistischen Interessen* geleitete Neugierde, die Falk zur Realisierung seiner persönlichen Forschungsvorhaben antreiben würde. Drittens ist die Befriedigung dieser Neugierde gerade an eine Kooperation mit den Kwan-yins gekoppelt, da Falk für die Besatzer wissenschaftliche Forschungsleistungen erbringen müsste, um die Reise antreten zu dürfen. Und viertens zeigt der Handlungsverlauf des Romans eindeutig, welche Rolle den Wissenschaften insgesamt zugewiesen wird, da die finale Katastrophe durch einen Vertreter der Wissenschaften mitverursacht wird.

Bei diesem Wissenschaftler handelt es sich um Dr. Berger, der sich als Tourist im Dorf befindet und vom Einmarsch der Kwan-yins überrascht wird, so dass er nicht mehr ausreisen kann. Berger ist Chemiker, von dem der Erzähler berichtet, er sei ein „Giftmischer, der in früherer Zeit Nervengas hergestellt haben soll" (VR 143). Berger ist buchstäblich der ‚heimatlose' Wissenschaftler, der sich ohne Skrupel unter jeder Herrschaftsform sofort einzurichten weiß – die Anspielung auf Wissenschaftler der NS-Zeit ist offensichtlich. Dass er durch den Einmarsch der Kwan-yins daran gehindert wird, das Dorf zu verlassen, stört ihn nicht. Vielmehr sieht er darin „eine große Chance für uns alle" (VR 34). Offenkundig fasziniert von der „neue[n] Bewegung" (VR 34), dient sich der Chemiker sofort den neuen Machthabern an und bringt seine chemischen Kenntnisse ein. Der Erzähler mutmaßt z. B., ob sich Berger mit einem chemisch retuschierten Foto an einer staatlichen Propagandaaktion beteiligt habe (VR 82). Vor allem aber ist Berger für das Feuerwerk verantwortlich, das am Ende in die Katastrophe führt: „Dr. Bergers großes Feuerwerk“ (VR 187), wie es der Erzähler kurz vor dem Abbruch des Tagebuchs und damit des Romans bezeichnet, verursacht in Verbindung mit der „in der Luft kondensierte[n] Strahlung“ eine gewaltige „Brandkatastrophe“ (VR 187). Dieses Ende – der mutmaßliche Untergang des Dorfes, seiner Bewohner und auch der Besatzer – geht damit auf das unverantwortliche Handeln eines Naturwissenschaftlers zurück, der mit den Machthabern kollaboriert und seine chemischen Kenntnisse für Propagandazwecke zur Verfügung stellt.

Auch das Verhalten anderer Figuren des Romans ist durch Anpassung geprägt. Remann-Zi – eine Figur, die Fries aus *Der Weg nach Oobliadooh* in seinen zweiten Roman importierte[45] – ist ein studierter Mediziner (allerdings ohne Abschluss) und Maler. Er wird von den Herrschern als neuer Bürgermeister installiert (vgl. VR 32), nimmt sich der Sache engagiert an und spielt als verkleideter Botschafter aus dem „Reich der Mitte“ die Hauptrolle in einer sinnlosen staatlichen Propagandaaktion. Zwar kann Remann-Zi als Arzt nur bedingt als Vertreter einer Wissenschaft gelten, übernimmt aber an verschiedener Stelle die Funktion eines kritischen Kommentators mit lektüreleitender Funktion. Anlässlich einer Erzählung Falks von einer Luftschutzübung in einem Laborbetrieb, in dem er als Atomphysiker arbeitete (vgl. VR 15), heißt es etwa: „Zi kann einmal mehr seine Glossen über Sinn und Unsinn der Wissenschaften zum besten geben.“ (VR 16) In Bezug auf Falk bemerkt Remann-Zi: „Ein Naturwissenschaftler ist ja zu allen Zeiten irgendwie auszubeuten“ (VR 35), und lenkt damit die Aufmerksamkeit auf einen zentralen Aspekt des Romans: die Instrumentalisierbarkeit des Wissenschaftlers.

Nur vordergründig von diesen Verhaltensmustern abweichend verhält sich Gernold, als Philosoph Vertreter einer Geisteswissenschaft und zudem ehemaliger Kollege des Erzählers aus dem „Kombinat für Wissenschaften“ (VR 89), der auch zeitweilig in dessen Haus unterkommt. Gernold bezieht eine klare Gegenposition zu den Naturwissenschaften bzw. ihren Vertretern: „Naturwissenschaftler“, so heißt es, seien ihm „schon immer ein Gräuel“ (VR 92), weshalb er den Kontakt zu Falk vermeidet. Er beteiligt sich an fruchtlosen Widerstandsbestrebungen als eine Art paramilitärischer Ausbilder in einem Sportverein. Gernold sieht sich dabei selbst als Erzieher des unmündigen Volkes:

> Das Volk in diesem Ort, sagt er, ist unmündig. Man muß ihm mit Disziplin begegnen. Das tut der Sportverein, und er tut es mit den Mitteln, die im Augenblick gegeben sind. […]
> Eine Mündigsprechung kann nur Angelegenheit der Zukunft sein. (VR 93)

45 Zur Verwandtschaft beider Romane vgl. Greiner: Verlegung.

Gernold hat zwar hohe, nach Aufklärung klingende, politische Ideale – sein Ziel ist „der alte Traum vom allseitig erzogenen sittlichen Menschen" (VR 95) –, doch werden diese nicht weiter substantiiert. Wie das Zitat zeigt, tritt die Philosophie in Gestalt Gernolds nicht als aufklärerische, ideologische Haltungen kritisierende (Geistes-)Wissenschaft, sondern vielmehr selbst als Ideologie auf, die nicht mit der Mündig*werdung* oder gar dem Mündig*sein* der Bevölkerung rechnet, sondern sich berufen sieht, die „Mündigsprechung" selbst vorzunehmen. Gernolds Widerstandsbestrebungen stehen zwar zunächst im Gegensatz zum opportunistischen Verhalten anderer Figuren, eine wirkliche Alternative zur bestehenden Gewaltherrschaft scheint er mit seinem militaristischen Fanatismus jedoch kaum bieten zu können. Deutlich wird dies nicht zuletzt durch den schlagartigen Abbruch des Widerstands, da Gernold, der wie andere Figuren des Romans in den wenigen skizzenartigen Darstellungen des Tagebuchschreibers ohnehin kaum Kontur gewinnt, plötzlich flieht, durch den Erzähler an die Kwan-yins verraten wird und keine Rolle mehr für die weitere Romanhandlung spielt.

Betrachtet man die Figuren und insbesondere die mit Blick auf die Wissenschaften zentralen Charaktere – den Erzähler, Falk, Dr. Berger, Gernold als Philosophen und Reman-Zi als Kommentarfigur –, so verkörpern diese ein nahezu ausschließlich instrumentelles Verständnis der Wissenschaften. Geschildert werden Figuren, die sich für den eigenen Vorteil bereitwillig in den Dienst der herrschenden Macht und ihrer Ideologie stellen, sich manipulieren lassen und abgesehen von bloßen Unterlassungshandlungen – wie oben erwähnt, kommt der Historiker dem Auftrag zu einer offiziellen Chronik letztlich nicht nach – keinerlei Bereitschaft zeigen, sich gegen die ideologische Instrumentalisierung ihrer wissenschaftlichen Kompetenzen aufzulehnen. Ausnahmen werden allenfalls angedeutet. Ein negatives Fazit zieht auch der Erzähler selbst, wenn er in einem Gespräch mit Falk über Dr. Berger ein durchaus pessimistisches Bild der Wissenschaften und auch seines eigenen Handelns zeichnet:

> Und wie so oft geraten wir [der Erzähler und Falk; S.D.] in einen Streit über die Manipulierbarkeit der Naturwissenschaften. Aber Falk trennt auch diesmal den Mann [Dr. Berger; S.D.] von der Sache, nennt die Befähigung zum Forschen und Erfinden eine unabdingbare Seite des Menschlichen. Also wäre, entgegne ich, auch die Selbstvernichtung eine unabdingbare Seite des Menschlichen?
> Wir streiten uns lustlos. Sollte doch Herr Dr. Berger in seinem Hotelzimmer ein Gift auskochen, das uns endgültig erledigt. Meine Apathie ist so groß geworden, daß ich mich nur noch beim Anblick einiger Kunstreproduktionen in alten Büchern beleben kann. Ich ordne in diesen Tagen meine Bibliothek nach neuen Ordnungsprinzipien, gruppiere die Bücher nach Jahrhunderten und nicht nach den Sprachen oder Autoren; und frage mich, ob Leute meines Schlages je etwas anderes getan haben. (VR 143)

Hier wird zumindest in Form einer (rhetorischen?) Frage insinuiert, dass „Leute meines Schlages“ – Wissenschaftler und Intellektuelle – keine bedeutsame Funktion erfüllen und einer letztlich sinnlosen Arbeit, dem bloßen Umgruppieren und Neuordnen bestehenden Wissens, nachgehen, die keine substantiellen Veränderungen der Welt herbeiführen kann.

Mit der moralischen und politischen Dimension der Wissenschaften, der Verantwortung ihrer Vertreterinnen und Vertreter, und allgemein mit den problematischen Aspekten des wissenschaftlichen Fortschritts griff Fries Themen auf, die in der deutschsprachigen Literatur spätestens seit dem Erscheinen von Brechts *Leben des Galilei* (1955) in verschiedener Akzentuierung und in verschiedenen Gattungen prominent diskutiert wurden – insbesondere im Bereich der Dramatik[46] (exemplarisch sei neben Brecht auf Dürrenmatts *Die Physiker* (1962) und Kipphardts *In der Sache J. Robert Oppenheimer* (1964) hingewiesen), aber auch im Bereich der Prosa wie in Frischs *Homo Faber* (1957) oder der Lyrik wie in Enzensbergers *Der Untergang der Titanic* (1978). Zugleich setzt sich Fries' Roman jedoch auch in mindestens zwei Hinsichten von prominenten Texten wie diesen ab: Zum einen zielt die darin formulierte Kritik bzw. Skepsis nicht nur auf die Natur-, sondern wesentlich auch auf die Geisteswissenschaften, deren moralische Korrumpierbarkeit vorgeführt wird. Zum anderen war die politische Brisanz, die Kritik am wissenschaftlichen und insbesondere technologischen Fortschritt mit sich brachte, in beiden deutschen Staaten durchaus verschieden. Denn wie Michael Schenkel hervorgehoben hat, stellte ein pessimistischer Blick auf Wissenschaft, Technologie und Fortschritt in sozialistischen Gesellschaften zugleich auch eine Kritik an einem fundamentalen Grundsatz des sozialistischen Selbstverständnisses dar.[47] Nur stichwortartig sei hier daran erinnert, dass Walter Ulbricht noch im Vorfeld des berüchtigten „Kahlschlag“-Plenums, bei einem Gespräch mit Schriftstellerinnen und Schriftstellern der DDR, mit scharfen Worten die „Propaganda des Skeptizismus“ gegeißelt hatte, die den Glauben an den wissenschaftlich-technologischen Fortschritt und dessen entscheidende Bedeutung für eine Verbesserung der ökonomischen Verhältnisse erschüttere.[48] Vor

---

46 Vgl. dazu Clemens Özelts Untersuchung zu Physikertragöden zwischen 1955 und 1975, in der mit Paul Dessaus und Karl Mickels *Einstein* (1974) auch eine Oper und zudem ein Werk der DDR-Kunst diskutiert wird: Clemens Özelt: Literatur im Jahrhundert der Physik. Geschichte und Funktion interaktiver Gattungen 1900–1975. Göttingen 2018, Kap. 5.

47 Vgl. Schenkel: Fortschritts- und Modernitätskritik, S. 19–56. Die *Verlegung* wird in Schenkels Studie nicht thematisiert.

48 Günter Agde: Zur Anatomie eines Tests. Das Gespräch Walter Ulbrichts mit Schriftstellern und Künstlern am 25. November im Staatsrat der DDR. In: Kahlschlag. Das 11. Plenum des ZK der SED 1965. Studien und Dokumente. Hg. von Günter Agde. Berlin 1991, S. 134–153, hier S. 146.

diesem Hintergrund ist es umso bemerkenswerter, dass Fries die genannten Themen in Form einer Dystopie behandelte, die vor allem die Instrumentalisierbarkeit der Wissenschaften und deren Zerstörungspotenzial betonte.

6 Fazit

Verlegung eines mittleren Reiches lässt sich nicht nur als Text lesen, der zeitgenössisches Wissen aufgreift und literarisch in Szene setzt – namentlich eine illusionslose Geschichtskonzeption, der zufolge Geschichte als bloße Abfolge nicht wesentlich voneinander verschiedener diktatorischer Reiche zu verstehen ist, sowie damit korrespondierende anthropologische und technologiekritische Auffassungen. Vielmehr handelt der Roman, so wurde hier argumentiert, zugleich auch von den Wissenschaften selbst, ihrer moralischen und ideologischen Korrumpierbarkeit. Das Bild, das von den Wissenschaften, sowohl der Natur- als auch der Geisteswissenschaften, gezeichnet wird, ist dabei durchweg negativ. Dies zeigt sich vor allem in drei Hinsichten: Erstens hebt der Handlungsverlauf des Romans und dessen Setting deutlich die Gefahren des wissenschaftlich-technologischen Fortschritts hervor. Nicht nur die Ausgangslage steht im Schatten einer ökologischen, offenbar nuklearen Katastrophe, welche die Lebensverhältnisse der Dorfbewohner bestimmt. Auch die verheerende Explosion, mit welcher der Roman endet, wird durch die Folgen der atomaren Strahlung und das unverantwortliche Handeln eines Wissenschaftlers verursacht. Zweitens wird die Rolle der Wissenschaften selbst thematisiert, insofern die Figuren des Romans diese Rolle mitunter explizit reflektieren oder zumindest kommentieren, wie die obigen Beispiele zeigten. Und drittens führt der Roman anhand zentraler Figuren Vertreter verschiedener Wissenschaften vor, die ihrerseits Typen von Wissenschaftlern repräsentieren, ohne dass einer dieser Typen in positivem Licht erscheinen würde: Der Tagebuchschreiber/Erzähler lässt als Historiker wissenschaftliches Ethos gänzlich vermissen und folgt in seinem Handeln einer bloßen „Moral [...] des Existierens". In Falk wird ein Wissenschaftler porträtiert, der mit allem einverstanden ist, solang er nur seine individuellen Forschungsinteressen realisieren kann. Dr. Berger verkörpert einen bedenkenlosen Wissenschaftlertypus, der die Nähe zur politischen Macht sucht und die Fähigkeit besitzt, sich in verschiedenen politischen Systemen nützlich zu machen. Und der Philosoph Gernold zeigt zwar, dass Widerstand prinzipiell möglich ist, aber auf eine der Tendenz nach doktrinäre und letztlich auch gänzlich erfolglose Weise. Die Wissenschaften, so könnte man eine zentrale Pointe des Romans zusammenfassen, bewegen sich gerade nicht in einem machtfreien, von der politisch-gesellschaftlichen Realität losgelösten Raum, sondern sind unter der Voraussetzung einer opportunistischen und egoistischen, kurz: einer *unmoralischen* Grundhaltung ihrer Vertreterinnen und Vertreter anfällig für ideologische Vereinnahmung und Verwertung.

Marlene Meuer

Nonsens der Wissenschaftskultur

Die Erzählung *Der unangemessene Aufstand des Zahlographen Karl-Egon Kuller* von Helga Königsdorf

Für E. C.

1 Einleitung

Die Schriftstellerin Helga Königsdorf (1938–2014) war hauptberuflich Mathematikerin.[1] Von 1974 bis zur Wende arbeitete sie als Professorin an der Akademie der Wissenschaften der DDR in Ost-Berlin. In ihren Erzählungen rechnet sie kritisch mit der Wissenschaftskultur ab. In den 70er und 80er Jahren erschienen insgesamt drei Sammlungen mit Geschichten, in denen die Wissenschaftskritik eines der dominierenden Themen ist:[2] *Meine ungehörigen Träume* (1978), *Der Lauf der Dinge* (1982) und *Lichtverhältnisse* (1988). In der Sammlung *Der Lauf der Dinge* von 1982 wurde auch die Kurzgeschichte *Der unangemessene Aufstand des Zahlographen Karl-Egon Kuller* veröffentlicht, die aus verschiedenen Gründen besonders geeignet erscheint, um Königsdorfs wissenschaftssatirische Schreibweise vorzu-

1 Einen konzisen Überblick über das Gesamtwerk bietet der Artikel von Eva Kaufmann: Königsdorf. In: Metzler Lexikon DDR-Literatur. Autoren – Institutionen – Debatten. Hg. von Michael Opitz, Michael Hofmann. Stuttgart/Weimar 2009, S. 173f. Eine Kurzbiographie ist nachzulesen in der Dissertation von Kerstin Dietrich: „DDR-Literatur" im Spiegel der deutsch-deutschen Literaturdebatte. „DDR-Autorinnen" neu bewertet. Frankfurt a.M. 1998, S. 33–36.

2 Nach der Wende erschien unter dem Titel *Ein sehr exakter Schein* sogar eine Anthologie, welche Königsdorfs *Satiren und Geschichten aus dem Gebiet der Wissenschaften*, so der Untertitel, in einem einzigen Band zusammenfasst (Frankfurt a.M. 1990). – Übersichtsartig resümiert der kurze Beitrag von Yasuko Asaoka mit dem Titel *Helga Königsdorfs Kritik an der modernen Naturwissenschaft* einige Erzählungen, in welchen sich Königsdorf kritisch mit den Naturwissenschaften, ihrer Forschungs- und Universitätskultur auseinandersetzt. In: Doitsu bungaku 91 (1993), S. 70–80. Dass die „Problematik des Wissenschaftsbetriebs" ein in Königsdorfs Erzählungen dominierendes Thema ist, wird in den Forschungsbeiträgen immer wieder konstatiert, siehe hierzu auch die Darstellung von Eva Kaufmann: Spielarten des Komischen. Zur Schreibweise von Helga Königsdorf. In: Eva Kaufmann: Aussichtsreiche Randfiguren. Neubrandenburg 2000, S. 144–149; hier S. 144 (im Folgenden: Kaufmann: Spielarten des Komischen). Die Wissenschaft und insbesondere die Mathematik stellt auch Horst Haase ins Zentrum seiner Ausführungen zu Königsdorf: Von der Mathematik zur (schönen) Literatur – Helga Königsdorf. Vortrag in der Klasse für Sozial- und Geisteswissenschaften am 9. Februar 2006. In: Sitzungsberichte der Leibniz-Sozietät 85 (2006), S. 117–130.

 https://doi.org/10.1515/9783110771008-011

stellen. Die Erzählstruktur und der Handlungsverlauf sind typisch; der Protagonist erweist sich als exemplarischer Held, dem sich weitere Artgenossen aus anderen Erzählungen an die Seite stellen lassen. Bis zu einer gewissen Berühmtheit brachte diese Erzählung es insofern, als auch John Erpenbeck sie für seine Anthologie *Schriftsteller über Wissenschaften und Wissenschaftler* (Berlin/DDR 1987) auswählte.[3] Die kurze Wissenschaftssatire scheint eigentlich keiner Interpretation zu bedürfen. Ein auktorialer Erzähler schildert die Gedanken eines hochangesehenen und erfolgreichen Wissenschaftlers namens Karl-Egon Kuller, während er sich auf den Weg zu einem Vortrag macht, den er als große Enthüllung plant. Es handelt sich um eine Zeitspanne von gut 10 Minuten, in der Kuller durch das Universitätsgebäude streift, um sich so die Zeit bis zum Vortrag zu vertreiben. Er hat vor, seine wissenschaftliche Disziplin als puren Nonsens zu demaskieren, indem er in seinem Vortrag leere Phrasen bis ins offensichtlich Groteske treibt. Die wissenschaftliche Veranstaltung endet wie jede andere, mit den eingespielten Verhaltensweisen und Ritualen seiner Kollegen. Daraufhin erliegt Kuller „einer plötzlichen Herzattacke" (S. 76).[4] – Die Enthüllung ist also gescheitert? Daher nun doch einige Sätze der Interpretation.

2 Die Wissenschaftssatire

Wie wird ‚Wissenschaft' in der Erzählung dargestellt? Durchweg: Als purer Nonsens. Wissenschaftlicher ‚Erfolg' ist das Resultat aus Strategie und Manipulation. Dass inhaltlich keinerlei Substanz bleibt, wird schon durch die Bezeichnungen der Disziplinen, der Institute und Abhandlungen angedeutet, die allesamt Deformierungen ehemals souveräner Fächer sind: Das Fach, in dem Kuller arbeitet, heißt nicht Mathematik, sondern „Zahlographie", und promoviert wurde er am „Institut für allgemeine und spezielle Zahlographie" (S. 67). Tatsächlich gibt es die

---

3 Allerdings räumt der Herausgeber in seinem Nachwort ein, dass ihm die Wahl nicht leicht fiel; vgl. John Erpenbeck: Näherungen. Nachwort zu: Windvogelviereck. Schriftsteller über Wissenschaften und Wissenschaftler. Hg. von John Erpenbeck. Berlin 1987, S. 319 – 348; hier S. 348: „Sehr schwer fiel es mir, aus dem Erzählwerk von Helga Königsdorf [...] eine Geschichte für diesen Band auszuwählen. Viele ihrer kurzen, pointierten Erzählungen geben eine ‚Innendarstellung' der Wissenschaft, kommen den vernunftgepanzerten und doch so verletzlichen Wissenschaftlerseelen auf die Schliche. Ich habe mich schließlich für die sarkastisch überhöhte Tragödie des Karl-Egon Kuller entschieden, muß aber gestehen, daß ich auch manche andere ihrer Geschichten gerne hier aufgenommen hätte."

4 Die Erzählung wird nachfolgend zitiert nach der Sammlung der *besten Geschichten* (so der Untertitel), die 1998 unter dem Haupttitel *Der gewöhnliche Wahnsinn* erschienen ist (Berlin 1998). Die Seitennachweise erfolgen im Fließtext.

allgemeine und spezielle Relativitätstheorie. Und doch fragt man sich angesichts des Phantasiefachs „Zahlographie“: Was ist zugleich „allgemein und speziell“? Vermutlich: Alles und nichts. Zumal die Fachbezeichnung „Zahlographie“ darüber Auskunft gibt, dass hier ‚Zahlen‘ einfach ‚geschrieben‘ werden (von Altgriechisch *γράφειν* (gráphein)). Die vermeintliche mathematische Exaktheit wird programmatisch im Spekulativen des bloßen Schreibens aufgelöst. Im Selbstwiderspruch der Institutsbezeichnung klingt die Sinnentleerung des wissenschaftlichen Geschäfts an: Ein „Kompendium über die angewandte Pyromantik“ (S. 68) brachte ihn auf sein eigenes Promotionsthema „Über die pyromantische Astralistik“ (S. 68). *Πῦρ* (pyr) heißt auf Altgriechisch ‚Feuer‘, und so gibt es etwa die *Pyrotechnik* als Bezeichnung für Anwendungen und Erfindungen, die mit Feuer in Verbindung stehen, oder die *Pyromanie* als Bezeichnung für krankhaftes, manisches Feuerlegen. – Aber „pyromantisch“? Der Begriff erinnert nicht nur an die Pyromanie, überdies steckt in ihm auch noch das Wort „romantisch“, und so wird (auch hier) die vermeintlich seriöse und exakte Wissenschaftssphäre in die Nähe des Psychopathisch-Spekulativen gerückt. Auf begrifflicher Ebene geben also Neologismen dem Text satirische Würze. Dabei handelt es sich zumeist um Komposita, die aus in der wissenschaftlichen Terminologie etablierten Wortbestandteilen bestehen, in der betreffenden Zusammensetzung aber unüblich sind. Auf diese Weise wurde auch das Wort „Astralistik“ gebildet: Das griechische Wort *ἄστρον* (astron) bedeutet ‚Stern‘, und so gibt es bekanntlich die Wissenschaftsdisziplin der *Astro-nomie*, die Lehre von den Gesetzen der Sterne, altgriechisch *νόμοι* (nómoi). Ähnlich wie „-logie“, von *λόγος* (logos), was ‚Lehre‘ bedeutet, ist das Suffix „-ik“ geläufig für die Bezeichnung von Fachgebieten und sprachhistorisch im Zuge der Angleichung altgriechischer Begrifflichkeiten entstanden.[5] Von griechisch *ἄστρον* (astron) ist auch das lateinische Wort *astralis*, ‚sternartig‘, abgeleitet; daran wird nun die im Deutschen für wissenschaftliche Fachbereiche geläufige Endung „-ik“ gehängt und auf diese Weise ein neues Wort geschaffen. Durch diese Form der begrifflichen *ars combinatoria* ergibt sich zwar auf der Inhaltsseite nichts Sinnvolles, aber auf Ausdrucksseite generiert sie Innovationen. Und diese sind ein Schlüssel zum Erfolg, denn: „Die wissenschaftliche Welt dürstet nach fundamental neuen Ansätzen und Richtungen“ (S. 69).

Nicht um Erkenntnisgewinn oder überhaupt um inhaltliche Gegenstände, so legt Königsdorfs Erzählung nahe, geht es also in der Wissenschaft. Aber worum dann? Um Ruhm und Ansehen, um Karriere. Karriere ist demjenigen beschieden, der die Mechanismen, Regeln und Rituale durchschaut, die in dem gesellschaft-

5 Einige Beispiele: Arithmetik von *ἀριθμητικός* (arithmētikós), Rhetorik von *ῥητορική* (rhētorikḗ), Ethik von *ἠθική* (ēthikē) usw.

lichen Subsystem Wissenschaft zum Erfolg führen, und der sich dabei den Anschein zweckfreier Sachorientierung verleiht: „Dr. Kuller stand nicht in dem Verdacht, Karriere machen zu wollen" (S. 69 f.). Doch durchschaut er die Logik des Erfolgs sehr genau und versteht, systemgerecht zu agieren. Während er durch die Universität schlendert und auf seinen Vortrag wartet, lässt er gedanklich die Stationen seiner Karriere Revue passieren. Der Schlüssel des Erfolgs ist: zu erkennen, ‚worauf es ankommt', und diesen Erwartungen zu entsprechen. Genau dafür hatte Kuller seit jeher ein besonderes Talent. Sein Charakter: „anpassungsfähig, einsichtig, phantasiebegabt und stets in dem erforderlichen Maße einsatzbereit" (S. 65). Ein wahrer Rechenkünstler ist er nicht primär als Mathematiker im althergebrachten Sinne, vielmehr ist er seit jungen Jahren ein ‚Meister der Berechnung': „Während seiner Schulzeit hatte er immer klar erkannt, worauf es ankam. Vor dem Abfassen von Aufsätzen studierte er die Unterrichtshilfen für die Lehrer, um sicher zu sein, was man von ihm lesen wollte" (S. 65). Dieses ‚Spiel' der Berechnung spielt er als Student weiter. Als Student verschafft er sich einen Ruf unter den Dozierenden, und zwar nicht, indem er durch inhaltliche Arbeiten oder Erkenntnisse glänzt, sondern, indem er auf gekonnte Weise mit ihnen interagiert:

> Seine Gabe, im rechten Augenblick zu handeln, veranlaßte ihn, sich immer dann zu Wort zu melden, wenn in einer Lehrveranstaltung alle längst den roten Faden verloren hatten. Er sprach zu dem jeweiligen Dozenten nur den einen schwerwiegenden Satz: ‚Ihre letzte Schlußfolgerung verstehe ich nicht!' Damit erweckte er den Eindruck, er habe alle übrigen Schlüsse verstanden. Deshalb wurde er vom Lehrkörper geschätzt, denn er verschaffte sozusagen ein Alibi, wenn es um Verständlichkeit beziehungsweise Unverständlichkeit von Vorlesungen ging. Es gab allerdings auch Dozenten, die Karl-Egon fürchteten. Dabei handelte es sich um solche, die nach seiner Zwischenbemerkung ihre letzte Schlußfolgerung selbst nicht mehr verstanden. (S. 66)

Nicht also um „Verständlichkeit beziehungsweise Unverständlichkeit" von Lehrstoff ging es für Kuller in seinem Studium. Oder mit anderen Worten: Weder ‚Verstehen' noch ‚Nichtverstehen' waren Parameter seines Studienerfolgs, sondern der kommunikative Handel mit ihnen, die Partizipation an einer Scheinwelt, die suggeriert, dass es genau darum ginge: um das Ergründen von Inhalten. Dieser Scheinwelt verschafft Kuller „ein Alibi", und genau „deshalb wurde er vom Lehrkörper geschätzt". Ebenso zielsicher schreitet er auf die Promotion zu. Er lässt sich von seinem „Chef" (S. 67), Professor Kneisel, instruieren. Dieser „empfahl ihm" „die Lektüre eines frisch auf dem Markt erschienenen Fachbuches und die anschließende Beschäftigung mit der Dissertation, eine Arbeit, die er innerhalb dreier Jahre zur erfolgreichen Erlangung des Doktor rerum naturalium zu führen habe." (S. 67) Darauf analysiert Kuller das Bedingungsgefüge, das ihn erfolgreich zum Ziel führt:

> Der Aspirant Karl-Egon Kuller hatte die Lage überdacht und sofort begonnen, das Wesentliche herauszukristallisieren. Das Wesentliche bestand offensichtlich darin, in Dreijahresfrist eine Arbeit vorzulegen, für die zwei positive Gutachten abzusichern waren. Eines dieser Gutachten mußte auf jeden Fall Professor Kneisel erstellen, Walter Friedrich Kneisel, Fachmann für metrische Astralistik. Nach sorgfältigen Erkundungen fiel die Wahl Karl-Egon Kullers, seinen zweiten Gutachter betreffend, auf einen kurz vor der Emeritierung stehenden Gelehrten, der in jungen Jahren ein dreibändiges Kompendium über die angewandte Pyromantik verfaßt hatte und der von ständigen Ängsten gequält wurde, man könnte ihn nicht mehr ernst nehmen. (S. 67 f.)

Haarscharf erkennt er: „Das Wesentliche bestand offensichtlich darin, in Dreijahresfrist eine Arbeit vorzulegen, für die zwei positive Gutachten abzusichern waren." „Das Wesentliche" ist also nicht die Arbeit selbst oder gar die in ihr entwickelnden Erkenntnisse, sondern die Sanktionierung der Arbeit durch „zwei positive Gutachten". Wie er seine Gutachter für sich gewinnt, ist Kuller auch schnell klar: indem er ihnen ein Gefühl von Bedeutung verleiht. Die Analyse dieses Sachverhalts ist die entscheidende „vorbereitende geistige Investition" (S. 68), die Kuller vor der Abfassung seiner Doktorarbeit zu leisten hat. Dann macht er sich an die Arbeit, und während er seine Dissertationsschrift verfasst, identifiziert er drei Parameter als ausschlaggebend für den Erfolg: erstens den Titel, zweitens die Danksagung und drittens das Literaturverzeichnis. Als erstes „fertigte" er also „das Deckblatt seiner Dissertation an, indem er den Titel ‚Über die pyromantische Astralistik' zu Papier brachte." (S. 68) In der Titelwahl spiegelt sich der Bezug auf seine beiden Gutachter wider. Denn während sein Doktorvater „Fachmann für metrische *Astralistik*" (S. 68; Hervorhebung: M.M.) ist, hat sein Zweitgutachter ja jenes „Kompendium über die angewandte *Pyromantik* verfaßt" (S. 68; Hervorhebung: M.M.), von dem dieser fürchtet, es könne in Vergessenheit geraten. Kuller versteht es, sowohl die entscheidenden Wegbereiter für sich zu gewinnen als auch den Boden für seinen eigenen Erfolg zu bereiten. So erweist er auf der einen Seite durch den begrifflichen Bezug auf sie den beiden Wissenschaftlern nicht nur die Reverenz, sondern erhebt sie damit auch zu entscheidenden Fachmännern in seinem Forschungsgebiet: „Die geschickte Terminologie seines Dissertationsthemas machte es ihnen einerseits unmöglich, sein Anliegen mit der Begründung, sie seien inkompetent, abzulehnen" (S. 69). Auf der anderen Seite ist auch hier seine *ars combinatoria* am Werk, mit der er wissenschaftliche Innovationen generiert. „[A]ber andererseits waren sie es tatsächlich." (S. 69) Das heißt: Die beiden Wissenschaftler waren als Gutachter für die Dissertationsschrift tatsächlich inkompetent. „Von der pyromantischen Astralistik verstanden zu diesem Zeitpunkt weder sie noch sonst irgend jemand in der Welt etwas. Mit dem Niederschreiben dieses Titels war eine ganz neue Richtung der Zahlographie begründet worden." (S. 69) Und darauf kommt es an. Mit der Wahl des Titels „war etwas Grundlegendes geleistet worden, denn der Titel einer wissenschaftlichen Arbeit ist deren wichtigster Teil. Von vielen wissenschaftlichen Werken ist nie mehr als der Titel gelesen worden." (S. 68) Die Dissertation erhält von den ‚inkompetenten' (S. 69) Gutachtern „die Bewertung summa cum laude" (S. 69), und Kuller wird der Star einer neuen wissenschaftlichen Forschungsrichtung: „Heute fand Professor Kuller es nicht mehr verwunderlich, daß mit einer Zeitverzögerung von etwa drei bis vier Jahren eine stürmische Entwicklung auf dem Gebiet der pyromantischen Astralistik eingesetzt hatte, in der er als Pionier gefeiert wurde." (S. 69)

Auf dem Weg zum Erfolg ist das zweitwichtigste Element der akademischen Qualifikationsschrift die Danksagung, weil man in ihr die Personen, denen man dankt, als engagierte Förderer erscheinen lassen kann und sie durch diese Imagepflege fester an sich bindet. Dabei ist der Nutzen wechselseitig, denn im selben Zuge, in dem man die Förderer als Förderer rühmt, stellt man sich selbst als förderungswürdig dar: „Der zweitwichtigste Teil ist die Danksagung, in der man all denjenigen für ihr förderndes Interesse dankt, bei denen einem daran gelegen ist, deren förderndes Interesse kundzutun." (S. 68) Als dritter Garant für den wissenschaftlichen Erfolg dient das Literaturverzeichnis; die dort aufgeführten Titel sind gewissermaßen die ‚Währung', mit denen sich der Nachwuchswissenschaftler künftige Förderung gezielt erkaufen kann, denn mit der Nennung von Wissenschaftlern und deren Werken mehrt der Doktorand den Ruhm der Genannten – und darf sich dadurch seinerseits Gunst und Unterstützung erhoffen. In dieser Reziprozität von Gunst und Gegengunst ist das Literaturverzeichnis mit der ‚Danksagung' vergleichbar: „An dritter Stelle steht unzweifelhaft das Literaturverzeichnis, denn es gibt eigentlich nur zwei objektivierbare Größen, an denen die Bedeutung eines Wissenschaftlers gemessen werden kann: die Anzahl seiner Publikationen und die Anzahl, in der Arbeiten des Wissenschaftlers im Literaturverzeichnis fremder Publikationen erscheinen." (S. 68)

So weit das Erfolgsrezept von Kullers Dissertation. Aber wie vollzog sich nun genau seine steile Karriere? Er rekapituliert diese, während er das Treppenhaus hinaufsteigt. Man wird vermuten dürfen, dass dieser räumliche Aufstieg sinnbildlich für den beruflichen steht. Mit dem gedanklichen Abschluss der Dissertation bewegt er sich auf den ersten Stock zu. Als einen weiteren Schlüssel zu seinem Erfolg identifiziert er rückblickend die Entscheidung, sich als gefeierter Pionier des neuen Forschungsgebiets der „pyromantischen Astralistik" (S. 69) unmittelbar wieder von diesem Wissenschaftsfeld abgewendet zu haben. „Aus heutiger Sicht bereute er diese Entscheidung nicht. Es wäre schwer gewesen, auf einem Gebiet zu bestehen, auf dem man mit einer derartigen Erwartungshaltung konfrontiert wurde." (S. 69) Doch erfand er nicht sogleich ein neues Spezialgebiet, denn: „Er hätte nicht allzuoft ein neues Spezialgebiet erfinden können, ohne an seiner Universität in den Ruf zu geraten, unsolide zu sein" (S. 69). Wie hier abermals unterstrichen wird, ist das, worauf es ankommt, der Ruf. Das hatte Kuller ja bereits in jungen Jahren erkannt; und mit gezielten strategischen Berechnungen seiner Wirkung auf andere beschreitet er auch seinen weiteren Weg durch die Wissenschaft:

> Er verfolgte die Entwicklung auf zweieinhalb Teildisziplinen der Zahlographie, und man sagte ihm einen sehr breiten Überblick nach. Jedes Jahr verfaßte er ein bis zwei handwerklich saubere Arbeiten, denen höchstens vorzuwerfen war, daß sie nicht gerade im Zentrum der wissenschaftlichen Entwicklung standen. Für die Planung erreichte er genügend Vorlauf, um nur solche Probleme zu konzipieren, deren Lösungen bereits in seinem Schreibtisch lagen. Auf diese Weise kollidierte er nie mit dem System von Forschungsplanung und Abrechnung. (S. 69)

So wurde er immer wichtiger für die „Kaderentwicklungspläne aller möglichen wissenschaftlichen Organe". „Er wurde nahezu gedrängt, sich zu habilitieren." (S. 70) Auf diesem Wege gelangt er auf das erste Plateau seiner Karriere und kommt – auf dem Weg zu seinem Vortrag – auf „der ersten Etage" (S. 70) an. Dieses erste Plateau seiner Karriere steht im Zeichen des Neids und der Missgunst. Obwohl das Erfolgsrezept für seinen Aufstieg die Einsicht war, dass nicht wissenschaftliche Erkenntnisse für den wissenschaftlichen Erfolg ausschlaggebend sind, sondern nur der kommunikative Handel mit ihnen, die Partizipation an einer Scheinwelt, die suggeriert, dass es um Inhalte ginge, hat er in diesem Stadium seiner Karriere die Kommunikationsformen dieser Scheinwelt so sehr verinnerlicht, dass ihm das Bewusstsein für ihren Scheincharakter zunehmend abhandenkommt. Dies findet seinen Niederschlag in Kullers Schilderung seiner Kollegen und Konkurrenten – er wirft ihnen genau das vor, was der Garant für seine eigene Karriere war: Blendung, Verblendung und wissenschaftlicher Nonsens. In der ersten Etage erblickt Kuller „seinen Kollegen Andreas Großmichel", „den stellvertretenden Präsidenten der zahlographischen Gesellschaft" (S. 70) und bringt seine Geringschätzung gedanklich mit den Worten zum Ausdruck:

> Großmichel, der völlig schamlos Urteile aussprach, die von keiner Sachkenntnis getrübt waren. Großmichel, der immer seine Überzeugung zum Ausdruck gebracht hatte, ihm stünde eine Karriere zu, ohne diesen Anspruch jemals mit seiner eigenen Leistung zu konfrontieren, und der ein lebendes Exempel dafür war, daß eine derartige unerschütterliche Überzeugung manchmal den Weg eines Menschen wesentlicher bestimmte als dessen tatsächlicher Verdienst. (S. 70)

Abstruser Neid und Konkurrenzdenken beherrschen ihn auch bei der Begegnung mit anderen erfolgreichen Wissenschaftsdisziplinen. Auch hier gilt: Er wirft ihnen hochspezialisierten Nonsens vor:

> Professor Kuller ging den Seitenflur in der zweiten Etage entlang, an den die Räume der Sektion Foliantologie grenzten. Ob es irgend jemandem auffiele, wenn man diese ganze Wissenschaftsdisziplin einfach einsparen würde, dachte er boshaft. Eine Frage, die man beunruhigend ausdehnen konnte und die zum Glück nur die betroffenen Wissenschaftler selbst sachkundig zu beantworten vermochten, womit jede Gefahr gebannt blieb. (S. 71)

Im Fortgang seiner Karriere bespielte Kuller alle wichtigen Kanäle seines Faches. Er „gründete ein neues zahlographisches Journal" (S. 71) und übernahm wiederholt die Leitung des ‚Internationalen Zahlographischen Kongresses' (S. 71). So gelangt er auf den Zenit seiner Karriere. Genau dieser Gipfelpunkt seiner Karriere markiert für ihn selbst den entscheidenden Umschwung:

> Er hetzte von einer Sitzung zur anderen, immer bestrebt, die Erwartungen zu erfüllen, die in ihn gesetzt wurden. Die Erkenntnis, man erwartete von ihm gar nichts mehr, höchstens einen Abstieg, traf ihn gänzlich unvorbereitet, während eines offiziellen Essens zu Ehren eines achtzigsten Geburtstages, als ihm beim Anblick des Jubilars das unentrinnbare eigene Altern wie eine Schreckensvision erschien. Von diesem Moment an veränderte sich seine Persönlichkeitsstruktur. Er wurde finster, mißtrauisch, und wenn er allein war, befielen ihn heftige Depressionen. (S. 72)

Hier erlebt Kuller am eigenen Leibe die Wiederholung eines Musters, das er sich als junger Doktorand noch selbst zunutze gemacht hatte, als er einen „kurz vor der Emeritierung stehenden Gelehrten, [...] der von ständigen Ängsten gequält wurde, man könnte ihn nicht mehr ernst nehmen" (S. 68), als Zweitgutachter für seine Dissertation wählte, weil er sich davon wechselseitigen Nutzen versprach. Als Währung für die ihm entgegengebrachte Ehrerbietung spekulierte er auf wissenschaftliche Förderung. Nun hat sich ein Rollenwechsel vollzogen; Kuller hat die Position des Älteren inne und fürchtet seinen eigenen Bedeutungsverlust. In diesem Gemütszustand gedeiht der Gedanke an einen ‚Aufstand'. Das Erste, was sich in dieser Hinsicht in ihm regt, ist ‚Trotz': „Zum erstenmal regte sich in Kuller etwas wie ein Trotzgefühl." (S. 73) Mit diesem „Trotzgefühl" geht Nachlässigkeit einer: „Er fehlte auf mehreren Sitzungen, sogar bei einigen, auf denen wesentliche Einschätzungen gegeben wurden. Zuarbeiten zu Prognosen und Berichten lieferte er unpünktlich und erst nach mehrmaliger Mahnung. Bei Sitzungen, die er selbst zu leiten hatte, ließ er sich vertreten." (S. 73) Und schließlich unterläuft ihm in diesem neuen Stadium seiner wissenschaftlichen Karriere ein „Fehler in seiner Theorie" (S. 73). – Wie erklärt sich, dass Kuller hier den Begriff des *Fehlers* verwendet, um den Sachverhalt zu beschreiben? Hatte er nicht bereits im Zuge seiner Dissertation unter Beweis gestellt, dass es niemals um wissenschaftliche Erkenntnisse ging? Aber wenn es nicht um Erkenntnis geht, inwiefern ist es dann plausibel, von einem „Fehler in seiner Theorie" zu sprechen? – An dieser Stelle zeigt sich abermals, wie sehr Kuller die Systemlogiken des Wissenschaftsfeldes, auf dem er agiert, nun internalisiert hat. Die wissenschaftliche Scheinwelt ist für ihre Akteure eine echte geworden. Anders lässt sich nicht erklären, dass Kuller in seiner Pseudo-Wissenschaft ein „Fehler" unterläuft: Es handelt sich hierbei um eine Sichtweise, in der sich die Grenzen von ‚richtig' und ‚falsch' verschoben haben. Welche Konsequenzen zieht Kuller aus der Einsicht in diesen „Fehler"? Ihm blieb „keine Wahl" (S. 73):

> Jeder, der einmal zu einer internationalen Tagung ins Ausland gefahren ist, würde das bestätigen. Er mußte fahren und den Vortrag zum angekündigten Thema halten. Da in solchen Vorträgen üblicherweise keine Beweise vorgeführt werden, bezweifelte niemand die Resultate, sie fanden im Gegenteil große Beachtung. (S. 73)

Er führt also nur „Resultate" vor, „keine Beweise". Das ist der Schlüssel zum Erfolg der neuen – fehlerhaften – Theorie: „Er erhielt Einladungen zu zwei weiteren Hauptvorträgen und wurde um eine Übersichtsarbeit für einen Sammelband gebeten." (S. 73) Insofern er als junger Mann die Arbeit in der Wissenschaft bereits initial als Beteiligung an einer Scheinwelt aufgenommen und sodann deren Funktionsmechanismen internalisiert, als ‚wahr' und ‚richtig' anerkannt hatte, handelt es sich nun um eine potenzierte Täuschung. Denn nachdem Kuller festgestellt hat, dass er mit seiner fehlerhaften Theorie ‚Erfolg' hat, fährt er weiter fort, zu bluffen: „Nun erfand er bereits munter neue erstaunliche Ergebnisse und verwies wegen der Beweise auf ein unveröffentlichtes Manuskript." (S. 73) Hier geht er also bewusst über zu mutwilliger Hochstapelei. Mit der Erinnerung daran, ist Kuller in der Gegenwart angekommen und betritt den Hörsaal, in dem er seinen Vortrag halten wird.

Worin besteht nun der bereits im Titel angekündigte „Aufstand" des Zahlographen Karl-Egon Kuller? Die Antwort darauf wird bereits einleitend gegeben, bereits auf der ersten Seite der Erzählung: „Zum erstenmal in seinem Leben würde er *den Erwartungen*, die man in ihn setzte, *nicht entsprechen*." (S. 65; Hervorhebungen: M.M.) Wie gedenkt er, sich den Erwartungen zu widersetzen? Indem er aus dem Spiel des Scheins und der Täuschung ausschert und damit sowohl mit der etablierten Wissenschaftskultur als auch mit seinem eigenen karrieristischen Lebensentwurf bricht. Er plant, einen Vortrag „Über eine Theorie der Phantaprojektoren" zu halten (S. 73). „Er wollte mit diesen Phantaprojektoren die verlogene Konstruktion seines Lebens niederreißen." (S. 74) Wie einleitend bereits pointiert, möchte er den Nonsens der Wissenschaftskultur, an welcher er partizipiert, ins offensichtlich Wahnsinnig-Groteske treiben, um sie auf diese Weise zu demaskieren. Im Zuge dessen läuft er zur Höchstform auf: „Kuller, der keinerlei Konzeption für diesen Vortrag vorbereitet, ja der die Phantaprojektoren überhaupt noch nicht erfunden hatte, spürte, wie er in Stimmung kam." (S. 74) Die Schilderung dieser Situation lässt am mutwillig-sinnlosen Format von Kullers Vortrag keinen Zweifel: „Kuller redete sich mehr und mehr in Begeisterung. Er verschonte selbst die größten Geister der Zahlographie nicht. Die Formeln und geometrischen Gebilde, die er ordentlich mit Kreide anmalte, formierten sich zu immer phantastischeren, völlig sinnlosen Tafelbildern." (S. 74) Die „Phantaprojektoren" sind Kullers vielleicht kühnste Erfindung. Ihr Name ist Programm: Projektoren dienen dazu, Vorlagen sichtbar zu machen. Was er nun sichtbar zu machen beabsichtigt, das ist die Phantasmagorie, das heißt: das Trugbild der Wissenschaften mitsamt ihrer täuschenden Inszenierungspraktiken. Bestechend ist die Schilderung des Publikums, das sich „durch nichts von der üblichen" Zuhörerschaft unterschied (S. 74). Die ‚übliche' Reaktion des Publikums eines wissenschaftlichen Vortrags setzt sich demnach zusammen aus: unverhohlener Langeweile, höflich-abgerungener Aufmerksamkeit, unverständigem, aber eifrig-beflissenem Mitschreiben. Und in den ersten Reihen? Die besonders ehrbaren Kollegen: „Weiter vorne saßen jene, die hellwach den Vorgängern an der Tafel folgten und denen vom Gesicht abzulesen war, daß sie alles schon vorher gewußt hatten." (S. 74) Darunter ist Kullers größter Konkurrent Großmichel. Genau diese Situation, ‚die übliche', spornt Kuller weiter an: „Als Kuller dieses vertraute Bild in sich aufnahm, befiel ihn eine unbegreifliche innere Erregung. Er steigerte sich. Auf seiner Stirn brach Schweiß aus. Die Sätze, die er bastelte, wurden immer unsinniger. Nichts." (S. 74 f.) Doch die Situation ändert sich in keiner Weise. Als ihm der Kollege Großmichel ein Zeichen gibt, realisiert Kuller, dass „seine Redezeit [...] nicht nur abgelaufen, sondern bereits um zehn Minuten überschritten" ist (S. 75). Konzipiert war dieser Vortrag ja als „Aufstand", das heißt: als Revolte, und, wie der Erzähler explizit ausführt, als Enthüllung der wissenschaftlichen Lügenwelt (S. 74). Doch das Gelingen einer Provokation ist per definitionem davon abhängig, dass sich die Rezipienten provozieren lassen. Nachdem während seines Vortrags keinerlei ‚unübliche' Reaktion zu verzeichnen war, hofft Kuller auf die Diskussion: „In der Diskussion würden sie mit ihm abrechnen. Wie hatte er bloß nicht an die Diskussion denken können. Kuller klammerte sich an diese Idee." (S. 75) Was geschieht? „Professor Großmichel dankte dem verehrten Herrn Kollegen für seine interessanten Ausführungen und forderte zu Fragen oder Bemerkungen auf. Schweigen." (S. 75) Bis in die Rhetorik des Erzählers hinein handelt es sich auch hier um eine vertraute Situation. Innerlich appelliert Kuller an einen ihm freundschaftlich verbundenen Kollegen mit dem Namen Hermann Schulze-Pfeiffer, auf seinen Vortrag angemessen zu reagieren. Doch dieser „ließ die Mine seines Kugelschreibers zurückschnappen und klappte das Heft zu, in das er lediglich das Datum eingetragen hatte." (S. 75) Das Schweigen bricht Kullers Rivale Großmichel auf höfliche und ehrbare Weise und unter Verwendung der etablierten Rhetorik. „In diesem Fall erlaube er sich selbst eine Frage zu stellen, ergriff Professor Großmichel erneut das Wort. Er würde gern wissen, ob es Anwendungen der Theorie der Phantaprojektoren gäbe." (S. 75) „Kuller, hochrot im Gesicht, nahm einen letzten großen Anlauf", der dem Leser nicht vorenthalten werden soll, zumal es sich um einen Gipfelpunkt der Erzählung handelt, eine letzte Steigerung des wissenschaftlichen Jargons zu abstrusem Nonsens:

> Eine Revolution für eine breite Palette von Anwendungsbereichen würde nahe sein. Man nehme beispielsweise die Elektrinotechnik. Indem man alle Schaltungen einfach phantaprojiziere, könnte der Integrationsgrad von Bauelementen potenziert werden. Für die Genchirurgie sei die Phantaprojektionscodierung endlich die richtige zahlographische Modellierung. Von der Physik wolle er gar nicht erst sprechen. Die Lösung der meisten offenen Probleme der Quantenfeldtheorie ergäbe sich als Abfallprodukt. (S. 75)

Die von Kuller herbeigesehnte Reaktion fällt auch nach dieser Steigerung moderat aus. Der Kollege Schulze-Pfeiffer blickt auf mit einem Gesichtsausdruck, der besagt: „Na! Trag mal nicht gar zu dick auf." (S. 75) Zu wenig Bescheidenheit wird ihm also vorgeworfen, mehr nicht. Damit ist Kuller am Ende, sowohl das Kolloquium, das Großmichel noch mit einigen anerkennenden Worten beschließt, als auch er selbst. Er bleibt alleine in der Universität zurück und erliegt dort „einer plötzlichen Herzattacke" (S. 76). Das „Geheimnis der wiederentdeckten Phantaprojektoren" nimmt er „mit sich ins Grab" (S. 76). Es versteht sich von selbst, dass genau dieser Umstand zu seinem Nachruhm erheblich beiträgt: Ehrungen, Medaillen, Räume, Büsten werden zur Huldigung nach ihm benannt (S. 76). – Die Erzählung selbst spricht nicht davon, dass Kullers Aufstand „gescheitert" sei, sie nennt diesen vielmehr „unangemessen". Einleitend wähnt Kuller selbst, sein Aufstand sei „unangemessen", und zwar in dem Sinn, dass er sich mutwillig den an ihn gerichteten Erwartungen widersetzen würde (S. 65). Aus der Gesamtperspektive der Erzählung erscheint der Aufstand aber auch noch in einer anderen Weise „unangemessen": Er ist falsch berechnet. Kuller scheitert mit seinem Aufstand insofern, als er den Erwartungen *entspricht*, die man an ihn stellt.

Wie sind vor diesem Hintergrund die einleitenden Sätze der Erzählung zu deuten, die folgendermaßen lauten: „Wenn einer die Möglichkeiten, die wir ihm bieten, wahrnimmt, und wenn wir uns dann mit dem Resultat nicht einverstanden finden, vergessen wir gern, daß da einer lediglich die Möglichkeiten wahrgenommen hat, die wir ihm geboten haben." (S. 65) Diese Sentenz zu Beginn der Erzählung wird auf besondere Weise exponiert; sie wird graphisch hervorgehoben, indem auf diesen einleitenden Satz bereits ein Absatz folgt. Es handelt sich um so etwas wie ‚die Moral von der Geschicht'. Der Protagonist Kuller wird hier als „einer" durch den unbestimmten Artikel sowohl entpersonalisiert als auch objektiviert. Dass er nur „die Möglichkeiten", die ihm geboten wurden, ‚wahrgenommen hat', liest sich vor dem Hintergrund seines ‚gescheiterten Aufstands' ex negativo so, dass in dem kollektiven Rahmen, in dem er sich bewegt (es ist dort von „wir" die Rede), *keine anderen Möglichkeiten* geboten wurden. Kuller ist ein Produkt seines Systems. Dem entspricht, dass sich dieser Erzählung weitere an die Seite stellen lassen, in denen die Akteure vergeblich versuchen, aus dem System, in dem sie gefangen sind, auszubrechen.[6] Dass alles so bleibt wie es war, ist eine Quintessenz, die auch für Königsdorfs andere Erzählungen dieser Art gilt. Zu den anderen wissenschaftssatirischen Erzählungen dieser Art zählen *Lemma 1* (1978), *Krise* (1978), *Eine Idee und ich* (1978), *Eine kollektive Leistung* (1982) und *Der todsichere Tip* (1982). „Enthüllt werden Mechanismen, die sich trotz erwiesener Vernunftwidrigkeiten und Uneffektivität am Leben erhalten und sich gegenüber absichtlichen oder zufälligen Stör- und Ausbruchsversuchen resistent erweisen."[7] Auch als „Karrierist und Schaumschläger"[8] erweist sich Kuller als Typus, der in den anderen Erzählungen Verwandte hat.[9] Schon in der Satire zeichnet sich die Tragik ab. Diesem Doppelgesicht der humoristischen Schreibweise entspricht, dass die Auseinandersetzung mit der Wissenschaft in anderen literarischen Textgattungen bei Königsdorf auch gänzlich andere Formate annehmen kann. Während sich *Der unangemessene Aufstand des Zahlographen Karl-Egon Kuller* leidenschaftlich und mit sarkastischem Esprit an der Wissenschaftskultur abarbeitet, schildert die Erzählung *Respektloser Umgang* von 1986 aus der Ich-Perspektive den psychischen und physischen Verfall einer tödlich erkrankten Wis-

6 Siehe hierzu die konzise Analyse von Kaufmann: Spielarten des Komischen, S. 144 f., die auch eine Charakterisierung des Komischen bei Königsdorf bietet.

7 Kaufmann: Spielarten des Komischen, S. 144.

8 Kaufmann: Spielarten des Komischen, S. 145.

9 Erwähnenswert ist in diesem Zusammenhang, dass auch Eckart Förtsch in seinem Aufsatz *Literatur als Wissenschaftskritik* den Karrieristen als dominante literarische Figur der DDR-Literatur identifiziert: „Wo Wissenschaft zentraler Gegenstand des Textes ist, gibt es den Karrieristen [...]. Er ist eine tragende Figur, ein Kennzeichen des Betriebs; er gehört dazu." (S. 158) Förtsch hält für die von ihm analysierten Texte über die karrieristischen Figuren fest: „Wissenschaft ist ihnen ein austauschbares Mittel zum Zweck der Karrieresicherung, sie sind rücksichtslos gegenüber deren Menschen und Erkenntnissen." (S. 158) Eckart Förtsch: Literatur als Wissenschaftskritik. In: Lebensbedingungen in der DDR. Siebzehnte Tagung zum Stand der DDR-Forschung in der Bundesrepublik Deutschland 12. bis 15. Juni 1984. Köln 1984, S. 157–168.

senschaftlerin, die aufgrund der ihr verordneten Medikamente Halluzinationen hat, in denen ihr Lise Meitner erscheint, die mit ihr Zwiesprache hält.[10]

3 Rückschlüsse auf das reale Wissenschaftssystem ‚in Ost und West'?

Während Kuller die Treppe im Universitätsgebäude hinaufsteigt, lässt er gedanklich seine Karriere Revue passieren. Wenn man den Treppenaufstieg als Sinnbild für Kullers Karriere lesen möchte, so wie es in Kapitel 2 dieses Beitrags vorgeschlagen wurde, dann wird diese Karriere deutlich als eine ostdeutsch geprägte Karriere markiert. Denn in der Erzählung heißt es: „Professor Kuller stieg die Treppe im *Ostflügel* des Gebäudes empor." (S. 69; Hervorhebung: M.M.) Die Angabe, dass es sich um den Ostflügel handelt, ragt insofern aus der Erzählung heraus, als sonst nur wenig auf eine spezifisch zeitliche und räumliche Verankerung des dargestellten Wissenschaftsbetriebs hindeutet. Auch typographisch wird dieser Satz auf besondere Weise hervorgehoben, indem ihm alleine ein einziger Absatz eingeräumt wird. – Lassen sich aus dieser Satire also Ergebnisse ableiten, die auf Besonderheiten des Wissenschaftssystems und der Wissenschaftskultur[11] in der DDR schließen lassen?

---

10 Anders als *Der unangemessene Aufstand des Zahlographen Karl-Egon Kuller* erschien die Erzählung *Respektloser Umgang* nicht in einer Sammlung mit anderen Erzählungen, sondern separat im schmalen Buchformat. In der DDR wurde die Erzählung im Jahr 1986 beim Aufbau-Verlag Berlin/Weimar veröffentlicht und in der BRD im selben Jahr beim Luchterhand Verlag Darmstadt/ Neuwied. Es verwundert von daher nicht, dass diese selbstständig erschienene Erzählung ein wesentlich breiteres feuilletonistisches und literaturwissenschaftliches Echo erhielt, als die anderen, deutlich kürzeren wissenschaftssatirischen Erzählungen von Königsdorf. Für *Respektloser Umgang* verzeichnet die *Bibliographie der deutschen Sprach- und Literaturwissenschaft* zahlreiche Rezensionen in den zeitgenössischen Feuilletons.

11 Den Begriff der Kultur verwende ich in Anlehnung an den Kultursoziologen Andreas Reckwitz und beziehe mich dabei auf seine Abhandlung: Das Ende der Illusionen. Politik, Ökonomie und Kultur in der Spätmoderne. Berlin [2019] [6]2020. Reckwitz unterscheidet hier einen ‚weiten' von einem ‚engen' Kulturbegriff; wobei er selbst einen ‚engen' Kulturbegriff favorisiert: „Im weiten kulturwissenschaftlichen Verständnis ist gewissermaßen alles Kultur, weil überall Bedeutungen am Werk sind. Das enge Verständnis sieht Kultur hingegen nur dort, wo es um Wert geht. [...] Im Feld der Kultur wird bestimmten Dingen Wert zugeschrieben, sie werden mit Wert aufgeladen und anderen Wert abgesprochen. Das Feld der Kultur ist somit der dynamische gesellschaftliche Bereich, in dem man einerseits ‚valorisiert', also Wert zuschreibt, andererseits devalorisiert, also Wert abspricht, entwertet." (Reckwitz: Das Ende, S. 33). – Bezeichnenderweise trifft für das in Königsdorfs Erzählung reflektierte Sujet nicht nur der Begriff der ‚Wissenschaftskultur' in einem ‚weiten' Sinne (insofern die Wissenschaft ein Deutungssystem ist, das „von sozialen Bedeu-

Es wäre sicher eine reizvolle Unternehmung zu fragen, inwiefern sich aus dieser fiktionalen Erzählung Rückschlüsse auf das Wissenschaftssystem und die Wissenschaftskultur der DDR ziehen lassen, doch unter methodischen Gesichtspunkten wäre Vorsicht geboten. Es liegt auf der Hand, dass ausgehend von einer einzelnen Erzählung einerseits die Quellenbasis für eine fundierte Beantwortung wesentlich zu schmal wäre und dass andererseits das intrikate Verhältnis von Literatur und Geschichte eingehender Reflexionen bedürfte, bevor aus einer fiktionalen Erzählung auf historische Informationen geschlossen würde. Systematische historische Erschließungsversuche sind indes in den vergangenen Jahrzehnten bereits von den historiographischen Disziplinen geleistet worden.[12] Und auch diese zeigen, dass es den Balanceakt von Differenzierung einerseits und Generalisierung andererseits im Rahmen jeder Form von geschichtlicher Betrachtung zu lösen gilt.[13] Das heißt mit Blick auf unsere Erzählung: Um zu konstatieren, dass es sich um eine satirische Charakterisierung eines Wissenschaftssystems handelt, das spezifisch für die DDR-Kultur ist, müsste dann nicht auch im Umkehrschluss der Beweis geführt werden können, dass die in der Erzählung humoristisch parodierten Eigenheiten für die Wissenschaftssysteme anderer politischer Gesellschaften keine Geltung besitzen? Doch schon ein erster Blick in die Erzählung erstaunt insofern, als vordergründig zunächst kaum etwas ins Auge sticht, was man im Zusammenhang mit einem satirisch-kritischen Text aus der DDR erwarten würde. Denn müsste es sich dabei nicht um Elemente handeln, die auf sozialistische Planwirtschaft, Überwachung und Kontrolle hinweisen? Doch treten solche nur vereinzelt auf, etwa wenn der Erzähler darauf hinweist, dass die Erziehung und Ausbildung darauf zielen, die Notwendigkeit freier Entscheidungen zu eliminieren: „Natürlich war das System von Erziehung

---

tungswelten abhäng[t], die [Wissenschaft] auf bestimmte Weise definier[t] und interpretier[t]." (Reckwitz: Das Ende, S. 33) Sondern hier greift auch der ‚enge' Begriff der Kultur: Es geht um einen „Prozess des doing value" (Reckwitz: Das Ende, S. 33).

12 Siehe etwa den Problemaufriss von Mitchell G. Ash: Wissenschaft, Politik und Modernität in der DDR. Ansätze zu einer Neubetrachtung. In: Wissenschaft und Politik. Genetik und Humangenetik in der DDR (1949–1989). Hg. von Karin Weisemann, Peter Kröner, Richard Toellner. Münster 1997, S. 1–25. Siehe außerdem die Fallstudien im Sammelband von Dieter Hoffmann und Kristie Macrakis (Hg.): Naturwissenschaft und Technik in der DDR. Berlin 1997.

13 „Im übrigen aber kann keine Art der Betrachtung und erst recht keine generalisierende – wie die nachfolgende – eine Differenziertheit transportieren, die in ihrer Komplexität dem historischen Realgeschehen exakt entspräche", dies konstatiert auch Peer Pasternack zu Beginn seiner Studie: Wissenschaft und Politik in der DDR. Rekonstruktion und Literaturbericht (HoF-Arbeitsbericht 4'10). Hg. vom Institut für Hochschulforschung Halle-Wittenberg (HoF), Wittenberg 2010; hier S 8. Online unter: https://www.hof.uni-halle.de/dateien/ab_4_2010.pdf. (Letzter Zugriff: 17.7. 2020. Im Folgenden: Pasternack: Wissenschaft und Politik).

und Ausbildung noch nicht so perfekt wie heute. Es war noch hin und wieder eine eigene Entscheidung notwendig gewesen.“ (S. 66) Oder wenn davon die Rede ist, dass Kuller „immer häufiger in den Kaderentwicklungsplänen aller möglichen wissenschaftlichen Organe auftauchte.“ (S. 70) Der Hochschulforscher Peer Pasternack fasst die ostdeutsche Wissenschaftsentwicklung der Nachkriegszeit in folgenden „generalisierenden Stichworten“[14] zusammen: Für die 50er Jahre veranschlagt er „*Zentralisierung, Gegenprivilegierung und Kaderpolitisierung*“,[15] für die 60er Jahre „*technokratische Modernisierung und Hochschulexpansion*“[16] und für die 70er Jahre „*Expansionsrücknahme und Disziplinierung*“[17]. Das Jahrzehnt, in dem Königsdorf Erzählung entstand, die 80er Jahre, seien schließlich „von einer *allgemeinen gesellschaftlichen Krise* und einer *Generationsblockade* geprägt“[18] gewesen; eine solche habe es in den 80er Jahren auch in Westdeutschland gegeben.[19] – Vielleicht passen da die Hochstapelei und der Karrierismus Kullers doch ganz gut ins (Geschichts-)Bild? Das wesentliche Charakteristikum der in der Erzählung auftretenden Figuren dürfte die Ehrsucht sein. Immerhin steht Kullers wissenschaftliche Laufbahn im Zeichen des Karrierismus, nicht des Erkenntnisfortschritts. – Doch die Ehrsucht ist spätestens seit der Aufklärung bereits ein etablierter Topos in der deutschsprachigen Gelehrtensatire.[20]

Ein Blick in die Geschichte der literarischen Gattung scheint also die Frage nach dem DDR-spezifischen Format von Königsdorfs Wissenschaftssatire zu relativieren.[21] Dasselbe gilt auch für einen Blick in die Gegenwart: Dem strategisch-manipulativen Vorgehen des Zahlographen sei hier ein Text an die Seite gestellt, der 2013 in der vom deutschen Hochschulverband herausgegebenen Wissenschaftszeitschrift *Forschung und Lehre* erschienen ist. Es handelt sich um *satirische Hinweise*, so der Untertitel des Beitrags, zur *Manipulation von Berufungsverfahren.*[22] Jedenfalls nicht zwingend und nicht ausschließlich um Bestenauslese scheint es demnach auch bei den Karrieren an bundesdeutschen Universitäten zu

---

14 Pasternack: Wissenschaft und Politik, S. 10.

15 Pasternack: Wissenschaft und Politik, S. 10.

16 Pasternack: Wissenschaft und Politik, S. 11.

17 Pasternack: Wissenschaft und Politik, S. 13.

18 Pasternack: Wissenschaft und Politik, S. 14.

19 Pasternack: Wissenschaft und Politik, S. 14.

20 Siehe hierzu Alexander Košenina: Der gelehrte Narr. Gelehrtensatire seit der Aufklärung. Göttingen [2003] ^{2}2004, S. 66 – 74.

21 Košenina unterscheidet im Schlusskapitel seiner Studie *Der gelehrte Narr. Gelehrtensatire seit der Aufklärung* nicht zwischen ost- und westdeutscher Wissenschaftssatire (Königsdorfs Erzählungen werden von ihm nicht behandelt).

22 Wolfgang Weber: Anleitung zur Manipulation von Berufungsverfahren. Satirische Hinweise. In: Forschung und Lehre 9 (2013), S. 730 – 732.

gehen. In anderen Punkten erinnert die Erzählung sogar an Missstände, bei denen man wähnt, es müsse sich um Eigenheiten von ‚kapitalistischen' Wissenschaftssystemen handeln. Dazu zählt, zum Ersten, das hierarchische Herrschaftsverhältnis im Rahmen eines geradezu ‚kapitalistisch' zu nennenden Produktionswahns, in welchem die jungen wissenschaftlichen Mitarbeiter ihren Vorgesetzten ‚zuarbeiten', um auf diese Weise deren Ruhm zu mehren:

> Man erwartete von dem frisch zum Professor berufenen Karl-Egon Kuller, daß er sich mit jungen Mitarbeitern umgab, wobei er mehrere leistungsstarke, produktive Absolventen abbekam, was ihm gänzlich ungerechterweise die lebenslange schwelende Feindschaft einiger Kollegen eintrug. Mit wachsender Mitarbeiterschar vermehrten sich die Publikationen sprungartig, auf denen der Name Kuller als Koautor erschien. Man muß ihm aber Gerechtigkeit widerfahren lassen, er hatte die Arbeiten immer gelesen und oft deren Stil verbessert. (S. 70 f.)

Zum Zweiten handelt es sich um ein System, in welchem bis zum Überfluss produziert wird: „Bald waren alle internationalen Fachzeitschriften mit einem Überangebot an eingereichten Arbeiten versehen." (S. 71) In diesem System des Überflusses sind, zum Dritten, immer wieder pragmatisch-opportunistische Entscheidungen gefragt: „Man mußte sich entscheiden, ob man in Zukunft zu denen gehören wollte, deren Arbeiten mit höflichem Bedauern abgelehnt und zurückgesandt wurden, oder zu denen, die selbst Arbeiten mit höflichem Bedauern ablehnten und zurücksandten." (S. 71) Der wissenschaftliche Produktionswahn generiert einen Automatismus. Mit der Steigerung von Publikationen steigt auch die Zahl der Publikationsorgane. Doch obwohl mit zunehmender Quantität der Beiträge keineswegs auch eine Mehrung von Qualität und Originalität einhergeht, verzeichnet das System keine Inflation, im Gegenteil, es reproduziert sich selbst und potenziert durch dieses Wachstum auch das „Ansehen" derer, die in dieses Wachstum involviert sind:

> Natürlich war nur eine Entscheidung möglich. Er gründete ein neues zahlographisches Journal, und da es ihm gelang, einige Namen von Wissenschaftlern des Auslandes auf die erste Innenseite des Journals drucken zu lassen, die auf den ersten Innenseiten jedes zahlographischen Journals der Welt gedruckt wurden, trug er wesentlich zur Stärkung des internationalen Ansehens unserer Wissenschaft bei. (S. 71)

Zum Vierten geht es auch in dem hier geschilderten und satirisch überzeichneten Wissenschaftssystem wesentlich um Geld:

> Warum organisierten Wissenschaftler Tagungen, da sie doch alle ein gewaltiges Lamento anhoben, wenn es um die Arbeit ging, die damit verbunden war? Kuller konnte diese Frage beantworten.

> Einmal neigen Wissenschaftler eines bestimmten Alters dazu, sich ernsthafter wissenschaftlicher Tätigkeit zu entwöhnen, und ergriffen jeden Strohhalm, der sie auch weiter davon abhielt, zumal man in diesem Fall die Arbeit auf seine Mitarbeiter aufteilen konnte, ohne die Ehre teilen zu müssen. Weiterhin kosteten Tagungen Geld, und zwar ziemlich viel Geld. Jeder leitende Wissenschaftler wußte, daß seine Autorität bei seinen bürokratischen Instanzen mit der Summe des Geldes, das er verbrauchte, zunahm. Nicht zuletzt legte der Tagungsleiter die Liste derjenigen fest, die mit Kostenübernahme zu Hauptvorträgen eingeladen wurden. Es blieb nicht aus, daß man nach einiger Zeit selbst mit Kostenübernahme zu Hauptvorträgen eingeladen wurde. (S. 71 f.)

Wenn man die Ergebnisse aus der Gesamtinterpretation der Satire also als spezifisch für wissenschaftliche Missstände in der DDR-Kultur verbuchen und Rückschlüsse auf das politische System ziehen wollte, würde das die stille Vorannahme voraussetzen, dass die Wissenschaft in anderen politischen Systemen ausnahmslos anderen Funktionsmechanismen gehorche und die Kritik, bei aller satirischen Überspitzung, auf sie nicht zutreffen würde. Doch dies auszuschließen, dürfte schwierig werden. In dieser Hinsicht soll abschließend auf die im Jahr 2018 entstandene ARD-Reportage *Fake Science – Die Lügenmacher* der NDR-Investigativjournalisten Svea Eckert und Peter Hornung aufmerksam gemacht werden, die, obgleich keineswegs fiktional, durch und durch satirisch anmutet und genau das enthüllt, um das es auch in Königsdorfs Erzählung geht: puren Nonsens. Am Beispiel der „World Academy of Art and Science“ decken die beiden Journalisten auf, bis zu welchen irrsinnigen Auswüchsen es ein System aus Profitstreben und Profilierungsdrang getrieben hat, und dies auch im Wissenschaftsbetrieb, der sich offiziell der Wahrheit als einziger Währung verschrieben hat. Die besagte Akademie, deren Name an die renommierten und etablierten Gelehrtenakademien erinnert und diese als „World Academy“ noch übertrifft, existiert tatsächlich. Sie verdient Geld mit internationalen Tagungen und Publikationen. Die Qualitätsmaßstäbe sind scheinbar hoch, de facto aber nicht existent. Die beiden Journalisten tarnten sich als Wissenschaftler und trugen auf einer dieser Konferenzen computergenerierten Nonsens in englischer Sprache vor – ohne dadurch aufzufallen. Sie sprachen im Rahmen ihrer Recherchen auch mit deutschen Wissenschaftlern, die auf derartige Veranstaltungen gehen und in unseriösen Journalen publizieren. Zu hören gibt es in der TV-Dokumentation die altbekannte Klage um den in der Summe möglichst hohen Output, also um viele Publikationen. – Die „World Academy“ mag sicher ein sehr extremes Beispiel sein, aber immerhin ist es keine fiktionale Satire. Ein Blick auf die Webseite der „World Academy“ illustriert auch sprachlich eindrucksvoll ins Groteske gesteigerte wissenschaftliche Konventionen, das heißt: etablierten Jargon, wohlklingend und inhaltsleer.

Dass die „World Academy“ und die mit ihr assoziierte „Junk Science“[23] nur Symptome für Missstände im Wissenschaftssystem und nicht dessen dringlichstes Problem sind, wurde den Journalisten von Seiten der Wissenschaftler inzwischen entgegengehalten.[24] Auch, dass das bundesdeutsche Wissenschaftssystem an anderen strukturellen Missständen krankt, lässt sich immer wieder in den Zeitungen und Feuilletons nachlesen.[25] Warum also der Hinweis auf diese TV-Dokumentation? Die Missstände, die in ihr angeprangert werden, sind bis zu einem gewissen Grad mit denjenigen in Königsdorfs Satire vergleichbar. Und doch wird man sich schwertun, von ihr auf die gesamte Wissenschaftskultur der BRD zu schließen, denn dies würde bedeuten, die gesamte bundesdeutsche Wissenschaft als „Lügenmacherei“ zu diffamieren, also ihre Wissenschaftlichkeit zu leugnen und damit Verschwörungstheoretikern in die Hände zu spielen. Kritik an der Wissenschaftskultur mag berechtigt sein und ihren Halt in der Realität finden. Doch ist dabei *Relativität* und *Differenzierung* im Blick zu behalten. Und genau dies gilt auch für Königsdorfs Erzählung. Auch wenn man sich über das Wissenschaftssystem der DDR am besten komplementär aus historischen, jedenfalls nicht ausschließlich aus fiktionalen Quellen informiert, hat natürlich auch Königsdorfs Erzählung historische Aussagekraft. Diese, ebenso wie ihr DDR-spezifischer Charakter, wäre aber erst dann zu ermitteln, wenn ein größeres Korpus an historischen Quellen und fiktionalen Wissenschaftssatiren aus der ehemaligen DDR zusammengetragen und solchen aus Westdeutschland im historischen Vergleichszeitraum gegenübergestellt werden würde. „Die Wissenschaftssatire im geteilten Deutschland“ – so lautet also das hier bezeichnete Forschungsdesiderat. – Dass im Rahmen dieses Beitrags anders verfahren wurde, dass zunächst aufgezeigt wurde, welche Eigenheiten der Satire typisch für ihre Gattung und insofern bis zu einem gewissen Grad ‚überzeitlich‘ sind, ist nicht nur methodisch und argumentationsstrategisch motiviert, sondern hat auch folgenden Grund: Der Zweck einer jeden Satire ist die Gegenwartskritik. Wir würden sie ihres Stachels berauben, wenn wir sie blindlings für historisch erklären ohne diese Historizität, das heißt: ohne ihr geschichtliches Vergangensein und die Verjährung ihres Geltungsanspruchs zugleich auch in Frage zu stellen.

---

23 Mit dem Begriff der „Junk Science“ beziehe ich mich auf Thomas Beschorner: Wer „Fake Science“ ruft, ignoriert die wahren Probleme. Artikel auf Zeitonline vom 31. Juli 2018. https://www.zeit.de/wissen/2018 – 07/fake-science-wissenschaft-publikation-zeitschrift.

24 Siehe beispielhaft den genannten Artikel von Thomas Beschorner.

25 z. B. bei Anant Agarwala, Anna-Lena Scholz: Macht Schluss damit. Artikel auf Zeitonline vom 8. November 2017. https://www.zeit.de/2017/46/machtmissbrauch-wissenschaft-universitaeten-strukturen.

Maria Kuberg

Enden des wissenschaftlichen Zeitalters

Eine Hermeneutik des Einverständnisses in Brechts Lehrstücktheorie und Heiner Müllers *Mauser*

1 Das Lehrstück als Theater des wissenschaftlichen Zeitalters

In einem im Westdeutschen Rundfunk am 11. Januar 1929 ausgestrahlten Radiogespräch zwischen dem Intendanten des Senders, Ernst Hardt, dem Journalisten und Dramaturgen Herbert Jhering, dem Soziologen Fritz Sternberg und dem Schriftsteller Bertolt Brecht verwendet letzterer zum ersten Mal den Ausdruck vom „wissenschaftlichen Zeitalter". Vom „Theater des wissenschaftlichen Zeitalters"[1] ist hier noch nicht die Rede, wohl aber vom „Publikum des wissenschaftlichen Zeitalters", welches sich, so Brecht, dadurch auszeichne, dass es eine „kühle, forschende, interessierte Haltung" an den Tag lege (GBA 21, 273), sich also gewissermaßen wissenschaftlich gegenüber dem Gezeigten verhalte. Einem solchen Publikum gegenüber haben die Schauspieler, wie der Autor kurze Zeit später an anderer Stelle erläutert, ihrerseits eine bestimmte Haltung einzunehmen, nämlich „[i]hr Wissen zeigend", genauer: das Wissen „[d]er menschlichen Beziehungen. Der menschlichen Haltungen. Der menschlichen Kräfte" (GBA 21, 279). Brecht schwebt also Anfang 1929 eine Kunst vor, die gewisse Allianzen mit der Wissenschaft und mit dem Wissen eingeht, und zwar insbesondere mit der Soziologie als derjenigen Disziplin, die das Wissen um die menschlichen Beziehungen hervorbringt. Die Soziologie sei geeignet, das Drama als Gattung zu „liquidieren" (GBA 21, 270), indem sie es, wie Sternberg Brecht im Radiogespräch ergänzt, historisiere (vgl. GBA 21, 271). Mit den Mitteln der Aufklärung bekämpfe sie die Darstellung von individuellen Schicksalen als einen Aberglauben, um stattdessen das epische Theater als zeitgemäße Form der Lehre und Unterhaltung einzusetzen, in dem nicht mehr der Einzelne, sondern das Kollektiv zu sehen sei (vgl. GBA 21, 273).

1 In dieser Form wird Brecht den Ausdruck erst 1948 im „Kleinen Organon" gebrauchen, vgl. Bertolt Brecht: Große kommentierte Berliner und Frankfurter Ausgabe. Bd. 23: Schriften 3. Hg. von Werner Hecht, Jan Knopf u. a. Berlin, Weimar, Frankfurt/Main 1988, S. 65 – 97, hier: S 66. Nachweise aus dieser Ausgabe folgend im Text unter der Angabe der Sigle GBA sowie der jeweiligen Bandnummer.

 https://doi.org/10.1515/9783110771008-012

Unbeantwortet lässt Brecht die Frage, wie sich eine Kunstform, die grundsätzlich hermeneutischen Prozessen unterworfen ist, noch lesen lässt, wenn sie die Sprache des Rationalen und der positivistischen Wissenschaft spricht. Ist ein Theater des wissenschaftlichen Zeitalters überhaupt *zu verstehen* und deutend auslegbar oder präsentiert es einfach verifizierbares Wissen und kann so allenfalls noch ‚zur Kenntnis genommen', in den je eigenen Wissensbestand der Leser*innen und Zuschauer*innen aufgenommen werden?[2]

Wenn im Folgenden vorgeschlagen wird, nicht nur das epische Theater, sondern insbesondere die zur Zeit des Radiogesprächs zuerst entstehenden Lehrstücke in den Kontext eines solchen Theaters des wissenschaftlichen Zeitalters zu stellen, so freilich unter dem Vorbehalt, dass diese, wie im Folgenden erläutert wird, eine gegenüber dem im Radiogespräch skizzierten Theater völlig andere Haltung sowohl der Zuschauenden wie auch der Spielenden erfordern. Gleichwohl, so die These, lassen sich die Lehrstücke doch als Versuche (im doppelten Sinne) eines Theaters des wissenschaftlichen Zeitalters lesen, an denen allerdings das Verhältnis von positivierbarem Wissen und hermeneutisch auszulegendem Verstehen zum Problem wird. Heiner Müllers Auseinandersetzungen mit dem Lehrstück, insbesondere in *Mauser* (1970), können, wie ich im Verlauf dieses Beitrags ausführen möchte, vor diesem Hintergrund als kritische Suche nach und schließlich ein Scheitern der Möglichkeit eines solchen Theaters des wissenschaftlichen Zeitalters in der DDR der 1960er und 1970er Jahre gelesen werden. Bevor ich zu Müller komme, seien hier aber erst einige Überlegungen zu Brechts Lehrstücktheorie, zu dem politischen Problem der *Maßnahme*, und schließlich zu der Dialektik des Einverständnisses angestellt, die Brecht in den Lehrstücken entwirft.

---

2 In der Erkenntnistheorie ist das Verhältnis von Wissen und Verstehen umstritten. John Greco: Episteme. Knowledge and Understanding. In: Virtues and Their Vices. Hg. von Kevin Timpe, Craig A. Boyd. Oxford 2014, S. 285–302, oder Paulina Sliwa: Understanding and Knowing. In: Proceedings of the Aristotelian Society 115.1 (2015), S. 57–74, fassen Verstehen als Form des Wissens auf. Demgegenüber heben etwa Jonathan L. Kvanvig: The Value of Knowledge and the Pursuit of Understanding. Cambridge 2003, und Duncan Pritchard: Knowing, Understanding and Epistemic Value. In: Royal Institute of Philosophy Supplement 64 (2009), S. 19–43, den epistemischen Wert des Verstehens gegenüber dem Wissen hervor. Vgl. zusammenfassend und erläuternd zu dieser Debatte Christoph Baumberger: Wissen, Verstehen und Weisheit. In: Handbuch Erkenntnistheorie. Hg. von Martin Grajner, Guido Melchior. Stuttgart 2019, S. 110–115. Im vorliegenden Text wird von einem an Dilthey anschließenden hermeneutischen Verstehensbegriff ausgegangen, der Verstehen als tendenziell unabschließbaren Prozess der Auslegung fasst und der dem Wissen als der Kenntnis verifizierbarer Fakten gegenübergestellt wird. Vgl. dazu Tom Kindt, Tillmann Köppe: Verstehen. In: Literatur und Wissen. Ein interdisziplinäres Handbuch. Hg. von Roland Borgards u. a. Stuttgart, Weimar 2013, S. 260–264.

Ein genaueres Verständnis der Lehrstücktheorie konnte sich im Grunde erst ab 1972, mit der Publikation von Reiner Steinwegs Dissertation *Das Lehrstück. Brechts Theorie einer politisch-ästhetischen Erziehung*[3] entwickeln. Steinwegs Verdienst ist es, die vereinzelt für Programmhefte, in Notizen und Briefen verfassten Äußerungen Brechts und seiner Mitarbeiter*innen zu den Lehrstücken zusammengetragen und so eine, wenn auch von Brecht nicht ausgearbeitete, Theorie des Lehrstücks sichtbar gemacht zu haben. Nach dieser Theorie dient das Lehrstück gerade nicht der Belehrung des Publikums, sondern setzt ein sozusagen ‚wissenschaftliches' Verhältnis von Akteuren und Publikum voraus.[4] Eine der ersten expliziten Äußerungen Brechts in diesem Kontext, betreffend das *Badener Lehrstück vom Einverständnis*, hebt die Kollektivität der Arbeit und das besondere Verhältnis des Stücks zum Publikum hervor:

> Das ‚Lehrstück', gegeben durch einige Theorien musikalischer, dramatischer und politischer Art, die auf eine kollektive Kunstübung hinzielen, ist zur Selbstverständigung der Autoren und derjenigen, die sich dabei tätig beteiligen, gemacht und nicht dazu, irgendwelchen Leuten ein Erlebnis zu sein. Es ist nicht einmal ganz fertig gemacht. Das Publikum würde also, sofern es nicht bei dem Experiment mithilft, nicht die Rolle des Empfangenden, sondern eines schlicht Anwesenden spielen.[5]

3 Reiner Steinweg: Das Lehrstück. Brechts Theorie einer politisch-ästhetischen Erziehung, Stuttgart 1972. Steinwegs Bemühungen um eine Rehabilitation des Lehrstücks fingen mit seiner 1969 eingereichten Dissertation erst an. Weitergeführt wurden sie in Artikeln für die *alternative*, einer kritischen Ausgabe der *Maßnahme*, vor allem aber an einer zwei Wochenenden umfassenden Tagung zum Lehrstück, in der nicht zuletzt die Frage der künstlerischen und pädagogischen Umsetzungsmöglichkeiten der Lehrstücke diskutiert wurde und aus der zwei grundlegende Sammelbände hervorgegangen sind: Reiner Steinweg (Hg.): Brechts Modell der Lehrstücke. Zeugnisse, Diskussion, Erfahrungen. Frankfurt/Main 1976, sowie Reiner Steinweg (Hg.): Auf Anregung Bertolt Brechts: Lehrstücke mit Schülern, Arbeitern, Theaterleuten. Frankfurt/Main 1978. Steinwegs eigenes Verständnis des Lehrstücks – er plädierte für die Integration von Lehrstücken in den Schulunterricht, eine Praxis, die in der Folge seiner Bemühungen auch rege umgesetzt wurde – übersieht dabei das hier untersuchte Dilemma des Verstehens, das das Lehrstück auch vorführt.

4 Zur Verwendung und Entwicklung des „Lehrstück"-Begriffs in Brechts Arbeit und darüber hinaus vgl. Klaus-Dieter Krabiel: Brechts Lehrstücke. Entstehung und Entwicklung eines Spieltyps, Stuttgart, Weimar 1993, S. 95–98, sowie Klaus-Dieter Krabiel: Die Lehrstücke. In: Brecht-Handbuch in fünf Bänden. Bd. 1: Die Stücke. Hg. von Jan Knopf. Stuttgart, Weimar 2001, S. 28–39, hier: S. 28.

5 Bertolt Brecht: Zum ‚Lehrstück'. In: Brechts Modelle der Lehrstücke. Zeugnisse, Diskussion, Erfahrungen. Hg. von Reiner Steinweg. Frankfurt/Main 1976, S. 32. Die Äußerungen Brechts zum Lehrstück zitiere ich nicht nach der GBA, sondern nach Steinwegs Suhrkamp-Band.

Gegenüber dem kühl-forschenden Interesse des im Radiointerview imaginierten Publikums ist die gewünschte Zuschauerhaltung hier noch weiter zurückgenommen. Weniger noch als das epische Schaustück richtet sich das Lehrstück an ein mitfühlendes, „empfangendes" Publikum und ist insofern auch nicht „Theater", wenn letzteres als Ort der ‚theoria' im Sinne einer verinnerlichenden Anschauung begriffen wird. Die „Lehre" des Lehrstücks vermittelt sich nicht in der Anschauung, sondern in der Praxis der Beteiligung; sie vermittelt sich also nicht einem Publikum, sondern den Akteuren selbst, es ist, könnte man sagen, ein Lernstück mehr als ein Lehrstück, wie denn auch Brecht vorschlägt, den Begriff mit „learning-play" ins Englische zu übersetzen.[6] Freilich können die Zuschauer in von Brecht nicht genauer ausgeführter Weise selbst zu Akteuren werden, „mithelfen".[7] Gegenüber dem epischen Schaustück, das als „Theater des wissenschaftlichen Zeitalters" gewissermaßen einem wissenschaftlichen Vortrag vor Fachpublikum zu ähneln hat, hat das Lehrstück den Charakter eines Experiments, insofern es der „Selbstverständigung der Autoren und derjenigen, die sich dabei tätig beteiligen" dient. Die Lehre, die es im Namen trägt, vermittelt es nicht einfach, sondern es bringt eine bestimmte Form der Erkenntnis überhaupt erst hervor, und zwar auf experimentelle Weise. Experiment ist das Lehrstück ganz im Sinne eines in der Neuzeit entwickelten Wissenschaftsverständnisses, nach dem das Experiment dazu dient, „Erkenntnis in der und über die Natur aus indirekten, künstlich inszenierten Erfahrungen zu gewinnen und das Spekulative gewissermaßen als theoretisches Korrelat dieser Erfahrungen zu inthronisieren."[8] Die dem Experiment eigene „Doppelung von ‚Erfahrung' und ‚Versuch'", die sowohl „theoretische Aussagen über und (technisch-praktisches) Eingreifen in die Na-

---

6 Vgl. Bertolt Brecht: [Das deutsche Theater der Zwanziger Jahre]. In: Brechts Modelle der Lehrstücke. Zeugnisse, Diskussion, Erfahrungen. Hg. von Reiner Steinweg. Frankfurt/Main 1976, S. 148–151, hier: 150.

7 Diese Tendenz zur Überwindung der Grenze zwischen Spielenden und Schauenden bemerkt Walter Benjamin auch für das epische Theater, dessen Projekt er als die „Verschüttung der Orchestra" bezeichnet, als die Überbrückung des „Abgrund[s], der die Spieler vom Publikum wie die Toten von den Lebendigen scheidet". Walter Benjamin: Was ist das epische Theater? ‹1› Eine Studie zu Brecht. In: Walter Benjamin: Gesammelte Schriften. Bd. 2.2: Aufsätze, Essays, Vorträge. Hg. von Rolf Tiedemann, Hermann Schweppenhäuser. Frankfurt/Main [5]2014, S. 519–531, hier: S. 519. An die Ko-Präsenz von Akteuren und Publikum wird das Theater seit den 1960er Jahren wieder anschließen, sie wird zu einem wesentlichen Merkmal der „Ästhetik des Performativen". Vgl. Erika Fischer-Lichte: Ästhetik des Performativen. Frankfurt/Main 2004.

8 Roland Jost: Experiment und Fragment. Brechts DIE MASSNAHME im Kontext der literarischen Moderne. In: MASSNEHMEN. Bertolt Brecht/Hanns Eislers Lehrstück DIE MASSNAHME. Kontroverse, Perspektive, Praxis. Hg. von Inge Gellert, Gerd Koch, Florian Vaßen. Berlin 1998, S. 72–82, hier: S. 75.

tur“[9] erlaubt, erweist sich dabei, wie Roland Jost zeigt, in den Lehrstücken als „disparat-spannungsvolle“.[10] Ob das im Lehrstück durchgeführte Experiment die ihm zugrundeliegende Hypothese bestätigt oder ihr widerspricht, ist so klar nicht, wie es die Rezeption der Lehrstücke bis in die 1970er Jahre hinein annahm.

2 Unverständnis. Politische Konflikte mit der *Maßnahme*

Vor der Veröffentlichung von Steinwegs Arbeiten war die Rezeption der Lehrstücke eher zurückhaltend verlaufen. Ende der 1960er Jahre hielt man die Zeit um 1929–1930, in der Brecht an seinen Lehrstücken im engeren Sinne arbeitete, also am *Badener Lehrstück vom Einverständnis* (1929), am *Flug der Lindberghs* (1929), an *Der Jasager/Der Neinsager* (1930), an der *Maßnahme* (1930), an *Die Ausnahme und die Regel* (1930–32) sowie, etwas später, an *Die Horatier und die Kuriatier* (1935), für eine Übergangsphase in Brechts Schaffen, die nach der Augsburger expressionistischen Zeit die großen Arbeiten Brechts allenfalls vorbereite.[11] Insbesondere die *Maßnahme* stieß auf Ablehnung. Das Stück war von der Festspielleitung der „Neuen Musik Berlin 1930“, wo es ursprünglich uraufgeführt werden sollte, wahrscheinlich wegen politischer Bedenken abgelehnt worden.[12] Ob die Festspielleitung einen Zusammenhang mit dem 1930 noch kaum zu seinem ganzen Schrecken angewachsenen Stalinismus hergestellt hatte, ist nicht bekannt. Auf Sympathien mit der stalinistischen Politik schloss aus der *Maßnahme*-Lektüre jedenfalls nach dem Krieg das Committee of Un-American Activities, das Brecht und Eisler im September 1947 verhörte.[13] Als „transfiguration and beatification of the Stalinist Party“[14] hatte 1948 auch Hanns Eislers Schwester, die einstige KPDÖ-Mitbegründerin und nur knapp der in den Moskauer Prozessen über sie verhängten Todesstrafe in die USA entkommene Ruth Fischer, die *Maß-*

9 Jost: Experiment und Fragment, S. 75.

10 Jost: Experiment und Fragment, S. 78.

11 Vgl. etwa in der westlichen Forschung Martin Esslin: Brecht. Das Paradox des politischen Dichters. Frankfurt/Main 1962, S. 202 f. Für die DDR-Forschung exemplarisch: Werner Hecht, Hans-Joachim Bunge, Käthe Rülicke-Weiler: Bertolt Brecht. Sein Leben und Werk. Berlin 1971, S. 84.

12 S. dazu die Antwort Brechts/Eislers auf die Ablehnung GBA 24, S. 97 f.

13 Die Verhöre sind ausschnittsweise und vom Herausgeber übersetzt abgedruckt in: Reiner Steinweg (Hg.): Brechts Modell der Lehrstücke. Zeugnisse, Diskussion, Erfahrungen. Frankfurt/Main 1976, S. 182–186.

14 Ruth Fischer: Stalin and German Communism. A Study in the Origins of the State Party. Cambridge 1948, S. 624.

nahme angeklagt. Und auch in der bundesdeutschen Literaturwissenschaft wurde das Stück als Apologie des Stalinismus rezipiert, als Ausdruck der Sehnsucht des Individualisten Brecht nach der „*sinnlose[n] Autorität*" des Kommunismus,[15] als Perversion der Tragödie, in der die „grausam tödliche Funktion der olympischen Götter" vom Politbüro übernommen werde.[16] In der DDR kritisierte man, etwas vorsichtiger, eine „abstrakte[ ], undialektische[ ] Auffassung von Freiheit und Notwendigkeit, von Individuum und Gesellschaft"[17], befand die in der *Maßnahme* dargestellte Welt für „fetischisiert, unbeweglich und unmenschlich"[18] und erklärte sich diesen Fehlgriff des Autors mit zur Entstehungszeit der Lehrstücke noch unzureichenden Verbindungen Brechts „zur revolutionären Praxis" der Arbeiter.[19] Der Mitarbeiter des Bertolt-Brecht-Archivs Günter Glaeser, der in der *alternative* alle Lehrstück-Aufführungen in BRD und DDR bis 1970 auflistet, vermerkt für die BRD immerhin fünf Schüler- und Studenteninszenierungen der *Maßnahme*, für die DDR keine einzige.[20] Das ist einerseits nicht weiter verwunderlich, da Brecht selbst nach 1945 das Aufführen des Stücks untersagt hatte,[21] zeigt aber darüber hinaus eine Verlegenheit im Umgang mit dem politisch unliebsamen Text an. Das Problem dieses Textes, wie Hannah Arendt es auf den Punkt bringt, ist, dass diejenigen, „die damals schon innerhalb und außerhalb der Partei erbitterte Gegner Stalins waren, [...] natürlich außer sich darüber [waren], daß Brecht ein Stück zur Verteidigung Moskaus geschrieben hatte, während die Stalinisten wiederum alles Interesse daran hatten, zu bestreiten, daß dies ‚Machwerk' irgend etwas mit den russischen Realitäten zu tun habe."[22] Dass, wie

15 Esslin: Brecht, S. 221.

16 Benno von Wiese: Der Dramatiker Bertolt Brecht. In: Benno von Wiese: Zwischen Utopie und Wirklichkeit. Studien zur deutschen Literatur. Düsseldorf 1963, S. 254 – 275, hier: S. 261.

17 Werner Mittenzwei: Bertolt Brecht. Von der „Maßnahme" zu „Leben des Galilei". Berlin, Weimar ³1973, S. 59

18 Mittenzwei: Brecht, S. 60.

19 Hecht, Bunge, Rülicke-Weiler: Bertolt Brecht, S. 83 f.

20 Günter Glaeser: Lehrstück-Aufführungen. In: alternative 16.91 (1973), S. 208 – 211, hier: S. 210.

21 Das Verbot erfolgte zunächst an Paul Patera in Uppsala. S. Bertolt Brecht: [Aufführungsverbot für „Die Maßnahme"]. In: Brechts Modelle der Lehrstücke. Zeugnisse, Diskussion, Erfahrungen. Hg. von Reiner Steinweg. Frankfurt/Main 1976, S. 197. Vgl. dazu auch Elisabeth Hauptmann: [Zur Entstehung, Textwiedergabe und Aufführungsverbot der „Maßnahme"]. In: Brechts Modelle der Lehrstücke. Zeugnisse, Diskussion, Erfahrungen. Hg. von Reiner Steinweg. Frankfurt/Main 1976, S. 219. Vgl. zur Aufführungsproblematik der *Maßnahme* Klaus-Dieter Krabiel: Die Maßnahme. In: Brecht-Handbuch in fünf Bänden. Bd. 1: Stücke. Hg. von Jan Knopf. Stuttgart, Weimar 2001, S. 253 – 266, hier: S. 263 f.

22 Hannah Arendt: Bertolt Brecht. In: Hannah Arendt: Benjamin, Brecht. Zwei Essays. München 1971, S. 63 – 107, hier: S. 98. Arendt hält die „Maßnahme" zwar für moralisch problematisch, aber nicht für das eigentliche Vergehen Brechts, das sie vielmehr in der Verkennung des Nationalso-

Joachim Fiebach herausstellt, gerade die wissenschaftliche Herangehensweise des Texts, „[d]ie Dramaturgie des insistierenden öffentlichen Hinterfragens, das ständige Bezweifeln [...], wenn man will, geradezu antistalinistisch“[23] ist, und zwar insofern, als sie immer auch eine andere Lösung für möglich erscheinen lässt und die gewählte Lösung, das Opfer des Jungen Genossen, zur Debatte stellt, gerade, indem sie sie in ihrer ganzen Grausamkeit durchexerziert, wird in der Rezeption kaum beachtet.

Mit Reiner Steinwegs Arbeit zum Lehrstück, die 1972 erstmals das Material Brechts und seiner Mitarbeiter*innen zu den Lehrstücken versammelte und offenlegte, dass die Lehre der Lehrstücke nicht den Zuschauern, sondern den Spielenden gelte[24], ändert sich in ganz Deutschland die wissenschaftliche und künstlerische Auseinandersetzung mit den Lehrstücken. An der Berliner Volksbühne wird etwa ein Seminar mit Arbeiter*innen Berliner Betriebe zu *Die Ausnahme und die Regel* durchgeführt, Ostberliner Schüler*innen spielen *Die Horatier und die Kuriatier.*[25] Die *Maßnahme* allerdings bleibt vor allem in der DDR weiterhin außen vor, wohl auch, weil das nach wie vor als Rechtfertigung des Stalinismus gelesene Stück hier weit größere Schwierigkeiten bereitet als in der BRD. Öffentlich bleibt die übliche Begründung für das Ausbleiben von *Maßnahme*-Inszenierungen Brechts Aufführungsverbot, dass die Erben erst 1997 aufheben werden. Zaghafte Versuche ostdeutscher Brechtforscher*innen in den 1980er Jahren, das Stück zu rehabilitieren, bleiben ohne Konsequenzen.[26]

---

zialismus als einen einfachen Klassenkonflikt sieht, mithin in der mangelnden Anerkennung der Unermesslichkeit der Gräuel des Holocaust. Vgl. Hannah Arendt: Bertolt Brecht. 1898–1956. In: Men in Dark Times. New York 1968, S. 207–249.

23 Joachim Fiebach: DIE MASSNAHME – Lesarten in sich verändernden historischen Kontexten. In: MASSNEHMEN. Bertolt Brecht/Hanns Eislers Lehrstück DIE MASSNAHME. Kontroverse, Perspektive, Praxis. Hg. von Inge Gellert, Gerd Koch, Florian Vaßen. Berlin 1998, S. 62–71, hier: S. 64.

24 Steinweg nennt das die „Basisregel“ des Lehrstücks. Steinweg: Das Lehrstück, S. 87.

25 Vgl. Joachim Lucchesi, Ursula Schneider (Hg.): Lehrstücke in der Praxis. Zwei Versuche mit Bertolt Brechts Die Ausnahme und die Regel, Die Horatier und die Kuriatier. Arbeitsheft 31. Akademie der Künste der Deutschen Demokratischen Republik. Berlin 1979, sowie Elke Tasche: Das Seminar „Die Ausnahme und die Regel“ mit Partnerbetrieben der Volksbühne (Berlin DDR). In: Auf Anregung Bertolt Brechts: Lehrstücke mit Schülern, Arbeitern, Theaterleuten. Hg. von Reiner Steinweg. Frankfurt/Main 1978, S. 233–259.

26 Auf den Brecht-Tagen 1983 versucht Jürgen Schebera, Einwände gegen das Stück zu entkräften. In der anschließenden Diskussion der Tagungsteilnehmer äußert sich Wolfgang Heise skeptisch gegenüber einer Neuaufführung, während andere Diskutant*innen vorsichtig für eine Wiederaufnahme der Debatte um das Lehrstück plädieren. Jürgen Schebera: „Die Maßnahme“ – „Geschmeidigkeitsübung für gute Dialektiker“? In: Brecht 83. Brecht und Marxismus. Dokumentation. Hg. von Brecht-Zentrum der DDR. Berlin 1983, S. 91–100 (die Diskussion ist auf den anschließenden Seiten 103–125 abgedruckt). Auf den Brecht-Tagen 1985 beschreibt Hartung die

3 Einverstanden? Hermeneutische Konflikte in der *Maßnahme*

Wenn das epische Schaustück einem wissenschaftlichen Vortrag vor Fachpublikum ähnelt, bei dem die Vortragenden vor kühl-forschenden Interessierten ihr Wissen zeigen, so dient das Lehrstück der experimentellen „Selbstverständigung der Autoren und derjenigen, die sich dabei tätig beteiligen“[27], und insofern vermittelt es nicht nur eine Lehre, sondern es bringt eine bestimmte Form der Erkenntnis überhaupt erst hervor. Die Lehrstücke haben gewissermaßen zwei Seiten, eine, in der eine Lehre vermittelt wird und eine, in der eine Erkenntnis hervorgebracht wird. Diese Ambivalenz in der Form haben Hans-Thies Lehmann und Helmut Lethen als „doppelte Antithetik“[28] bezeichnet. Lehmann/Lethen unterscheiden zwei Ebenen, auf denen das Lehrstück operiert: eine Ebene der dialektischen Widersprüchlichkeit und eine zweite Ebene, auf der *„nicht falsche Gedanken, sondern das Denken in Frage gestellt“* wird, *„nicht eine These, sondern das Thetische, nicht eine gedankliche Ordnung, sondern die Ordnung des Gedankens“*.[29] Die erste Ebene stellt richtiges und falsches Handeln einander gegenüber; sie zeigt, welche „menschlichen Haltungen und Kräfte“ zu rationalen „menschlichen Beziehungen“ führen, und vermittelt insofern ein verifizierbares Wissen von ebendiesen menschlichen Haltungen, Kräften und Beziehungen. Sie führt einen Konflikt vor und zeigt seine Lösung. Auf der zweiten Ebene bleibt der Konflikt unlösbar, denn hier ist er „nicht einer *im* Begriff, sondern *zwischen* Begriff und dem, was dieser nicht erreicht.“[30]

Dieser Konflikt zwischen Begriff und Unbegreifbarem findet bei Brecht seinen Ausdruck in der Konstruktion des Einverständnisses. Die Lehrstücke führen das falsche Verhalten einer Figur vor, dessen fatale Konsequenzen für das Kollektiv nach rational-logischen Überlegungen nur durch den Tod dieser Figur verhindert

---

Maßnahme positiv als den Moment des Übergangs Brechts zum Kommunismus dezidiert leninistischer Prägung. Günter Hartung: Leninismus und Lehrstück. Brechts „Maßnahme“ im politischen und ästhetischen Kontext. In: Brecht 85. Zur Ästhetik Brechts. Fortsetzung eines Gesprächs über Brecht und Marxismus. Dokumentation. Hg. von Brecht-Zentrum der DDR. Berlin 1986, S. 126–143.

27 Bertolt Brecht: Zum ‚Lehrstück‘. In: Brechts Modelle der Lehrstücke. Zeugnisse, Diskussion, Erfahrungen. Hg. von Reiner Steinweg. Frankfurt/Main 1976, S. 32.

28 Hans-Thies Lehmann, Helmut Lethen: Ein Vorschlag zur Güte. [Zur doppelten Polarität des Lehrstücks] In: Auf Anregung Bertolt Brechts: Lehrstücke mit Schülern, Arbeitern, Theaterleuten. Hg. von Reiner Steinweg. Frankfurt/Main 1978, S. 302–318, hier: S. 306 (Herv. i. Orig.).

29 Lehmann, Lethen: Ein Vorschlag, S. 306.

30 Lehmann, Lethen: Ein Vorschlag, S. 307.

werden können. Die Figur selbst soll, auf einer anderen Ebene als die Spieler des Lehrstücks, diese rational-logische Lehre (Ebene 1 bei Lehmann und Lethen) begreifen und muss daher zu ihrem Tod ihr Einverständnis geben. In der *Maßnahme* wird die Figur des Jungen Genossen, der gemeinsam mit vier Agitatoren nach China gesandt wurde, um dort kommunistische Propaganda zu betreiben, von einem falschen, weil impulsiv-gefühlsmäßigen, zu einem richtigen, weil rationalen Einverständnis mit den Zielen des revolutionären Kollektivs geführt. Weil der Junge Genosse einsehen muss, dass sein impulsiver Humanismus die Ziele und das Leben der Gruppe gefährden, fällt das letztere, richtige Einverständnis in der Konstruktion der Handlung in eins mit dem Einverständnis mit seinem eigenen Tod. Das geforderte Einverständnis ist sicherlich, wie Milena Massalongo erläutert, ein Einverständnis damit, das menschliche Leben – auch das eigene – nicht als Wert für sich zu nehmen, sondern nach Kriterien der Brauchbarkeit für die revolutionäre Sache zu bewerten. „Einverstanden mit seiner Nutzbarkeit zu sein, heißt praktisch, damit einverstanden zu sein, daß die Frage nach dem Wesen unvollkommen ist und durch die Frage nach der Wirkung ergänzt werden muß. Was im Moment nicht nützlich ist, ist schädlich.“[31] Über diesen zweckethischen Aspekt hinaus aber offenbart die Monstrosität der Forderung eines solchen Einverständnisses den unlösbaren Konflikt der zweiten Ebene. Im Sträuben gegen den eigenen Tod, der doch im dialektischen Prozess als das rational Richtige erkannt worden ist, setzt die Figur ihren Körper gegen das rationale Begreifen, die „‚biologische[] Grenze‘ gegen den Begriff“,[32] „denn“, wie der Junge Genosse erklärt: „der Mensch, der lebendige, brüllt, und sein Elend zerreißt alle Dämme der Lehre.“ (GBA 3, 92) Im Einverständnis wird einerseits die ‚biologische Grenze‘ überschritten, das „radikal ‚asoziale[]‘ Moment im Subjekt überwunden, das alle Gesellschaftlichkeit, auch die proletarische, als Untergang, Zwang, Disziplin, Unterwerfung des Körpers und des Gefühls unter ein ihm fremdes Gesetz erfährt“.[33] Dennoch bleibt zugleich noch und gerade im Einverständnis selbst die Widerständigkeit, das Asoziale des Subjekts erhalten. Im Einverständnis erhält sich das Subjekt im Moment seiner Auslöschung. Indem das Subjekt sich mit seinem Tod zum Wohle des Kollektivs einverstanden erklärt, reintegriert es sich im Tod in das Kollektiv. Zugleich aber eignet es sich die Lehre des Kollektivs an, unterschreibt es sie mit seiner notwendig individuellen Zustimmung zur Auslöschung seiner Individualität – und bestätigt damit zuletzt seine Individualität, die

31 Milena Massalongo: Für eine andere Darstellung des Opfers. In: Die Lücke im System. Philoktet. Heiner Müller Werkbuch. Hg. von Wolfgang Storch, Klaudia Ruschkowski. Berlin 2005, S. 281–291, hier: S. 287.

32 Massalongo: Für eine andere Darstellung, S. 309.

33 Massalongo: Für eine andere Darstellung, S. 309.

sich auch im Opfertod nicht restlos in die Gemeinschaft reintegrieren lässt. Brecht formuliert diesen Widerspruch folgendermaßen: „einverstanden sein heißt auch: *nicht* einverstanden sein.“[34]

Was diese Notiz Brechts verdeutlicht, ist, dass der Widerspruch, der sich nicht dialektisch aufheben lässt, gerade der Form des Einverständnisses entstammt, die im Mittelpunkt der Lehrstücke steht. Das Einverständnis bildet das Zentrum des Widerspruchs. Denn was Brecht in seinen Lehrstücken, die Variationen des Einverständnisses als Akt und Form sind, herausarbeitet, ist, dass im Einverständnis das Individuelle sich mit einem Akt in das Allgemeine reintegriert, der paradoxerweise zugleich seine Individualität bestätigt. Zugespitzt ließe sich sagen, dass jedes Einverständnis in der Tendenz immer auf ein Einverständnis mit dem eigenen Tod hinausläuft, wenn der Tod als die endgültige Auflösung des Individuellen ins Allgemeine verstanden werden kann. Das Einverständnis als politisches Instrument setzt jedoch einen hermeneutischen Akt voraus. Um *einverstanden* zu sein, muss dasjenige, womit das Einverständnis ausgedrückt werden soll, erst einmal *verstanden* sein. Zum Tod aber kann der Einzelne ein absolutes, restloses, nicht widersprüchliches Einverständnis gar nicht geben, weil der Tod dem Verstehen in letzter Konsequenz entzogen bleiben muss. Das Einverständnis verweist so auf ein grundsätzliches Problem des Verstehens, es erweist sich bei Brecht als ein Aussetzen des Verstehens *im* Verstehen, eine Unterbrechung des hermeneutischen Prozesses *im* Prozess. Eine solche Unterbrechung ist der Hermeneutik von vorneherein eingeschrieben, sofern das Verstehen des Anderen immer zwischen dem Versuch schwankt, das Andere anzueignen, zum Selben zu machen, und der Verweigerung dieses Versuchs, dem Bestehen auf der totalen Fremdheit und Unübersetzbarkeit des Anderen. „Zwischen den beiden Reduktionismen“, so Werner Hamacher in seiner Schleiermacher-Lektüre, „im Intervall zwischen dem Selben des Anderen und dem andern des Selben operiert ein Verstehen, das in der Herstellung von Konsens den Dissens mobilisiert [...].“[35] So führt das Lehrstück in der Vorführung einer Lehre zugleich das Unlehrbare und Unlernbare dieser Lehre vor, macht es eine grundsätzliche Unverständlichkeit, ein Sträuben noch im Einverständnis erkennbar und lehrt vor allem das Scheitern des Verstehens.[36]

---

34 Bertolt Brecht: [Einverständnis und Widerspruch]. In: Brechts Modelle der Lehrstücke. Zeugnisse, Diskussion, Erfahrungen. Hg. von Reiner Steinweg. Frankfurt/Main 1976, S. 62.

35 Werner Hamacher: Hermeneutische Ellipsen. Schrift und Zirkel bei Schleiermacher. In: Texthermeneutik. Aktualität, Geschichte, Kritik. Hg. von Ulrich Nassen. Paderborn 1979, S. 113–148, hier: S. 146.

36 Insofern handelt es sich beim Einverständnis nicht um eine „Form der dialektischen Aufhebung der Widersprüche“, wie Nikolaus Müller-Schöll mit Bezug auf die *Maßnahme* meint, son-

4 Einverständnis mit dem Unverständlichen: Heiner Müller – *Mauser*

Bereits lange vor der Veröffentlichung von Steinwegs Arbeit beginnt Heiner Müller, sich mit dem Lehrstück auseinanderzusetzen. Mit einer „Versuchsreihe", bestehend aus den Stücken *Philoktet* (1958/64), *Der Horatier* (1968) und *Mauser* (1970), schließt Müller an Brechts Lehrstücke an, auf deren Veröffentlichungs- und Theoriekontext er mit der Bezeichnung „Versuchsreihe"[37] ausdrücklich verweist.[38] Brecht hatte die Lehrstücke zuerst in den ab 1930 erscheinenden *Versuche*-Heften veröffentlicht, in derer erstem er den Versuchsbegriff zum einen gegen einen geschlossenen Werkbegriff in Anschlag bringt, zum anderen den in den Heften publizierten Arbeiten einen „Experimentcharakter" zuschreibt, insofern diese „auf die Benutzung (Umgestaltung) bestimmter Institute und Institutionen gerichtet" seien.[39] An dieses Verständnis anknüpfend untersucht Müller in seiner „Versuchsreihe" zwischen wissenschaftlichem Experiment und theatralem Probehandeln, wie der in Brechts Lehrstücken entwickelte Versuchsaufbau für die Epoche des Realsozialismus adaptiert werden kann. *Mauser*, das letzte Stück der Reihe und dasjenige, um das es im Folgenden gehen soll, orientiert sich dabei insbesondere an Brechts *Maßnahme*, deren Aufbau es modifiziert. Als einziger von Müllers Texten nicht nur mit einem Aufführungs-, sondern auch einem Druckverbot belegt, bleibt das Stück in der DDR beinahe unbekannt. Eine von Hans Diether Meves für die *Woche des sowjetischen Gegenwartstheaters* 1972 in Magdeburg geplante Inszenierung wird vom Ministerium für Kultur ohne Nennung von Gründen abgesagt.[40] 1975 wird *Mauser* in Austin, Texas von einer

---

dern gerade um eine Form, die den Geltungsbereich der Dialektik überschreitet. Nikolaus Müller-Schöll: Das Theater des „konstruktiven Defaitismus". Lektüren zur Theorie eines Theaters der A-Identität bei Walter Benjamin, Bertolt Brecht und Heiner Müller. Frankfurt/Main 2002, S. 342.

37 Heiner Müller: Mauser. In: Heiner Müller: Werke. Bd. 4: Die Stücke 2. Hg. von Frank Hörnigk. Frankfurt/Main ^{4}2013, S. 243–260, hier: S. 259. Nachweise aus der Werkausgabe folgend im Text unter Angabe der Sigle W sowie der jeweiligen Bandnummer.

38 Daneben lassen sich, mit Müller-Schöll, auch *Der Lohndrücker* (1956/57), *Hamletmaschine* (1977), *Der Auftrag* (1979) und *Wolokolamsker Chaussee I–V* (1984–1986) als Lehrstückvariationen lesen. Vgl. Müller-Schöll: Das Theater, S. 535.

39 Bertolt Brecht: [Experimentcharakter der „Versuche"]. In: Brechts Modelle der Lehrstücke. Zeugnisse, Diskussion, Erfahrungen. Hg. von Reiner Steinweg. Frankfurt/Main 1976, S. 94.

40 Vgl. hierzu Heiner Müller: Krieg ohne Schlacht. Leben in zwei Diktaturen. In: Heiner Müller: Werke. Bd. 9: Eine Autobiographie. Hg. von Frank Hörnigk. Frankfurt/Main 2005, S. 202ff. Die Umstände, unter denen die Inszenierung in Magdeburg noch während des Probenprozesses verboten wurde und im Laufe derer Hans Diether Meves von seiner Stellung als Generalintendant

Gruppe von Studentinnen unter Mitarbeit Müllers uraufgeführt.[41] In der BRD kommt es 1980 unter der Regie von Christof Nel in Köln zur Erstaufführung. Veröffentlicht wird das Stück erstmals 1976 zweisprachig, in der *New German Critique*, bald darauf in der BRD in der *alternative*.[42]

Mauser, so erläutert Müller in seinen Anmerkungen zum Stück, „setzt voraus/ kritisiert Brechts Lehrstücktheorie und Praxis" (W 4, 259). Das in Brechts Lehrstücken aufgeworfene Problem des Einverständnisses, das der Einzelne zu den rationalen Entscheidungen des Kollektivs zu geben hat, überführt Müller in ein Dilemma des Verstehens, indem er sein Stück genau auf der fundamentalen Grenze des Verstehens errichtet, die Brecht im Einverständnis aufgedeckt hatte. Müller, so die These, die hier verfolgt werden soll, führt vor, dass die Lehre, die das Lehrstück erteilt, an die Grenzen des Wissens führt. Sein Lehrstück ist damit nicht zuletzt eines über das Gelingen und Scheitern des Lehrstücks.

Mauser erzählt den Konflikt zwischen Individuum und Kollektiv als Prozess. Die Handlung umfasst die Anklage, Verhandlung und (Selbst-)Verurteilung von A vor dem Kollektiv-Gericht des Chors. Die vergangenen Geschehnisse, die zu der Anklage As führten, werden in der Verhandlung aufgerollt. A, der im russischen Bürgerkrieg als Leiter des Revolutionstribunals in die Stadt Witebsk geschickt worden war, hatte dort als seine erste Aufgabe seinen Vorgänger im Amt, B, zu exekutieren. B war für die Revolution untragbar geworden, als er drei von ihm hinzurichtende Bauern, die er als Klassenbrüder und „Feinde der Revolution aus Unwissenheit" (W 4, 247) erkannt hatte, hatte laufen lassen. A, nach der Exekution von B in dessen Position installiert, hatte seine Arbeit des Tötens von „Feinden der Revolution" zunächst als „eine Arbeit wie jede andre" (W 4, 246) ausgeführt, aber angesichts der nicht abreißenden Kette zu erschießender „Feinde" an der Sinnhaftigkeit seiner Tätigkeit zu zweifeln begonnen („Wird das Töten aufhören, wenn die Revolution gesiegt hat. / Wird die Revolution siegen. Wie lange noch." W 4, 254). Seiner Bitte um Freistellung aus dem Auftrag hatte das

---

des Theaters Magdeburg zurücktrat, schildert Maik Hamburger: M in M mit M's M. In: Theater der Zeit 46.11 (1991), S. 14–16. Friedrich Dieckmann mutmaßt, freilich ohne Belege, dass Stückverbot und Rücktritt dazu dienten, dem als IM tätigen Meves einen systemkritischen und darum in den von ihm zu bespitzelnden Künstlerkreisen vertrauenserweckenden Ruf zu verschaffen. Friedrich Dieckmann: Saint-Just oder L'esprit de la révolution. In: Adolf Dresen: Der Einzelne und das Ganze. Zur Kritik der Marxschen Ökonomie. Hg. von Friedrich Dieckmann. Berlin 2012, S. 177–127.

41 Vgl. zu der Inszenierung W 9, S. 223 f., sowie Betty Nance Weber: Mauser in Austin, Texas. In: New German Critique 8 (1976), S. 150–156 (deutsch: Betty Nance Weber: „Mauser" in Austin, Texas. Bericht von der Uraufführung. In: Spectaculum. Moderne Theaterstücke 27 (1977), S. 291–296).

42 Heiner Müller, Helen Fehervary, Marc D. Silberman: Mauser. In: New German Critique 8 (1976), S. 122–149; Heiner Müller: Mauser. In: alternative 19.110/111 (1976), S. 182–191.

Chor-Kollektiv nicht stattgegeben und A hatte seine Arbeit des Tötens fortgesetzt. Das Grauen ob der einförmigen Sinnlosigkeit der Exekutionen wandelte sich daraufhin für A zu einer ekstatischen Lust am Töten: „Ich tanze auf meinen Toten mit stampfendem Tanzschritt" (W 4, 254). Dieses lustvolle und willkürliche Töten „Nicht unsre[r] Feinde nicht mit unserm Auftrag" (W 4, 245) wird A nun, in der Gegenwart der Stückhandlung, von dem Chor-Gericht zum Vorwurf gemacht. Er wird aufgefordert, die Unhaltbarkeit der eigenen Person für das höhere Prinzip der Revolution zu erkennen und in Konsequenz den eigenen Tod als Dienst an der Revolution zu akzeptieren.

In diesem die *Maßnahme*-Situation entscheidend zuspitzenden Szenario ist, wie Lehmann und Lethen festgestellt haben, jegliche Subjektposition nahezu vollständig zum Verschwinden gebracht. Mit Blick auf As Bekenntnis bei der Exekution seines Vorgängers („Tausend Hände an unserer Kehle war / gegen Zweifel an der Revolution kein / andres Mittel als der Tod des Zweiflers", W 4, 249) bemerken die beiden Autoren: „Es *beginnt* mit dem Einverständnis."[43] Tatsächlich lässt sich sagen, dass das problematische Einverständnis, in dem die Unlösbarkeit des Konflikts unaufgehoben und widersprüchlich sich erhält, das Ergebnis der *Maßnahme*, für *Mauser* einen Ausgangspunkt bildet. Die Position des Jungen Genossen in der *Maßnahme*, der die revolutionäre Arbeit durch sein zu großes Mitgefühl in Gefahr bringt, wird in *Mauser* denn auch bereits in der Vorgeschichte der Handlung mit der Hinrichtung Bs eliminiert. B waren Zweifel an der Richtigkeit der Vermittlung der Lehre gekommen: „Ihre Feinde sind meine Feinde, ich weiß es / Aber die vor mir stehen, Gesicht zum Steinbruch / Wissen es nicht, und ich der es weiß / Habe keine andre Belehrung für ihre Unwissenheit / Als die Kugel" (W 4, 247). Über diese Zweifel war ihm das Wissen selbst verloren gegangen: „Ich weiß es nicht mehr, ich kann nicht mehr töten." (W 4, 248) Das Einverständnis, das A beim Antritt seines Dienstes gibt, ist über solche Zweifel rational erhaben, es ähnelt viel mehr der Einsicht, die der Junge Genosse erst mit der Einsicht in die Notwendigkeit seines Todes erlangt:

A (Chor) Und ich war einverstanden mit dem Auftrag
Wissend, das tägliche Brot der Revolution
Ist der Tod ihrer Feinde, wissend, das Gras noch
Müssen wir ausreißen, damit es grün bleibt
War ich einverstanden mit dem Auftrag
Den die Revolution mir erteilt hatte
Mit der Stimme der Partei im Schlachtlärm. (W 4, 247)

43 Lehmann, Lethen: Ein Vorschlag, S. 315.

Wie aber der Junge Genosse von einem falschen, weil rein gefühlsmäßigen Einverständnis mit der Revolution zu einem richtigen, den Widerspruch in sich erhaltenden Einverständnis kommen muss, so ist es auch As Aufgabe in *Mauser*, von einem falschen zu einem richtigen Einverständnis zu gelangen. Das rationale Einverständnis, das von jedem Mitleid mit dem Menschenleben abstrahiert, das das grausige Ergebnis der *Maßnahme* bildete, steht hier als noch immer nicht richtiges Einverständnis am Beginn des Stücks. Auch von A wird ein Einverständnis mit seinem Tod gefordert: „Die Revolution braucht dich nicht mehr / Sie braucht deinen Tod. Aber eh du nicht Ja sagst / Zu dem Nein, das über dich gesprochen ist / Hast du deine Arbeit nicht getan." (W 4, 246) Aber was der Chor hier von A fordert, ist mehr als das Einverständnis, das am Ende der *Maßnahme* steht; gefordert ist ein absolutes Einverständnis, das den unlösbaren Konflikt zwischen Individuellem und Allgemeinem doch auflöst, eine vollständige und widerspruchsfreie Auflösung des Subjekts in das Chorkollektiv. As Geschichte, die ihn vor die Anklagebank gebracht hat, hatte die fatalen Konsequenzen vorgeführt, die der Widerspruch im Einverständnis, das Bestehen auf die Individualität des Subjekts, zeitigt: solange das Eliminieren von „Feinden der Revolution" von der Hand eines Einzelnen ausgeführt wird, kann es jederzeit auch in einen ekstatischen Rausch des Tötens umkippen. Gegen diese Gefahr falschen Tötens fordert der Chor ein Töten als Wissenschaft: „Nämlich die Unwissenheit kann töten / So wie der Stahl töten kann und das Fieber / Aber das Wissen genügt nicht, sondern die Unwissenheit / Muß aufhören ganz, und nicht genügt das Töten / Sondern das Töten ist eine Wissenschaft / Und muß gelernt werden, damit es aufhört" (W 4, 248).

Was der Chor also fordert, ist, den Tod, wie Müller es in seiner Anmerkung formuliert, als „eine Funktion des Lebens" (W 4, 259), und also noch das Unmögliche als Möglichkeit zu denken. So und nur so wird der Tod zum Wissbaren, zum möglichen Gegenstand einer Wissenschaft. Dann, so Hamacher, „gibt es nichts mehr, das sich dem Verstehen entziehen, sich ihm als ein Äußerliches entgegenstellen oder es von außen affizieren könnte. [...] Der Tod, das Ende des Verstehens ist verstanden [...] – und also ist der Tod als Möglichkeit und Fähigkeit des Daseins das Absolutum seiner Selbstaneignung."[44] Gelernt werden muss die Lektion von einem Töten und Sterben, das den unlösbaren Konflikt zwischen Individuum und Kollektivem *versteht*, der in der *Maßnahme* im Einverständnis des Einzelnen bestehen geblieben war. „Lern deine letzte Lektion. Deine letzte Lektion heißt: Du, der an der Wand steht, bist dein Feind und unsrer." (W 4, 246)

44 Werner Hamacher: Prämissen. Zur Einleitung. In: Werner Hamacher: Entferntes Verstehen. Frankfurt/Main 1998, S. 7–48, hier: S. 38.

Diese Lektion ist eine andere als die des Jungen Genossen. Es ist eine auf dessen Lektion folgende, eine, die die *Maßnahme*-Lektion voraussetzt und sie korrigiert. Der *Mauser*-Chor hat erkannt, dass das Einverstanden-Sein der *Maßnahme*, das immer auch ein Nicht-Einverstanden-Sein geblieben war, selbst noch die Arbeit der Revolution gefährdet, sofern diese Arbeit zum Ziel hat, die Revolution zu verabsolutieren. Feinde der Revolution sind damit nicht mehr nur isolierbare Andere, sondern der Feind ist immer auch in den eigenen Reihen, er ist Teil der Revolution, solange sie sich nicht verabsolutiert hat:

> Der auf sich selbst besteht als sein Eigentum
> Ist ein Feind der Revolution wie andere Feinde
> Denn unsers gleichen ist nicht unsers gleichen
> Und wir sind es nicht, die Revolution selbst
> Ist nicht eins mit sich selber, sondern der Feind mit
> Klaue und Zahn, Bajonett und Maschinengewehr
> Schreibt in ihr lebendes Bild seine schrecklichen Züge
> Und seine Wunden vernarben auf unserm Gesicht. (W 4, 249)[45]

Die Arbeit der Revolution dient dem Ziel, die Uneinigkeit der Revolutionsgemeinschaft mit sich selbst in Einigkeit zu überführen, dem Erreichen eines ins Werk gesetzten, das heißt zu einer Eins verschmolzenen Kollektivs.

5 Wissen vom Tod

In seinen Anmerkungen zu *Mauser* nennt Müller den Tod, den das Stück als „Beispiel“ vorführe, „eine Funktion des Lebens, das als Produktion gefaßt wird, eine Arbeit unter anderen, vom Kollektiv organisiert und das Kollektiv organisierend“ (W 4, 259). Damit führt er Marx’ Arbeitsbegriff so konsequent weiter, dass die Wurzel des Totalitären in ihm sichtbar wird.[46] Marx hatte in den *Ökonomisch-philosophischen Manuskripten* den Gegenstand der Arbeit in der „*Vergegenständlichung des Gattungslebens des Menschen*“ gefasst, „indem er sich [...] werktätig, wirklich verdoppelt und sich selbst daher in einer von ihm geschaffnen

45 Müller-Schöll vergleicht die epistemologische Voraussetzung dieser Feststellung, die „den irreduzibel ambivalenten, oder eben zwielichtigen Status aller Aussagen im Stück“ beschreibe, mit derjenigen von Benjamins Sprachaufsatz: Vgl. Müller-Schöll: Das Theater, S. 547.

46 Vgl. dazu Thomas Weitin: Notwendige Gewalt. Die Moderne Ernst Jüngers und Heiner Müllers. Freiburg/Breisgau 2003, S. 257. Zur Wurzel des Totalitarismus bei Marx vgl. Jean-Luc Nancy: Die undarstellbare Gemeinschaft. Stuttgart 1988, S. 12.

Welt anschaut."[47] Die Arbeit bewirkt also die „Selbsterzeugung des Menschen"[48] als Gattungswesen.[49] In *Mauser* geschieht nun diese Selbsterzeugung des Menschen durch den Tod als Arbeit. „Der Tod als letzte Grenze", stellt Jörn Etzold fest, „wird gegen den Tod als Werk und als Arbeit an einer bewussten Geschichte gesetzt, und dieser Widerspruch – aber dieses Wort ist selbst noch zu hegelianisch – wird in Szene gesetzt und *ausgesprochen.*"[50] Im Tod für das Kollektiv findet die Aufhebung der Entfremdung statt; in der Auslöschung des Individuums findet dieses zu sich als Gattungswesen zurück – eine Transzendierung des Materialismus. Das Revolutionskollektiv verortet sich mit der Arbeit am Tod und der Arbeit des Tötens in einer Art Übergangsstadium, an dessen Ende – nach getaner Arbeit – die Partizipation an einer späteren, utopischen, klassenlosen Gemeinschaft in Aussicht steht, in der das Töten unnötig sein wird.

Marx' Überzeugung, „daß die neuen Kräfte der Gesellschaft, um richtig zur Wirkung zu kommen, nur *neuer Menschen* bedürfen, die ihrer Meister werden",[51] entwickelt bei Müller den Charakter einer politischen Eschatologie: „Nicht eh die Revolution gesiegt hat endgültig / [...]/ Werden wir wissen, was das ist, ein Mensch" (W 4, 253).[52] Indem die Aufhebung der Entfremdung des Menschen von sich selbst nur durch den Tod des Menschen erreicht werden kann, also in eine quasi-jenseitige Zukunft hinein projiziert wird, wird der Ausnahmezustand des revolutionären Terrors auf Dauer gestellt und die Gegenwart des Menschen vor dem Sieg der Revolution wird zur Leerstelle. Schon bei Marx ist es die Zukunft, die die Gegenwart der Revolution diktiert:

---

47 Karl Marx: Ökonomisch-philosophische Manuskripte aus dem Jahre 1844. In: Karl Marx, Friedrich Engels: Werke (MEW). Hg. von Institut für Marxismus-Leninismus beim ZK der SED. Ergänzungsband. Schriften – Manuskripte – Briefe bis 1844. Erster Teil (1. Aufl. 1968). Berlin (Ost) [13]1981, S. 465 – 588, hier: S. 517 (Herv. i. Orig.).

48 Marx: ökonomisch-philosophische Manuskripte, S. 574.

49 Vgl. dazu Martin Jörg Schäfer: Die Gewalt der Muße. Wechselverhältnisse von Arbeit, Nichtarbeit, Ästhetik. Zürich 2013, S. 17 f.

50 Jörn Etzold: Arbeit/Sprechen: Überlegungen zu „Mauser". In: Heiner Müller sprechen. Hg. von Nikolaus Müller-Schöll, Heiner Goebbels. Berlin 2009, S. 99 – 112, hier: S. 102.

51 Marx: Rede auf der Jahresfeier des „People's Paper" am 14. April 1856 in London. In: MEW 12, S. 3 – 4, hier: S. 4 (Herv. M.K.).

52 Vgl. Uwe Schütte: Heiner Müller. Köln, Weimar, Wien 2010, S. 44. Zum Begriff „Neuer Mensch" s. auch Martin Arndt, Ulrich Dierse: Mensch, neuer. In: Historisches Wörterbuch der Philosophie. Hg. von Joachim Ritter, Karlfried Gründer. Bd. 5: L–Mn. Basel, Stuttgart 1980, Sp. 1112 – 1117. Arndt/ Dierse zeigen auf, wie der Begriff des Neuen Menschen sich aus urchristlichen Vorstellungen entwickelt und im Sozialismus eine Wendung ins Politische erfährt. Zum quasireligiösen Charakter der Revolution bei Müller vgl. Richard Herzinger: Die unio mystica der revolutionären Dynamik. Revolution als Lebensproduktion in Heiner Müllers ‚Mauser'. In: Text + Kritik 108 (1990), S. 60 – 67, hier: S. 61.

> Die soziale Revolution des neunzehnten Jahrhunderts kann ihre Poesie nicht aus der Vergangenheit schöpfen, sondern nur aus der Zukunft. Sie kann nicht mit sich selbst beginnen, bevor sie allen Aberglauben an die Vergangenheit abgestreift hat. Die früheren Revolutionen bedurften der weltgeschichtlichen Rückerinnerungen, um sich über ihren eigenen Inhalt zu betäuben. Die Revolution des neunzehnten Jahrhunderts muß die Toten ihre Toten begraben lassen, um bei ihrem eignen Inhalt anzukommen.[53]

Damit die Revolution gelingt, muss sie, Marx zufolge, ausgehen von einer Klasse, „welche mit einem Wort der *völlige Verlust* des Menschen ist, also nur durch die *völlige Wiedergewinnung des Menschen* sich selbst gewinnen kann",[54] das heißt von einer Klasse, die es noch gar nicht gibt. Im Angesicht der kommenden Gemeinschaft hat die jetzige Gemeinschaft der Revolution keine Wirklichkeit, sie existiert nur in Negation.[55] Die Zukunft diktiert auf diese Weise die Gegenwart, aber in ihrer Totalität diktiert sie sie als eine totale. Die Ausrichtung auf das *telos* der glorreichen Zukunft führt bei Müller deshalb nicht zu Progress oder Fortschritt, sondern zur Verlangsamung des Fortschreitens bis zum rotierenden Stillstand, in dem sich die Gegenwart verabsolutiert. Die repetitiven Formulierungen des Chors verdeutlichen diesen Stillstand; das achtmal wiederholte und ein weiteres Mal in etwas abgeänderter Form aufgesagte „Das Gras noch müssen wir ausreißen, damit es grün bleibt" (W 4, 245, 247, 248, 249, 251, 255, 258) verbildlicht die Paradoxie einer Zukunft, die um erreicht zu werden, ausgesetzt wird. Eine Gegenwart, die sich für die Zukunft opfert, tötet mit sich selbst zugleich die Zukunft, die ja immer erst aus der Gegenwart entstehen kann.

„Die Revolution [...] muß", so also Marx, „die Toten ihre Toten begraben lassen". Wo aber die Toten nicht begraben werden, stehen sie mitunter untot wieder auf. Das weiß auch Müllers Chor: „In unsrer Schwäche stehn die Toten auf / Die zu begrabenden wieder und wieder" (W 4, 257). So geht in *Mauser* das nicht betrauerte Vergangene wieder um in Gestalt der Spieler der drei Bauern und As Vorgänger B. Längst exekutiert, kehren sie, nicht zuletzt als gespenstische Mahnung an das ungelöste Problem der *Maßnahme*, als ‚Spiel im Spiel' zurück. Eine andere Zeit (nämlich die, in der B noch lebte), ein anderer Ort (nämlich Witebsk) und eine andere Handlung (nämlich das eigentliche Geschehen: As Vergehen gegen die Revolution) werden so ins *hic et nunc* des Gerichtsprozesses, also der

---

53 Marx: Der achtzehnte Brumaire des Louis Bonaparte. In: MEW 8, S. 111–207, hier: S. 117.
54 Marx: Zur Kritik der Hegelschen Rechtsphilosophie. In: MEW 1, S. 378–391, hier: S. 390.
55 Vgl. dazu Nikolaus Müller-Schöll: De-Figurationen des Politischen. Chorische Theaterkollektive nach Marx, in: Chor-Figuren. Transdisziplinäre Beiträge. Hg. von Julia Bodenburg, Katharina Grabbe, Nicole Haitzinger. Freiburg 2016, S. 157–174, hier: S. 161 f.

Stückhandlung, integriert und damit die aristotelische Dreieinheit nicht einfach nur durchbrochen, sondern in absurder Weise verabsolutiert.[56]

Das sterbliche Individuum stellt sich dem Totalisierungswillen des Chorkollektivs als das nicht vollständig integrierbare Andere entgegen. Als ein dem Sterben Unterworfener ist der Einzelne dem Kollektiv nie völlig verfügbar. Im Töten „[n]icht unsre[r] Feinde nicht mit unserm Auftrag“ (W 4, 245) zieht sich A auf diese Unverfügbarkeit des Individuums zurück. Er entzieht sich und seine Opfer der Revolutionsgemeinschaft durch den Tod und das Töten. Noch den Tod zu integrieren ist dementsprechend das Projekt des Chors, auf dessen Umsetzung der Prozess hinarbeitet. Wie das Töten, mit dem der Chor A beauftragt hatte, von ihm als eine „Arbeit wie jede andere“ (W 4, 246) hatte getan werden sollen, soll A nun auch sein Sterben als Arbeit begreifen: „Tu deine Arbeit auf dem letzten Platz / An den die Revolution dich gestellt hat“ (W 4, 245). Anders als das individuelle Sterben oder Töten ist das revolutionäre Töten „nicht Vernichtung, sondern schmerzhafter Dienst an der Gattung. Wen die Revolution tötet, den ‚gibt sie nicht auf‘, sondern integriert ihn in den Werdungsprozeß des Gattungskollektivs“.[57] Als Arbeit am Absoluten ist die Arbeit am Tod der Versuch, den Tod, das grundsätzlich Unverstandene, verständlich zu machen. „Was du lernst, vermehrt unsre Erfahrung. / Stirb lernend. Gib die Revolution nicht auf.“ (W 4, 257) Der Tod soll zum Gegenstand des Wissens werden, eines totalen Wissens vom Menschen, seinem Leben und seinem Tod, durch das Mensch, Leben und Tod integriert werden können.

Dem Projekt eines solchen totalen Wissens ist die analytische Form des Stücks geschuldet. Diese Form und die in ihr geschilderte Prozesssituation verwandeln das *Maßnahme*-Setting in ein ödipales Szenario. Im Gerichts- und Erkenntnisprozess, der das Zentrum von Sophokles’ *König Ödipus* bildet, wird die Unwissenheit des unwissend-wissenden Ödipus – zum Preis der Katastro-

56 Wenn Peter Szondi die Absolutheit des Dramas auch in dessen Eigenzeit gewährt sieht und die Zeit des Dramas als „absolute Gegenwartsfolge“ begreift, dann hebt das noch auf die Zukunft als immerfort eintreffendes Ziel ab: „Das Drama steht als Absolutes selbst dafür ein, es stiftet seine Zeit selbst. Deshalb muß jeder Moment den Keim der Zukunft in sich enthalten, ‚zukunftsträchtig‘ sein.“ (Peter Szondi: Theorie des modernen Dramas. 1880 – 1950. In: Peter Szondi: Schriften. Hg. von Jean Bollack. Bd. I. Frankfurt/Main ³1989, S. 9 – 148, hier: S. 19. Vgl. auch Szondis kurze Äußerung zu Ödipus und der analytischen Form, Szondi: Theorie des modernen Dramas, S. 22 ff.) Bei Müller wird die Gegenwart in einer Weise absolut, dass sie ihre ‚Zukunftsträchtigkeit‘ gleichsam abtreibt. Die ständige Wiederkehr des Immergleichen, die sich in der repetitiven Textstruktur spiegelt, lässt die Vergangenheit nicht ruhen und damit die Zukunft, den „Blitz des wirklichen Anfangs“ (W 4, 253), in welchem der Mensch erkannt sein wird, erst gar nicht eintreten.

57 Richard Herzinger: Masken der Lebensrevolution. Vitalistische Zivilisations- und Humanismuskritik in Texten Heiner Müllers. München 1992, S. 139.

phe – in Wissen überführt. Aus seinem abstrakten Wissen vom Menschen, das er beim Lösen des Rätsels der Sphinx zur Schau gestellt hatte, wird ein konkretes Wissen um den Menschen Ödipus, seine Herkunft und sein Handeln. Auf dem Weg zu dieser Erkenntnis steht ihm das Bild im Weg, das er sich von seinem eigenen Ich gemacht hat. Auch für A ist das eigene Ich das Hindernis auf dem Weg, vom Unwissend-Wissenden zum Wissenden zu werden: „Ich mein Revolver gerichtet auf mein Genick. / Wissend, mit meiner Hand tötet die Revolution / [...] / Und es nicht wissend, vor meinem Revolver ein Mensch / Ich zwischen Hand und Revolver, Finger und Abzug / Ich Lücke in meinem Bewußtsein, an unsrer Front." (W 4, 253) Aber anders als für Ödipus, und anders auch als für den Jungen Genossen, ist für A ein solches Wissen gar nicht mehr zu erlangen, „[n]ämlich der Mensch ist unbekannt. /[...]/ Nicht ehe die Revolution gesiegt hat endgültig /[...]/ Werden wir wissen, was das ist, ein Mensch." (W 4, 253). Vor dem Hintergrund einer restlos offenen und damit unverfügbaren Zukunft wird, wie der Chor weiß, jedes mögliche Wissen zum Relativum. Wenn A fragt: „Wird das Töten aufhören, wenn die Revolution gesiegt hat. / Wird die Revolution siegen. Wie lange noch" (W 4, 254), kann der Chor keine Antwort geben: „Du weißt, was wir wissen, wir wissen, was du weißt. / Die Revolution wird siegen oder der Mensch wird nicht sein" (W 4, 254).

Was der Chor von A einfordert, liegt jenseits dieses Wissens. Das Ungewisse der Zukunft, das im Tod seine Form findet, bleibt unverfügbar und damit der Tod, als grundsätzliches Unverständliches, dem Einzelnen, Sterbenden, immer schon ent-eignet: „Der Tod, das Ende, die äußerste und *eigenste* Grenze des Daseins und seiner Möglichkeiten", so Hamacher, „kann als unverstandener nicht der *eigene* sein, ohne zugleich ein inappropriierbarer *anderer* zu sein."[58] Nicht nur der Einzelne, auch das Allgemeine kann den Tod nicht verstehend erfassen. „Das Noch-nicht des Endes ‚gehört' als ein Nie-jemals immer auch nicht zum Dasein, es markiert, im Fehlen jeder phänomenologisch erfaßbaren Markierung, seine Unzugehörigkeit. Wo der Horizont des Verstehens vom Unverständlichen affiziert wird, gibt es schlechterdings keine *hermeneutische Situation* mehr, die eine adäquate ontologische Analyse erlaubt."[59]

---

58 Hamacher: Prämissen, S. 39.
59 Hamacher: Prämissen, S. 39.

6 Enden des wissenschaftlichen Zeitalters

Müller führt Brechts Lehrstückkonzept an das Ende eines wissenschaftlichen Zeitalters, in dem einzig der Tod noch unverstanden bleibt. Den Tod erreicht keine Wissenschaft. Allenfalls kann eine Hermeneutik des Einverständnisses, das unter der Prämisse des Nicht-Verstehens operiert und das immer auch ein Nicht-Einverstandensein ist, zu dem Verständnis gelangen, dass hier die Grenze des Verstehens verläuft. Ein solches Einverständnis basiert einzig auf dem Verstehen der Unlösbarkeit des Konflikts zwischen dem rationalen Allgemeinen und dem sinnlichen Individuellen, auf der Einsicht in eine grundsätzliche Unverständlichkeit. Ein absolutes Einverständnis also, weil es mit dem Verstehen die Bedingung jedes Einverständnisses ausschaltet. Das Verstehen vom grundsätzlichen Nichtwissen, das diesem Einverständnis zugrunde liegt, ist von dem Wissen, das Brecht für das Theater seiner Zeit gefordert hatte, unendlich weit entfernt. Müller hat unter Brechts Konstruktion vom Einverständnis diese andere, abgründige Form des Wissens ausgegraben, die auch ein Wissen von den „menschlichen Beziehungen, den menschlichen Haltungen, den menschlichen Kräften" bezeugt, das aber nicht mehr nur das einer positivistisch-materialistischen Soziologie sein kann. Müllers Stück ist darum vielleicht ein Versuchen, aber kein Experiment in dem Sinne, in dem Brecht seine Lehrstücke aufgefasst hatte, oder besser: es ist ein Experiment, das das Scheitern experimenteller Wissensproduktion vorführt, das letztmögliche Experiment, das an die Grenzen des Verifizierbaren stößt. Müllers Publikum soll entsprechend auch nicht „mithelfen" wie dasjenige Brechts, sondern es darf allenfalls unter der Bedingung anwesend sein, dass ihm ermöglicht wird, „das Spiel am Text [zu] kontrollieren" (W 4, 259). Das Bühnengeschehen wird so zu einem Probehandeln, das die Möglichkeiten des Textes austesten, sie aber nicht ins Offene überschreiten kann. Es wird, so Müller-Schöll, zu einer „Simulation", die die Erfahrung „des notwendigen Scheiterns jeder prästabilisierten Theorie des Politischen an einem niemals restlos erkenn- und berechenbaren Anderen" vermittelt.[60]

Indem A nicht nur die Notwendigkeit seines Todes anerkennt, sondern, diesen als Dienst am Kollektiv bejahend, ihn selbst befehligt, reintegriert er sich in das Kollektiv, tritt er zurück in die Reihen des Chors – und macht damit die theatrale Urszene, das Heraustreten des Hypokritês, der Einzelfigur, aus den

---

60 Nikolaus Müller-Schöll: DIE MASSNAHME auf dem Boden einer unreinen Vernunft. Heiner Müllers „Versuchsreihe" nach Brecht. In: Maßnehmen. Bertolt Brecht/Hanns Eislers Lehrstück „Die Maßnahme". Kontroverse, Perspektive, Praxis. Hg. von Inge Gellert, Gerd Koch, Florian Vaßen. Berlin 1998, S. 251–267, hier: S. 263.

Reihen des Chors[61], in fataler Weise ungeschehen. Das Stück endet hier nicht nur, weil sein Protagonist gestorben ist. Vielmehr beraubt sich das Kollektiv durch die Reintegration des Protagonisten auch seines Gegenübers, auf das es angewiesen ist als auf die Instanz, die seine (kollektive) Existenz bestätigt. So deutet sich mit dem Ende des Textes an, dass der Tod aller Feinde der Revolution letztlich auch den Tod der Revolution bedeuten muss. Ohne das „Du", mit dem der Chor seine Rede zu Beginn des Stücks überhaupt erst einsetzt, fehlt dem Chor jeglicher Anlass für den Auftritt.

Der Schluss des Stücks lässt noch eine weitere Deutung zu. Wenn der Chor nach der letzten Frage As kommentierend antwortet: „Fragte er noch und stand schon auf vom Boden / Nicht mehr schreiend, und wir antworteten ihm: / Du weißt was wir wissen, wir wissen was du weißt" (W 4, 258), dann mögen das Präteritum und die Inquit-Formeln andeuten, dass die Erzählung des Geschehenen doch noch nicht in die Gegenwart der Stückhandlung überführt ist. Mit der Bericht- oder Erzählform begibt sich der Chor vom Richter- in den Zeugenstand, so als müsse er nun selbst einer höheren Instanz (dem Publikum? den Toten?) gegenüber Rechenschaft ablegen über die Hinrichtung As, die im Text erst noch folgt. Der letzte Ausruf As, „TOD DEN FEINDEN DER REVOLUTION", wäre so zugleich mit der Selbstverurteilung auch ein Urteilsspruch über den Chor.

Müller wird das Lehrstückkonzept kurze Zeit später achselzuckend zur Seite legen. In einem Brief an Steinweg, der Müller gebeten hatte, zu seinem Band beizutragen, erklärt er die Zeit des Lehrstücks für einstweilen vorüber:

> Die christliche Endzeit der MASSNAHME ist abgelaufen, die Geschichte hat den Prozeß auf die Straße vertagt, auch die gelernten Chöre singen nicht mehr, der Humanismus kommt nur noch als Terrorismus vor, der Molotowcocktail ist das letzte bürgerliche Bildungserlebnis. Was bleibt: einsame Texte, die auf Geschichte warten. Auf einem Gelände, in dem die LEHRE so tief vergraben und das außerdem vermint ist, muß man gelegentlich den Kopf in den Sand (Schlamm Stein) stecken, um weiterzusehen. (W 8, 187)[62]

61 Diogenes Laertius spricht davon, dass „vor Zeiten in der Tragödie zunächst nur der Chor allein die ganze Handlung durchführte, sodann Thespis einen Schauspieler einführte, um dem Chor einige Pausen zu gönnen, Aischylos einen zweiten und Sophokles den dritten, womit die Tragödie ihre Vollendung erreichte [...]." Diogenes Laertius: Leben und Meinungen berühmter Philosophen. Buch I–X. Hamburg 1967, III, 56. Aristoteles erwähnt nur die Einführung des zweiten Schauspielers durch Aischylos. Vgl. Aristoteles: Poetik. Griechisch/Deutsch. Übers. u. hg. von Manfred Fuhrmann. Stuttgart 2006, 4, 1449a 16 f.

62 Der in der Werkausgabe unter dem Titel *Verabschiedung des Lehrstücks* gedruckte Brief findet sich, versehen mit dem Titel „Absage" auch in: Auf Anregung Bertolt Brechts. Lehrstücke mit Schülern, Arbeitern, Theaterleuten. Hg. von Reiner Steinweg. Frankfurt/Main 1978, S. 232.

Gegenüber Steinweg, für den die Lehrstücke eben kein Theater der Lehre, sondern Spiele des Lernens sind, hebt Müller den Begriff der Lehre ausdrücklich hervor und bestreitet zugleich deren Zugänglichkeit. Nicht als pädagogische Übungen sieht Müller die Lehrstücke, sondern als die Entfaltung einer doppelten Antithetik des Einverständnisses. Ein solches Einverständnis mit dem Totalen, das, wie Brecht notiert hatte, immer auch bedeutet, nicht einverstanden zu sein, ist für Müller nicht mehr möglich. Das liegt, so Gerhard Fischer, daran, „daß es für Müller in den siebziger Jahren nichts mehr (oder doch nur sehr wenig) zu lernen gibt", und zwar, so Fischer weiter, „weder in der DDR (wo die große marxistische Lehre in der Stasis der Planwirtschaft zur affirmativen Legitimationsideologie heruntergekommen ist)", noch in der BRD, „wo die Stasis des Kapitalismus herrscht und vereinzelte Neo-Linke einen von vornherein zum Scheitern verurteilten Versuch unternehmen, dem Mythos der Revolution durch die Wiederbelebung klassenkämpferischer Strategien à la Brecht/Eisler auf die Sprünge zu helfen."[63] Der Molotowcocktail als das „letzte bürgerliche Bildungserlebnis", das die RAF in der BRD inszeniert, ist, Müller zufolge, „mehr ein Produkt von Verzweiflung als von politischem Kalkül. Sie [die Mitglieder der RAF, M.K.] tun es in der Hoffnung, daß andere nachfolgen. Wenn das nicht stattfindet, bleibt nur der Weg in den individuellen Terror, ein sehr romantischer Import, der viel schlimmere Folgen hat als die beabsichtigten." (W 10, 131 f.) So endet für Müller das wissenschaftliche Zeitalter auf bundesrepublikanischer Seite in der romantischen Gegengewalt. Dass auch in der DDR das wissenschaftliche Zeitalter an sein Ende gekommen ist und damit die Lehrstückinszenierungen, die im Anschluss an Steinwegs Bemühungen auch dort unternommen wurden, letztlich anachronistisch sind, dafür liefert *Mauser* die Begründung. Eine vollkomme Totalität, eine, die den letzten Feind der Revolution noch in ihren eigenen Reihen aufgestöbert und zur totalen Reintegration gezwungen hat, die also jedes Gegenübers verlustig gegangen ist, kann eine Dialektik des Einverständnisses nicht wieder reproduzieren, weil ihr dazu der Andere fehlt. In *Mauser* scheitert die Hypothese, dass das Töten von Feinden der Revolution schließlich zum Sieg der Revolution führen müsse; stattdessen wird vorgeführt, dass eine solche Vorgehensweise in den totalen Stillstand führen muss, von dem aus es weiter nichts zu lernen gibt. Bestehen bleibt die Aufgabe des Verstehens dessen, „was das ist, ein Mensch" (W 4, 253).

---

63 Gerhard Fischer: Absage an Heiner Müller. Von Brechts Lehrstück DIE MASSNAHME zu DER AUFTRAG und dem Mudrooroo/Müller-Projekt. In: MASSNEHMEN. Bertolt Brecht/Hanns Eislers Lehrstück DIE MASSNAHME. Kontroverse, Perspektive, Praxis. Hg. von Inge Gellert, Gerd Koch, Florian Vaßen. Berlin 1998 S. 238–250, hier: S. 242 f.

Beiträgerinnen und Beiträger

Marlen Arnolds, Wissenschaftliche Koordinatorin des DFG-Graduiertenkollegs „Gegenwart/Literatur. Geschichte, Theorie und Praxeologie eines Verhältnisses" an der Rheinischen Friedrich-Wilhelms-Universität Bonn. Forschungsschwerpunkte: Nachkriegsliteratur, kognitive Literaturwissenschaft, interdisziplinäre Schnittpunkte von Zeitgeschichtsforschung und Gegenwartsliteraturwissenschaft. Dissertationsprojekt zu (Re-)Konstruktion als Diskurs im Literaturbetrieb der Nachkriegszeit. Buchveröffentlichung: ZEIT literatur | GEGENWART geschichte (hg. mit Eva Stubenrauch, Wehrhahn, Veröffentlichung in Vorbereitung).

Lukas Betzler, M.A., Doktorand am Institut für Geschichte und Literarische Kulturen der Leuphana Universität Lüneburg. Stipendiat der Hans-Böckler-Stiftung und der FAZIT-Stiftung; 2019 Visiting Research Fellow an der Brown University, Providence (USA). Dissertationsprojekt: „Literatur zwischen Autonomie und fait social. Das Verhältnis von Literatur und Gesellschaft in der Kritischen Theorie". Forschungs- und Veröffentlichungsschwerpunkte: Literatur der Moderne, Kritische Theorie, Queer und Gender Studies, Antisemitismus. Publikationen: Beiträge in *Franz-Fühmann-Handbuch. Leben – Werk – Wirkung* (hg. v. Jan Kostka/Stephan Krause, Metzler 2023); *Guy Hocquenghem: Das homosexuelle Begehren* (hg. und übers. zus. mit Hauke Branding, Edition Nautilus 2019); *Antisemitismus im deutschen Mediendiskus. Eine Analyse des Falls Jakob Augstein* (zus. mit Manuel Glittenberg, Nomos 2015).

Stefan Descher, Dr., Wissenschaftlicher Mitarbeiter für Neuere deutsche Literatur an der Georg-August-Universität Göttingen. Forschungsschwerpunkte: Literatur des 18. und 20. Jahrhunderts, Literaturtheorie, Methodologie. Jüngste Buchveröffentlichungen: Argumentieren in der Literaturwissenschaft. Eine Einführung (zus. mit Thomas Petraschka, Reclam 2019); Wie vermittelt man Interpretationskompetenzen? Beiträge zur Praxis der literaturwissenschaftlichen Lehre (hg. zus. mit Tilmann Köppe und Thomas Petraschka, Beiheft Nr. 27/2021 zu PhiN: Philologie im Netz. http://web.fu-berlin.de/phin/beiheft27/b27i.html).

Kristin Eichhorn, PD Dr., Privatdozentin für Neuere deutsche Literaturwissenschaft und zur Zeit Professurvertreterin in der Abteilung Neuere Deutsche Literatur I am Institut für Literaturwissenschaft der Universität Stuttgart. Vorstandsmitglied der Deutschen Gesellschaft für die Erforschung des 18. Jahrhunderts und Herausgeberin der Zeitschrift *Expressionismus*. Forschungsschwerpunkte: Literatur des 18. Jahrhunderts, moralische Ästhetik, Expressionismus, Gattungstheorie, Literatur des 20. Jahrhunderts und der Gegenwart. Jüngste Buchveröffentlichung: *Johannes R. Becher und die literarische Moderne. Eine Neubestimmung* (transcript 2020, zugl. Habil.-Schrift). Dissertation: *Die Kunst des moralischen Dichtens. Positionen der aufklärerischen Fabelpoetik im 18. Jahrhundert* (Ergon 2013).

Angela Gencarelli, Dr., Universitätsassistentin am Zentrum für Kulturwissenschaften der Karl-Franzens-Universität Graz; zuvor wissenschaftliche Mitarbeiterin in der Neueren Deutschen Literaturwissenschaft an der Leuphana Universität Lüneburg. Forschungsschwerpunkte: Interferenzen zwischen Literatur und Naturwissenschaften; Gattungsgeschichte und -theorie mit besonderem Fokus auf diskontinuierliche Gattungskonjunkturen; Literatursemiotik, insb. semiotische Perspektivierungen von (Tier-)Symbolen und (Tier-)Allegorien in der Literatur; For-

https://doi.org/10.1515/9783110771008-013

men und Funktionen des Erzählens in (natur-)wissenschaftlichen Texten; deutschsprachige Literatur vom 19. bis 21. Jahrhundert. Habilitationsprojekt zur Gattungsgeschichte des Bestiariums (‚Buch wilder Tiere'), das einst konstitutiver Bestandteil der religiös-zeichenhaften Naturdeutung des Mittelalters war und erstaunlicherweise nach jahrhundertelanger Abwesenheit eine starke Renaissance in der Literatur seit der Moderne erfahren hat. Ausgewählte Publikationen: Literarische Realitätsprüfung des Phantastischen. Teilchenphysik und Poetik in Irmtraud Morgners Prosa (Rombach 2017, Diss.); Elegische Historie des Artensterbens. Zu Mikael Vogels kulturkritischem ‚Bestiarium' *Dodos auf der Flucht*, in: Germanica 69/2021, S. 199–214; The ‚Mystery' of Quantum Physics. Narrating the Wave-Particle-Duality in a Richard Feynman Lecture, in: Narrative Structure and Narrative Knowing in Medicine and Science, hg. von Martina King u. Tom Kindt (erscheint 2022).

Sonja E. Klocke, Professorin für Neuere deutsche Literatur, Film und Kultur an der University of Wisconsin – Madison, assoziiert mit Gender & Women's Studies und European Studies; Mitherausgeberin der *Monatshefte für deutsche Literatur und Kultur*; Direktorin des DAAD-geförderten *Center for German and European Studies* in Madison; Co-Organisatorin des Netzwerks *GDR and German Socialisms* der *German Studies Association.* Gastprofessur an der Europa-Universität Flensburg. Forschungsschwerpunkte: Literatur und Film des 20. und 21. Jahrhunderts; DDR- und post-DDR-Literatur und Film; Familienroman; transnationale Literatur und modernes Exil, Migration und Globalisierung; Gedächtniskultur und Erinnerungsliteratur; Körperkonzepte; Krankheitsdiskurse. Publikationen: *Inscription and Rebellion: Illness and the Symptomatic Body in East German Literature* (Camden House 2015, Taschenbuch 2019); Mitherausgeberin der Anthologien *Christa Wolf: A Companion* (De Gruyter 2018); *Protest und Verweigerung. Neue Tendenzen in der deutschen Literatur seit 1989/Protest and Refusal. New Trends in German Literature since 1989* (Fink 2018); *New Perspectives on Young Adult GDR Literature and Film* (Sonderband *Colloquia Germanica* 2019).

Maria Kuberg, Dr., wissenschaftliche Mitarbeiterin für neuere deutsche Literaturwissenschaft am Fachbereich Literatur-, Kunst- und Medienwissenschaften an der Universität Konstanz. Forschungsschwerpunkte: Gattungstheorie, Poetiken der Frühneuzeit, Epos und Roman, Dramen- und Theatertexte des 20. und 21. Jahrhunderts, Theorien der Gemeinschaft. Publikationen: Chor und Theorie. Zeitgenössische Theatertexte von Heiner Müller bis René Pollesch (Diss., Konstanz University Press 2021); „DJ Bobo in Ulan Bataar. Ein Weg aus dem Ganzen in Christian Krachts Ästhetik?" (in: Christian Krachts Ästhetik, hg. v. Heinz Drügh und Susanne Komfort-Hein, Metzler 2019).

Katrin Max, PD Dr., Vertretungsprofessorin für Neuere deutsche Literatur am Institut für Germanistik der Universität Leipzig. Forschungsschwerpunkte: DDR-Literatur, Literatur und Wissen, Literatur der Moderne, Thomas Mann, Literatur und Medizin. Publikationen u. a.: Niedergangsdiagnostik. Zur Funktion von Krankheitsmotiven in „Buddenbrooks" (TMS 40, Klostermann 2008, zugl. Diss.-Schrift); Tendenzen und Perspektiven der gegenwärtigen DDR-Literatur-Forschung (als Hg., Königshausen & Neumann 2016); Bürgerlichkeit und bürgerliche Kultur in der Literatur der DDR (Fink 2018, zugl. Habil.-Schrift).

Marlene Meuer, Dr., Literatur- und Kulturwissenschaftlerin mit komparatistischer Ausrichtung, zurzeit Wissenschaftliche Mitarbeiterin an der Leuphana Universität Lüneburg. Lehr- und Forschungsaufenthalte in Weimar, Freiburg, Eichstätt, Marbach, Konstanz, Aberdeen (UK),

Catania (IT) und Prag (CZ). Mitglied der Jungen Akademie an der Akademie der Wissenschaften und der Literatur Mainz. Forschungsschwerpunkte: Europäische Ideengeschichte der Neuzeit; Kulturhermeneutik der ‚Sattelzeit'; Avantgardeforschung; Gegenwartskünste. Monographien: *Polarisierungen der Antike. Antike und Abendland im Widerstreit – Modellierungen eines Kulturkonflikts im Zeitalter der Aufklärung*, Heidelberg 2017; *Der ‚Laura'-Zyklus in Schillers ‚Anthologie auf das Jahr 1782'*, Heidelberg 2018.

Katja Stopka, Dr., wissenschaftliche Mitarbeiterin am Leibniz-Zentrum für Zeithistorische Forschung, Potsdam. Forschungskoordinatorin eines Arbeitsbereichs im Leibniz-Forschungsverbund „Wert der Vergangenheit".
Forschungsschwerpunkte: Literatur und Zeitgeschichte, DDR-Kultur- und Literaturgeschichte, Geschichtskulturen und Wissensordnungen im digitalen Zeitalter. Aktuelles Forschungsprojekt: Zeitlandschaften des Sozialismus in Literatur und Kunst. Eine ästhetisch-politische Topographie der DDR. Jüngste Publikationen: Erfahrungs- und Erwartungslandschaften. Ästhetische Authentisierungsstrategien des Sozialismus in der DDR, zus. mit Michael Ostheimer. In: Christoph Classen, Achim Saupe, Hans-Ulrich Wagner (Hg.): Echt inszeniert. Historische Authentizität und Medien (Potdam 2021); Schreiben lernen im Sozialismus. Das Institut für Literatur „Johannes R. Becher", zus. mit Isabelle Lehn und Sascha Macht. (Wallstein 2018); Rauschen. In: Daniel Morath, Hansjakob Ziemer (Hg.): Handbuch Sound. Geschichte – Begriffe – Ansätze. (Metzler 2018), S. 205 – 210. *Halbfabrikate.* DDR-Literatur der 1970er Jahre im Zeichen ästhetischer Intermedialisierung. In: Kathrin Max (Hg.) Tendenzen und Perspektiven der gegenwärtigen DDR-Literatur-Forschung (Königshausen & Neumann 2016), S. 143 – 160.

Personenregister

Das Register bezieht sich ausschließlich auf den Haupttext.

https://doi.org/10.1515/9783110771008-014

www.ingramcontent.com/pod-product-compliance
Lightning Source LLC
LaVergne TN
LVHW042233300926
849161LV00003B/341